脂肪酶催化反应化学

辛嘉英 等 编著

科学出版社

北京

内 容 简 介

脂肪酶作为一种重要的水解酶，广泛应用于食品、医药、有机合成和生物化工等领域，在科学上也具有极重要的研究价值。本书系统地叙述了脂肪酶的性质、结构、催化特性及其在非水介质中的催化反应，以作者的科研成果和一些国内外最新进展为素材，介绍了近20年来脂肪酶在食品添加剂及其配料生物合成、手性药物拆分等领域中的应用。

本书可供从事生物化工、食品、医药等领域的科研和生产技术人员以及大专院校教师、本科生、研究生阅读，也可作为生物工程与技术领域研究生教材使用。

图书在版编目(CIP)数据

脂肪酶催化反应化学/辛嘉英等编著.—北京：科学出版社，2017.9
ISBN 978-7-03-054670-8

Ⅰ.①脂… Ⅱ.①辛… Ⅲ.①脂肪酶—酶催化剂—催化反应 Ⅳ.①TQ426.97

中国版本图书馆CIP数据核字(2017)第242106号

责任编辑：张 析 高 微 / 责任校对：韩 杨
责任印制：张 伟 / 封面设计：东方人华

科学出版社 出版
北京东黄城根北街16号
邮政编码：100717
http://www.sciencep.com

北京中石油彩色印刷有限责任公司 印刷
科学出版社发行 各地新华书店经销

*

2017年9月第 一 版　开本：720×1000　1/16
2018年1月第二次印刷　印张：17
字数：330 000
定价：95.00元
(如有印装质量问题，我社负责调换)

前　言

笔者开展有关脂肪酶催化反应化学的研究始于 20 世纪 90 年代末期，随着研究工作的进展，对脂肪酶催化反应化学的认识也逐渐深入。近 20 年来，脂肪酶作为一种已实现商品化的生物催化剂显示出越来越诱人的前景，在基础理论、生产以及实际应用方面都更趋成熟。2012～2016 年，仅国内以中文形式发表的有关脂肪酶的文章平均每年都超过 200 篇，Science Direct 数据库显示每天有 2 篇关于脂肪酶的文章问世，其中绝大多数是有关脂肪酶催化方面的。从事有关脂肪酶催化基础和应用研究的单位也如雨后春笋般不断涌现，大有星罗棋布之势。经网上检索发现，到目前为止国内还没有一部关于脂肪酶催化反应化学方面的专著，因此有必要尽快出版本书，为从事生物化工、食品、医药等领域的科研和生产技术人员介绍脂肪酶及其催化反应化学的发展以及高新技术产品的开发。

本书主要从催化反应化学角度出发，以笔者的科研成果和一些国内外最新进展为素材，介绍了近 20 年来脂肪酶在食品添加剂及其配料生物合成、手性药物拆分等领域中的应用。由哈尔滨商业大学王艳博士(第 2、5、8 章)、陈林林博士(第 3、4、6 章)和笔者(第 1、7 章)分别编写，由笔者负责作必要的补充修改后定稿。本书在编写过程中得到了科学出版社编辑的热情支持和帮助，在此表示感谢。感谢我的导师李树本研究员最初将我引入了脂肪酶催化领域，并在研究工作中给予的指引支持和帮助，感谢在该领域长期与我合作的同事和研究生们。

由于脂肪酶催化领域的研究发展迅速，本书虽然尽可能收录近 20 年来的相关成果与报道，但挂一漏万，难以收集完全。笔者虽然多年从事此项研究工作，但由于水平和时间所限，难免存在疏漏和不足之处，恳请各界同仁指正。

辛嘉英

2017 年 6 月于哈尔滨商业大学

目 录

前言
第1章 脂肪酶的概述 ·· 1
 1.1 脂肪酶的来源与获得 ·· 1
  1.1.1 脂肪酶的来源 ·· 1
  1.1.2 脂肪酶的分类 ·· 4
  1.1.3 产脂肪酶微生物的筛选 ·· 5
  1.1.4 脂肪酶的发酵生产 ··· 6
  1.1.5 微生物脂肪酶的分离纯化 ··· 8
 1.2 脂肪酶活力的测定 ·· 11
  1.2.1 脂肪酶活力测定的底物 ·· 12
  1.2.2 底物的乳化 ·· 13
  1.2.3 脂肪酶活力的检测方法 ·· 13
  1.2.4 脂肪酶活力的定义 ··· 17
 1.3 脂肪酶的特性和催化机理 ·· 17
  1.3.1 脂肪酶的分子质量、最适pH和最适温度 ················· 17
  1.3.2 脂肪酶活力的影响因子 ·· 18
  1.3.3 脂肪酶蛋白分子结构特性 ··· 18
  1.3.4 脂肪酶催化机理 ··· 23
 1.4 脂肪酶的选择性 ·· 24
  1.4.1 脂质底物类型的选择性 ·· 25
  1.4.2 脂肪酸或酰基供体的选择性 ····································· 25
  1.4.3 区域或位置选择性 ··· 26
  1.4.4 立体选择性 ·· 27
  1.4.5 非选择性 ··· 28
  1.4.6 脂肪酶选择性的分子基础 ··· 28
  1.4.7 影响酶选择性的因素 ··· 31
 参考文献 ··· 34
第2章 非水介质中脂肪酶催化反应 ·· 40
 2.1 非水介质中脂肪酶催化反应类型及其优势 ················ 40
  2.1.1 非水介质中脂肪酶催化反应类型 ····························· 40
  2.1.2 非水介质中脂肪酶催化反应的优势 ························· 41

  2.1.3 水相体系中微量水对酶催化性能的影响 ································· 42
 2.2 有机溶剂体系脂肪酶催化反应 ··· 43
  2.2.1 有机相中脂肪酶的催化反应及其应用 ······································ 43
  2.2.2 有机溶剂中脂肪酶的结构与催化特性 ······································ 44
  2.2.3 有机溶剂中脂肪酶的催化反应机理 ··· 45
  2.2.4 影响有机溶剂体系中脂肪酶催化活力的因素 ······························ 46
 2.3 无溶剂体系脂肪酶催化反应 ·· 50
  2.3.1 无溶剂体系脂肪酶催化反应的类型 ··· 50
  2.3.2 无溶剂体系脂肪酶催化反应的机理及特点 ································· 52
 2.4 反胶束体系酶催化反应 ·· 53
  2.4.1 反胶束体系中脂肪酶的结构 ··· 53
  2.4.2 反胶束体系中酶催化反应的动力学特征 ···································· 54
  2.4.3 反胶束体系中酶的活力及稳定性 ·· 54
  2.4.4 反胶束作为酶催化反应介质的优点 ··· 54
  2.4.5 反胶束体系在酶催化反应中的应用 ··· 54
  2.4.6 反胶束体系脂肪酶催化反应的应用 ··· 55
 2.5 超临界流体 ··· 55
  2.5.1 脂肪酶在超临界流体中的生物催化作用 ···································· 55
  2.5.2 影响脂肪酶稳定性的因素 ·· 56
 2.6 离子液体系脂肪酶催化反应 ·· 57
  2.6.1 离子液体的概述 ··· 57
  2.6.2 离子液体中的脂肪酶催化反应特性 ··· 58
  2.6.3 离子液体对脂肪酶催化性能的影响 ··· 61
  2.6.4 离子液体场/反应器强化酶促酯类合成 ····································· 63
 2.7 微乳液体系脂肪酶催化反应 ·· 67
  2.7.1 微乳液的定义 ·· 67
  2.7.2 微乳液的形成及性质 ··· 67
  2.7.3 微乳液的分类 ·· 68
  2.7.4 微乳液中的脂肪酶及其催化反应 ·· 69
参考文献 ··· 71
第3章 脂肪酶的固定化及应用 ··· 75
 3.1 固定化方法 ··· 75
  3.1.1 吸附法 ·· 75
  3.1.2 交联法 ·· 78
  3.1.3 共价结合法 ·· 80
  3.1.4 包埋法 ·· 83

3.2 新型脂肪酶固定化方法 85
3.2.1 传统方法联用 85
3.2.2 交联酶聚集体 86
3.2.3 交联脂肪酶晶体 86
3.2.4 定向固定化 87
3.2.5 共固定化 87
3.2.6 亲和固定化 87
3.2.7 溶胶-凝胶包埋法 88
3.2.8 分子沉积技术 88
3.2.9 酶膜反应器 88
3.2.10 脂肪酶固定化新载体 89
3.3 固定化脂肪酶的特性 91
3.3.1 固定化脂肪酶的催化活力 91
3.3.2 固定化脂肪酶的稳定性 92
3.3.3 最佳反应条件的变化 92
3.3.4 米氏常数的变化 92
3.4 固定化脂肪酶的评价指标及应用 93
3.4.1 固定化脂肪酶的评价指标 93
3.4.2 固定化脂肪酶的应用 96
参考文献 98

第4章 脂肪酶催化合成人乳脂替代品 103
4.1 人乳脂替代品的概述 103
4.1.1 人乳脂替代品的定义及发展 103
4.1.2 人乳脂替代品的优势 104
4.1.3 酶法合成人乳脂替代品的方法 104
4.2 脂肪酶催化反应体系的建立 109
4.2.1 反应底物的选择 109
4.2.2 脂肪酶的筛选 110
4.2.3 反应介质的确定 111
4.2.4 人乳脂替代品的脂肪酸组成和甘油三酯种类分析 111
4.3 产物分离纯化与产品评价 112
4.3.1 产物的分离纯化与性质测定 112
4.3.2 人乳脂替代品产品评价 115
4.4 其他功能性油脂 117
4.4.1 中长碳链甘三酯 117
4.4.2 低热量脂肪 118

参考文献 ··· 118

第5章 脂肪酶催化淀粉酯的合成 ··· 122
5.1 糖脂在食品中应用 ·· 122
5.2 脂肪酶催化糖脂合成 ··· 124
5.2.1 脂肪酶催化糖脂合成的反应媒介 ··· 124
5.2.2 脂肪酶催化糖脂的反应温度 ··· 126
5.2.3 脂肪酶催化糖脂合成的反应底物 ··· 126
5.2.4 水活度 ··· 128
5.3 酶法与化学法合成糖脂的比较 ·· 129
5.4 常用于糖脂合成的脂肪酶 ··· 130
5.5 非水相体系脂肪酶催化糖脂的合成 ··· 130
5.5.1 葡萄糖酯的合成 ··· 130
5.5.2 果糖酯的合成 ··· 131
5.5.3 木糖醇酯的合成 ··· 131
5.5.4 蔗糖酯的合成 ··· 131
5.5.5 麦芽糖酯的合成 ··· 131
5.5.6 其他糖酯的合成 ··· 132
5.6 糖脂的结构与功能 ·· 132
5.7 糖脂的合成方法 ·· 134
5.7.1 化学合成糖脂 ··· 134
5.7.2 微生物发酵合成糖脂 ·· 134
5.7.3 酶法合成糖脂 ··· 135
5.8 糖脂脂肪酶合成研究存在的问题 ·· 135
5.9 脂肪酶催化淀粉酯的合成 ··· 136
5.9.1 脂肪酶催化脂肪酸淀粉酯的合成 ··· 138
5.9.2 脂肪酶催化脂肪酸淀粉酯合成的影响因素 ··· 141
5.9.3 脂肪酶催化脂肪酸淀粉酯合成的反应机制研究 ·· 148
5.9.4 酯化淀粉取代度测定方法的分析 ··· 150
参考文献 ··· 151

第6章 脂肪酶催化阿魏酸酯的合成 ··· 157
6.1 阿魏酸与阿魏酸的衍生物 ··· 157
6.1.1 阿魏酸的性质与分布 ·· 157
6.1.2 阿魏酸及其衍生物的生理活性 ·· 158
6.1.3 阿魏酸衍生物的合成 ·· 159
6.2 脂肪酶催化阿魏酸油酸甘油酯的合成 ··· 163
6.2.1 阿魏酸油酸甘油酯反应体系的构建及表征 ··· 163

6.2.2 有机相酶促阿魏酸甘油酯的合成················165
6.2.3 无溶剂体系酶促阿魏酸甘油酯的合成··············173
6.3 非水相 α-生育酚阿魏酸酯的酶促合成·················173
6.3.1 反应体系的建立··························173
6.3.2 水活度对酯化反应的影响······················175
6.3.3 旋转蒸发反应消除副产物·····················175
6.4 非水相中添加极性物质阿魏酸酯的酶促合成············175
6.4.1 无溶剂体系中加甘油酶促合成阿魏酸油酸甘油酯·········176
6.4.2 非水相体系中加树脂酶促合成阿魏酸油酸甘油酯·········177
6.4.3 无溶剂体系中加硅胶酶促合成 α-生育酚阿魏酸酯········177
6.4.4 添加极性物质对批式反应操作稳定性的影响···········178
6.5 非水相酶促合成阿魏酸酯的抗氧化活性················178
6.5.1 阿魏酸油酸甘油酯反应体系的氧化稳定性············179
6.5.2 阿魏酸油酸甘油酯对自由基的清除作用··············179
6.5.3 阿魏酸油酸甘油酯抑制亚硝化反应················180
6.5.4 α-生育酚阿魏酸酯对食用油脂的抗氧化性能···········181
6.6 脂肪酶催化阿魏酸油醇酯的合成···················181
6.6.1 阿魏酸脂肪醇酯的酶促合成反应体系的构建···········183
6.6.2 无溶剂系统酶促合成阿魏酸油醇酯················184

参考文献····························185

第7章 脂肪酶催化 2-芳基丙酸类药物前药合成及手性拆分········191
7.1 芳基丙酸类药物··························191
7.2 脂肪酶催化 2-芳基丙酸类药物的前药合成···············192
7.2.1 萘普生油酸甘油酯·························193
7.2.2 萘普生淀粉酯··························193
7.2.3 L-抗坏血酸氟比洛芬酯······················194
7.3 脂肪酶催化 2-芳基丙酸类药物手性拆分·················196
7.3.1 手性及手性药物··························196
7.3.2 脂肪酶催化手性拆分·······················197
7.3.3 酶催化拆分过程中的几个重要参数················199
7.3.4 脂肪酶催化 2-芳基丙酸类药物手性拆分的主要反应类型······202
7.3.5 催化 2-芳基丙酸类药物拆分反应的脂肪酶············206
7.3.6 催化 2-芳基丙酸类药物拆分反应的脂肪酶固定化载体·······207
7.3.7 水-有机溶剂两相体系中脂肪酶催化 2-芳基丙酸类药物拆分反应··208
7.3.8 离子液体中脂肪酶催化 2-芳基丙酸类药物拆分··········212
7.3.9 反应器操作方式对酶动力学拆分立体选择性的影响········223

7.3.10	脂肪酶催化二次动力学拆分制备高光学纯度 S-萘普生	227
7.3.11	2-芳基丙酸类药物的动态动力学拆分	235

参考文献 240

第8章 脂肪酶催化生物柴油的合成 247

8.1 脂肪酶在生物柴油中的应用 248
- 8.1.1 用于生物柴油合成的脂肪酶 248
- 8.1.2 全细胞生物催化剂在生物柴油中的应用 250
- 8.1.3 生物柴油合成用脂肪酶的种类 250

8.2 生物柴油的胞外脂肪酶催化合成 251
- 8.2.1 有机溶剂体系中的催化合成 251
- 8.2.2 无溶剂体系中的催化合成 251
- 8.2.3 AOT 反胶束体系中的催化合成 252
- 8.2.4 离子液体中的催化合成 252

8.3 脂肪酶催化生物柴油的合成 253
- 8.3.1 生物柴油的短链醇分解合成 253
- 8.3.2 生物柴油的甲醇分解合成 253
- 8.3.3 生物柴油的胞内脂肪酶催化合成 254
- 8.3.4 复合脂肪酶催化生物柴油的合成 254
- 8.3.5 不同酰基受体对脂肪酶催化制备生物柴油的影响 255

8.4 超声辅助脂肪酶催化合成生物柴油 255
8.5 酶催化法制备生物柴油的影响因素 256
8.6 生物柴油制备方法 256
- 8.6.1 酶催化酯交换法制备生物柴油 257
- 8.6.2 酶催化酯交换法制备的优点 257
- 8.6.3 酶催化酯交换法制备出现的问题 258
- 8.6.4 酶催化酯交换法制备生物柴油的展望 258

参考文献 259

第1章 脂肪酶的概述

1.1 脂肪酶的来源与获得

1.1.1 脂肪酶的来源

脂肪酶(lipase E.C.3.1.1.3)亦称酰基甘油水解酶(acylglycerol hydrolases),是一类在油-水界面上催化天然油脂(甘油三酯)降解为甘油和游离脂肪酸的酶,广泛存在于细菌等原核生物,霉菌、酵母等真核生物以及其他一些动植物中,既可以通过培养微生物得到,也可以从动物或植物组织中提取。目前从细菌中获得的脂肪酶最多(占45%),其次是真菌脂肪酶(占21%)、动物脂肪酶(占18%)和植物脂肪酶(占11%),藻类脂肪酶最少(占5%)[1]。

脂肪酶最早是从哺乳动物的胰脏中被发现。1834年Eberl发现了兔胰脂肪酶,1864年发现了猪胰脂肪酶。目前实验室常用的商品化动物脂肪酶主要为Sigma公司供应的冷冻干燥纯猪胰脂肪酶(porcine pancreas lipase,产品编号L0382,活力为20000~100000U/mg的蛋白)、包含部分胰蛋白酶和胰淀粉酶的粗猪胰脂肪酶(产品编号L3126,橄榄油为底物,活力为100~400U/mg的蛋白)和人胰脂肪酶(human pancreas lipase,产品编号L9780)。总体来说,动物体内的脂肪酶含量较少且活力很低。但动物来源的猪胰脂肪酶是个特例,其催化的反应活性及稳定性都很高,在许多反应中已得到应用。

脂肪酶在植物中也普遍存在,主要存在于大戟科(如蓖麻、乌桕)、萝藦科、番木瓜科植物和油料作物的种子中。对植物脂肪酶的研究也很早,1871年就报道了植物种子脂肪酶,其活力因植物种类的不同而差异很大。从植物中提取脂肪酶的材料主要包括油菜籽、蓖麻籽、米糠、燕麦、木瓜汁等。植物脂肪酶过去研究得很少,近十几年来,木瓜脂肪酶等植物脂肪酶因渐渐显露出的价格便宜、用途广、稳定性好等优势而逐渐受到关注[2,3]。

木瓜未成熟的果实里含有丰富的乳白色木瓜汁,其中15%是干物质,85%是水。在木瓜胶乳中,脂肪酶与干物质紧密地结合在一起,不溶于水,因此,可以把它看成是一种天然的固定化酶。木瓜胶乳中的脂肪酶活力是脂肪酶表现出来的,与木瓜胶乳中的蛋白酶无关,对于木瓜脂肪酶的一些生物化学的特征研究较少。迄今,还没有从乳液中成功提纯木瓜脂肪酶的报道。尽管纯化木瓜脂肪酶很困难,但近年来木瓜脂肪酶作为一种新型、多用途的生物催化剂,应用非常广泛。目前,木瓜脂肪酶在脂肪酸修饰、非水相转酯化、芳香酯合成、手性化合物拆分等方面,都取得了非常好的结果。这表明木瓜脂肪酶不仅具有优良的催化性能，也具有较高的开发利用价值。相比于微生物脂肪酶，作为植物来源的脂肪酶，只需要经过一些简单的物理过程就可以完成分离纯化，没有化学溶剂污染，更适宜用于食品、化妆品、香精香料等行业。相比于其他来源脂肪酶，植物脂肪酶还具有不同的酶学性质。因此，木瓜脂肪酶具有很好的应用和发展前景[4,5]。另一个为大家所关注的植物脂肪酶是小麦胚芽脂肪酶。该酶具有较好的热稳定性和有机溶剂耐受性。小麦胚芽脂肪酶的粗酶含有多种蛋白，表现出解酯酶活力的包括三种酶：脂肪酶、酯酶、甘油三丁酸酯酶[6]。小麦胚芽脂肪酶的分子质量为 42kDa 左右，等电点为 5.4。但是粗酶中有多个与其性质相近的杂蛋白，故分离纯化并不容易。一般常组合使用沉淀、凝胶过滤、疏水色谱及离子交换色谱等方法。小麦胚芽脂肪酶近年来在医药、化工、食品等领域有了一定的应用，特别是在手性拆分和油脂工业方面有较大的潜力[7]。实验室常用的商品化植物脂肪酶主要为麦胚脂肪酶(wheat germ lipase，WGL)，由 Sigma 公司供应(产品编号 L3001)。

微生物是目前脂肪酶的重要来源，产脂肪酶菌株主要集中在根霉、曲霉、假丝酵母、青霉、毛霉、须霉及假单胞菌等。脂肪酶在微生物界的分布广泛，据统计，产脂肪酶的微生物有 65 个属[8,9]。其中细菌 28 个属，放线菌 4 个属，酵母菌 10 个属，其他真菌 23 个属。微生物脂肪酶被发现以来，由于具有种类多、作用 pH 和温度范围较动植物脂肪酶广、对底物的专一性强、便于生产和获得高纯度制剂等优点，目前已得到了广泛的应用。由于微生物脂肪酶易变异，可定向筛选，生长繁殖快，产酶周期短，发酵产物单纯，故微生物脂肪酶的研究成为当前脂肪酶研究领域的主流，深入研究和应用于生产的微生物脂肪酶不断增加。细菌、酵母、霉菌中均筛选到较高酶活的菌株。至今在脂肪酶中，也只有微生物来源的脂肪酶如黑曲霉、白地霉、毛霉、巢子须霉、荧光假单胞菌等所产生的脂肪酶被提纯得到了结晶。另外，无根根霉、柱状假丝酵母、耶尔氏球拟酵母、黏质色杆菌产生的脂肪酶等也得到高度提纯，并对它们的理化性质开展了研究。德氏根霉、柱状假丝酵母菌等微生物的脂肪酶制剂已供应市场。

由于基因工程技术的出现，许多新的、纯度更高的、具有特定功能的脂肪酶在原有微生物脂肪酶基因的基础上通过基因重组技术先后开发成功。1987 年，Novo 公司用安全性已得到证实且酶生产力高的米曲霉(*Aspergillus oryzae*)的遗传因子改造柔毛腐质霉(*Humicola lanuginosa*)，生产出了大量的脂肪酶。有关微生物脂肪酶的基因克隆研究代表了这一领域最新、最重要的进展。迄今，只有很少几种脂肪酶的基因得到克隆和定序。通过将脂肪酶的基因克隆到适于工业生产的宿主菌如 *Aspergillus oryzae* 可使脂肪酶的发酵生产发生质的飞跃。

除对已知微生物进行基因工程改造外，极端环境下的微生物脂肪酶由于能耐低温、耐酸碱、耐高压等，引起了研究者的重视。近来还发现了许多能在极端条件下保持较高活力的细菌脂肪酶，如从南极海域中分离出的微生物的菌体中得到的脂肪酶可在 4℃的低温下保持较高的活力。从冰岛的温泉中分离出的嗜热菌脂肪酶在高达 80℃条件下仍具有较高的活力，当以菌体细胞的形式存在时，在 100℃仍具有较高的活力。

迄今，实现商业化的主要是微生物脂肪酶，包括褶皱假丝酵母脂肪酶(CRL)、爪哇毛霉脂肪酶(MJL)、米氏毛霉脂肪酶(MML)、米氏根毛霉脂肪酶(RML)、少根根霉脂肪酶(RAL)、南极假丝酵母脂肪酶(CAL)、染色黏性菌脂肪酶(CVL)、假单胞菌脂肪酶(PSL)、荧光假单胞菌脂肪酶(PFL)，生产商主要包括丹麦的 Novo-Nordisk、荷兰的 Genencor International B. V.、德国的 Boehringer-Mannheim 和日本的 Amano Co.，供应商主要是 Sigma Chemical Co.和 Fluka Chemie AG。

表 1-1 列出了实验室常用的 Sigma 公司供应的脂肪酶。

表 1-1　实验室常用的 Sigma 公司供应的脂肪酶

来源	缩写代码	Sigma Chemical Co.商品号
Candida rugosa	CRL	L1754, L8525
Mucor javanicus	MJL	L8906
Mucor miehei	MML	L9031
Rhizomucor miehei	RML	L4277
Rhizopus arrhizus	RAL	L4384
Candida antarctica	CAL	L4777(在 *Aspergillus oryzae* 表达，固定化酶)
Thermomyces lanuginosa	TLL	L0902, L0777
Chromobacterium viscosum	CVL	L0763
Pseudomonas sp.	PSL	L9518 L4783(固定化酶)
Pseudomonas fluorescens	PFL	28602

另外，Fluka 公司供应的脂肪酶还有白地霉脂肪酶(*Geotrichum candidum* lipase，GCL)、柔毛腐质霉脂肪酶(*Humicola lanuginosa* lipase，HLL)、米曲霉脂肪酶(*Aspergillus oryzae* lipase，AOL)、青霉菌脂肪酶(*Penicillium camemberitii* lipase，PEL)、德氏根霉脂肪酶(*Rhizopus delemar* lipase，RDL)、米根霉脂肪酶(*Rhizopus oryzae* lipase，ROL)、颖壳假单胞菌脂肪酶(*Pseudomonas glumae* lipase，PGL)、洋葱伯克霍尔德菌脂肪酶(*Burholderia cepacia* lipase，BCL)、类产碱假单胞菌脂肪酶(*Pseudoalcaligenes* lipase，PCL)、门多萨假单胞菌脂肪酶(*Pseudomonas mendocina* lipase，PML)、链状嗜热杆菌脂肪酶(*Bacillus thermocatenulatus* lipase，BTL-2)和腐皮镰孢霉脂肪酶(*Fusarium solani* lipase，FSL)等。在我国，1967 年中国科学院微生物研究所筛选到一株解脂假丝酵母(*Candida lipolytica* AS2.1203)，并于 1969 年制成酶制剂投放市场至今[10]。

1.1.2 脂肪酶的分类

对脂肪酶的分类目前还没有形成一个完整的共识,通常按最适酶活力 pH 可分为酸性脂肪酶和碱性脂肪酶,一般植物种子和动物胰脏所含的脂肪酶为酸性脂肪酶,而微生物所产生的脂肪酶大多为碱性脂肪酶。

1999 年,Apriny 和 Jaeger 整理了脂肪酶的核苷酸、蛋白质和晶体结构的有关信息,通过对氨基酸序列和基本生物学性质的比较,提出了一种较详尽的脂肪酶家族分类方法[11]。这种分类方法将脂肪酶分为 8 个家族,即 FamilyⅠ(true lipase),FamilyⅡ(GDSL family),FamilyⅢ,FamilyⅣ[HSL,hormoe-sensitive lipase(HSL) family],FamilyⅤ~FamilyⅧ,而脂肪酶家族 FamilyⅠ又包括 7 个亚族 SubfamilyⅠ.1~SubfamilyⅠ.7。

FamilyⅠ:该家族成员较多,氨基酸序列差异较大,主要包括假单胞菌属脂肪酶(Psedudomonas lipase)和革兰氏阳性菌脂肪酶(Gram-positive organisms lipase),这类酶被称为"真正的脂肪酶"(true lipase),是最早研究的脂肪酶。大多数假单胞菌属的脂肪酶可划分到 1.1 至 1.3 亚科。1.1 亚科的脂肪酶分子质量最小(约 30kDa),代表性微生物为绿脓杆菌(P.aeruginosa)和草莓假单胞菌(P.fragi)。1.2 亚科与 1.1 亚科脂肪酶具有 60%的氨基酸序列相似性,由 320 个氨基酸残基组成,分子质量约为 33kDa,包括荚壳伯克霍尔德菌(B.glumae)和洋葱伯克霍尔德菌(B.cepacia)的脂肪酶。这两个亚科的脂肪酶分子都有一个二硫键,而且需要助蛋白的帮助才能完成蛋白质的正确折叠和分泌。1.3 亚科的脂肪酶分子质量要比 1.1 亚科、1.2 亚科的分子质量大得多,假单胞菌属的荧光假单胞菌(*P. fluorescens*) SIK WI(50kDa)和假单胞菌(*P.strain*)MIS 38(65kD)以及沙雷氏菌属中黏质沙雷氏菌(*Serratia marcescens*)(65kDa)的脂肪酶是这一亚科的主要代表。这一亚科的脂肪酶分子由于缺失了半胱氨酸残基,从而失去了形成分子内二硫键的能力。

革兰氏阳性菌脂肪酶大多来自芽孢杆菌属。与其他脂肪酶家族的甘氨酸-X-丝氨酸-X-甘氨酸不同,其催化活性中心丝氨酸残基附近的五肽序列为丙氨酸-X-丝氨酸-X-甘氨酸。

FamilyⅡ:该家族因其催化活性中心丝氨酸残基附近的序列为甘氨酸-天冬氨酸-丝氨酸-(亮氨酸)(GDSL),又称 GDSL 家族。与常见的五肽序列甘氨酸-X-丝氨酸-X-甘氨酸(Gly-Xaa-Ser-Xaa-Gly)不同,具有 GDSL 序列的一部分脂肪酶存在一个丝氨酸-组氨酸催化二元组催化位点,而不是常见的丝氨酸-天冬氨酸-组氨酸三元组(triad)催化位点。

FamilyⅢ:该家族的脂肪酶具有典型的 α/β 水解酶折叠结构和三元催化位点结构,与人血小板激活因子乙酰水解酶(PAF-AH)有大约 20%氨基酸序列一致性。

FamilyⅣ:该家族成员与来自哺乳动物的激素敏感型脂肪酶(hormone-sensitive

lipase)在氨基酸序列上有相似性，因而该家族也被称为激素敏感型脂肪酶家族。该家族成员包括从嗜冷菌(*Moraxella* sp.，*Psychrobacter immobilis*)、嗜温菌(*Escherichia coli*，*Alcaligenes eutrophus*)、嗜热菌(*Alicyclobacillus acidocaldarius*，*Archeoglobus fulgidus*)中获得的脂肪酶，可见脂肪酶对温度的适应性并不由序列的保守性决定，而由其蛋白质的高级结构决定。

Family Ⅴ：该家族成员与 Family Ⅳ类似，成员有来自嗜温菌(*Pseudomonas oleooraans*，*Haemophilus infuenzae*，*Acetobacter pasteurianus*)、嗜冷菌(*Moraxella* sp.，*Psychrobacter immobilis*)和嗜热菌(*Sulfolobus acidocaldarius*)的脂肪酶，在氨基酸水平上该家族脂肪酶与来自各种微生物并同时具有 α/β 水解酶折叠结构的环氧化物水解酶、脱卤化酶和卤代过氧化物酶等具有三元催化位点的非脂解酶有 20%～25%的相似性。

Family Ⅵ：该家族成员具有 α/β 水解酶折叠结构和典型的丝氨酸-天冬氨酸-组氨酸三元组催化位点活性中心结构，这类脂肪酶水解短链底物并具有宽底物特异性，而对长链的三酰甘油不具有活力，酶蛋白的分子质量在 23～26kDa 之间，是分子质量最小的脂肪酶。

Family Ⅶ：该家族成员一般具有大于 55kDa 的相对较大的分子质量，在氨基酸水平上与来自真核生物的乙酰胆碱脂肪酶和肝脏的羧酸脂肪酶有 40%的相似性。

Family Ⅷ：目前报道组成该家族的 3 个酶均是由大约 380 个氨基酸组成，其中的一段包含 150 个氨基酸(50～200)的序列与来自阴沟肠杆菌的 β-内酰胺酶有 45%的相似性。

1.1.3 产脂肪酶微生物的筛选

除少数微生物外，大多数微生物脂肪酶属胞外酶。相比较来说，产脂肪酶的微生物比较容易发现，但寻找到适于工业生产的脂肪酶产生菌及其发酵条件却非常困难。

筛选产脂肪酶微生物的方法应具有快速、简捷、准确、选择性强和易于自动化等特点，常用的方法是用含有甘油三酯的琼脂平板，酶催化水解产生清晰的环带或混浊的脂肪酸沉淀。对于适用于霉菌筛选的牛脂法，脂肪酶作用脂肪后产生的脂肪酸会与 pH 指示剂反应，在平板上呈有色透明水解圈；对于以三丁酸甘油酯为底物的固体琼脂平板法，可根据菌落周围形成透明圈的大小来挑选高产菌种，但该方法在酶活力较低时不易形成清晰的透明圈。如果在固体琼脂平板内添加维多利亚蓝作为指示剂，可明显地提高测定方法的清晰度和灵敏度。也可利用生色底物或产脂肪酶微生物的某些特性进行产脂肪酶菌种的筛选，乙酸对硝基苯酚酯和辛酸对硝基苯酚酯是常用的脂肪酶筛选的生色底物，对硝基苯辛酸酯、对硝基苯肉豆蔻酸酯和对硝基苯棕榈酸酯可筛选对不同碳链长脂肪酸具有专一性的脂肪酶产生菌。

琼脂平板法只在微生物产酶水平较低时适用，当产酶水平达到一定程度后，根据透明圈、沉淀圈和变色圈则很难区分微生物之间产酶能力的差异。此时，可以利用滴定法或比色法对产脂肪酶微生物进行筛选。

1.1.4 脂肪酶的发酵生产

脂肪酶的生产方法包括从动植物器官或组织中提取酶的提取法和利用微生物发酵获得脂肪酶的发酵法。由于动植物资源受气候、土壤等条件限制且分离提纯复杂，大部分酶都是采用发酵法生产的。

有些霉菌可通过固态发酵及液态发酵两种方法进行脂肪酶的发酵生产，而有些霉菌固态发酵时几乎检测不出脂肪酶活力，但液态发酵时却能检出，原因可能是固态发酵时产生的蛋白酶将脂肪酶水解掉了，而液体发酵不产生蛋白酶。另外，液态发酵时提高通风量通常有利于所有的单细胞微生物及大部分丝状真菌的脂肪酶生产。邓永平等对不同微生物发酵产脂肪酶的产酶条件和产酶活力进行了综合比较(表 1-2)[12]。

表 1-2 不同微生物发酵产脂肪酶的条件及其活力

菌株	诱导物	初始 pH	培养温度/℃	转速/(r/min)	培养时间/h	酶活力
Klebsiella sp.B-36	—	4.9	46.5	—	—	21.8U/mL
Enterobacter sp.	—	8.5	32.0	180	120	118U/mL
Teratosphaertaceae Crl2.	—	5.5	35.0	150	72	8.5U/mL
Aspergillus niger AN0512	—	—	28.0	180	96	30U/mL
Trichosporon capitatwn	橄榄油吐温 80	6.5	28.0	160	48	—
Pseudomonas cepacia	吐温 60	8.0	35.0	130	72	32.935U/mL
Candida rugosa	橄榄油	7.0	30.0	200	36	4351.6U/mL
Pseudomonas sp.T1-39	橄榄油	9.0	15.0	—	—	9.77U/mL
Aspergillus niger C2J6	—	8.0	35.0	—	72	18.75U/mL
Burkholderia cepacta	豆油	7.0	30.0	—	48	24.1U/mL
Penicillium sp.	—	8.5	25.0	150	48	186U/g
Trichoderma harzianwn	橄榄油	—	28.0	180	48	1.4U/mL
Trichoderma harzianwn	橄榄油	7.0	28.0	—	96	4U/g
Candida utilisin	—	—	30.0	—	72	25U/g
Penicillium camembertii KCCM11268	—	—	30.0	—	184	7.8U/mL
Thermomyces lanuginosus	橄榄油	6.5	45.0	—	72	19.5U/g
Candida rugosa NCIM3462	—	—	32.6	—	60	22.4U/g
Aspergillus sp.	—	5.6	25.0	—	60	18.67U/g
Pichia pastoris	甲醇	7.0	27.0	—	144	1960U/mL

脂肪酶产生菌的种类及酶的特性不一，其培养基配比和培养条件也各不相同。大多数微生物来源的脂肪酶是诱导酶，只有诱导物存在时才产生脂肪酶，添加诱导物可以有效提高酶活力。脂肪酶作用底物及可以增强细胞膜通透性的变性剂常被用作脂肪酶诱导物。甘油三酯、长链脂肪酸、游离脂肪酸及其某些结构类似物如司盘(Span)、聚乙二醇单油酸酯等表面活性剂通常被作为诱导物。非离子表面活性剂如吐温(Tween)、司盘及糖脂能刺激胞外酶的产生。如 Long 等[13]对黏质沙雷菌脂肪酶诱导物研究表明，以糊精和牛肉膏结合硫酸铵作为碳源和氮源，随着培养基中吐温 80 从 0g/L 增加到 10g/L，脂肪酶产量从 250U/L 提高至 3340U/L，充分说明诱导物在脂肪酶生产中的重要作用。需要注意的是，当培养基中含有高浓度的甘油酯时，可引起培养基形成多相混合液，会引起酶回收的困难。另外，培养基中高浓度甘油三酯在水解过程中会释放过多的脂肪酸而引起阻遏作用，导致酶产量减少。

也有一些微生物产脂肪酶不受脂类底物的诱导。多数实验表明，添加脂类到培养基中能够引起脂肪酶产量的明显增加。另外，培养基中含有单糖、双糖和甘油，会抑制脂肪酶的产生。因此，用于生产胞外脂肪酶的生长培养基一般多以淀粉、麸皮、甘油三酸酯或脂肪酸作为碳源，少量的葡萄糖可在开始生长时加入，氮源一般为黄豆粉、蛋白胨、酵母浸出物、酪蛋白水解物和玉米浆。由于微生物营养谱宽泛，很多工业或农业废渣都可以作为微生物生长代谢的良好基质。Coradi 等[14]比较了农业和工业废渣液体或固体发酵哈茨木霉产脂肪酶的生产，发现无论液体发酵还是固体发酵，培养基中添加 1%(体积分数)的橄榄油都可以有效提供产酶量。Salgado 等[15]利用橄榄油厂和酒厂的残留物作为培养基质固态发酵曲霉生产脂肪酶，发现尿素是影响脂肪酶产量的关键因子。吐温 80 和尿素都为变性剂，可以增大细胞膜的通透性，从而使脂肪酶能够快速分泌出细胞。Venkatesagowda 等[16]以提取椰子油后的糟粕为原料固体发酵 *Lasiodiplodia theobromae* VBE-1，发现一定量的矿物盐和椰子油均可以增强脂肪酶活力。Fleuri 等[17]研究发现以 75%麦麸和 25%甘蔗渣为培养基，含水量 40%时脂肪酶产量为 10.82U/g。除了利用微生物发酵工农业废渣产脂肪酶外，Luís 等利用微生物发酵橄榄油厂工业废水生产脂肪酶，需要对废水进行稀释，同时添加矿物盐可以有效提高产酶量，该步骤处理还可降低废水 COD 值，减少酚类和芳族化合物[18]，微量元素和有些添加物对发酵产酶也有显著影响。有报道无机离子如 K^+、Na^+、Mg^{2+}、Ca^{2+} 等对脂肪酶产生有促进作用，而 Mn^{2+}、Ba^{2+}、Zn^{2+}、Fe^{2+}、Co^{2+}、Cu^{2+} 等则抑制脂肪酶产生。Treichel 等[19]从菌株、培养基、底物和过程控制等角度综述了脂肪酶的发酵生产，并介绍了数学建模在脂肪酶发酵生产中的应用。通过基因工程手段提高脂肪酶产量对脂肪酶基因进行突变或重组，从基因角度提高酶活力或稳定性是现在一个新的研究热点。吴厚军等[20]对来源于 *Rhizopus chinensis* CCTCC M201021 的脂肪酶进行了

D190V定点突变，通过巴斯德毕赤酵母表达突变酶D190V，使该酶的最适温度和热稳定性得以提高。王建荣等[21]采用同源克隆法获得雪白根霉的脂肪酶基因(rnl)，在毕赤酵母X-33中成功表达，重组酶活力可达48U/mL，重组酶最适pH 8.5，最适反应温度35℃。苏二正等[22]将短小芽孢杆菌脂肪酶基因在大肠杆菌中进行表达，酶活力达到2000U/mL，并对重组酶性质进行研究。Fang等[23]研究了细毛嗜热霉脂肪酶(TLL)基因在巴斯德毕赤酵母GS115菌株中的表达，以1.2%甲醇作为诱导物，pH 7.0、27℃培养144h，酶活力1960U/mL。韩双艳等[24]研究了抗辐射不动杆菌碱性脂肪酶基因在毕赤酵母中的表达，摇瓶发酵液上清酶活力由野生酶3～4U/mL提高至重组酶65U/mL。

综上所述，微生物脂肪酶的研究主要围绕菌种筛选、发酵条件优化及酶的初步分离纯化展开。产酶菌种主要有黑曲霉、根霉、假丝酵母和假单胞菌等，不同菌种培养条件各异，产酶能力也差别较大。筛选新的产酶活力高、产量高及成本低的脂肪酶生产菌种，或者利用基因工程手段对现有产酶菌种进行改造，提高产酶量等仍需继续深入研究。

1.1.5 微生物脂肪酶的分离纯化

多数工业应用脂肪酶不必完全纯化。但是具有一定纯度的酶制剂，却可以使其得到更有效和成功的利用。此外，脂肪酶的分离纯化是对酶学性质研究的基础，而且在工业应用方面，如生物催化生产精细的化学产品、医药品和化妆品等，也要求所用的酶必须是纯酶制品。脂肪酶作为一种具有生物催化活性的蛋白质大分子，在分离时既要考虑纯化倍数，还要考虑酶活力回收率及酶的比活力。微生物发酵液成分复杂，其中既含有代谢产物，还有未发酵完的底物及生长的菌体，因此，从中提取脂肪酶有一定的难度，要想获得高纯度的脂肪酶需要通过物理、化学或生物手段进行除杂。

微生物脂肪酶的纯化方法因酶是否分泌到胞外而有所不同。目前，分离纯化得到的细菌所产的脂肪酶均为胞外酶。胞外脂肪酶纯化的一般步骤是将含有酶的培养上清液通过离心、硫酸铵沉淀等去除菌体并浓缩，然后用层析法分离纯化。汪小锋等[25]对一些脂肪酶的分离纯化方法进行了综述(表1-3)。

由于微生物发酵液体积较大，酶浓度低，因此必须首先对粗酶液进行浓缩，有机溶剂沉淀和盐析是常用的浓缩手段。有机溶剂沉淀易造成酶活力的下降或失活，利用有机溶剂对绿脓杆菌CS-2脂肪酶进行沉淀分离，酶活力回收率64.7%，酶活力损失近40%[26]。硫酸铵盐析不易造成酶活力的损失，在一定程度上还有保护酶活力的作用。注意：向酶液中溶解硫酸铵时要边加入边缓慢搅拌，不宜快速搅拌，否则湍流会导致局部酶活力不可逆丧失，此步骤正确的操作方式对于酶的纯化尤为重要。

表 1-3 微生物发酵产脂肪酶的培养条件

微生物	纯化步骤	比活力/(U/mL)	回收率/%	纯化倍数	最适作用温度/℃	最适作用 pH
Bacillus thuringiensis CZW001	硫酸铵盐析、超滤、DEAE、纤维素层析、Sephadex G-100 层析	1856.30	37.50	75.50	25	8.0
Burholderia sp. ZYB002	水平、DEAE Sepharose FF 层析和 Sephadex G-75 层析	1902.50	11.36	8.98	50	8.5
Aspergillus niger	硫酸铵盐析，Q-Sepharose FF 层析和 Sephacryl S-200 层析	—	—	—	50	4.0
Penicillium expansum PED-03	DEAE+Sepharose，Sephacryl S-200	85.94	19.80	81.80	—	—
Pseudomonas aeruginosa CS-2	超滤、丙酮沉淀和 DEAE-Sephadex A50	313.10	45.50	25.50	50	8.0
Thermus thermophilus HB8	硫酸铵盐析、乙醇沉淀和 Butyl-Sepharose 疏水层析	67.33	21.58	204.00	80	7.0
Escherichia cdi BL21	两步亲和层析	6315.80	47.40	2.80	70	7.0
Pseudoalteromonas sp. NJ70	硫酸铵盐析、Phenyl-Sepharose FF 层析和 DEAE-Sephadex A50 层析	984.40	25.40	27.50	35	7.0
Aspergillus japonicas	硫酸铵盐析、透析浓缩和 Sephadex G-75 层析	36.83	42.62	14.73	40	7.3
Bacillus licheniformis MTCC 2465	硫酸铵盐析和 Sephadex G-100 层析	398.00	48.00	10.40	60	10.0

一般通过盐析或有机溶剂(如丙酮)沉淀等初步纯化就可以获得脂肪酶粗酶制剂。但要更进一步地纯化必须借助于凝胶过滤、离子交换和亲和层析等技术。为了完全纯化一种蛋白质，并使回收率达到 30%，在一个纯化方案中，通常需要四五个纯化步骤。多数情况下，将几种层析方法结合起来，才能得到较好的分离纯化效果。

层析法是对脂肪酶精细分离的有效手段，常用的几种层析方法包括：离子交换层析、亲和层析、凝胶过滤层析等。据统计，在各种微生物脂肪酶的纯化方案中，离子交换层析的使用率为 67%，而且其中在 29% 方案中，不止使用一次[27]。离子交换层析中使用频率最多的弱阴离子交换基团是二乙基氨基乙基(DEAE)(58%)，弱阳离子交换基团是羧甲基(CM)(20%)。离子交换层析依据样品中各个组分带电荷性质的不同将其一一分离，在离子交换层析过程中，为了便于洗脱吸附到层析介质上的组分，流动相的离子强度或 pH 变化会较大，可能造成对 pH 变化敏感的酶的失活。

凝胶过滤层析经常作为分离纯化的第二步，使用率为 60%，而且有 22% 的方案中不止一次使用凝胶过滤层析。凝胶过滤层析依据样品中各个组分分子大小的不同将其一一分离，用于分级分离，往往通量低，流速慢，导致纯化效率降低。从文献报道看，多数活力回收率较低。

亲和层析和吸附层析也经常用于脂肪酶的纯化，使用率分别为27%和16%左右。设计一个理想的微生物脂肪酶的纯化方案是非常重要的。许多学者对脂肪酶的纯化方法进行了总结，这些文章成为设计微生物脂肪酶纯化方案者的重要参考文献[28-30]。

酶学性质研究是对酶进行合理应用的前提，上述大部分研究中纯化后的酶纯度不高，甚至有些以发酵液为研究对象。因此，不可避免会有其他非目的物的污染和干扰，在实际应用时极容易导致无法出现重现性，从而，进一步影响酶的应用，所以，对酶的高效纯化是亟须解决的问题，另外，传统的纯化方法有以下两个局限性：回收率低，耗时长。而工业生产上往往需要一些价廉、快速、高回收率并能够应用于大规模生产的脂肪酶纯化方法。随着生物分离技术的不断发展，一些新型的组合技术逐渐应用到脂肪酶的纯化中，综合两种甚至两种以上分离模式的集成化分离手段已经快速地发展起来，可以尝试在脂肪酶的分离中进行应用，从而达到快速和高效分离酶的目的。

硫酸铵-丙酮协同沉淀法 根据在高浓度盐溶液中蛋白质容易析出的原理，利用不同饱和度的硫酸铵溶液沉淀粗酶液中的蛋白质。当对酶液进行硫酸铵分级沉淀时，同时加入一定体积的丙酮。刚开始酶液混浊但为一相；继续加入硫酸铵后，酶液开始分相，离心后脂肪酶沉淀位于两相的界面处(丙酮相)，呈饼状，沉淀量少，而且两相的液体均澄清。研究发现，硫酸铵最终饱和度和丙酮加入量对脂肪酶的纯化倍数和回收率都有显著的影响。通过调整硫酸铵和丙酮加入量，可以明显提高酶活力回收率和纯化倍数[31]。

离子交换层析和疏水层析结合法 离子交换层析是以离子交换剂为固定相，依据流动相中的组分离子与交换剂上的平衡离子进行可逆交换时的结合力大小进行分离的层析方法，而疏水层析则是利用固定相载体上偶联的疏水性配基与流动相中的一些疏水分子发生可逆性结合而进行分离的层析方法。秦韶巍等[32]先采用DEAE Sepharose FF 进行离子交换层析，再采用 Phenyl Sepharose FF(Low sub)进行疏水层析，经纯化后的 *Candida* sp.脂肪酶的比活力为 27200 U/mg，比粗酶提高了 10.0 倍，产品收率为 35.5%。

界面亲和层析技术 脂肪酶疏水腔具有"开"和"关"两种构象。Bastida 等[33]研究发现，在极低离子强度条件下，褶皱假丝酵母脂肪酶(CRL)以一种完全不同于常规疏水吸附的方式被疏水载体吸附，此时，其活性中心周围的疏水腔处于"开"构象，具有亲水-疏水界面特性。因此，褶皱假丝酵母脂肪酶被固定在疏水载体上，由于活性中心周围疏水腔构象上的轻微差异是引起立体选择性差异的主要原因，而该固定化方法又是靠疏水腔与疏水载体表面的亲和作用，因此，疏水腔构象上有轻微差异的同工酶的吸附行为可能不同。据此设计出界面亲和层析技术，依据疏水腔开放程度差异将具有不同立体选择性的同工酶分离。

免疫纯化法 免疫纯化法具有高度的选择性，而且非常有效，通过进一步的反应可将酶纯化 1000~10000 倍。绝大多数的免疫纯化过程要用到单克隆抗体或者具有亲和纯化能力的多克隆抗体。该种方法的选择要依据单克隆抗体对靶蛋白的利用率以及原料的组成，即原料的类型和纯度。如 Bandmann 等[34]用免疫亲和层析法对大肠杆菌脂肪酶异变体进行了纯化。免疫纯化在纯化过程中还要使用单克隆抗体，是一种较贵的纯化方法，其应用受到了一定的限制。只有将单克隆抗体大规模投入工业生产，才有可能极大地降低生产成本，从而实现规模化生产。

双水相萃取法 双水相萃取技术的原理是利用物质在互不相溶的两相中分配系数的差异进行分离纯化。与一些传统的分离方法相比，双水相萃取具有条件温和、产品活性损失小、处理量大、分离步骤少、无有机溶剂残留、设备投资小、操作简单、易于工程放大和连续操作等优点，非常适合大规模应用。目前该技术已成功地应用于几十种胞内酶的提取和精制。在生化工程中，常用的双水相体系有聚乙二醇/葡聚糖体系和聚乙二醇/磷酸盐体系，后者由于成本低廉且选择性较高，应用更为广泛。杨建军等[35]对南极假丝酵母脂肪酶(CAL)在双水相中的分配情况进行了研究，考察了温度、聚乙二醇(PEG)分子量、NaCl 质量分数和 $(NH_4)_2SO_4$ 质量分数对分配系数 K 的影响，发现温度对分配系数的影响不是很大，在常温下操作，南极假丝酵母脂肪酶的活力收率依然很高。在低分子量时，PEG 与蛋白质的疏水作用可促进南极假丝酵母脂肪酶的分配，并且两相间电势差等对分配平衡有较大影响。只有两相的质量分数均达到一定值时，才会很容易地形成两相，并在上相中富集。南极假丝酵母脂肪酶分离的理想体系为 PEG2000/硫铵双水相体系。

采用 PEG/磷酸盐双水相系统从洋葱假单胞菌 G-63 发酵粗酶液中提取脂肪酶，研究了体系中 PEG 平均分子量、磷酸盐、NaCl 溶液浓度以及 pH 对脂肪酶分配系数、回收率、纯化效率及分相时间的影响。在 PEG2000、磷酸盐、NaCl 质量分数分别为 10%、15%、1%，pH 为 8.0 时，室温下的双水相体系分配系数为 4.36，纯化因子为 3.98，脂肪酶的最高回收率达到 87.25%。因此，只要适当地选择分离条件，就可以很好地控制双相系统的分离纯化[36]。

1.2 脂肪酶活力的测定

脂肪酶是一大类催化长链酯键水解和形成的酶类，具有对油-水界面的亲和力，是一种典型的界面酶。脂肪酶的催化作用发生在油-水界面上，能在油-水界面以高催化速率水解不溶于水的长链酯类底物，而对均匀分散的或水溶性底物无作用，因此其活力测定有别于其他的水相酶。在利用脂肪酶进行科学实验和工业生产中，酶活力是一个非常重要的指标，如何准确测定酶活力的大小，对于研究该酶的特性及应用具有重要的意义。

脂肪酶活力检测目前并没有一种统一的方法，各生产厂家和科研部门通常根据自己的实验条件和实际情况以及各自所制备脂肪酶的特性来制定出各自的产品检测方法，存在着检测方法的多样性，如检测过程影响因素的复杂性和酶活力定义的混乱性。因此，商品化脂肪酶在标出酶活力的同时必须要明确标出测定酶活力采用的方法和底物，以确保活力检测的可比性。

目前脂肪酶活力测定方法主要有平板法、滴定法和比色法，其中比色法又包括铜皂法、微乳液法和对硝基苯酚法。脂肪酶活力的检测一般根据目的不同选择合适的底物和方法。

1.2.1 脂肪酶活力测定的底物

检测脂肪酶活力的底物包括三丁酸甘油酯、三油酸甘油酯、橄榄油、乙酸对硝基苯酚酯和辛酸对硝基苯酚酯等，还有采用合成或半合成的三酸甘油酯、生色底物和放射性示踪底物等。根据脂肪酶活力测定原理，上述底物可以分为两类，一类是适合于用酸碱滴定法滴定脂肪酶水解的游离脂肪酸含量来测定脂肪酶活力的底物，包括三丁酸甘油酯、三油酸甘油酯、橄榄油等；另一类是适合于用分光光度法测定脂肪酶水解产生的对硝基苯酚来测定脂肪酶活力的底物，包括乙酸对硝基苯酚酯和辛酸对硝基苯酚酯等。辛酸对硝基苯酚酯的水解速率比较快，因此检测脂肪酶活力时，误差比较大；而乙酸对硝基苯酚酯的水解速率比较缓慢，因此实验误差相对较小。但是辛酸对硝基苯酚酯和乙酸对硝基苯酚酯都不是脂肪酶的天然底物，一般不适合作为脂肪酶活力检测的底物。这种方法常用于前述的脂肪酶的筛选或检测酶量较小的脂肪酶。

三丁酸甘油酯和三油酸甘油酯作为底物时，脂肪酶活力检测的结果比较稳定，在测定温度下是液体，被认为是脂肪酶活力测定的理想底物。三丁酸甘油酯的最大优点是只需振荡或搅拌而不必加乳化剂就能分散在水相中，但因为丁酸是短链酸，所检出的活力还要用三油酸甘油酯或橄榄油来核实，因此只在初筛阶段使用。上述底物多为进口，价格较贵。

橄榄油含有 70% 以上油酸，作为反应底物，便宜且来源广，如果乳化方法和检测手段得当，可以获得较为稳定的脂肪酶活力数据，否则检测结果误差相对较大。橄榄油的生产厂家的不同、生产批次的差异，容易导致橄榄油的结构组成和杂质发生一定程度的改变，也易造成脂肪酶活力检测的不稳定，因此在测定过程中要尽量使用同一厂家和同一生产批次的橄榄油，这样检测出的脂肪酶活力才具有可比性和参考价值。

1.2.2 底物的乳化

脂肪酶催化酯键的水解反应是在油-水界面上进行的，催化效率取决于酶活力和反应体系界面面积大小。为了使脂肪酶作用充分，获得高的催化效率，要求有尽可能大的反应界面，因此，其水不溶性底物如橄榄油、三油酸甘油酯等必须充分分散在水中。通过搅拌和振荡往往只生成暂时的不稳定的乳化状态，油珠的表面积不够大，而且重复性很差。通过加入乳化剂，并用高速搅拌、振荡和超声处理等措施使油以微粒状态充分分散，借助于表面活性剂形成底物的稳定的乳化剂，这样可以尽可能减少实验误差，提高脂肪酶活力检测数据的稳定性。

橄榄油是测定脂肪酶活力的廉价底物，通过选择适当的乳化方法和检测方法可以很大程度上提高酶活力检测结果的重复性和可靠性。但在利用橄榄油作为底物检测脂肪酶活力时，测得的酶活力结果往往十分不稳定，其中没有采用乳化方法或乳化处理不合理是造成该情况的主要原因。通过添加聚乙烯醇、阿拉伯胶等乳化剂，同时结合高速搅拌或超声波处理等措施使橄榄油以微粒状态均匀分散成稳定的乳化系统，可以提高脂肪酶活力检测的稳定性。常用的乳化剂有聚乙烯醇（聚合度1750，浓度2%）、阿拉伯胶（浓度2%~10%）、羧甲基纤维素、卵磷脂、油酸钠等。

橄榄油乳化液的制备需用超声波装置，超声条件差异常造成乳液液滴大小不均，实验重复性不好，橄榄油乳化液不稳定易分层，不透明的乳状液体系不适于用光学手段对底物或产物进行测定。

采用微乳液体系可避免上述缺点。微乳液是由水、表面活性剂和非极性溶剂组成的，可以分成水包油（O/W）型（即油分散在水中）和油包水（W/O）型（即水分散在油中，低水含量的微乳液也被称为反胶束）。微乳液中水滴的大小远小于乳化液中的油滴，因此，微乳液体系的界面面积要比乳化液大得多，这有利于界面激活脂肪酶发挥其催化作用。

1.2.3 脂肪酶活力的检测方法

在给定时间内，脂肪酶酶活力大小与其催化水解生成的脂肪酸等物质的量成正比。脂肪酶的测定方法根据原理不同，大致可分为浊度测定法、酸碱滴定法、pH法、电位滴定法、甘油测定法、分光光度法和荧光测定法等。其中酸碱滴定法和分光光度法最为常用。

1. 平板法

平板法属于固体测定体系中的浊度测定法。在制作琼脂平板时加入脂肪酶的底物(如三丁酸甘油酯)及有色指示剂(罗丹明 B 或维多利亚蓝)。在琼脂平板上点上待测脂肪酶(打孔加样或滤纸片点样),在脂肪酶催化作用下,琼脂平板中的底物水解生成游离脂肪酸并与琼脂中的指示剂反应,在琼脂平板中加样点的周围形成比较清晰的水解圈。根据水解圈(透明圈或变色圈)的大小及透明(或变色)程度可定性判断脂肪酶活力大小,如产脂肪酶微生物的筛选、脂肪酶活力的初步判断等。由于水解圈有效直径的大小与酶活力对数呈线性关系,因此如果采用标准活力酶在同一测定平板中进行对照测定,该方法也可根据水解圈直径对酶活力进行定量分析[37,38]。

平板法所使用的仪器十分常见,所使用的试剂也比较便宜,操作简单;该方法的缺点在于反应时间长,形成的变色圈较模糊,不易准确测量变色圈的直径,重复性和精确度较差,很难得到确定的结果,因此该种方法主要应用于产脂肪酶菌种的筛选及批量酶样品的快速测定,若与滴定法联用则较可靠。

2. 酸碱滴定法

酸碱滴定法是运用最为普遍的经典脂肪酶活力测定方法。天然油脂在脂肪酶催化作用下,主要产生两种产物即脂肪酸与甘油,因此通过检测这两种产物的生成速率,即可反映脂肪酶的催化活力。对于利用橄榄油作为测活底物的检测方法,通常采用酸碱滴定法测定释放的游离脂肪酸。该方法首先需要将橄榄油与聚乙烯醇溶液在高速组织搅拌机(或超声破碎仪)的搅拌下配制成乳化底物,随后由底物、缓冲液和酶液组成作用系统在一定 pH 和温度下保温一段时间,利用脂肪酶将乳化的橄榄油水解为甘油及游离脂肪酸,用 95%乙醇终止反应,加入指示剂后,用标准碱液滴定。游离的脂肪酸与 NaOH 发生反应,消耗一定量的碱,根据碱的消耗推算酸的生成量,得出酶的活力单位。酶的活力单位定义同平板法,其计算公式为

$$脂肪酶活力 = (V-V_0)/t \times m \times n$$

式中,V 为样品消耗碱的体积;V_0 为空白消耗碱的体积;t 为反应的时间;m 为 1mL 碱中所含氢氧根的物质的量(μmol),n 为酶液稀释倍数。除上述直接滴定外,也可先用疏水有机溶剂如正己烷抽提出脂肪酸,再进行滴定。

酸碱滴定法仅需要酸碱滴定管、试管、恒温水浴锅、酸度计、高速组织捣碎机等一些比较常见仪器,操作简单。以乳化橄榄油为底物,在反应混合液中直接滴定脂肪酸的方法是脂肪酶活力的经典检测方法,也是目前的国标方法。在该法中乳化液的分散程度是影响测定结果的一个关键性因素[39,40]。由于反应体系中存在缓冲液对产物弱酸性脂肪酸的缓冲作用,直接滴定法的合理性常令人怀疑和困惑。此外,消耗碱体积小及显乳白色的橄榄油乳化液会干扰酚酞指示剂的变色,

也会造成该滴定方法不准确、不灵敏[41,42]。因此直接滴定法的稳定性一般都不十分理想。

3. pH 法

因为脂肪酶水解释放脂肪酸导致反应液 pH 降低，所以采用 pH 电极监测，用标准 NaOH 进行滴定检测。具体做法有两种：一是通过 pH 电极监测脂肪酶催化水解过程，连续滴定中维持 pH 恒定；二是脂肪酶催化反应终止后，用 pH 计测定反应过程中的脂肪酸生成量。前一种方法最大优点是始终维持反应体系中的 pH 不变，有利于酶的稳定，同时测量过程不用终止反应过程，因此测量速度较快，pH 法需要高灵敏度的 pH 计。pH 计的使用受诸多因素影响，如测量环境的温度影响、pH 电极受油脂污染灵敏下降等。

4. 分光光度法

分光光度法又称比色法或光谱检测法，分光光度法可以弥补酸碱滴定法的不足，克服了传统脂肪酶活力测定中底物乳化液难于配制、不稳定等缺点，避免了在 pH 缓冲溶液体系中进行酸碱滴定这一棘手的问题，大大提高了酶活力测定的准确性。

铜皂法 铜皂法主要是利用脂肪酶将橄榄油、三丁酸甘油酯、三油酸甘油酯水解生成脂肪酸和甘油，游离脂肪酸可和铜盐显色剂(5%乙酸酮溶液用吡啶调至 pH 6.1)中的铜离子反应生成铜皂，铜皂蓝色络合物在 710nm 波长下有最大吸收值，再对照脂肪酸吸光度工作曲线得出脂肪酸的浓度，计算出酶的活性。金属离子的干扰，往往会影响检测的准确性[43,44]。铜皂法以橄榄油作为底物，精确度不高，改用三油酸甘油酯和三丁酸甘油酯作为底物检测脂肪酶活力可以提高精确度。

Duncombe[45]提出利用生成的脂肪酸与铜离子形成铜皂，用有机溶剂苯萃取，在有机溶剂中，铜皂进一步和加入的铜呈色剂如 1,5-二苯基卡巴腙(DPC)结合，形成红色溶液，在脂肪酸含量为 10～150nmol 的范围内，显色程度和脂肪酸含量呈良好的线性关系。在波长为 440nm 处测定吸光度，计算得出脂肪酸浓度。由于该法检测过程中需要大量的苯进行铜皂的萃取，容易造成污染和对人体造成伤害，因此目前很少使用该方法。

测脂肪酸比色法还可以用一种荧光染色剂罗丹明 6G 与脂肪酸结合成复合物。该复合物可用正己烷萃取获得。脂肪酸存在会导致复合物红色加深，在波长为 513nm 时读出它的吸光度，从而计算出脂肪酸浓度[46]。

虽然铜皂法操作烦琐、稳定性不高，但所使用的仪器较常见，实验精确度高且试剂较便宜，大部分实验室和生物技术公司用该种方法测定脂肪酶活力[47]。

微乳液法 该种方法是在传统滴定法和铜皂法基础上改进的一种方法，微乳液是由水、表面活性剂和非极性溶剂在适当配比条件下自发形成的热力学稳定、光学透明、宏观均一的单分散体系。黄锡荣等[48]利用琥珀酸二辛酯磺酸钠为表面活性剂,异辛烷为有机溶剂形成了微乳液,张海燕等[49]改进了这一方法,利用价格较便宜的吐温 80 和正己烷来形成微乳液环境。在微乳液环境下,脂肪酶水解三油酸甘油酯生成的脂肪酸与铜离子形成铜皂,经苯萃取后进行比色测定。酶的活力单位定义同平板法。酶活力计算同铜皂法。

酶偶联比色法 酶偶联比色法是以 1,2-二亚麻酸甘油酯为底物,脂肪酶催化水解得亚麻酸和 2-亚麻酸甘油酯,利用亚麻酸经 β-氧化及酶偶联系统产生 NADH,NADH 的增加可由分光光度法在 340nm 处检测出,以此确定脂肪酶活力[50]。

羧基酯法 该法主要利用脂肪酶水解人工合成的羧基酯化合物(对硝基苯乙酯、对硝基苯戊酯、2,4-二硝基苯酚等),该类化合物除了具有适于脂肪酶专一性水解化学键外,其水解产物还带有特定的吸色基团,通过分光光度法可以快速检测该键的断裂来表征脂肪酶的催化速率。例如,产物对硝基苯酚在 405nm 有吸收峰,2,4-二硝基苯酚在 360nm 处有吸收峰[51,52]。酶的活力单位定义为检测条件下每分钟产生 1μmol 产物所需的脂肪酶量,其计算公式为

$$脂肪酶活力 = VN(C_{样} - C_{空白})/t/V_{稀释酶液}$$

式中,V 为反应总体积,N 为稀释倍数;C 为根据吸光度 A 求出的产物的浓度;t 为反应时间;$V_{稀释酶液}$ 为稀释酶液的体积。该方法具有测量环节简单、反应速率很快、灵敏度高、能够进行连续的定性和定量检测等优点。但是由于测定过程不能真正反映脂肪酶天然底物的状况,因此需通过标准酶进行校正,底物比较昂贵也是造成这种方法无法推广的重要原因[53]。另外,Roche 公司推出用脂肪酶测定人工合成的底物 1,2-二月桂基-rac-丙三氧基-3-戊二酸试卤灵酯[54]。该底物在碱性环境中,在脂肪酶作用下生成 1,2-o-二月桂基甘油和戊二酸-6-甲基试卤灵。后者不稳定,在碱性条件下自发生成戊二酸和甲基试卤灵。甲基试卤灵是一个显色团,在波长 581nm 处有吸收峰,因此可通过该基团的生成速率测定脂肪酶的活力[55]。

综上所述,分光光度法使用的主要仪器是分光光度计、超声波装置,仪器较常见,但操作烦琐,试剂普遍价格较昂贵,主要适用于实验室对酶活力的精确测定。

5. 其他方法

测定脂肪酶活力的其他方法还包括:通过检测界面张力的仪器由电子微平衡仪表感知表面张力的变化来测定脂肪酶活力的 Wilhelmy 平板法[56,57],通过检测磷脂双分子层中缺口来评价脂肪酶活力的原子显微镜法[58],通过整个的脂解过程的红外光谱变化(脂肪酸酯和脂肪酸的红外光谱吸收峰分别为 1751cm^{-1} 和 1715cm^{-1})来度量酶活力的红外光谱法[59]和酶联免疫吸附测定(ELISA)等[60,61],在

脂肪酶催化反应化学研究中并不常用，这里不再一一赘述。

1.2.4 脂肪酶活力的定义

由于脂肪酶活力检测没有统一的方法，脂肪酶活力定义十分混乱，从市场中购得的脂肪酶相互间无法进行正常的活力比较。根据酶活力定义：在一定实验条件(温度、pH、反应时间)下，每分钟催化分解 1μmol 底物的酶量为 1 个活力单位。脂肪酶活力测定底物的多样性，造成了酶活力定义的多样性及酶活力单位的混乱，因此在说明活力单位时应注明底物。另外，由于酶活力单位可以根据计算和记录的方便而自行定义，也给交流和工业生产造成麻烦。有研究者建议采用标准的统一底物(如三油酸甘油酯或高纯度的橄榄油)来设定标准活力单位，或尽量使用国际单位来计算酶活力，从而能有效地进行不同来源脂肪酶的活力的比较。

总之，在脂肪酶活力检测时，可根据实验目的、实验设施及节约成本的原则选择适宜的方法和底物来检测脂肪酶活力。在酶活力检测过程中，酶活力单位的计算尽量在最适温度、最适 pH、酶浓度以及适宜的底物浓度下进行，从而使测定的脂肪酶活力达到最大值，使结果更加准确和可信。

1.3 脂肪酶的特性和催化机理

随着生物化学和分子生物学技术的发展以及众多的测试工具的出现，对脂肪酶活力中心结构、作用机理等的了解不断深入。人们已经从自然界中分离纯化了多种脂肪酶，并对一些脂肪酶进行克隆和表达及氨基酸组成、分子量和等电点等物理参数的测定；利用 X 射线衍射等手段和定向修饰等技术测定了酶的晶体结构和催化活性中心三元组(triad)及氧负离子洞(oxyanion hole)的氨基酸构成和位置。从目前已知结构的几种脂肪酶的研究发现，脂肪酶的催化部位含有亲核催化三元组(Ser-His-Asp)或(Ser-His-Glu)，α/β 水解酶折叠结构为脂肪酶的活性位点提供了一个稳定的支架，催化部位被埋在分子中，表面被相对疏水的氨基酸残基形成的 α-螺旋盖状结构覆盖，对三元组催化部位起保护作用。界面活化现象可提高催化部位附近的疏水性，导致 α-螺旋再定向，从而暴露出催化部位；界面的存在，还可以使酶形成不完全的水化层，这有利于疏水性底物的脂肪族侧链折叠到酶分子表面使酶催化易于进行。

1.3.1 脂肪酶的分子质量、最适 pH 和最适温度

脂肪酶的主要来源是微生物、哺乳动物和植物。微生物来源的脂肪酶根据菌种的类别分为细菌类脂肪酶、酵母菌类脂肪酶、霉菌类脂肪酶三种。不同来源脂肪酶，其氨基酸组成数目从 270 到 641，其分子质量变化从 29kDa 到 100kDa，一

般在 22～60kDa 之间。但也有例外情况，如从 *Bacillus subtilis* 中提取的脂肪酶进行克隆表达发现它只含有 168 个氨基酸，分子质量为 19.4kDa。

脂肪酶的最适 pH 一般在 6～10 之间，最适温度一般在 30～60℃之间。不同来源脂肪酶的最适温度、最适 pH 差异较大。如曾报道一株无花果假丝酵母的脂肪酶最适温度为 42℃，最适 pH 8.0。而报道的圆弧青霉突变株的酶的最适温度为 25℃，在 30℃以下稳定，40℃处理 20min 仅残留 30%活力，pH 稳定范围在 6.5～10.5，最适 pH 为 10.0。

这里值得一提的是南极假丝酵母脂肪酶（*Candida antarctic* lipase B，CALB），它的良好催化特性以及在不同条件下较强的适应性在近几年的研究中都显露出了明显的优势。首先在南极洲分离得到的南极假丝酵母可以产生两种性质完全不同的脂肪酶 CALA 和 CALB。其中 CALB 是一种刚性很强的蛋白，尽管其最适 pH 为 7，但其水相中 pH 变化范围在 3.5～9.5 内都比较稳定，失活温度一般为 50～60℃。丹麦的 Novo 公司发明了 CALB 的固定化方法，将 CALB 吸附固定于大孔丙烯酸树脂（平均孔径 100～200nm，比表面积为 25～150m^2/g）上后制得的 Novozym 435 固定化酶可以在 80～90℃下保持较好的活力。

1.3.2 脂肪酶活力的影响因子

脂肪酶活力的影响因子很多，包括各种金属离子和有机化合物及表面活性剂等物质。其中有关金属离子对脂肪酶活力影响的研究最多，水中镁离子对脂肪酶活力的影响结果表明 Mg^{2+} 浓度在 25mg/L 以后对酶活力有提高作用；在外源钡离子对脂肪氧合酶的影响研究中发现，在钡离子与酶之间存在相互作用，适量的钡离子能大幅度提高脂肪氧合酶的反应产率。Salgin 等[62]研究并发现，Mg^{2+} 浓度在 50～500mmol/L 范围内能提高脂肪酶的水解活力。Okamoto 等[63]发现在非水相体系中，Li^+ 和 Mg^{2+} 可以显著增强脂肪酶催化合成(*R*)-苯氧基丙酸类化合物的能力。一般来说，Ca^{2+} 和 Mg^{2+} 对脂肪酶有较强的激活作用，Na^+、K^+ 和 Li^+ 具有微弱激活作用，而 Pb^{2+}、Zn^{2+}、Fe^{2+} 和 Co^{2+} 则表现为不同程度的抑制作用。Ca^{2+} 对脂肪酶有较强的激活作用，可能是 Ca^{2+} 能和脂肪酸生成不溶的钙皂而促进了酶促反应的进行，也有人推测 Ca^{2+} 是脂肪酶的一个组成成分。

1.3.3 脂肪酶蛋白分子结构特性

1. 脂肪酶分子结构中的 α/β-水解酶折叠

多数脂肪酶都是单链蛋白。目前，脂肪酶蛋白分子的三维结构已经初步阐明。结构数据显示，在进化程度和亲缘关系的远近程度上差别很大的脂肪酶，虽然氨基酸序列总体同源性不高，但在结构与功能上存在某些相似性。不同来源的脂肪酶的氨基酸顺序和分子大小相差很大，但所有的脂肪酶和酯酶都以相同的方式进行折叠。通过对各种脂肪酶和酯酶的结构相似性进行归纳，这种特有的折叠方式被命名为"α/β-水解酶折叠"。该结构包含一个被 α-螺旋包围着的以平行 β-片层结构为主的核，即类似球形的晶体的中心由许多平行和反平行的 β-折叠组成，β-折叠片之间通过 α-螺旋相连接(图 1-1)。

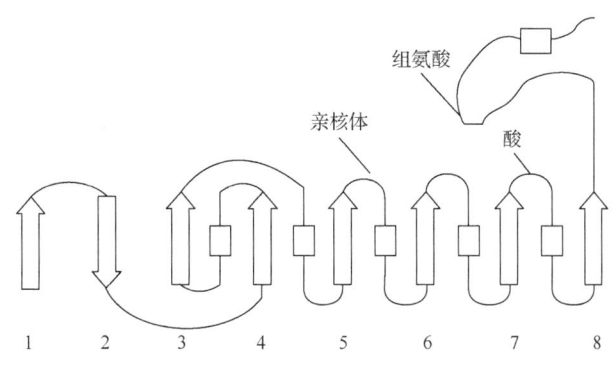

图 1-1　脂肪酶二级结构的一般形式

不同脂肪酶的 β-折叠和 α-螺旋的数目和空间排列方式不尽相同。米黑毛霉(*Mucor miehei*)脂肪酶是目前结构研究比较多和较清楚的真菌脂肪酶之一。作为一个典型脂肪酶的代表，X 射线衍射结晶学的研究表明：*Mucor miehei* 脂肪酶的二级结构主链是由九股 β-折叠和五股 α-螺旋组成。所有的 α/β 连接都是右手螺旋形成的一个复杂的蛋白质结构。

总的来说，α-螺旋由于自身与 β-折叠的连接，所以也平行于 β-折叠股的方向。肽链通过这种折叠方式产生了一个丝氨酸-组氨酸-天冬氨酸(或谷氨酸)三元催化位点，亲核的丝氨酸位于 β-片层和 α-螺旋之间的发夹结构上，组氨酸和天冬氨酸(或谷氨酸)位于丝氨酸的同一面(图 1-2)，几个氨基酸残基位于丝氨酸的另一面形成一个稳定氧阴离子的孔洞。

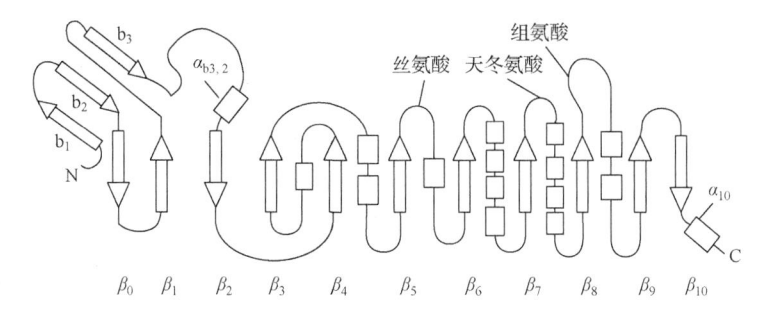

图 1-2　*Candida rugosa* 脂肪酶多肽的拓扑和立体图解

2. 脂肪酶催化中心三元组

脂肪酶除了在结构上存在相似的 α/β-水解酶折叠外，其底物结合部位的氨基酸序列也存在较高的同源性，绝大多数已知序列的脂肪酶蛋白均含有一小段保守序列，在所有这些蛋白中最保守区都是以丝氨酸(Ser)为中心，同时还拥有由组氨酸(His)-X-甘氨酸(Gly)-Z-丝氨酸(Ser)-W-甘氨酸(Gly)或Y-甘氨酸(Gly)-组氨酸(His)-丝氨酸(Ser)-W-甘氨酸(Gly) (W、X、Y、Z指非特异性氨基酸)构成的催化中心[如 CCL 和 GCL 的谷氨酸(Glu)、RML 和 HPL 的天冬氨酸(Asp)]。除此之外，有些种类的脂肪酶还需要存在一个额外的丙氨酸(Ala)才能发挥高催化活力，同时这几个氨基酸附近的十个氨基酸也具有较高的同源性。脂肪酶的这种"丝氨酸水解酶"(serine hydrolase)结构中，催化中心除了亲核的丝氨酸之外还包括组氨酸以及能够提供游离羧基的谷氨酸或天冬氨酸残基，共同形成电荷传递系统[64]。一级结构上相距较远的几种氨基酸残基通过其二级结构的折叠和弯曲可以形成空间上相互靠近的催化活性中心，构成脂肪酶活性中心的三元组。例如，CCL(A)含有 534 个氨基酸残基，其组成 3 个小的和 11 个大的 β-折叠及 10 个 α-螺旋。其催化活性三元组由 Ser-209、His-449 和 Glu-341 组成，Ser-209 处于超二级结构折叠-螺旋[β-折叠(202-208)-α-螺旋(210~220)]的转角处。

在蛋白质二级结构水平上，不同微生物脂肪酶的结构差异主要体现在 α-螺旋和 β-折叠的数量、α-螺旋的空间分布和 β-折叠扭曲角度的差异[65,66]。对于相同来源的脂肪酶的不同变种[如 CCL(A)和 CCL(B)、GCLⅠ和 GCLⅡ等]，酶具有绝大多数相同的氨基酸序列，其氨基酸组成数目完全相同，不同的只是个别氨基酸的差异。一般而言，不仅构成活性中心的三元组氨基酸种类相同，而且位置不变，其分子量和等电点略有不同[67]。

3. α-螺旋盖与脂肪酶的界面活化特性

从底物特异性的角度，传统的广义脂肪酶主要分为"真正的脂肪酶"和酯酶。"真正的脂肪酶"即三酰基甘油酯酰基水解酶(triacylglycerol acylhydrolases，EC3.1.1.3)，指的是狭义的脂肪酶，倾向于催化具有长脂肪酸链的水不溶性底物的分解；而酯酶即羧基酯水解酶(carboxyl ester hydrolases，EC 3.1.1.1)，倾向于催化分解具有短脂肪酸链的水溶性底物。狭义的脂肪酶与酯酶在空间结构、反应类型和催化机理等方面并无本质上的区别，都属于进化相关的丝氨酸酶类，两者在底物特异性上也无明显的界限划分，都能催化酯的水解。但两者对底物在脂肪酸链的长度上的偏好有所不同：只有狭义的脂肪酶可以作用在体系的亲水-疏水界面，催化水不溶性酯的水解，而酯酶不能水解脂肪酶的长链底物。

可见，脂肪酶和酯酶的最大差别在于它们与底物的作用形式不同。酯酶的活力随着底物浓度的增加而增大，表现为依赖于底物浓度的正常的 Michaelis-Menten 活力，而脂肪酶则表现出 S 形曲线，在底物处于溶解状态下，脂肪酶几乎没有活力(图 1-3)，只有当底物浓度逐渐增加到超出其溶解度极限时，才表现出明显增加的活力，这种现象被称为界面活化。

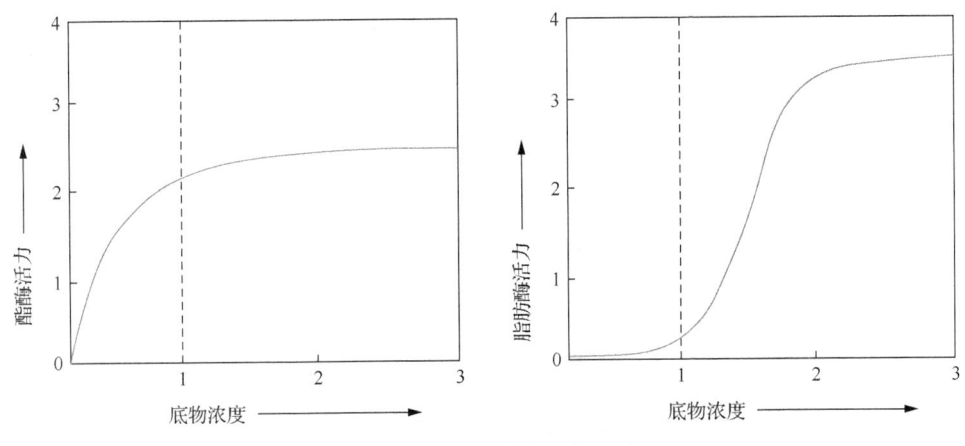

图 1-3 脂肪酶与酯酶的区别

所谓的界面被认为是两个彼此分离的完全不同的相差，在分子水平上相当于两个邻接的有序分子层，一个比较亲水，一个比较疏水。界面活化现象的分子基础被认为是酶分子的构象变化("α-螺旋盖"的重新定向排列)[68,69]，它与脂肪酶的一个与众不同的特征有关，脂肪酶的活性中心是丝氨酸(Ser)残基，Ser 与天冬氨酸(Asp)、组氨酸(His)组成三元组催化中心，正常情况下该中心埋在一个或数个 α-螺旋结构的"盖子"下面，受 α-螺旋盖的保护(图 1-4)。"盖子"的疏水基团与这个三元组的疏水区域相结合。这个带有色氨酸(Trp)的盖子具有两亲性，Trp 疏水表面与催化中心的疏水区域相结合，暴露出的另一端亲水端则面向外，与水分子以氢键连接，此时脂肪酶处于非活性构象。当脂肪酶与界面相接触时，覆盖活性位点的 α-螺旋结构打开，暴露疏水残基增加，与脂类底物的亲和力增加，同时暴露活性位点，该变化导致脂肪酶在 Ser 周围形成由暴露疏水基包围的由亲水基组成的脂肪酶亲电区域(氧负离子洞)，可保持催化过程中过渡中间产物稳定，脂肪酶处于活性构象[70]。

界面活化现象的发现使得人们对脂肪酶催化的机理有了新的认识，在催化水解时吸附，处于油水两相界面的脂肪酶在油相疏水作用的诱导下，构象发生改变，"盖子"被打开，将活性中心暴露，底物得以靠近催化中心，这种构象改变使疏水残基暴露和亲水残基包埋，导致了丝氨酸残基周围形成亲电子域，从而增加了脂类底物复合物的亲和性，并稳定了催化过程中的过渡态中间产物。而酶分子的周围通常存留一定量的水分，从而保证在油-水界面和有机相中的自体激活使酶处于活化状态(图 1-5)。脂肪酶在油-水界面上被激活的比率很高，可达 10 倍以上(水解活力)。所以在催化反应中脂肪酶多采用与水不相溶的有机溶剂，而酯酶多采用与水相互溶的有机溶剂。这一假说已被 *Rhizomucor miehei* 脂肪酶和人胰脂肪酶的 X 射线晶体学研究所证实。同时人们还发现，这种构象的变化似乎还伴随一条 β-折叠的变化，从而导致所谓氧负离子洞的正确定向。当缺乏油-水界面时，稳定氧阴离子的几个氨基酸残基位于不正确的排列，而当脂肪酶与两相体系的油-水界面接触时，α-螺旋结构的打开也使稳定氧阴离子的几个氨基酸残基位于正确的位置。

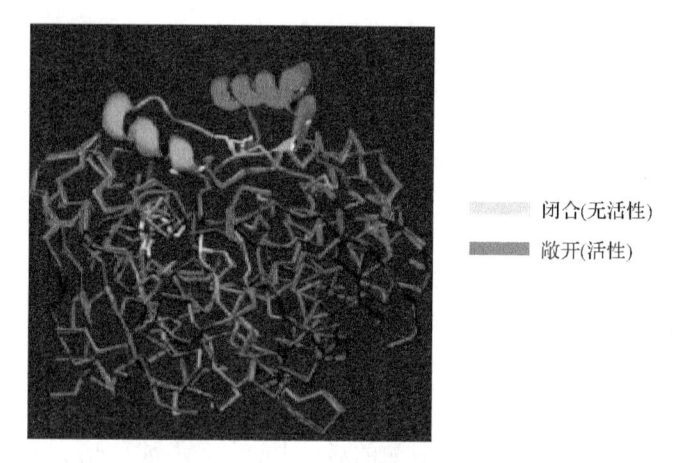

图 1-4　脂肪酶空间构象

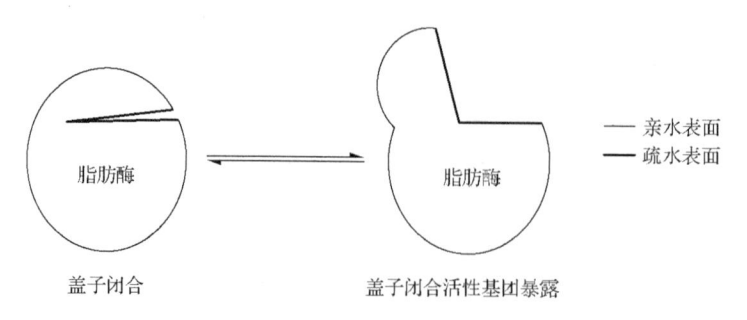

图 1-5　脂肪酶两种状态

利用脂肪酶的界面活化特点，可制备出高活力的脂肪酶。如采用疏水性的有机溶剂对脂肪酶进行预处理[71]，或将脂肪酶用强疏水性载体进行吸附[72]，可以增大其在水溶液中的水解反应活性，Torres 与 Bastida 等认为这是由酶分子的构象发生变化,覆盖活性位点的 α-螺旋结构打开造成的。另外,脂肪酶的界面活化也为脂肪酶的分离纯化提供了另一有效的分离纯化方法[73-76]。根据上述前人工作成功建立了一种"疏水界面亲和色谱"分离柱状假丝酵母脂肪酶(CRL)同工酶的高效液相色谱新方法。商品化的 CRL 在极低离子强度下,根据同工酶活性中心周围处于"开放"构象的疏水腔具亲疏水界面的特性,用疏水界面亲和色谱在 Nucleosil C$_4$ 柱上将 CRLA 和 CRLB 分离为 4 种同工酶组分(图 1-6),并发现疏水界面亲和色谱非常适用于分离这种结构差异轻微的同工酶组分。

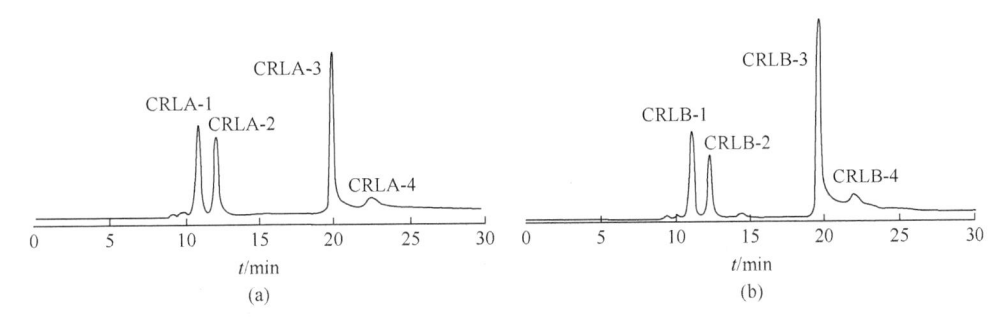

图 1-6 CRL 的疏水界面亲和层析色谱分离
(a) CRLA; (b) CRLB

值得一提的是 CRLB,它由 317 个氨基酸残基组成,分子质量为 33kDa,与大多数脂肪酶不同,该酶不含有 α-螺旋盖结构,因而不具有大多数脂肪酶特有的界面活化特性。

1.3.4 脂肪酶催化机理

脂肪酶活性中心为丝氨酸(Ser)-组氨酸(His)-天冬氨酸(Asp)谷氨酸(Glu)组成的催化三元组。脂肪酶催化水解反应的作用机理被认为与丝氨酸蛋白水解酶的作用机理完全相同,构成脂肪酶活性中心的三元组之间,丝氨酸(Ser)的羟基氢通过氢键与组氨酸(His)咪唑环上的氮相连,另一种氨基酸[谷氨酸(Glu)或天冬氨酸(Asp)]残基上羧基的氢则通过氢键连到组氨酸咪唑环的另一个氮上。在反应过程中,三者通过与底物形成四面体中间体复合物完成催化过程。图 1-7 以 CRLB 为例表示了脂肪酶催化转酯或酯水解反应经历四面体中间体的机制。首先,底物与活性中心丝氨酸残基结合。在活性中心组氨酸残基的参与下,丝氨酸残基被激活,其羟基上的质子氢转移到组氨酸残基的咪唑环上。丝氨酸负氧离子对底物羰基碳原子发生亲核作用,酶与底物结合形成第一个四面体过渡态 T_{d1}。其次,组氨酸咪唑环上从丝氨酸羟基获得的质子氢转移到酯键的醇羟基上,导致酯键断裂,释放出游离的醇。质子化的丝氨酸与羧基重新形成酯键,形成酰基化酶。再次，组氨酸咪唑环将质子氢转移给酯键后，又从进入活性中心的酰基受体分子(醇或水)中夺取质子氢，酰基化酶与酰基受体分子结合形成另一四面体过渡态 T_{d2}。最后，酰基受体分子羟基攻击新生成的酯键的碳原子，使得酯键断裂，组氨酸咪唑环再次将质子氢转移给丝氨酸的阴离子氧，从而释放出游离的酯(或羧酸)完成一个催化循环。由于醇离去后形成酰基化酶，因此形成 T_{d1} 的难易决定了酶对醇的选择性；而 T_{d1} 和 T_{d2} 中都包含羧酸部分，因此形成 T_{d1} 和 T_{d2} 的难易都能决定酶对酸的选择性。从图中不难看出氧负离子洞在过渡态形成过程中通过氢键起到稳定四面中间体的作用，其中起作用的氨基酸主要有丙氨酸、甘氨酸、丝氨酸、谷氨酸等。

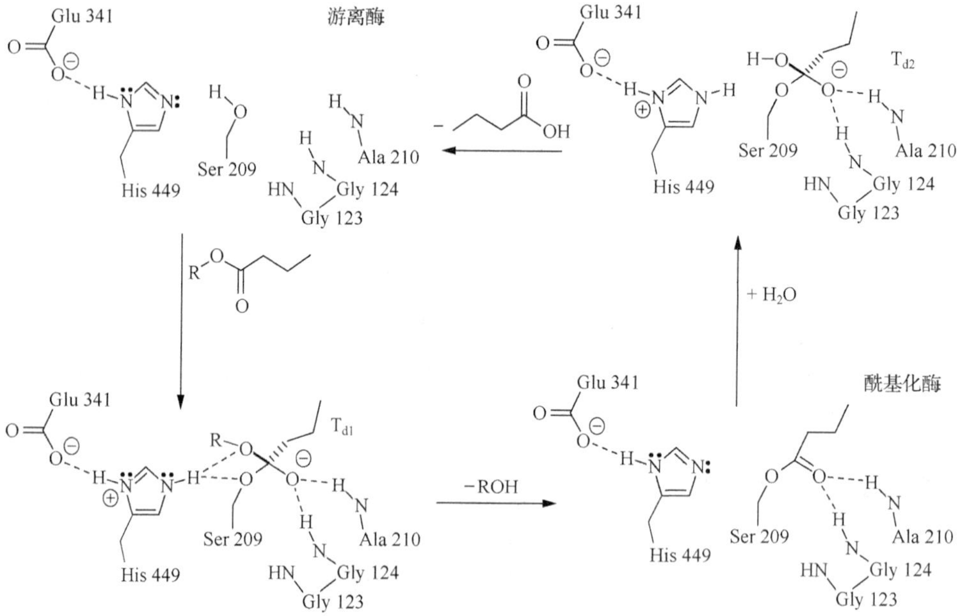

图 1-7　脂肪酶催化水解反应的反应机理

1.4　脂肪酶的选择性

脂肪酶催化效率高、反应条件简单、副产物少且不需辅助因子，同时还具有一定的选择性。选择性是酶的固有特性，是酶催化反应的一个重要特征，酶催化反应的选择性(selectivity)指的是酶催化一组底物中的某些成分发生反应的优先性，客观上表现为不同竞争性底物反应速率的差异，也被称为专一性(specificity)。不同的脂肪酶对底物都表现出不同的选择性，脂肪酶的底物选择性大多很广泛，能催化一系列底物，但是其反应速率与底物分子的结构密切相关。脂肪酶的选择性可分为五类：脂质底物类型的选择性、脂肪酸或酰基供体的选择性、区域或位置选择性、立体选择性和非选择性。

1.4.1 脂质底物类型的选择性

脂肪酶的底物选择性也称化学选择性，对于脂质底物的类型，该选择性指的是在一定的反应条件下，优先对某一类型的脂质[单酯酰甘油(甘一酯，MG)、二酯酰甘油(甘二酯，DG)、三酯酰甘油(甘三酯，TG)、磷脂、脂肪酸甲酯等]的能力。虽然大多数脂肪酶都对催化 TG 水解具有较高的活力，但是有些脂肪酶则对一些不完整甘油酯(MG、DG 等)具有选择性。如 *Penicillium camembertii* 脂肪酶催化 MG 和 DG 水解与合成的活力要高于 TG；鼠肝组织中提取的脂肪酶对催化 MG 的水解具有较高的活力，而对 DG 和 TG 则几乎没有活力。

另外存在一类较特殊的脂肪酶，如来源于微生物真菌 *Penicillium camembertii* U-150 和 *Aspergillus oryzae* 的脂肪酶，其仅作用于 MG 或 DG，而对 TG 完全不起催化作用，但其与二酯酰甘油脂肪酶一起使用时，能协助或加速三酯酰甘油的彻底水解，被称为单一双酯酰甘油脂肪酶。

1.4.2 脂肪酸或酰基供体的选择性

脂肪酸和酰基供体的选择性实际上也可认为是脂肪酶的底物选择性，它主要是指脂肪酶对酰基供体或脂肪酸种类的选择，如脂肪酶对脂肪酸的链长、不饱和程度、不饱和键的位置以及顺反异构体的反应的倾向性。一般脂肪酶的天然底物是带 12 个碳原子以上的长链脂肪酸的甘油三酯。几乎所有的脂肪酶都表现出一定程度的脂肪酸选择性。不同来源的脂肪酶水解不同的甘油酯所表现出的脂肪酸特异性差异极大，有的脂肪酶对短碳链脂肪酸有选择性，如圆弧青霉(*Penicillium cyclopium*)脂肪酶对短链脂肪酸(C_8 以下)表现出较强的特异性；而有的对中碳链或长碳链脂肪酸有选择性，如黑曲霉(*Aspergillus niger*)、德氏根霉(*Rhizopus delemar*)脂肪酶对中等链长脂肪酸($C_8 \sim C_{12}$)，白地霉(*Geotrichum candidum*)脂肪酶对油酸甘油酯表现出较强的特异性。另外，脂肪酶对底物中不饱和脂肪酸的双键位置的反应性也有差异，如白地霉脂肪酶主要和具有 *cis*-9 结构的脂肪酸进行反应[77]，猪胰脂肪酶(PPL)对构成甘油三酯的 *cis*-C_{18} 酸中双键位于羧基酯键附近的异构体($\Delta 2 \sim \Delta 7$，特别是 $\Delta 5$ 异构体)选择性较差，而白地霉脂肪酶却对 *cis*-9-C18∶1 酸和 *cis*-9-C18∶2、*cis*-12-C18∶2 不饱和脂肪酸表现出特异水解活性。

1.4.3 区域或位置选择性

区域选择性或位置选择性是脂肪酶的又一个重要特性，它是指在一定的反应条件下，酶优先选择与分子内特定位置的某一相同功能基团发生化学反应，生成某一种异构体，而另一位置的同一功能基团很少发生化学反应。如对甘油三酯底物，脂肪酶的区域选择性指的是脂肪酶对底物甘油三酯中甘油 1,3-位和 2-位酯键的识别和水解能力的不同，可以分为 sn-1,3 位选择性或者无选择性(图 1-8)。大多数脂肪酶对于 1-位和 3-位的酰基无选择性，因为 1-位和 3-位的空间构型相同，而 2-位酰基与之错开，存在空间位阻。脂肪酶的 sn-1,3 位选择性是指在催化反应时，只选择性催化甘油三酯 1-位和 3-位发生反应，而对 sn-2 位没有作用[称为 α 型脂肪酶，如黑曲霉和根霉脂肪酶属于 α 型，猪胰脂肪酶和米黑根毛霉(*Rhizomucor miehei*)脂肪酶(RML)就是典型的 sn-1,3 位脂肪酶]。具有 sn-1,3 酯键位置专一性的脂肪酶由于只能作用于 1,3-位，反应过程只生成一种 1,2-二甘油酯；它们还能催化甘油三酯水解生成 2-甘油单酯，也可以催化甘油与脂肪酸发生酯化反应，生成 1,3-甘油二酯。脂肪酶的区域选择性或位置选择性是脂肪酶在油脂工业应用的主要特性之一。

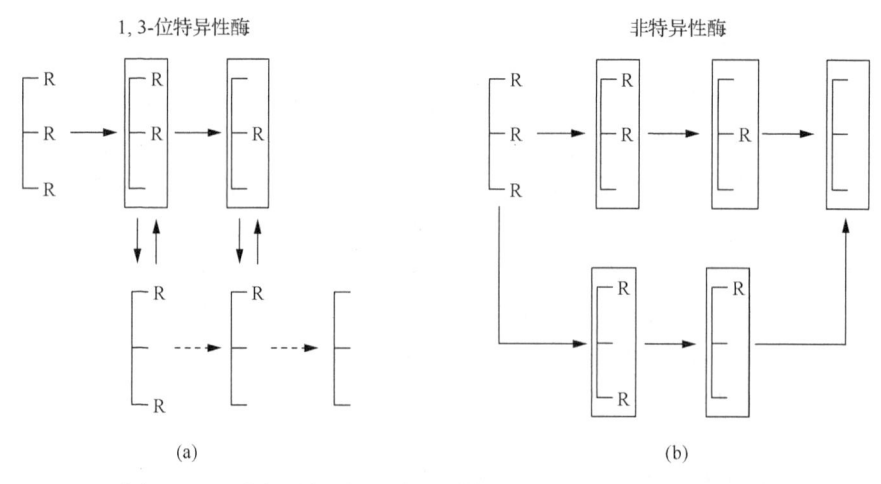

图 1-8 不同位置特异性的脂肪酶催化甘油三酯水解的反应机制

还有相当一大部分的脂肪酶是不具有选择性的，它们可以水解甘油三酯 sn-1,2,3 位上的脂肪酸(称为 αβ 型脂肪酶，如白地霉和圆弧青霉以及柱状假丝酵母的脂肪酶)。例如，*Candida rugosa* 脂肪酶以及商品化的-AY-30 脂肪酶(Amano 酶公司)都是无选择性脂肪酶。他们可以将甘油三酯水解得更为彻底。值得注意的是，由于甘油三酯底物 2-位空间障碍，无酯键位置专一性的脂肪酶对 2-位酰基的作用也明显弱于 1,3-位。一般来说，几乎所有的脂肪酶都倾向于催化 1,3-位的反应，只是选择性有差异。

迄今,发现的 2-位选择酶很少,主要有 *Candida antarctica* lipase A、*Geotrichum sp.* lipase 等。2-位选择脂肪酶能特异性催化甘油三酯水解生成 1,3-甘油二酯,1,3-甘油二酯在人体内代谢途径与其他甘油二酯及甘油三酯不同,有减肥、降低血脂、降低心脑血管发病率等多项生理功能。

有时,具有 sn-1,3 位选择性的脂肪酶也能将底物分子中 sn-2 位的脂肪酸水解,这主要是由酰基转移现象引起的。酰基转移现象在甘油基和糖基的酯类物质上都会出现。甘油单酯达到平衡状态时 2-甘油单酯和 1-甘油单酯的比例大约是 1∶9,而长链的甘油二酯的平衡状态的比例 1(3),2-甘油二酯∶1,3-甘油二酯大约是 1∶2[78,79]。由于这种平衡的存在,原本在 2-位上的脂肪酸酯链并不稳定,会向更稳定的状态发生转移,这也就是酰基转移的内在驱动力。酰基转移速率的快慢是受温度、溶剂和酸碱性等影响的。Laszlo 等[80]对影响 1,2-甘油二酯酰基转移的因素进行了研究,发现在高温的条件下,酰基的转移速率明显加快,溶剂极性和水活度也会使得酰基转移的速率加快。

另外,脂肪酶的区域或位置选择性是可以改变的,有机溶剂对脂肪酶位置选择性就有着重要的影响。在有机溶剂的众多物理化学性质中,有机溶剂的疏水性(通常用 lg*P* 值表示,lg*P* 值是有机溶剂在异辛烷和水中分配系数的对数值)是影响脂肪酶位置选择性的一个重要因素[81-83]。

Duan 等[84]研究了疏水性不同的有机溶剂对 Novozym 435(*Candida antarctica* lipase B)在催化油酸和甘油酯化反应中表现出的位置选择性的影响,结果表明随着 lg*P* 值的增加,Novozym 435 对底物的 sn-1,3 位选择性逐渐减弱,而在亲水性溶剂中 Novozym 435 则表现出很强的 sn-1,3 位选择性。

1.4.4 立体选择性

立体选择性是指由分子中原子在空间上排列方式不同所产生的异构体,可分为对映异构体和非对映异构体两大类。对映选择性是指反应优先生成一对对映异构体中的某一种,或者是反应优先消耗对映异构体反应物(外消旋体)中的某一对映体,后者又称去消旋化或不对称转化。非对映选择性是指反应优先生成某一种非对映异构体产物。脂肪酶的立体选择性使脂肪酶能够对底物中不同的立体对映结构作出识别和选择性催化。

利用脂肪酶的立体选择性可以进行手性化合物的拆分,是脂肪酶应用的一个重要方面。高红娟等对固定化 CALB 对 2-辛醇的拆分进行了研究,结果表明固定化 CALB 对(*S*)2-辛醇具有良好的拆分效果。

脂肪酶对底物甘油三酯中立体对映异构的 1-位和 3-位酯键的识别与选择性水解也属于立体或对映体选择性。在有机相中催化酯的合成、醇解、酸解和酯交换时，酶对底物的不同立体结构也表现出特异性。Warwel 和 Borgdorf[85]发现荧光假单胞菌(*Pseudomonas fluorescens*)脂肪酶能够区分 sn-1 和 sn-3 位的二酰基甘油，水解 sn-2,3-二酰基甘油酯比水解 sn-1,2-二酰基甘油酯的速率快得多。而报道的另一种脂肪酶却对 sn-1,2-二酰基甘油酯具有明显的立体专一性[86]。

1.4.5 非选择性

对于底物三脂酰甘油，所谓非选择性脂肪酶，就是对甘油的三个位置反应速率近似相等，常用的 *Candida rugosa* 脂肪酶就是非选择性脂肪酶。从 *Penicillium expansum* 和燕麦提取的脂肪酶也属于非选择性脂肪酶。

1.4.6 脂肪酶选择性的分子基础

从热力学角度上看，实现手性识别的拆分能力来自两种对映体活化吉布斯自由能的差别，表现为两种对映体在决速步骤上过渡态和基态的吉布斯自由能差别。这种差别从分子水平上理解是由脂肪酶结构决定的。从脂肪酶结构看，大多数脂肪酶活性中心是一个具高度选择特征"手性"环境。脂肪酶进行催化反应时能将这种特征"传递"给手性化合物分子，使反应具有内在选择性。根据活性中心可容纳分子的大小和形状，Jones 对于猪肝酯酶(PLE)[87]和枯草溶菌素[88]提出"口袋"模型。Kazlauskas 等[89]提出脂肪酶的活性中心在空间结构上形成一大一小的两个"口袋"。当底物分子含有两个大小不同的取代基时，反应速率较快的对映体大小基团正好与酶活性部位的大小"口袋"匹配；而另一个对映体的大小基团则不匹配，难以进入酶活性部位，成为慢反应[90]。这种快慢反应速率差异越大，手性选择性越高。脂肪酶的分子结构研究表明，脂肪酶上的酯结合位点可以划分为三个区域：位于 β-片层上方的 M_L 区，疏水腔，位于 α-螺旋上方的隧道区。酯在催化位点的排列方式为：醇部分结合于 M_L 区和疏水腔，酸部分结合于疏水腔和隧道区。醇部分 α-碳上的中等大小取代基位于 M_L 区，α-碳上较大的取代基位于疏水腔；对于酸结合部分，立体中心被认为位于隧道口处，α-碳上较大的取代基位于隧道区，α-碳上的中等大小取代基位于疏水腔。简单的结合模型如图 1-9 所示。当底物以图 1-9 左图方式与 CALB 脂肪酶结合时，醇部分 α-碳上的中等大小取代基位于 M_L 区，α-碳上的较大的取代基位于疏水腔，空间位阻较小，更易结合；相反，当底物以图 1-9 右图方式与 CALB 脂肪酶结合时，醇部分 α-碳上的中等大小取代基位于疏水腔，α-碳上较大的取代基位于 M_L 区，空间位阻较大，不易结合。

由于不同的脂肪酶的酸结合位点可能有所区别，由此说明了不同的脂肪酶对酸具有不同甚至相反立体选择性的原因。具体地说，与脂肪酶的酰基结合位点或区域有关。一般根据脂肪酶上脂肪酸结合位点的几何形状和位置，可将脂肪酶分为以下三种：一是出现在 Candida antarctica B 等中的漏斗状隧道区脂肪酸结合区域；二是 Rhizomucor miehei 脂肪酶中的狭缝状隧道区脂肪酸结合区域；三是 Candida rugosa 脂肪酶的管状隧道区脂肪酸结合区域。这些脂肪酸结合位点的大小、性状及理化性质与这些酶对脂肪酸链长的选择性密切相关。直接与底物相接触的氨基酸残基对与酶结合的底物的辨认作用已被定点诱变所证实。这些氨基酸残基通常位于活性位点、底物结合位点及盖结构的末端区域。

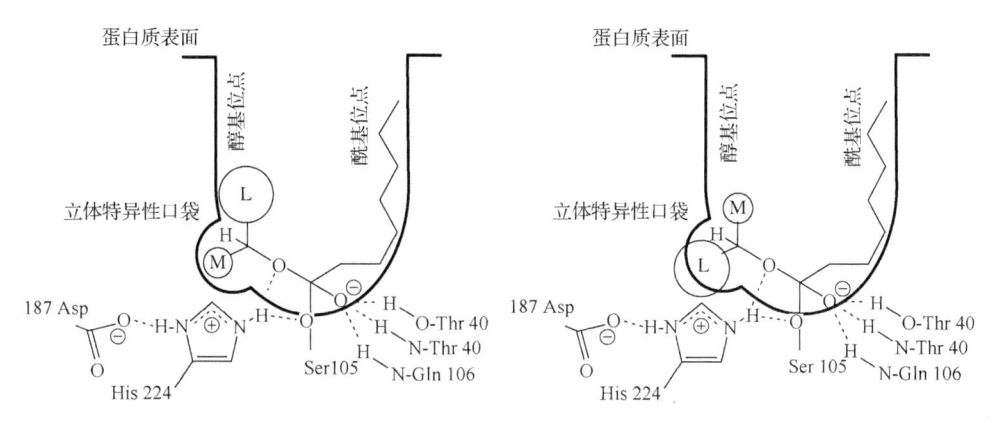

图 1-9 底物与 CALB 的结合方式[91]

用模型来描述酶促反应的对映选择性机理，一般不能预测对映选择性的程度而只是预测哪一个对映体反应得更快。现代速率理论和计算机模拟分析从理论上丰富了以上所述的作用机理和经验模式，近些年来的 X 射线衍射晶体图和分子模拟研究的联合，使手性识别有了进一步的了解。

CALB 是当前学术界和工业生产中应用最广泛的脂肪酶，丹麦的诺维信公司是该酶最大的生产厂家。CALB 在催化酯化或水解反应中，对醇底物具有非常好的立体选择性，但是对于酸底物的立体选择性很差，如何提高 CALB 对酸的酯化或水解反应立体选择性是一个重要的科学问题。浙江大学吴起等对 CALB 的定向进化进行了研究（图 1-10）。该研究采用组合活性位点迭代饱和突变的策略，选择了围绕 CALB 活性位点的近 20 个关键残基，通过 5 轮突变和近 1000 个突变株的高通量筛选，分别获得了对 α-2 芳基丙酸的 R 和 S 异构体具有高立体选择性的突变株，其中具有 S 构型选择性的突变株的 E 因子（S 构型）为 72，R 构型突变株的 E 因子（R 构型）为 42。所获得的两类突变株都具有较宽的底物谱，而且对不同底物都体现了类似的高 R 和 S 选择性，最高的 $E>500$。另外，这些对酸底物具有互补选择性的突变株也对醇底物的立体选择性具有互补性[92]。

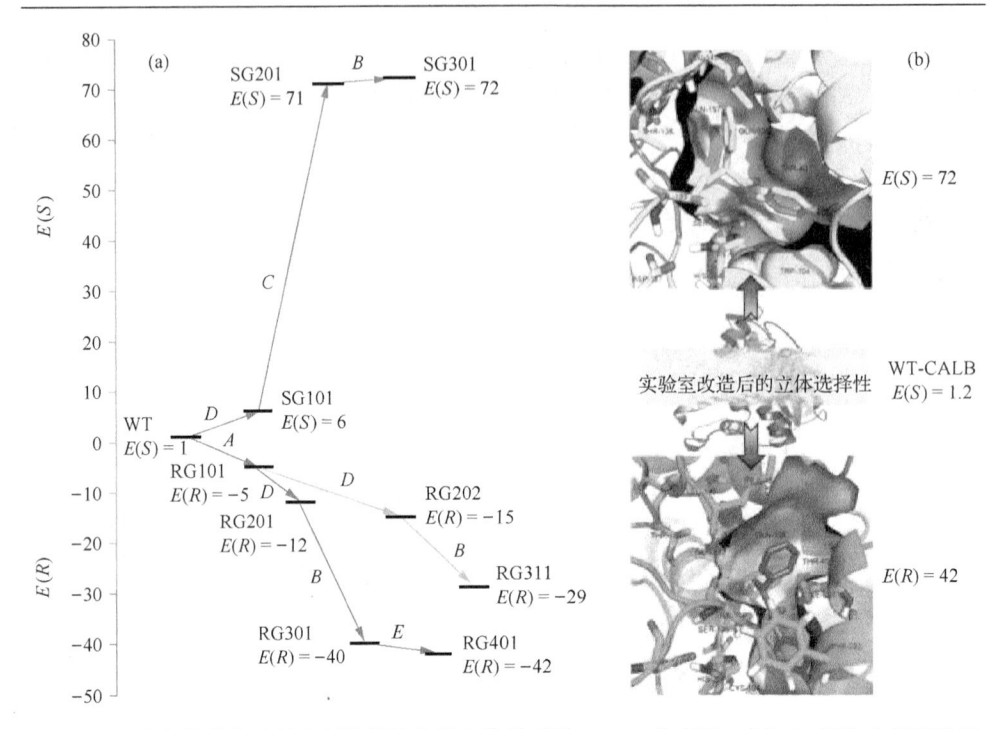

图 1-10 (a)定向进化过程中所获得的各种立体选择性 CALB 突变株；(b) R/S 底物在相应选择性突变株的催化空腔中不同的结合方式

不同的脂肪酶隧道区的长度差别很大，对于 CRL，隧道区的长度可以容纳至少 18 个碳原子的碳链，而 RML 和 HLL 的活性中心到酶分子表面的隧道区的长度很短。因此不同的脂肪酶适用于不同大小的底物分子，*Aspergillus* sp. 脂肪酶适用于较大分子的底物，而对较小分子的底物的选择性较差；*Candida* sp. 脂肪酶适用于中等大小的底物；而 *Pseudomonas* sp.脂肪酶和 *Mucor* sp.脂肪酶只适用于较小分子的底物，对大分子的底物的选择性较差。

另外，脂肪酶对底物分子中具有不同碳链、不同饱和度及不同双键位置的脂肪酸可以表现出特殊的反应活性。决定脂肪酶对脂肪酸选择性的两个重要因素是空间位阻和疏水作用力。从脂肪酶的角度上来讲，不同脂肪酶对底物的选择性是由酶分子的结构尤其是活性位点隧道区的结构所决定的。如前所述，根据脂肪酶上脂肪酸结合位点隧道区的几何形状和位置，脂肪酶和底物分子的结合位点可分为漏斗状(funnel-like)、狭缝状(也称表面式，crevice-like)、管状(也称地道式，tunnel-like)。Pleiss 等[93]发现不同脂肪酶和底物分子结合位点的结构与脂肪酶的选择性有关，他们通过对脂肪酶的结合位点进行突变，发现脂肪酶对脂肪酸分子的选择性发生了改变。Brundiek 等[94]通过对 CALA 活性中心的多个位点的突变，发现 CALA 之所以对反式脂肪酸以及饱和脂肪酸的催化效率要高于顺式脂肪酸，这是由于该脂肪酶与底物结合部位的结构是狭小的直桶状的,直线型结构的反式脂肪酸和饱和脂肪酸较非直线型结构的不饱和脂肪酸更容易进入且与活性中心接触并进行反应。

脂肪酶的位置选择性或区域选择性(如某些脂肪酶在催化甘油三酯反应时,对sn-1(或 sn-3)酯键识别和作用能力大于 sn-2,使最终产物 sn-1,3 甘油二酯含量较高。某些脂肪酶在催化酯化反应时,其活性中心与甘油 1-位或 3-位和 2-位结合力不同,但关于位置选择性机理研究并不多,尤其在分子水平上研究更少。迄今,大部分研究集中在利用计算机软件建立模型,真正在实验水平上加以验证还很困难[95, 96]。

1.4.7 影响酶选择性的因素

脂肪酶的选择性除了和酶本身的结构有关外,其他因素也会影响酶的选择性,如底物的结构特征及反应的设计、水活度、酶的状态、固定化酶载体的性质、反应介质的性质、pH、温度、压力及其他辅助添加因子等。

1. 底物的结构特征和反应方式的影响

不同底物构成的基团不同决定了其空间构型、带电特征、极性、疏水性的差异,这些差异必然会影响底物与酶的结合,进而影响酶的选择性。同样的酰基不同的供体形式(如游离的脂肪酸、脂肪酸甲酯、脂肪酸乙烯酯、酸酐等)选择性也会不同。Bachu 等[97]研究表明, *Candida antarctica* 脂肪酶对侧链取代基的大小和位置不同的仲醇(图 1-11)具有不同的拆分效果:侧链基团过于庞大的底物 **9** 和 **7** 其立体选择性要远远低于化合物 **1**。另外,芳香环上取代基的位置同样对选择性有明显影响,在苯环的邻位和对位有卤素取代基时会降低立体选择性,图 1-11 化合物中的立体选择性和转化率顺序为 **7**<**3**<**1**。Xu 等[98]研究了脂肪酶拆分含苯环侧链的手性氰醇,结果表明,底物苯环的邻位和对位有较强负电荷取代基(如卤取代基)时会显著降低立体选择性,对位取代的反应速率明显降低,而间位取代的却影响不大。氰醇手性碳原子上苯环取代的位置对选择性的影响为 β-位<α-位<γ-位,γ-位有苯环取代时选择性高可能是由于底物侧链空间位阻增大,增加了快慢对映体与酶活性中心结合速率的差距所致。

侧链和酰基链的长度也对酶的立体选择性和活力有较大影响,不同的酶在催化不同链长的底物时立体选择性差异显著。Bachu 等研究发现,虽然化合物 5(图 1-11)含有 α-位取代的苯环,但其立体选择性和转化率小于 **3** 和 **1**,而侧链最长的 γ-取代的底物 **9** 几乎无法反应,侧链过长导致了底物难以进入酶的活性中心。Giorno 等[99]研究了酯基链长对酶催化拆分效果的影响,发现游离酶拆分萘普生甲酯、正丁酯、正辛酯时,均具有很高的立体选择性,产物 ee 均达到 100%,但催化活力随酯链增长而下降；而固定化后的酶拆分立体选择性低于游离酶，并随着酯基链长的增加而提高，底物为萘普生正辛酯时 ee 值也可达到 100%，这可能是固定化对酶结构有一定影响所致。底物的选择或修饰可调整酶的立体选择性和催化效率，是高效催化的重要调控因素之一。

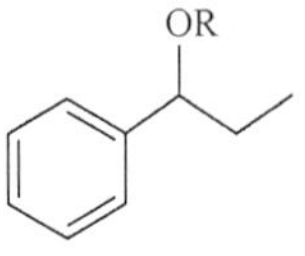

1 R = H
2 R = $COCH_3$

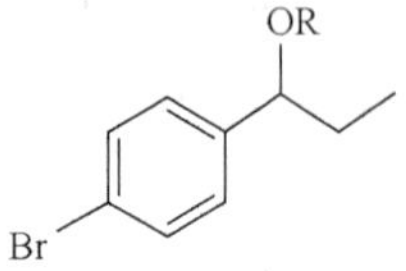

3 R = H
4 R = $COCH_3$

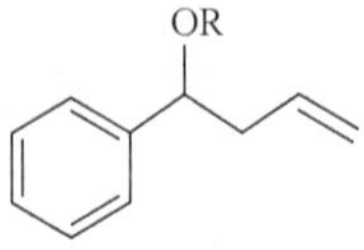

5 R = H
6 R = $COCH_3$

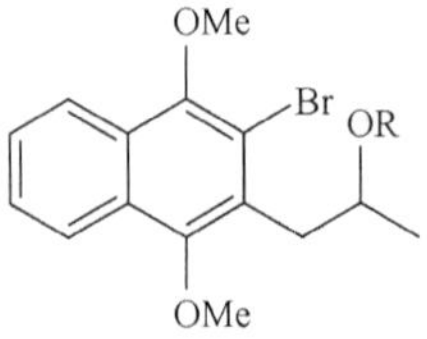

7 R = H
8 R = $COCH_3$

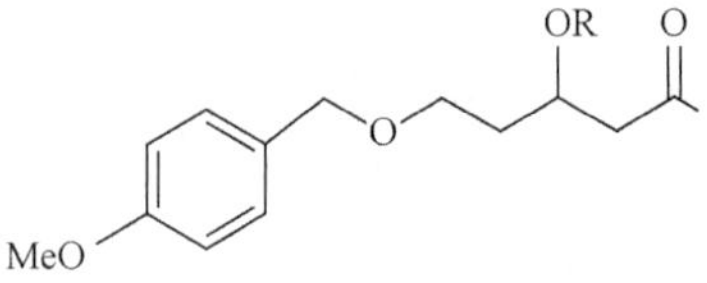

8 R = H
9 R = $COCH_3$

图 1-11　脂肪酶催化手性仲醇拆分反应中所采用的不同底物

2. 水活度 a_w 的影响

水可以改变酶水化状态、酶的柔性进而改变酶催化反应的速率。热力学水活度是水含量的一种较好的衡量方式，水活度不仅影响脂肪酶催化反应类型，还影响其催化活性和选择性。水活度较高时，脂肪酶不易处在油-水界面上，影响传质，使酶活力降低；水活度较低时，不能构成维持酶活力所需微环境，使酶易失活。但有关水对酶选择性的影响的研究较少。

3. 固定化载体的影响

固定化载体对酶反应选择性影响的机制尚不清楚，一般认为酶在固定化以后，其空间构象和微环境发生了变化，进而影响底物和产物的内外扩散，以及由反应物和产物与载体的相互作用导致的底物和产物在介质内外的分配效应，都会影响酶的选择性。

4. 反应介质的影响

脂肪酶的反应介质主要有有机溶剂体系、无机溶剂体系、微乳液体系及油水两相体系。反应介质不同，脂肪酶所催化反应类型也不同；同时反应介质与底物互溶性将关系到脂肪酶与底物是否充分结合，会影响反应速率。另外，酶在非水介质中的一个显著特点是具有高度的结构刚性。例如，酶在低介电常数的有机溶剂(如环己烷)中的刚性比在高介电常数溶剂(如二甲基甲酰胺)中高。这是由于酶分子内的所有非共价作用力主要来源于静电相互作用，这种相互作用力的强度与介质的介电常数呈倒数关系；由于水的介电常数高于几乎所有的有机溶剂，因此酶在非水介质中与水中相比其分子内具有较强的非共价相互作用力，从而有高度的结构刚性。溶剂对酶反应选择性的影响已有大量的文献报道。很明显当酶分子的柔性提高时，酶的对映选择性减小。选择疏水性强(lgP 大)且介电常数(或偶极矩)小的溶剂(如环己烷、苯等)作为反应介质，可能会有较高的对映选择性。酶分子结构刚性程度随有机溶剂的类型而发生显著变化。在低介电常数有机溶剂中，酶分子内具有较强的非共价相互作用力，从而有高度的刚性结构；而当酶处于高介电常数的有机溶剂中时，酶分子柔性提高，由此慢反应异构体所遇到的空间位阻随之减小，往往导致酶的对映选择性减小。另外，溶剂能影响酶分子表面的水化层，有时甚至能侵入酶分子内部，与中心附近的氨基酸残基相互作用而影响酶活性中心构象，从而改变酶的催化活力和对映选择性。有人试图将溶剂对反应选择性的影响与溶剂的物理化学特征常数(如偶极矩、介电常数、lgP 等)相关联，但效果不佳。有人认为，溶剂对酶选择性的影响在于它改变了底物和产物的溶剂化状态。有人认为溶剂和酶的相互作用引起酶构象的变化。这些解释对于某一酶反应体系似乎是适用的，但没有通用性。

Paal 等[100]用 CALB 立体选择性水解拆分 1，2，3，4-四氢异喹啉-1-羧酸乙酯，脂肪酶在疏水性较强的甲苯和异丙醚中体现了比较高的对映选择性，其中在异丙醚中反应 1.5h，ee 值可达 98%。而在亲水性较强的乙腈、四氢呋喃、二氯甲烷等体系中，转化率和对映选择性都明显下降。

亲水性较强的有机溶剂较易剥夺酶分子表面的必需水，甚至导致酶分子活性中心结构的改变，使酶失活。从另一角度看，适当地加入一定量介电常数较高的有机溶剂如二甲基亚砜等，酶的"口袋"会比较柔软[101]。在与两个对映体结合时，由于不够"刚性"表面上看来似乎不利于对两种对映体的识别，却在一定程度上提高了酶的活力，促进了快反应对映体与活性中心的结合，尤其是一些"大小基团"差异较大的对映体。Yu 等[102]利用 *Burkholderia cepacia* ATCC25416 脂肪酶催化拆分薄荷醇，他们发现当在反应体系中加入 15%(体积分数)二甲基亚砜(DMSO)时，脂肪酶表现出了很高的立体选择性($E=170$)，是不加 DMSO 反应体系的 3 倍。Chen 等[103]近期研究表明，溶剂分子的大小与脂肪酶的选择性存在较好的相关性。Wang 等[104]研究了多种溶剂体系中耐热脂肪酶催化拆分 2-辛醇的反应，结果发现，lgP、介电常数的改变对 E 值的影响没有固定规律，而另一个溶剂参数-溶剂分子的大小与 E 值呈现了一种负相关性，即溶剂分子越小,选择性越高。

5. pH 的影响

pH 可以影响酶、底物及酶-底物复合物等的离子化状态,因而会影响酶的活力和选择性。即使在微水反应体系,酶的性质也会受到酶在沉淀和冷冻干燥之前所处环境 pH 的影响,这就是所谓的"pH 记忆"。在低水相中,酶最初的质子态已被水相调定,酶就是从这种水相中干化出来的。固体缓冲物的加入,可以在有机溶剂中克服酶的这种"pH 记忆",从而改变酶的活力和选择性。

6. 温度的影响

温度同样也影响酶的对映异构选择性[105-107]。在一个动力学拆分中,对映异构选择性依赖于温度,并且遵守下列热力学方程[108]:

$$\ln E = \Delta\Delta S^{\#}/R - \Delta\Delta H^{\#}/(RT)$$

式中,E 为对映体选择性;$\Delta S^{\#}$ 为底物浓度差;$\Delta H^{\#}$ 为焓;R 为热力学常量;T 为温度。

对映异构选择性随着温度的升高有可能增加,也有可能降低,这依赖于熵 $\Delta S^{\#}$ 和焓 $\Delta H^{\#}$ 对酶选择性的贡献。

参 考 文 献

[1] Patil K J, Chopda M Z, Mahajan R T. Lipase biodiversity[J]. Indian Journal of Chemical Technology, 2011, 4: 971-982.

[2] Seth S, Chakravorty D, Dubey V K, et al. An insight into plant lipase research-challenges encountered[J]. Protein Expression and Purification, 2014, 95: 13-21.

[3] Caro Y, Pina M, Turon F, et al. Plant lipases: Biocatalyst aqueous environment in relation to optimal catalytic activity in lipase-catalyzed synthesis reactions[J]. Biotechnology and Bioengineering, 2002, 77(6): 693-703.

[4] 谢龙, 辛嘉英, 王艳, 等. 番木瓜脂肪酶的应用进展[J]. 化学工程师, 2015, 11: 41-44.

[5] de Domínguez M P, Sinisterra J V, Tsai S W, et al. Alcántara, *Carica papaya* lipase (CPL): An emerging and versatile biocatalyst[J]. Biotechnology Advances, 2006, 24: 493-499.

[6] Stauffer C E, Glass R L. The glycerol ester hydrolases of wheat germ[J]. Cereal Chemistry, 1966, 43: 644-657.

[7] Gupta R, Gupta N, Rathi P. Bacterial lipases: an overview of production, purification and biochemical properties[J]. Applied Biochemistry and Biotechnology, 2004, 64: 763-781.

[8] Jaeger K E, Ransac S, Dijikstra B W, et al. Baeterial lipases[J]. FEMS Microbiol Rev, 1994, 15(1): 29-63.

[9] 张搏. 响应面法优化醋酸钙不动杆菌菌株 23 的脂肪酶产酶条件[J]. 广西科学, 2008, 15(4): 419-423, 430.

[10] 孙宏丹, 孟秀香, 贾莉, 等. 微生物脂肪酶及其相关研究进展[J]. 大连医科大学学报, 2000, 23(4): 292.

[11] Apriny J L, Jaeger K E. Bacterial lipolytic enzymes: Classification and properties[J]. Biochemical Journal, 1999, 343: 177-183.

[12] 邓永平, 辛嘉英, 刘晓兰, 等. 微生物发酵产脂肪酶的研究进展[J]. 饲料研究, 2015, 12: 6-10.

[13] Long Z D, Xu J H, Pan J. Significant improvement of *Serratia marcescens* lipase fermentation, by optimizing medium, induction and oxygen supply[J]. Applied Biochemistry and Biotechnology, 2007, 142(2): 148-157.

[14] Coradi G V, Visitação V L D, Lima E A D, et al. Comparing submerged and solidstate fermentation of agro-industrial residues for the production and characterization of lipase by *Trichoderma harzianu*[J]. Annals of Microbiology, 2013, 63(2): 533-540.

[15] Salgado J M, AbrunhosaL, Venâncio A, et al. Integrated use of residues from olive mill and winery for lipase production by solid state fermentation with *Aspergillus* sp [J]. Applied Biochemistry and Biotechnology, 2014, 172(4): 1832-1845.

[16] Venkatesagowda B, Ponugupaty E, Barbosa A M, et al. Solid-state fermentation of coconut kernel-cake as substrate for the production of lipases by the coconut kerne-associated fungus *Lasiodiplodia theobromae* VBE-1[J]. Annals of Microbiology, 2015, 65(1): 129-142.

[17] Fleuri L F, Oliveira M C D, Arcuri M D L C, et al. Production of fungal lipases using wheat bran and soybean bran and incorporation of sugarcane bagasse as a cosubstrate in solid-state fermentation[J]. Food Science and Biotechnology, 2014, 23(4): 1199-1205.

[18] Abrunhosa L, Oliveira F, Dantas D, et al. Lipase production by *Aspergillus ibericususing* olive mill wastewater[J]. Bioprocess and Biosystems Engineering, 2013, 36(3): 285-291.

[19] Treichel H, Oliveira D D, Mazutti M A, et al. A Review on *Microbial* lipases production[J]. Food and Bioprocess Technology, 2010, 3(2): 182-196.

[20] 吴厚军, 喻晓蔚, 沙冲, 等. D190V点突变提高华根霉 *Rhizopus chinensis* CCTCC M201021 脂肪酶的最适温度和热稳定性[J]. 微生物学通报, 2013, 40(11): 1955-1961.

[21] 王建荣, 刘丹妮, 李鹏, 等. 雪白根霉脂肪酶基因在毕赤酵母中的高效表达及其酶学性质研究[J]. 食品与发酵工业, 2014, 40(2): 83-88.

[22] 苏二正, 吴向萍, 高蓓, 等. 短小芽孢杆菌脂肪酶基因的克隆、表达及酶学性质研究[J]. 生物技术通报, 2014(4): 132-138.

[23] Fang Z G, Xu L, Pan D J, et al. Enhanced production of *Thermomyces lanuginosus* lipase in *Pichia pastoris* via genetic and fermentation strategies[J]. Journal of Industrial Microbiology & Biotechnology, 2014, 41(10): 1541-1551.

[24] 韩双艳, 赵小兰, 林小琼, 等. 抗辐射不动杆菌碱性脂肪酶基因在毕赤酵母中的表达[J]. 现代食品科技, 2013, 29(7): 1477-1481.

[25] 汪小锋, 王俊, 杨江科, 等. 微生物发酵产脂肪酶的研究进展[J]. 生物技术通讯报, 2008, 4: 47-51.

[26] Vardanega R, Remonatto D, Arbter F, et al. A systematic study on extraction of lipase obtained by solid-state fermentation of soybean meal by a newly isolated strain of *Penicillium* sp.[J]. Food and Bioprocess Technology, 2010, 3(3): 461-465.

[27] Saxena R K, Sheoran A B, Davidson W S. Purification strategies for microbial lipases[J]. Journal of Microbiological Method, 2003, 52: 1-18.

[28] Palekar A A, Vasudevan P T, YanS. Purification of lipase: A review[J]. Biocatalysis and Biotransformation, 2000, 18(3): 177-200.

[29] Sharma R, Chisti Y, Banerjee U C. Production, purification, characterization, and applications of lipases[J]. Biotechnology Advances, 2001, 19(8): 627-662.

[30] Taipa M A, Aries-Barros M R, Cabral J M S. Purification of lipases[J]. Joural of Biotechnology, 1992, 26(2-3): 111-142.

[31] 李燕妮, 曹红光. 硫酸铵-丙酮协同沉淀法纯化南极假丝酵母产脂肪酶[J]. 化学与生物工程, 2006, 23(5): 36-37.

[32] 秦韶巍, 于明锐, 谭天伟. *Candida* sp. 脂肪酶的纯化及其性质[J]. 过程工程学报, 2007, 2: 141-144.

[33] Bastida A, Sabuquillo P, Armisen P, et al. A single step purificaiton, immobilization and hyperactivation of lipases via interfacial absorption on strongly hydrophobic supports[J]. Biotechnology and Bioengineering, 1998, 58(5): 486-493.

[34] Bandmann N, Collet E, Leijen J, et al. Genetic engineering of the *Fusarium solanipisi* lipase cutinase for enhanced partitioning in PEG-phosphate aqueous two-phase systems[J]. Journal of Biotechnology, 2000, 79: 161-172.

[35] 杨建军, 马晓迅. 双水相系统分离纯化南极假丝酵母脂肪酶[J]. 化学工程, 2000, 37(5): 49-52.

[36] 黄瑛, 尹利, 闫云君. 双水相萃取法分离纯化洋葱假单胞菌 G-63 脂肪酶[J]. 现代化工, 2007, 27(增2): 300-305.

[37] 邬敏辰, 孙崇荣, 邬显章. 平板扩散法粗略确定碱性脂肪酶的活性[J]. 无锡轻工大学学报, 2000, 19(2): 168-172.

[38] Kouker G, Jaeger K E. Specific and sensitive plate assay for bacterial lipases[J]. Applied and Environmental Microbiology, 1987, 53(1): 211-213.

[39] 阎金勇, 杨江科, 徐莉, 等. 白地霉 Y162 脂肪酶基因克隆及其在毕赤酵母中的高效表达[J]. 微生物学报, 2008, 48(2): 184-190.

[40] 杨华, 娄永江. 国产碱性脂肪酶的测定方法特性研究[J]. 中国食品学报, 2006(3): 138-142.

[41] Brockman H L. Triglyceride lipase from porcine pancreas[J]. Methods in Enzymology, 1981, 71: 619-627.

[42] 高贵, 韩四平, 王智, 等. 脂肪酶活力检测方法的比较[J]. 药物生物技术, 2002, 9(5): 281-284.

[43] Lowry R R, Tinsley I J. Rapid colorimetric determination of free fatty acids[J]. Journal of the American Oil Chemists Society, 1976, 53(7): 470-472.

[44] 纪建业. 脂肪酶活力测定方法的改进[J]. 通化师范学院学报, 2005, 26: 51-53.

[45] Duncombe W G. The colorimetric micro-determination of long-chain fatty acids[J]. Biochemical Journal, 1963, 88(1): 7-10.

[46] van Autryve P, Ratomahenina R, Riaublanc A, et al. (Spectrophotometry assay of lipase activity using Rhodamine 6G)[J]. Oléagineux, 1991, 46(1): 29-31.

[47] 江慧芳, 王雅琴, 刘春国. 三种脂肪酶活力测定方法的比较及改进[J]. 化学与生物工程, 2007, 24(8): 72-75.

[48] 黄锡荣, 张文娟, 宁少芳, 等. 分光光度法测定微乳液中脂肪酶的酶活[J]. 化学通报, 2001(10): 659-661.

[49] 张海燕, 丁玉, 尹瑞卿, 等. 脂肪酶酶活性的最新研究生物学通报, 2007, 42(3): 16-17.

[50] 王江雁. 血清脂肪酶的测定方法及临床诊断评价[J]. 国外医学: 临床生物化学与检验学分册, 1995, 16(1): 19-21.

[51] 王琰, 张志敏, 王军, 等. 耐有机溶剂脂肪酶基因 LiPI 的克隆及其在毕赤酵母中的高效表达[J]. 河南农业科学, 2013, 6: 23-28.

[52] Teng Y, Xu Y. A modified para-nitrophenyl palmitate assay for lipase synthetic activity determination in organic solvent[J]. Analytical Biochemistry, 2007, 363(2): 219-224.

[53] Vordewulbecke T, Kieslich K, Erdmann H. Comparison of lipases by different assays[J]. Enzyme & Microbial Technology, 1992, 14: 631-639.

[54] 孙国华, 孙楠, 肖晓光, 等. 单底物一步速率法测定血清脂肪酶及其临床应用[J]. 大连医科大学学报, 2003, 25(1): 54-56.

[55] 王欢, 何腊平, 周换景等. 脂肪酶活力测定方法及其在筛选产脂肪酶微生物中的应用[J]. 生物技术通报, 2013: 1-6.

[56] Ransac S, Ivanova M, Panaiotov I, et al. Monolayer Techniques for Studying Lipase Kinetics[M]. Clifton: Humana Press, 1999: 279-302.

[57] Momsen W E, Brockman H L. Recovery of monomolecular films in studies of lipolysis[J]. Methods in Enzymology, 1997, 286: 292-305.

[58] Beisson F, Tiss A, Riviere C, et al. Methods for lipase detection and assay: A critical review[J]. European Journal of Lipid Science and Technology, 2000, 102(2): 133-153.

[59] Walde P, Luisi P L. A continuous assay for lipases in reverse micelles based on Fourier transform infrared spectroscopy[J]. Biochemistry, 1989, 28(8): 3353-3360.

[60] Doolittle M, Benozeev O. Immunodetect ion of lipoprotein lipase: antibody production, immunoprecipitation and western blotting techniques[M]. Methods Mol Biol, 1999(109): 215-237.

[61] Miyashita K, Kobayashi J, Imamura S, et al. A new enzyme-linked immunosorbent assay system for human hepatic triglyceride lipase[J]. Clinica Chimica Acta, 2013, 424(23): 201-206.

[62] Salgin S, Takac S. Effects of additives on the activity and enantioselectivity of *Candida rugosa* lipase a in a biphasic medium [J]. Chemical Engineering & Technology, 2007, 30(12): 1739-1743.

[63] Okamoto T, Yasuhito E, Ueji S. Metal ions dramatically enhance the enantioselectivity for lipase-catalysed reactions in organic solvents[J]. Organic & Biomolecular Chemistry, 2006, 4(6): 1147-1153.

[64] Kim K K, Song H K, Shin D H, et al. The crystal structure of a triacylglycerol lipase from *Pseudomonas cepacia* reveals a highly open conformation in the absence of a bound inhibitor[J]. Structure, 1997, 5(2): 173-185.

[65] Lang D, Hofmann B, Haalck L, et al. Crystal structure of a bacterial lipase from *Chromobacterium viscosum* ATCC 6918 refined at 1.6 Å resolution[J]. Journal of Molecular Biology, 1996, 259(4): 704-717.

[66] Schrag J D, Li Y G, Wu S, et al. Ser-His-Glu triad forms the catalytic site of the lipase from *Geotrichum candidum*[J]. Nature, 1991, 351(6329): 761-764.

[67] Kawaguchi Y, Honda H, Taniguchi-Morimura J, et al. The condon CUG is read as serine in an asporogenic yeast *Candida cylindracea*[J]. Nature, 1989, 341(6238): 164-166.

[68] Derewenda U, Brzozowski A M, Lawson D M, et al. Catalysis at the interface: the anatomy of a conformational change in a triglyceride lipase[J]. Biochemistry, 1992, 31(5): 1532-1541.

[69] Brzozowski A M, Derewenda U, Derewenda Z S, et al. A model for interfacial activation in lipases from the structure of a fungal lipase-inhibitor complex[J]. Nature, 1991, 351(6326): 491-494.

[70] van Tilbeurg H, Egloff M P, Martinez C, et al. Interfacial activation of the lipase-procolipase complex by mixed micelles revealed by X-ray crystallography [J]. Nature, 1993, 362: 814-820.

[71] Torres C, Otero C. Part III, direct enzyme esterification of lactic acid with fatty acids[J]. Enzyme and Microbial Technology, 2001, 29(1): 3-12.

[72] 徐坚, 王玉军, 骆广生, 等. 膜材料的亲疏水性对固定化脂肪酶的影响[J]. 高校化学工程学报, 2006, 20(3): 395-400.

[73] Linko Y Y, Wu X Y. Biocatalytic production of useful esters by two forms of lipase from *Candida rugosa*[J]. Journal of Chemical Technology and Biotechnology, 1996, 65: 163-170.

[74] Bodhankar S S. Studies in separation of proteins and enzymes[D]. Mumbai: University of Mumbai, 1997.

[75] Aline G C, Gloria F L, Melissa L E G, et al. Separation and immobilization of lipase from *Penicillium simplicissimum* by selective adsorption on hydrophobic supports[J]. Applied Biochemistry and Biotechnology, 2009, 156(1-3): 133-145.

[76] 辛嘉英, 徐毅, 胡霄雪, 等. *Candida rugosa* 脂肪酶同工酶的选择固定化[J]. 离子交换与吸附, 2002, 18(1): 17-22.

[77] Warwel S, Borgdorf R. Substrate selectivity of lipases in the esterification of *cis/trans*-isomers and positional isomers of conjugated linoleic acid (CLA)[J]. Biotechnology Letters, 2000, 22(14): 1151-1155.

[78] Compton D L, Vermillion K E, Laszlo J A. Acyl migration kinetics of 2-monoacylglycerols from soybean oil via ^{1}H NMR[J]. Journal of the American Oil Chemists' Society, 2007, 84(4): 343-348.

[79] Boswinkel G, Derksen J T, van't Riet K, et al. Kinetics of acyl migration in monoglycerides and dependence on acyl chainlength[J]. Journal of the American Oil Chemists' Society, 1996, 73(6): 707-711.

[80] Laszlo J A, Compton D L, Vermillion K E. Acyl migration kinetics of vegetable oil 1, 2-diacylglycerols[J]. Journal of the American Oil Chemists' Society, 2008, 85(4): 307-312.

[81] Carrea G, Ottolina G, Riva S. Role of solvents in the control of enzyme selectivity in organic media[J]. Trends in Biotechnology, 1995, 13(2): 63-70.

[82] Kumar S S, Arora N, Bhatnagar R, et al. Kinetic modulation of *Trichosporon asahii* MSR 54 lipase in presence of organic solvents: Altered fatty acid specificity and reversal of enantio selectivity during hydrolytic reactions[J]. Journal of Molecular Catalysis B: Enzymatic, 2009, 59(1): 41-46.

[83] Lu J, Nie K, Wang F, et al. Immobilized lipase *Candida* sp. 99-125 catalyzed methanolysis of glycerol trioleate: Solventeffect[J]. Bioresource Technology, 2008, 99(14): 6070-6074.

[84] Duan Z Q, Du W, Liu D H. The solvent influence on the positional selectivity of novozym 435 during 1, 3-diolein synthesis by esterification[J]. Bioresource Technology, 2010, 101(7): 2568-2571.

[85] Warwel S, Borgdorf R .Substrate selectivity of lipases in the esterification of cis/trans-isomers and positional isomers of conjugated linoleic acid (CLA)[J]. Biotechnology Letters, 2000, 22(14): 1151-1155.

[86] Halldorsson A, Haraldsson G G. Fatty acid selectivity of microbial lipase and lipolytic enzymes from salmonid fish intestines toward astaxanthin diesters[J]. Journal of the American Oil Chemists' Society, 2004, 81(4): 347-353.

[87] Lee T. Sakowicz R. Probing enzyme specificity[J]. Acta Chemica Scandinavica, 1996, 50: 697-706.

[88] Fitzpatrick P A, Klibanov A M.How can the solvent affect enzyme enantioselectivity[J]. Journal of the American Chemical Society, 1991, 113: 3166-3171.

[89] Kazlauskas R J, Weissfloch A N E, Rappaport A T, et al. A rule to predict which enantiomer of a secondary alcohol reacts faster in reactions catalyzed by cholesterol esterase, lipase from *Pseudomonas cepacia*, and lipase from *Candida rugosa*[J]. Organic Chemistry, 1991, 56: 2656-2665.

[90] Ghanem A, Aboul-Enein H Y. Lipase-mediated chiral resolution of racemates in organic solvents[J]. Tetrahedron Asymmetry, 2004, 15(21): 3331-3351.

[91] Ottosson J. Enthalpy and Entropy in Enzyme Catalysis-A Study of Lipase Enantioselectivity[M]. Stockholm: Universitetsservice USAB, 2001: 21-59.

[92] 刘艳莉, 杨广宇, 王秋岩等, 脂肪酶和酯酶的定向进化及其应用[J]. 生物加工过程, 2006, 4(1): 16-18.

[93] Pleiss J, Fischer M, Schmid R D. Anatomy of lipase binding sites: The Scissile fatty acid binding site[J]. Chemistry and Physics of Lipids, 1998, 93(1): 67-80.

[94] Brundiek H B, Evitt A S, Kourist R, et al. Creation of a lipase highly selective for trans fatty acids by protein engineering[J]. Angewandte Chemie International Edition in English, 2012, 51(2): 412-414.

[95] Meghwanshi G K, Agarwal L, Dutt K, et al. Saxena, characterization of 1, 3-regiospecific lipases from new pseudomonas and bacillus isolates [J]. Journal of Molecular Catalysis B: Enzymatic, 2006, 40: 127-131.

[96] Zhang Q D, Du W, Liu D H. The mechanism of solvent effect on the positional selectivity of *Candida antarctica* lipase B during 1, 3-diolein synthesis by esterification[J]. Bioresource Technology, 2011, 102: 11048-11050.

[97] Bachu P, Gibson J S, Sperry J, et al. The influence of microwave irradiation on lipase-catalyzed kinetic resolution of racemic secondary alcohols[J]. Tetrahedron Asymmetry, 2007, 18(13): 1618-1624.

[98] Xu Q, Geng X H, Chen P R. Kinetic resolution of cyanohydrins via enantioselective acylation catalyzed by lipase PS-30[J]. Tetrahedron Letters, 2008, 49(45): 6440-6441.

[99] Giorno L, D'Amore E, Drioli E, et al. Influence of OR ester group length on the catalytic activity and enantioselectivity of free lipase and immobilized in membrane used for the kinetic resolution of naproxen esters[J]. Journal of Catalysis, 2007, 247(2): 194-200.

[100] Paal T A, Forro E, Liljeblad A, et al. Lipase-catalyzed kinetic and dynamic kinetic resolution of 1,2,3,4-tetrahydroisoquinoline-1-carboxylic acid[J]. Tetrahedron Asymmetry, 2007, 18(12): 1428-1433.

[101] Watanabe K, Ueji S. Dimethyl sulfoxide as a co-solvent dramatically enhances the enantioselectivity in lipase catalysed resolutions of 2-phenoxypropionic acyl derivatives[J]. Chemical Society, Perkin Transactions, 2001, (1): 1386-1390.

[102] Yu L J, Xu Y, Wang X Q, et al. Highly enantioselective hydrolysis of DL-menthyl acetate to L-menthol by whole-cell lipase from *Burkholderia cepacia* ATCC 25416[J]. Journal of Molecular Catalysis B: Enzymatic, 2007, 47(3-4): 149-154.

[103] Chen Y, Xu J H, Pan J, et al. Catalytic resolution of (*RS*)-HMPC acetate by immobilized cells of *Acinetobacter* sp. CGMCC 0789 in a medium with organic cosolvent[J]. Journal of Molecular Catalysis B: Enzymatic, 2004, 30(5-6): 203-208.

[104] Wang Y H, Li Q S, Zhang Z M, et al. Solvent effects on the enantioselectivity of the thermophilic lipase QLM in the resolution of (*R, S*)-2-octanol and (*R, S*)-2-pentanol[J]. Journal of Molecular Catalysis B: Enzymatic, 2009, 56 (2-3): 146-150.

[105] Yasufuku Y, Ueji S I. Effect of temperature on lipase-catalyzed esterification inorganic solvent[J], Biotechnology Letters, 1995, 17(12): 1311-1316.

[106] Sakai T, Kawabata I, Kishimoto T, et al. Enhancement of the enantioselectivity in lipase-catalyzed kinetic resolutions of 3-phenyl-2*H*-azirine-2-methanol by lowering the temperature to -40℃[J], Journal of Organic Chemistry 1997, 62(15): 4906-4907.

[107] Overbeeke P L A, Ottosson J, Hult K, et al. The temperature dependence of enzymatic kinetic resolutions reveals the relative contribution of enthalpy and entropy to enzymatic enantioselectivity[J]. Biocatalysis and Biotransformation, 1999, 17(1): 61-79.

[108] Phillips R S. Temperature modulation of the stereochemistry of enzymatic catalysis: Prospects for exploitation[J]. Trends in Biotechnology, 1996, 14(1): 13-16.

第2章 非水介质中脂肪酶催化反应

非水相酶催化反应是1984年Zaks和Klibanov首次提出的，是酶工程继酶的固定化技术之后取得的又一项重大突破，这一发现颠覆了长期以来错误的酶学概念即"生物催化必须在水溶液中进行"，并由此开创了非水相生物催化的新时代，极大地拓宽了酶作为催化剂的应用范围[1]。作为非水相酶催化研究热点的脂肪酶更是受到研究者的重视。脂肪酶在有机相中可催化的酶催反应有酯合成、酯交换、肽合成、酯聚合、酰化等。其中有些已广泛地应用于精细化工、医药、食品、新材料的研制与生产中。目前成功进行工业生产的典型案例包括：1989年脂肪酶催化棕榈油与硬脂酸的酯交换反应生产可可脂(已在日本工业化生产)；Unichema International 公司生产做润肤剂用的棕榈酸三酯；2-(4-氯苯氧)丙酸的光学拆分已用于百公斤规模的除草剂苯氧丙酸的生产等。脂肪酶催化体系由底物及产物、反应介质、脂肪酶催化剂组成。要优化一个脂肪酶介导的催化过程，可以分别对这三部分进行研究与优化，相应地形成"底物工程"(substrate engineering)、"介质工程"(medium engineering)和"脂肪酶催化剂工程"(lipase biocatalyst engineering)等。本章以介质工程为主线结合酶工程及催化剂工程来阐述非水介质中脂肪酶催化反应化学。

2.1 非水介质中脂肪酶催化反应类型及其优势

2.1.1 非水介质中脂肪酶催化反应类型

脂肪酶(E.C.3.1.1.3)是一种普遍存在于微生物、植物和动物等大多数生物体中的酶类。脂肪酶是具有多种催化能力的羧酸酯酶，可以催化三酰甘油酯及其他一些水不溶性酯类的水解、醇解、酯化、转酯化及酯类的逆向合成反应，除此之外还表现出其他一些酶的活力，如磷脂酶、溶血磷脂酶、胆固醇酯酶、酰肽水解酶活力等(表2-1)[2]。脂肪酶不同活力的发挥依赖于反应体系的特点，如在油-水界面促进酯水解，而在有机相中可以酶促合成和酯交换[3]。

脂肪酶催化的反应大体可以分为水解和合成反应两类。

(1) 水解反应：$RCOOR' + H_2O \longrightarrow RCOOH + R'OH$

(2) 合成反应：这个类型的反应可以进一步被分为酯化反应、酯交换反应、醇解反应和酸解反应。

酯化反应：$RCOOH + R'OH \longrightarrow RCOOR' + H_2O$

酯交换反应：RCOOR′ + R″COOR* ⟶ RCOOR* + R″COOR′
醇解反应：RCOOR′ + R″OH ⟶ RCOOR″ + R′OH
酸解反应：RCOOR′ + R″COOH ⟶ R″COOR′ + RCOOH

表 2-1　脂肪酶在非水相中制备有机物质的重要应用

反应类型	产物及其用途
酯合成	饱和脂肪酸(化妆品、食品)
	不饱和脂肪酸酯(化妆品)
	羊毛脂酸异丙酯(化妆品)
酯交换	可可酯(食品)
	甘油单酯(医药、食品、化妆品)
	光学活性醇(半导体材料)
	高不饱和脂肪酸磷脂(医药)
肽合成	青霉素 G 前体肽(医药)
	生物活性肽(医药)
	甜味二肽(食品)
酯聚合	光学活性寡聚酯
	寡聚酯
酰化	糖脂类固醇酯

2.1.2　非水介质中脂肪酶催化反应的优势

脂肪酶是最早应用于非水相生物催化的酶之一。近年来，绝大部分商品化脂肪酶如 Novozym 435、Lipozym 等都来源于微生物。脂肪酶能够催化水解、酯化、转酯化、多肽合成等反应，它的催化活性高、底物谱广泛，无论在酶学理论研究还是实际工业生产领域，都受到广泛关注。随着非水酶学的发展，进一步推动了脂肪酶在各领域中的应用。脂肪酶在非水介质中反应具有水溶液介质中酶促反应无法比拟的优点：提高了有机底物的溶解度，使许多不溶于水或在水中不稳定的产品能利用有机溶剂中的酶来催化生产；使某些反应的热力学平衡向合成的方向移动(如酯键与肽键的形成等)；抑制了水参与的某些不利反应(如酸酐、卤化物和肽的水解，醌的聚合等)；酶不溶于有机溶剂，易于回收再利用，产物也易于分离纯化；酶的稳定性提高，尤其是热稳定性；防止微生物的污染；在某些情况下可以改变酶对底物的专一性以用于特殊的用途；氨基酸侧链一般不需保护；酶可被直接应用于化工过程[4]。

2.1.3 水相体系中微量水对酶催化性能的影响

非水相体系中的微量水主要以两种方式存在：一类是与酶分子紧密结合的结合水；另一类是溶解于有机溶剂的游离水。但是，并不是体系中所有的水分子都与酶的活力有关。实际上，只有与酶蛋白分子紧密结合的那层水分子对酶的活力才是至关重要的，简称酶的必需水层[5]。必需水是酶在非水介质中进行催化反应所必需的水分子直接或间接地通过氢键、疏水键、范德华力等作用维持着酶具有催化活性时所必需的构象，进而影响酶的催化活力和选择性[6,7]。通过对酶必需水的调控，可以调节有机相酶催化反应中酶的催化活力及选择性[8,9]。有证据表明酶分子周围的必需水层作为酶表面和反应介质之间的缓冲剂，是酶微环境的主要成分，酶结合水的存在能降低酶分子极性氨基酸之间的相互作用，防止产生不正确的构象结构[10]。

对不同的酶而言，在有机溶剂中催化反应所需的结合水的量差异很大[11]。不同酶在不同有机溶剂中达到相同反应速率时所需的溶剂中的水分含量并不相同，而且体系中的水含量通常受多种因素影响。采用水活度能更加准确地描述有机相反应体系中水与酶催化活力之间的关系[12,13]。水活度亦称热力学水活度(a_w, water activity)，是指在一定的温度与压力下，反应体系中水的蒸汽压与同样状态下纯水蒸汽压的比值：

$$a_w = \gamma_w \cdot \chi_w$$

式中，χ_w 为水的物质的量之比；γ_w 为活度系数。

采用水活度表示体系中水分含量的原因是，当体系中水分含量过低时，可以直接准确地反映出体系微量水的含量，平衡状态时反应体系各相(固相、液相及气相)水活度相同。水活度对非水相中生物催化反应有着重要的影响，非水反应体系中水活度的控制是非水酶学走向工业化的主要难题之一[14]。

有机溶剂中酶活力与含水量有一定的关系。低于必需水的下限，酶蛋白会因构象剧烈变化而失活，然而在水量增加的情况下，酶也会因水分过多而活力降低，因此酶也应有一个因过量水而失活的水量上限，这一上限是控制溶液水量和 pH 等条件的调节参数。体系含水的多少是由溶剂的极性决定的，溶剂对酶的影响实际上是酶的必需水被溶剂剥夺而使酶的活力发生变化。建立科学有效的水活度控制方法是十分必要的。

一般可以采用以下方式控制体系的水活度：

(1)可采用饱和盐溶液气相预平衡的方法。将反应底物、酶、有机溶剂分别在饱和盐溶液所形成的气相环境中进行预平衡，不同饱和盐溶液对应的水活度不同，通过这种方法可使体系达到适当的水活度[15]。

(2) 在反应前，向经过干燥处理的有机相反应体系中添加适量的水。

(3) 在干燥的反应物中加入水合盐。在反应过程中，水合盐的结晶水可释放出来，同时体系中的水分也可与无机盐重新结合，从而维持反应所必需的微量水，起到水活度的缓冲作用[16]。

2.2 有机溶剂体系脂肪酶催化反应

有机相中脂肪酶催化性能的发现打破了生物催化反应必须在水相中进行的传统理念，开拓了生物酶广阔的应用前景。有机溶剂在非水相酶催化体系中是应用最多的一种。有机溶剂不但直接或间接地影响酶活力和稳定性，也能够改变酶的特异性(包括底物特异性、立体选择性、前手性选择性等)。通常有机溶剂通过与水、酶、底物和产物的相互作用来影响酶的这些性质。

有机溶剂对酶催化活力的影响主要有两种方式：一是溶剂夺取维持酶活力构象的必需水，从而导致酶的失活[17]。Laanea 等用溶剂的极性参数 $\lg P$ 值描述了溶剂极性与酶催化活力的关系，并总结出：酶在 $\lg P<2$ 的极性溶剂中催化活力较低；在 $2<\lg P<4$ 的溶剂中具有中等催化活力；在 $\lg P>4$ 的非极性溶剂中催化活力较高[18]。二是溶剂通过对底物或产物扩散的影响而控制酶活力[19]。溶剂能改变酶分子必需水层中底物或产物的浓度，而底物必须渗入必需水层，产物必须移出此水层，才能使反应进行下去。

2.2.1 有机相中脂肪酶的催化反应及其应用

脂肪酶具有多种催化能力，能够催化水解、酯化、酯交换、醇解和酸解等一系列的反应，且具有催化效率高、催化稳定性好、底物专一性高以及底物谱广等优点。有机相中脂肪酶催化的研究主要开始于 20 世纪 80 年代，以美国麻省理工学院 Zaks 和 Klibanov 教授为首的研究小组对有机相介质中脂肪酶的催化行为及热稳定性进行了系统研究。脂肪酶在有机相中可以催化传统化学难以催化的反应，可增大疏水性底物的溶解度，提高有水生成反应的产率，抑制有水参与的副反应发生，底物的专一性和选择性(包括区域选择性和对映体选择性)均大大提高，同时有机相催化对酶的固定化要求不高，后续产物分离过程容易。目前，有机溶剂中脂肪酶的催化反应已广泛应用于油脂加工、食品、医药、新能源等领域[20]。

1. 脂肪酸酯的合成

脂肪酶作为一类可在有机相中催化酯合成、酯交换等反应的重要生物催化剂，成功应用于多种脂肪酸酯的合成，如 L-抗坏血酸棕榈酸酯，维生素 A 棕榈酸酯，维生素 E 琥珀酸酯，脂肪酸淀粉酯等多种脂肪酸酯衍生物[21-23]。

2. 食品工业

在现代食品工业领域脂肪酶是不可或缺的生物催化剂，在油脂改性方面脂肪酶可催化一种酯与另一种脂肪酸、醇、酯发生酯交换反应，改变油脂的性质。例如，Chang 等以正己烷为有机相催化反应体系，以氢化的棉籽油和菜籽油为底物，固定化脂肪酶催化两种底物进行转酯化反应，产物的熔点较天然可可脂高 36℃，可作为可可脂的替代品；固定化脂肪酶也被用于芳香族脂肪酸酯的合成，固定化 *Staphylococcus warneri* 和 *Staphylococcus xylosus* 脂肪酶被用于生产具有特殊风味的脂肪酸酯[24]。

3. 制药工业

近年来随着手性技术的兴起，脂肪酶催化工艺在医药领域中的应用成为最活跃的研究领域之一，脂肪酶的生物催化反应具有催化活力高、较强的专一性、较强的选择性、对环境无污染等优点。在手性药物拆分上发现脂肪酶具有一定的优势，布洛芬、萘普生、酮洛芬等一系列抗炎镇痛类药物由于有手性中心存在对映体，对这一类药物进行生产工艺合成优化，取得了比较理想的效果。脂肪酶催化药物在抗菌药物、抗肿瘤药物和抗抑郁药物的合成方面也发挥了一定的作用。

4. 新能源

以脂肪酶为生物催化剂可用于生物柴油的合成，由动植物油脂与短链的醇(甲醇或乙醇)通过脂肪酶进行酯交换反应得到脂肪酸单烷基酯，最常用的脂肪酶来源于 *Pseudomonas cepacia*。通常是以大豆油和甲醇为底物，在固定化脂肪酶催化下进行酯交换反应，成功制备得到生物柴油，产物中主要脂肪酸甲酯的含量可以达到 91.87%。但是在含有高浓度甲醇的反应体系中，脂肪酶往往易失活，限制了酶在生物柴油的工业生产[25]。

2.2.2 有机溶剂中脂肪酶的结构与催化特性

不同来源的脂肪酶往往具有不同的底物特异性、催化活力和催化特性，但其立体结构都具有一个 α/β 折叠结构、催化结合位点和氧负离子疏水通道，不同的脂肪酶二级结构在经典的 α/β 水解酶结构的基础上加以变化，活性中心 Ser 残基通常被一个 α-螺旋"盖子"覆盖，"盖子"的存在导致底物很难靠近催化活性中心，造成脂肪酶催化效率的下降。覆盖脂肪酶活性中心的"盖子"，其外表面相对亲水，面向活性位点的内表面则相对疏水，当酶处于闭合状态时，这个盖子会把活性位点覆盖，当处于油-水界面时，这个盖子会被移开，酶的活力被激发。在有机相体系中，脂肪酶的催化结合位点保持着与水相体系相似的完整三维立体结构及活性中心结构，因此它能发挥催化功能。由于有机相体系中存在少量的水，形成油水两相界面，脂肪酶发生界面激活作用，可以催化在水相中不能进行的酯化和转酯化等反应。但是有机溶剂在很大程度上也会影响酶的稳定性和底物特异性。有机溶剂的存在，改变了疏水相互作用的精细平衡，从而影响到脂肪酶的结合部位，而且有机溶剂也会改变底物存在状态。因此酶和底物相结合的自由能就会受到影响，而这些至少会部分地影响有机溶剂中脂肪酶的底物特异性、立体选择性、区域选择性和化学键选择性等酶学性质[26,27]。

脂肪酶的催化特性在于：在油-水界面上其催化活力最大，这早在1958年被Sarda和Desnnelv发现。所谓的界面被认为是两个彼此分离的完全不同的相差，在分子水平上相当于两个邻接的有序分子层，一个比较亲水，一个比较疏水。界面的形成可提高脂肪酶活力的理论解释为：所有脂肪酶的一级结构都相似，包括重要区域His-X-Gly-Z-Ser-Gly和Y-Gly-His-Ser-W-Gly（这里X、Y、Z、W表示基因氨基酸残基）；活性部位的丝氨酸残基被 α-螺旋掩盖，当脂肪酶与界面接触时 α-螺旋打开，这导致脂肪酶通过在丝氨酸周围创造一亲电区域，暴露疏水残基，增加与脂类底物的亲和力并保持催化过程中过渡中间产物稳定。

2.2.3 有机溶剂中脂肪酶的催化反应机理

脂肪酶的催化活力是以丝氨酸为主与天冬氨酸和组氨酸共同组成的三分子催化中心。这个三联体催化中心通常被包埋在酶分子内部，一个螺旋状的多肽结构就像一个"盖子"使催化中心与底物隔开。这个带有色氨酸的"盖子"具有两亲性，"盖子"内部的疏水表面与催化中心的疏水区域相结合，"盖子"外面的一段为亲水端，与水分子以氢键作用连接。脂肪酶的催化特性与酯酶的不同之处在于：脂肪酶具有界面活化现象，即只有在油-水界面上才具有催化活力[28]。

在油-水界面上，脂肪酶 α-螺旋状的"盖子"的结构发生重新定位增强了活性中心附近的酶表面处的疏水性并使该中心暴露出来，即"盖子"的打开。由于脂肪酶的表面是亲水的，在有油-水界面存在的条件下，脂肪酶的"盖子"结构打开使酶分子表面部分没有完全水化，从而底物分子的脂肪族侧链结合在酶分子的表面，增加与脂类底物的亲和力并保持催化过程中过渡中间产物稳定。而酶表面的局部带有静电，对脂肪族侧链的极性较弱的C—H键产生了偶极性的吸引也保持了过渡中间产物的稳定。

脂肪酶的催化机理解释如图2-1所示：首先丝氨酸通过去质子化作用被活化，此时组氨酸和天冬氨酸也要参与[图2-1(a)]，因此丝氨酸上的羟基残基的亲核性增强，从而进攻底物的羧基形成酰基酶中间体[图2-1(b)]，含氧阴离子孔的存在提高了电荷分布的稳定性，降低了四面中间体的基态能。图2-1(c)是脱酰步骤，这一步骤受到集中在界面处分子电负性的控制。一种亲核试剂(水或者单酸甘油酯)进攻酰化的酶会导致产物的释放以及酶催化部位的再生[29]。

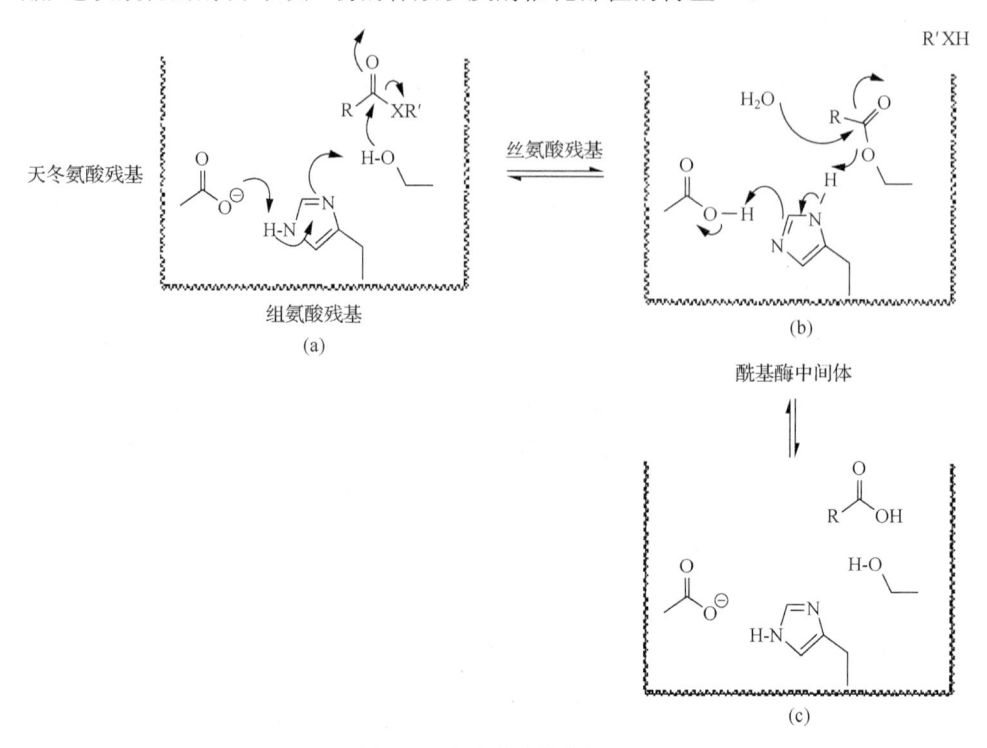

图 2-1 脂肪酶的催化机理

2.2.4 影响有机溶剂体系中脂肪酶催化活力的因素

1. 水活度

由于在不同反应体系中水在底物和反应介质之间的分配作用不同，体系中相同的含水量对酶催化活力的影响未必相同，因此一般用水活度更真实地反映体系中水和其他组分之间的关系。所谓非水相体系酶催化反应，并不是指反应体系中在绝对无水的条件下脂肪酶是没有催化活力的。适量的水对于酶催化反应来说是必需的。水分子直接或间接地通过氢键、疏水作用、范德华力等维持着酶分子催化活力所必需的三维构象，水的除去将导致这些构象的改变而使酶失活。水溶液中并不是所有的水分子都与酶的催化活力有关，实际上只有与酶蛋白分子紧密结合的一层水分子(甚至只是在酶的催化中心附近的水分子)对酶的催化活力才是重要的。水分子能够与酶分子的功能基团之间形成氢键，从而屏蔽了酶分子上极性基团之间的静电相互作用，使酶分子具有足够的柔性，处于催化作用所必需的构象状态。维持酶催化活力所必需的最少量的水被称为必需水，因而只要有这层微观的必需水的存在，酶即使在宏观的非水相中也具有催化活力。然而，过量的水会导致酶的热失活。温度升高时，酶分子发生可逆折叠，使酶的结构发生改变而失活。另外，在有水生成的可逆反应(如酯化、酯交换、肽合成)中，水分的存在也对反应的热力学平衡不利。因此，在非水相酶反应体系中存在一个最佳含水量即最适水活度。该最适水活度不仅取决于酶的种类，也与所选用的有机溶剂有关。通常这一最佳含量极低，并未达到水在有机溶剂中的饱和点。

而所谓无溶剂体系并不是绝对无水，一般指水含量低于0.01%以下。Kang等研究认为水是维持酶催化活力所必需的[30]。Kuhll 等[31]研究了在无溶剂体系中，水对 *Rhizopus oryzae* 脂肪酶催化植物油与甲醇发生酯交换反应的影响。当完全没有水时，酯交换几乎不发生，检测不到产物的生成；在反应体系中水分含量在4%~30%时，脂肪酶可以有效地催化反应进行。因此，在绝对无水的条件下酶促反应是不可能发生的。对不同的酶及不同的反应底物体系，其水的最佳加入量也是不同的，必须结合具体体系实验摸索研究。

2. 反应介质

在非水相体系中，有机溶剂对酶的影响是最大的。有机溶剂主要通过三个方面来影响酶促反应。首先，有机溶剂能与酶分子直接发生作用，通过干扰氢键和疏水键等改变酶的构象，破坏酶活性中心的氢键、离子键，从而导致酶的活力受到抑制或失活。有机溶剂影响酶分子活性中心的另一种方式是与底物竞争酶的活性中心结合位点，当溶剂是非极性溶剂时，这种影响会更明显[32]。其次，有机溶剂能直接或间接地与底物和产物相互作用，影响酶的活力。在酶催化过程中，底物分子必须首先从主体相中进入酶分子的必需水层，然后与活性中心相结合，形成底物-酶复合物后进行酶促催化反应，反应生成的产物同样需要先从必需水层中移出再进入有机相。在这个过程中，底物需要从反应介质中析出并与酶分子活性中心结合，有机溶剂就可以通过影响底物和产物的扩散控制酶的活力。Klibanov等在研究枯草杆菌蛋白酶催化的转酯化反应中发现，亲水性底物在疏水性溶剂二氯甲烷中反应速率快，而疏水性底物相反，其在亲水性溶剂叔丁醇或叔丁胺中反应速率快[33]。但是在疏水性强的有机溶剂中，疏水性底物与溶剂间的相互作用增强，则底物不容易从溶剂中扩散到酶分子周围，从而使酶催化反应速率减慢。相反地，亲水性底物与疏水性溶剂间的相互作用较弱，因此亲水性底物在疏水性较强的溶剂中则容易进入酶的活性中心，从而有利于酶催化反应的进行[34]。因此疏水性底物应选择疏水性较弱的溶剂，而亲水性底物应选择疏水性较强的溶剂。另外，有机溶剂可通过与酶分子相结合的水分子层作用而引起酶分子必需水的变化和重新分布,从而直接影响酶的结构和功能[35]。

在非水介质酶催化研究中,存在一种共识,即在非水或低水环境中,只要酶蛋白分子的必需水层不被破坏,酶就可以有效发挥其催化作用。一般认为,在非水体系中,酶在非极性有机溶剂中的催化活力要高于极性溶剂。有机溶剂的极性强弱可以用极性系数 lg$P$ 表示(P 值为某溶剂在正辛醇和水之间的分配系数),有机溶剂中酶失水的情况与溶剂的 lg$P$ 相关,Laane 等提出溶剂极性对酶活力影响的规律,称为 Laane 规律:在 lg$P$<2 的极性溶剂中,如四氢呋喃、吡啶等,因为溶剂极性强,会强烈地扰动水与酶蛋白分子之间的相互作用,导致酶变性失活,因此这类溶剂不宜用作酶促反应的介质;酶在 2<lg$P$<4 的溶剂中一般可以表现出中等活力,如苯、甲苯、环己烷等;酶在 lg$P$>4 的非极性有机溶剂中表现出较高的活力,这类溶剂是较理想的,如烷类、醚及芳香族化合物等。同时还应该注意到,并不是所有的溶剂都符合 Laane 规律,例如,有研究表明脂肪酶在十二烷(lg$P$=6.6)中的活力只有在苯(lg$P$=2.0)中的一半。这可能是由于溶剂的疏水性强,疏水性底物不容易从溶剂中扩散到酶分子的活性中心,从而导致酶的活力降低[36]。

因此,不同有机溶剂作为酶促合成的反应介质对酶的催化活力有不同的影响。亲水性有机溶剂丙酮、乙腈和叔丁醇等有利于溶解水溶性底物,但这些亲水性的有机溶剂会夺取酶分子中保持其催化活力的必需水,从而降低酶的催化活力,甚至使酶失活。疏水性的有机溶剂如己烷、异辛烷等有助于保持酶的催化活力,但不利于水溶性底物的溶解,使酯化合成的反应速率极其缓慢[37]。此外,溶剂的极性对产物的平衡转化率也有一定的影响。

在非水介质酶促催化反应过程中,有机溶剂的选择非常重要。有机溶剂选择时应注意以下几个方面:首先,溶剂对底物和产物的溶解性要好,有利于底物和产物的扩散,避免因产物在酶分子周围的积累而影响酶的催化反应;其次,溶剂不参与酶的催化反应;最后,溶剂的毒性、成本、黏度和回收方法以及产物从溶剂中分离、纯化的难易程度也是溶剂选择不可忽视的问题[38]。

3. 底物

脂肪酶对底物具有专一性和选择性,只有底物的结构与脂肪酶的活性中心相契合时脂肪酶才能催化该底物发生化学反应。底物的结构和性质都会对脂肪酶的催化反应活性产生影响。Xiao 等在叔丁醇和嘧啶的混合溶剂中用 Novozym 435 催化合成蔗糖酯时,初始酯化速率和糖脂的产率随着脂肪酸链长的缩短而上升。由于只有溶解于溶剂的糖才能有效地参与酯化反应,而不同的糖在有机溶剂中的溶解度不同,因此糖也可对合成糖脂的酯化速率产生重要影响。此外,底物的物质的量比和浓度也对酶促反应产生影响,底物物质的量比影响反应平衡,而底物的浓度则直接影响酶的催化活力[39]。

4. 反应温度和时间

反应温度是影响化学平衡常数的重要参数,在几乎无水的非水相体系中,酶能够维持其催化活力的刚性构象,一般情况下酶在非水相体系中的热稳定性高于水相反应体系。温度不仅影响酶的热稳定性和催化活力,也影响底物的状态以及产物的传质速率。当温度升高时,反应底物的溶解度提高,反应体系的黏度降低,使体系传质过程加快,促进底物与酶的有效接触,加快化学反应速率,这一现象符合化学反应的一般规律。但温度过高,酶分子的变性失活也会加快。为了提高底物的转化率得到尽可能多的产物,在其最适反应温度下适当地延长反应时间是最为简便经济的方法。然而当反应进行到一定程度时,转化率趋于恒定,此时单纯地延长反应时间只能增加生产成本[40]。

5. 反应体系的混合方式

液-固体系中的反应体系的混合程度非常重要,特别是对无溶剂体系的反应,目前有超声、振荡和搅拌三种形式。在无溶剂反应体系中,这些混合方法主要用来克服反应体系外扩散对酶促反应的影响。其中超声和振荡较适用于两底物在反应条件下为液-液或固-液状态的反应,李琳媛等比较不同超声条件对无溶剂体系中固定化脂肪酶 Lipozyme TLIM 催化酯交换合成 MLM 结构脂质的影响。研究表明,超声时间 4min,超声功率 100W,超声工作/间歇方式 5s/10s,间歇分次超声 2 次,辛酸结合率在反应产物甘油三酯中达到最高值。固定化脂肪酶 Lipozyme TLIM 在以上反应体系中重复使用 10 次,其酯交换酶活力降低 50%。短时间超声条件对无溶剂体系中固定化脂肪酶 Lipozyme TLIM 催化酯交换合成 MLM 结构脂质有促进作用[41]。李伟等在无溶剂体系中,以固定化脂肪酶 Novozym 435 催化 1,2-丙二醇和月桂酸合成 1(2)-丙二醇月桂酸单酯的研究中,通过优化摇床转速能够完全克服外扩散对反应的影响[42]。与以上两种混合方式相比,搅拌特别适用于高黏度固-液混合物的混合,马林等在利用脂肪酶催化癸酸乙酯与己醇发生转酯化反应的研究中发现,当采用磁力搅拌方式进行反应时,同静置不动反应相比,酶促反应速率和底物转化率均有明显的提升[43]。除了上述几个参数外,与其他所有酶促反应一样,反应温度及酶添加量等因素也对无溶剂体系脂肪酶的催化反应产生影响。

6. 其他因素

大多数酶特别是固定化酶在非水相体系中几乎不溶,呈悬浮状态,受传质限制,酶反应速率较低。酶颗粒的大小,以及酶颗粒之间是否发生团聚也是影响酶催化反应的因素。选择合适的方式进行酶的固定化、在反应过程中进行搅拌以及对酶进行修饰等都可以在一定程度上降低传质的限制。溶剂的介电常数、酶分子的电离状态等也是非水相酶催化反应的影响因素。

2.3 无溶剂体系脂肪酶催化反应

无溶剂体系是指反应体系中没有附加的溶剂，只含有反应物和酶，酶直接作用于反应底物。其具有突出的优点：可避免有机溶剂引起的毒性及易燃问题，这对于食品、化妆品、药物的生产尤为重要；增大底物浓度，减小反应体积，反应速率快，产物收率高，最终产物易于分离纯化，环境污染小，满足产品和生产的安全性是一种极具潜力的清洁反应新技术。纯底物作溶剂，避免了溶剂利用与回收问题，降低了成本，简化后续分离工艺，环境污染小，满足产品的大批量生产和安全性；同时，由于没有溶剂等的稀释作用，底物浓度较高，反应速率快，生产效率高。脂肪酶催化的无溶剂体系开发越来越受到青睐[44]。

2.3.1 无溶剂体系脂肪酶催化反应的类型

无溶剂体系中的脂肪酶催化反应以其独特的优越性引起了各领域研究者的兴趣。许多科研工作者正致力于这一领域的探索。研究发现一些常用的在有机溶剂和水中具较好催化活力的脂肪酶，在无溶剂条件下仍可以保持很好的活力和稳定性。目前大多数研究主要集中在实验室实现反应的基础研究上，在保持酶活力和酶的立体选择性的前提下，尽可能提高反应底物的浓度，促进平衡向生成产物的方向移动，并大大提高反应速率和产物收率。现已在无溶剂体系下实现的脂肪酶催化反应类型主要包括酯化、醇解、酸解、水解和酯交换等[45]。

1. 无溶剂体系脂肪酶催化酯化反应

无溶剂体系中脂肪酶催化的酯化反应主要是各种有机酸和有机醇的直接酯化反应。在酯化反应中，目前已见报道的作为酰基供体的有机酸包括乳酸、乙酸、羟基乙酸、癸酸、月桂酸等，其中研究最多的是油酸，合成的产物有油醇油酸酯、葡萄糖苷单油酸酯、山梨醇油酸酯、油酸乙酯、油酸淀粉酯等；作为酰基受体的有机醇包括葡萄糖苷、果糖、油醇、异戊醇、甘油、脱水山梨醇、1,3-丙二醇、鲸油蜡醇等，其中研究最多的是三元醇甘油，如单辛酸甘油酯、辛酸甘油二酯、亚麻酸甘油酯等。在无溶剂体系中，脂肪酶可以克服底物的抑制作用，发挥催化活力。例如，Guvenc 等在无溶剂体系实现了脂肪酶 Novozym 435 催化乙酸与异戊醇的酯化反应，突破了由于乙酸对大多数酶的抑制作用而无法作为酰基供体直接参与酯化反应的限制。与有机溶剂体系相比，无溶剂体系中脂肪酶催化酯化反应效率更高,一方面是因为没有有机溶剂的毒副作用;另一方面是因为底物浓度大大提高。例如,Torres 等分别在乙腈和无溶剂体系中,用固定化脂肪酶 Novozym 435 催化乳酸与 C_8~C_{16} 醇发生酯化反应,当其他反应条件相同时,无溶剂体系中产物得率比乙腈中高 38.6%。

2. 无溶剂体系脂肪酶催化醇解反应

无溶剂体系脂肪酶催化的醇解反应主要是各种油脂(富含油酸的向日葵油、棉籽油、棕榈油、菜籽油、大豆油以及餐饮废油等)和有机酸酯与一元醇(甲醇、丁醇、己醇)、三元醇(甘油)等在脂肪酶的催化下发生的酯交换反应。其中研究较多的是用甲醇醇解各种油脂制备生物柴油。除了生物柴油的制备,还有脂肪酸单甘脂及其他脂肪酸酯的制备。夏咏梅等首次以铜绿假单胞菌脂肪酶为催化剂,在无溶剂体系中催化棕榈油与甘油发生转酯化反应制备单脂肪酸甘油酯,反应结束后获得 77%的单甘酯。

3. 无溶剂体系脂肪酶催化酸解反应

无溶剂体系脂肪酶催化的酸解反应主要是用有机酸(油酸、硬脂酸、辛酸、大豆脂肪酸)在脂肪酶的催化下与油脂(鱼油、大豆油、菜籽油)发生的酯交换反应。这种方法主要用于生产脂肪替代品。这种方法生产的脂肪替代品,热量低,成分与乳脂相似,熔点(32.25℃)及亚油酸与亚麻酸的比率(10.5)与乳脂一致。

4. 无溶剂体系脂肪酶催化水解反应

目前,无溶剂体系脂肪酶催化的水解反应,主要是应用在大豆油水解的研究上,并将超声波技术应用到该研究领域,从而大大提高了脂肪酶催化大豆油水解反应的水解率。在酶促大豆油水解过程中,无溶剂体系脂肪酶催化大豆油水的速率与油-水界面面积呈线性正相关,反应速率随油-水界面面积的增加而增大。目前 Amano-G、Sigma L-3126、*C. lipolytica*(CLL)、PPL 和 Novo435 五种脂肪酶的筛选和复配后,CLL(1%)和 Amano-G(0.1)脂肪酶组合的水解活性最高。

5. 无溶剂体系脂肪酶催化转酯化反应

目前在无溶剂体系下进行的脂肪酶催化的转酯化反应基本上是两种有机酸酯之间的转酯化或者一种有机酸酯和一种油脂之间的转酯化反应。除此之外 Bousquet 等在无溶剂条件下,使用固定化脂肪酶 Novozym 435 催化 α-丁基葡萄糖苷与乳酸丁酯发生酯交换反应,合成 α-丁基葡萄糖苷乳酸酯,从而实现了糖苷与脂肪酸酯类的转酯化。

2.3.2 无溶剂体系脂肪酶催化反应的机理及特点

1. 反应机理

由于无溶剂体系中的反应一般为非均相反应，溶液行为不同于均相有机体系的稀溶液理想行为，体系中只有两种底物和脂肪酶，无法像常规的有机相酶促双底物反应那样：固定一种组分浓度而研究另一组分浓度与反应初速的关系，分别求出各自的米氏常数。因此，在无溶剂体系中一般采用底物物质的量与反应速率的关系来推导反应的动力学模型。从理论上分析，无溶剂体系下脂肪酶催化单一反应的动力学行应接近为 Ping-Pong Bi-Bi 机理；而多重反应的动力学行为将会偏 Ping-Pong Bi-Bi 机理。但当反应物物质的量比远远偏离化学计量比时，其是否类似于稀溶液，从而在一定程度上接近 Ping-Pong Bi-Bi 机理，目前仍无从可知。动力学研究是弄清反应机理及设计生物反应器的基础。有的研究学者认为转酯化反应以酰基酶复合物作为过渡态中间物。有的认为不同的酰基供体，如游离的脂肪酸和脂肪酸酯，对酶有着不同的竞争性。因此，无溶剂体系脂肪酶催化反应的机理与有机溶剂体系相比更为复杂，不同反应的反应机理不尽相同。

2. 反应特点

与有机溶剂体系相比，无溶剂体系中脂肪酶催化反应速率加快、转化率升高的原因不仅是在酶分子周围底物浓度较高，还与底物分子在酶分子表面的分布、排列等因素有关。理想的无溶剂反应体系下进行的催化反应，应该是在底物分子比例适当、单分子层均匀地分布与排列在酶分子的表面，这样即使在无外力的作用下，酶促反应可以在最大速率下完成。无溶剂体系中，脂肪酶分子表面具有一个维持其催化活力所必需的水化层，但底物分子周围没有溶剂，而底物分子中的酯基或羟基具有一定的极性，因而可以有序地分布排列在酶分子的表面。虽然无溶剂体系中不添加任何溶剂，但脂肪酶所催化的底物大多在反应温度下为液态，这就使酶分子表面的水分子层上又形成一底物分子层，这种水分子层和底物分子层的形成有利于底物分子流动，当反应进行到一定程度时，产物发生聚集而从水相析出，这是完成反应和底物运动的必要条件。在无溶剂体系中，只要两种底物的分子等量、均匀地分布并且单分子层排列在每个酶分子表面，在无搅拌作用下，酶分子完全依靠自然扩散作用，便可以催化反应以最快速率进行。若反应在固-固体系中进行，且只有部分底物微溶于水，当产物达到一定量时，便会自动从水相析出，从而加速反应的进行。

3. 反应介质对酶促反应的影响

无溶剂体系中，反应介质的影响主要体现在一些辅助剂对酶促反应的影响。在无溶剂体系中，特别是固体物质参与的反应，加入一定量的辅助剂，可以加快体系中液相的形成，提高反应速率。体系中加入的辅助剂主要是一些亲水性的含氧有机溶剂，如醇、酮、酯等。它的主要作用是改善体系的性质，而不是作为反应的溶剂。辅助剂在反应机理中起着复杂的作用，主要是影响体系中液相的组成和理化性质，其次对酶的活力、产物的结晶也有影响，还影响反应的产率。尽管辅助剂的种类和数量随反应和酶的不同而变化，但辅助剂的溶解度参数(D)值在 8.5～10.0 之间，lg$P$(表示一种有机溶剂在正辛醇和水两相溶液中的分配系数)在 –1.5～0.5 之间为最好。

2.4 反胶束体系酶催化反应

酶催化的介质工程(medium engineering)经历了水—有机溶剂—反胶束的过程。许多酶在两相体系或有机介质中均具有不同程度的催化活力。而在反胶束体系中，由于能较好地模拟天然环境，大多数酶能保持其良好的催化活力和稳定性，甚至出现超活性(superactivity)[46]。

2.4.1 反胶束体系中脂肪酶的结构

反胶束 (reverse micelle)体系是表面活性剂与少量水存在的有机溶剂体系。表面活性剂分子由疏水性尾部和亲水性头部两部分组成，在含水有机溶剂中，疏水性尾部与有机溶剂接触，而亲水性头部形成极性内核，从而组成一个反相胶束，水分子聚集在反相胶束内核中形成"小水池"，里面容纳了酶分子，这样酶被限制在含水的微环境中，而底物和产物可以自由进出胶束。由于反胶束体系能较好地模拟酶的天然环境，因而在反胶束体系中，大多数酶能够保持活力和稳定性，甚至表现出超活性。酶与反胶束界面的相互作用在分子所带电荷相异时最强。酶分子的二级结构在反胶束中略有扰动，这种扰动与反胶束中水含量有关。例如，细胞色素 C 在低含水量时构象能保留，而高含水量时优势构象显著损失。在反胶束体系中一定的 W/O 值时，其酶活力是水中的几十倍、几百倍甚至上千倍，如漆酶在反胶束中的酶活力是水中的 60 倍，过氧化氢中的 100 倍，而酸性磷酸酯酶的活力提高 200 倍。反相胶束中的酶催化反应一般可用于油脂水解、辅酶再生、消旋体拆分、肽及氨基酸合成和高分子材料合成。

2.4.2 反胶束体系中酶催化反应的动力学特征

反胶束体系中，酶的动力学特征与在水中大致相似。在底物浓度一定时，反应速率与酶浓度成正比。在相同酶浓度下，反应速率与底物浓度的关系符合 Michaelis-Menten 方程。与水溶液不同的是，酶在反胶束中的动力学参数 k_m 和 k_{cat} 与反胶束的组成、酶与表面活性剂的相互作用、底物的分配和交换有关。尽管如此，但目前关于反胶束酶动力学模型还不能令人满意[47]。

2.4.3 反胶束体系中酶的活力及稳定性

反胶束中酶活力与含水量有密切的关系，因此用一个与水有关的参数来描述酶活力及其稳定性符合实际研究的需要，有人引入了 w_0（w_0 表示反胶束中的含水量，为体系中水和表面活性剂 S 的物质的量之比）。根据 Sanchez-Ferrer 等的报道，在反胶束中酶活力与含水量 w_0 的关系有四种情况，如图 2-2 所示，图中各曲线所代表的意义如下：a 为饱和曲线，表示酶为了达到最高活性，要求胶束中有自由水，较高的 w_0 对酶活力无影响；b 曲线对应的是酶的最高活力，有一最佳含水量，此时胶束中"水池"直径与酶尺寸相当；c 曲线表示酶活力随 w_0 增大逐渐降低，低 w_0 下酶活力较高；d 曲线表示超活性效应。对反胶束中酶的稳定性，比较一致的看法是酶的失活与酶的种类、反胶束组成有关，动力学模型不确定[48-50]。

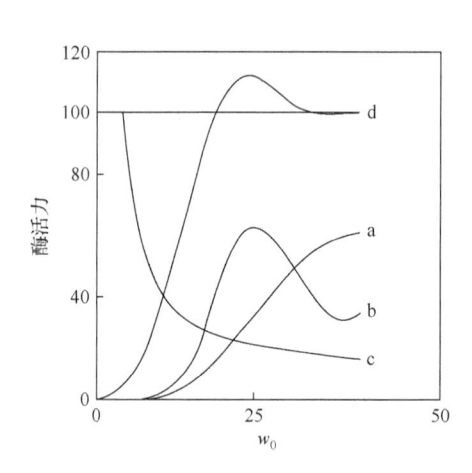

图 2-2 反胶束中酶的活力与含水量的关系

2.4.4 反胶束作为酶催化反应介质的优点

除了水介质的普遍优点外，反胶束介质还有其特殊的优点。它的特点如下：①组成的灵活性较强；②热力学稳定性及光学透明性较强；③有很大的界面积体积比，其比值远大于两相体系中的有机溶剂水相的比值；④产物的回收可通过相调节来实现[51-53]。

2.4.5 反胶束体系在酶催化反应中的应用

20 多年来，胶束酶学及低水体系的研究已从理论过渡到应用，如：①辅酶再生；②肽和氨基酸的合成；③脂肪酶催化的反应；④高分子材料的合成；⑤有毒物的降解。目前反胶束也广泛用于膜模拟化学和蛋白质的溶液萃取中。今后对于胶束酶学的应用研究也将更进一步深入，其生物转化也将在药学、食品添加剂、降解有毒物等方面获得广泛的应用。

2.4.6 反胶束体系脂肪酶催化反应的应用

在反胶束体系中，脂肪酶催化的反应利用脂肪酶的区域选择性和立体选择性可以合成精细化学品。如在 AOT 反胶束中，*Candida rugosa* 脂肪酶在食品、化妆品中，催化合成了具有多种用途的多羟基羧酸酯。*Penicillium simplissimum* 脂肪酶催化酯化拆分外消旋薄荷醇在最优条件下 (−)-薄荷醇的酯化速率比 (+)-异构体快 6~8 倍，产率为 75%[54]。

2.5　超临界流体

超临界流体(supercritical fluids)是一种超过临界温度和临界压力的特殊物质，物理性质介于液体和气体之间。超临界流体如超临界二氧化碳($SCCO_2$)、氟利昂(CF_3H)、烷烃类(甲烷、乙烯、丙烷)或某些无机化合物(SF_6、N_2O)等都可以作为酶催化亲脂性底物的溶剂。该体系可以提高底物的分散性，降低体系的黏度，使底物与酶的结合更容易。适宜的超临界流体介质，在一定程度上能缩短反应时间或避免(或减少)酶催化剂的使用，这对工业催化极其有利。在超临界二氧化碳中，Novozym 435 脂肪酶催化 8h 仅达到 60%~70%。这表明与有机溶剂相比，底物的溶解性更好。由于溶剂的回收彻底，因此可以获得高纯度的产物，合成的酯类更适合在食品中应用。但在超临界二氧化碳中，反应混合物减压时，一些酶的活力有损失，而高压设备又使连续生产和规模生产变得困难，因此这种方法的经济性受到质疑。

2.5.1 脂肪酶在超临界流体中的生物催化作用

脂肪酶在生物催化中有着广泛应用，由于脂肪酶对有机溶剂具有较强的耐受性，所以超临界流体成为脂肪酶催化反应的首选反应介质之一。大部分脂肪酶在超临界流体中有着良好的催化效果，其催化活力、稳定性以及立体选择性明显提高。

脂肪酶在生物催化中的常见生物催化作用有转酯化反应、氨解反应、酯化反应和水解反应。通常酶的活力及稳定性是影响酶催化反应的重要因素，因此研究脂肪酶在超临界流体中的变化是研究脂肪酶催化反应的首要任务。不同反应条件对脂肪酶活力的影响不同，常见超临界流体中影响脂肪酶活力的因素有：

流体类型、温度、压力、含水量、夹带剂、载体的选择等。超临界流体已经在食品工业和化学工业领域得到广泛应用,脂肪酶生物催化技术在超临界流体中的应用将给生物技术和化学工业带来一场新的革命。自 Nakamura 等报道了用脂肪酶催化甘油二酯酯交换反应,近年来,这一领域的研究工作日益增多。随着对脂肪酶在超临界流体中生物催化作用的不断探讨,逐步揭示其内在规律。在未来,超临界流体中的脂肪酶催化反应的应用前景会更加广阔,应用领域会不断拓展,促使传统的化工、生物、食品、制药等生产工艺向着绿色化的方向发展[55]。

2.5.2 影响脂肪酶稳定性的因素

酶的活力及稳定性是影响酶催化反应的重要因素,因此研究酶活力在超临界流体中的变化是研究酶催化反应的首要任务,不同反应条件对酶活力的影响可归纳如下。

(1) 反应流体超临界流体很多,如二氧化碳、二氧化硫、一氧化碳、水、乙烯、乙烷、丙烷、庚烷、氨、六氟化硫等。它们的 T_c、p_c 和临界密度各不相同。而在这些流体中,超临界二氧化碳又因其卓越的性能而备受关注。首先,它的临界温度低,为 31.4℃,不会对热敏性和挥发性成分带来破坏;其次,它的临界压力为 72.9×10^3Pa,易于达到;最后,二氧化碳无色、无臭、无毒,易于得到。然而,有的研究结果也表明 $SCCO_2$ 对某些反应并不是理想的反应介质。这主要是因为超临界二氧化碳为非极性介质,因此二氧化碳中酶的活力不高且极性底物的溶解度低。虽然酶在超临界二氧化碳中的活力和反应速率较其他流体略为逊色,但二氧化碳化学性质稳定,所以操作安全,且不会造成污染。因此到目前为止,二氧化碳仍为超临界流体中的酶催化反应的首选流体。

(2) 系统含水量在超临界条件下,酶本身具有结构上的刚性,在非水环境中活性部位呈现锁定状态,必须要有一定量的水分子使酶蛋白具有一定的柔性,以便使活性中心能够更好地与底物契合,提高酶的活力和选择性。但过多的水分子会在活性部位形成水簇,通过介电屏蔽作用大大降低了蛋白质分子带电性或与极性氨基酸之间的相互作用,从而导致酶分子催化活性的降低或丧失。另外,过多的水会使酶积聚成团,导致疏水底物较难进入酶的活性部位,造成传质阻力。酶中水质量分数的适宜值取决于底物和载体。而系统水质量分数中二氧化碳的湿度对酶的活力也有一定的影响。超临界二氧化碳中至少应含有质量分数为 0.1%的水才能确保酶的最佳催化活力。另外,酶的活力与水的添加方式也有关。

(3) 温度和压力能影响水在流体中的分配,并且影响酶的活力。一般来说,温度越高,物质在超临界流体中的溶解度越小,酶活力越大;但温度过高会引起蛋白质变性,使酶失活。压力易于调节,但压力的微小变化会使溶剂的性质发生很多大的变化。压力越大，物质在超临界流体中溶解度越大，酶的活力越低。但酶的活力在超临界流体中对温度和压力的敏感程度不同。

(4)酶在非水体系中是以悬浮的固体颗粒形式存在的，因此底物从主体溶剂向酶活性中心传质。

扩散往往是一个速率控制步骤。而在超临界流体中，由于扩散系数比有机溶剂至少大1个数量级，扩散阻力小，使传质速率大为提高。另外，超临界流体比有机溶剂有更强的溶胀效果，使得溶胀后的酶颗粒的内扩散阻力也会大为降低。

(5)夹带剂。在超临界流体中加入少量夹带剂(主要为醇)，能增加溶剂的极性而提高底物的溶解度，改变反应介质的介电常数和溶解度参数，从而影响酶的活力和催化反应的速率。夹带剂虽可增大反应速率，但如果夹带剂与水竞争酶的微环境，则可能对酶的结构稳定性不利或在其活性区产生位阻，因此夹带剂的添加仍需谨慎。

(6)载体的选择。对于在水相中进行的反应，酶的固定化使得酶在使用上具有自由酶无法比拟的优势，由于实现了可重复使用，酶在工业化连续生产中的使用成为可能。在水相中，酶被固定后与底物的接触面积增大，伸展性减少了，因而稳定性要比自由酶高。在超临界流体中，由于酶不溶解，酶的伸展性就更弱了，因而稳定性与在水相中相比提高了更多。

在固定后，酶的回收和连续操作更容易。对于自由酶的颗粒状态而言，载体表面酶分散程度好，并使底物或产物在两相间的扩散限制大大减少[56]。

2.6 离子液体系脂肪酶催化反应

离子液体无蒸气压，安全性和溶解性好，热稳定温度范围宽，可以与多种溶剂组成双相体系。离子液体的这些特征拓宽了溶剂工程的应用范围，正成为生物催化和转化的"新宠"介质。洋葱假单胞菌(*Pseudomonas cepacia*)脂肪酶在离子液体[C_4mim][PF_6]中催化氟脲苷苯甲酰化，其酶活力和区域选择性显著提高。单相离子液体、含有离子液体的双相体系以及离子液体/超临界流体混合体系在脂肪酶催化中都有应用[57]。

2.6.1 离子液体的概述

近年来，离子液体(ionic liquids，ILs)作为一种新型的绿色化学溶剂引起了人们的广泛关注。离子液体是由有机阳离子(常是烷基取代的咪唑、吡啶、季铵盐离子)(图 2-3)和有机或无机阴离子(表 2-2)构成的盐类。离子液体的熔点很低(<100℃)，并且在室温附近较宽的温度范围内(<40℃)都是液体状态。

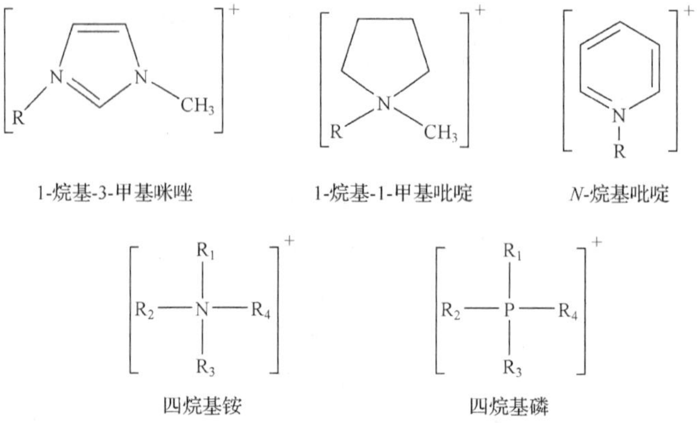

图 2-3 常见的离子液体的阳离子结构

表 2-2 离子液体常用的阴离子

离子	缩写	离子	缩写
Cl^-	[Cl]	$CF_3SO_3^-$	[TfO]
Br^-	[Br]	$C_4F_9SO_3^-$	[NfO]
BF_4^-	[BF_4]	$CH_3SO_3^-$	[$MeSO_3$]
PF_6^-	[PF_6]	$CH_3OSO_3^-$	[MS]
$(CF_3SO_2)_2N^-$	[Tf_2N]	CH_3COO^-	[AcO]
$(FSO_2)_2N^-$	[FSI]		

事实上，离子液体拥有许多独特且引人注目的性质，如：①非挥发性，几乎没有蒸气压，适合高真空度下的反应，而且对环境无污染，有望为绿色工业开辟新的路径；②化学稳定性和热稳定性好；③离子液体能够通过多种方式如偶极力、氢键、色散力和离子作用力等与有机物和无机物发生分子间的相互作用，因此离子液体具有超强的溶解能力，能够溶解多种有机物和无机物以及高分子材料；④导电性良好，电化学窗口宽泛；⑤离子液体的种类特别繁多，并且其可设计性强，通过设计其阴离子和阳离子的种类就可以改变其物化性质，如黏度、密度、溶解性等；⑥与一些有机溶剂互不相溶，可以形成有机溶剂-离子液体两相系统或者有机溶剂-水-离子液体三相系统；⑦可再生和重复利用。所有这些性质使得离子液体在成为有毒、易燃、易挥发的有机溶剂的替代品方面拥有极大的潜质，也使得其应用范围不断扩大，主要涉及化学合成和催化、分离过程、纳米材料的合成酶催化反应等领域，并与电化学、超临界流体、生物纳米等紧密结合，这使得其发展空间也得到了进一步的扩展。

2.6.2 离子液体中的脂肪酶催化反应特性

脂肪酶催化反应中，有机溶剂作为反应介质虽然具有提高反应速率、缓和反应条件以及提高酶稳定性等优点,但存在副反应多、易产生有毒气体以及反应选择性低等缺点,因此,酶促酯类合成亟须寻求更优异的反应介质。离子液体作为21世纪最具潜力的新型反应介质,由有机阳离子与阴离子组成,常温呈液态,具有饱和蒸气压小、不可燃性、疏水性、可重塑性以及良好的热力学稳定性等性质。近年来,离子液体在提高酶的热稳定性、反应选择性和底物溶解性等方面展现出优越的介质特性,特别是以离子液体为介质的酶促酯类合成已成为生物有机合成领域的前沿方向。

1. 离子液体体系脂肪酶催化反应的类型

脂肪酶催化酯化反应,即酸与醇在脂肪酶的催化反应下生成酯,反应机理如图 2-4 所示。酯化反应的过程中产生的水分子在体系中积累较多时,会促使酯化反应向逆方向进行,不利于酯合成,因此选择疏水性离子液体为介质可有效解决此类问题[58]。在亲水性离子体中,酯类产物的得率往往比疏水性离子液体中的要低,如 Yuan 等在[Bmim][PF$_6$]中合成薄荷醇酯的得率达 47.5%,而在[Bmim][BF$_4$]中得率仅 9.21%[59]。脂肪酶催化酯交换反应,即通过酯和醇在脂肪酶的催化反应下生成新的酯和醇,其反应机理与酯化反应基本一致,但略有差异,具体表现在:酯交换过程中,酯中的羰基对脂肪酶中活性位点 **1** 进行亲核攻击,形成酯-酶中间体 **5**,然后在 H$^+$的作用下,**5** 脱去新形成的醇分子,再与底物醇分子结合形成酯-酶-醇中间体 **7**,最后酶分子脱去新的酯,并还原到本体构象 **1**(图 2-5)。Kurata 等在[Bmim][Tf$_2$N]中进行咖啡酸甲酯与苯乙醇的酯交换反应生成咖啡酸苯乙酯的过程中,发现其转化速率比有机相中的速率快,且转化率达 93.8%[60]。在酯交换反应的过程中,为促进反应向生成酯的方向进行,一般选择用乙烯醇酯 **8** 和对应的醇进行酯交换生成甲醛(**12**)挥发,使反应一直向产物生成方向进行,其反应通式如图 2-6 所示[61]。

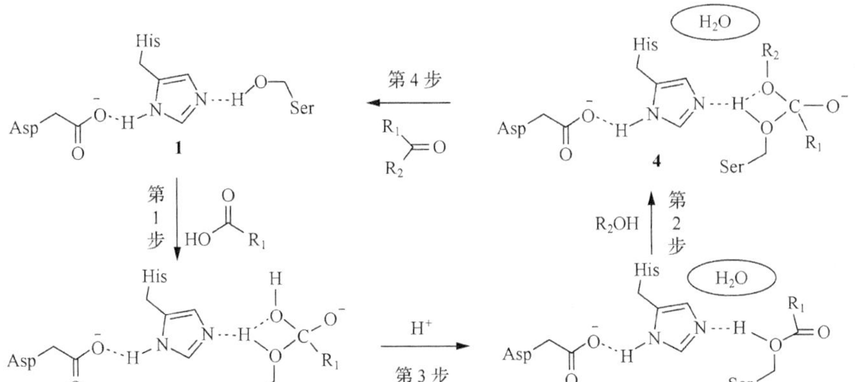

图 2-4 羰基对脂肪酶活性位点进行亲核攻击

图 2-5 酯-酶-醇中间体的形成

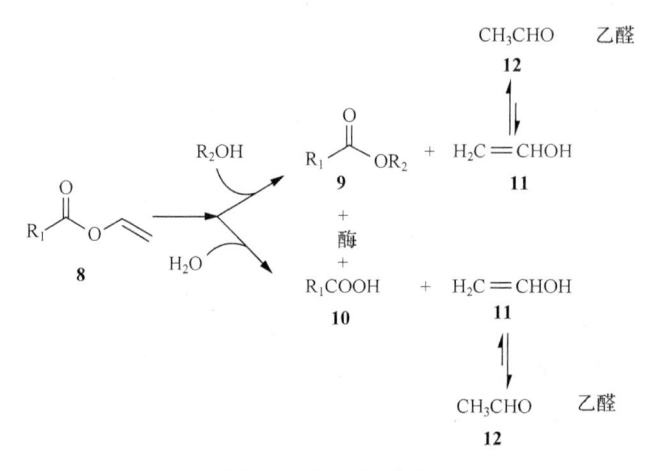

图 2-6 新酯的形成

2. 可用于离子液体催化酯合成的脂肪酶

酯类合成需要无水或微水环境,因此一般选择在反应介质中活力较高的脂肪酶作为催化剂,离子液体中常用于催化酯类合成的脂肪酶见表 2-3。其中,南极假丝酵母脂肪酶(Candida antarctica lipase B,CALB)是最常用的生物催化剂,原因在于与其他脂肪酶相比,CALB 在离子液体中具有更高的热稳定性和催化选择性:在[Bmim][PF$_6$]和[Bmim][BF$_4$]中,CALB 比 RML 的催化效率高 1.5 倍;与正己烷作为介质相比,在[Bmim][PF$_6$]中的 CALB 活力增强 1.7 倍;在不同的离子液体中,脂肪酶的催化效率有所差异,CALB 大多情况下在[Emim][Tf$_2$N]中的催化效率较高。除 CALB 之外,其他脂肪酶用于催化酯类合成也有不俗的表现,如 PSL、CRL、CALA 及 PCL 等。Lozano 等研究了 CALA 和 MML 在离子液体中催化合成环氧丙酯的能力,发现用[Emim][Tf$_2$N]作为介质、乙烯丁酯作为酰基供体时,MML的催化效率比传统溶剂提高 95 倍,反应机理如图 2-7 所示。酶促反应结束后酶的空间构象发生变化,如图 2-8 所示。因此,脂肪酶与化学催化剂相比,在离子液体系中催化酯类合成具有催化效率高、副反应少及选择性强等诸多独特优势。

表 2-3　常用于酯化反应的脂肪酶

名称	缩写
Candida antarctica lipase B	CALB
Pseudomonas cepacia lipase	PCL
Candia antarctica lipase A	CALA
Mucor miehei lipase	MML
Candida rugosa lipase	CRL
Thermomyces lanuginosus lipase	TLL
Rhizomucor miehei lipase	RML
Burkholderia cepacia lipase	BCL
Pig pancreas lipase	PPL
Alcaligenes sp. lipase	ASL
Bacillus thermocatenulatus lipase	BTL
Pseudomonas cepacia lipase	PCL
Pseudomonas sp. lipase	PSL

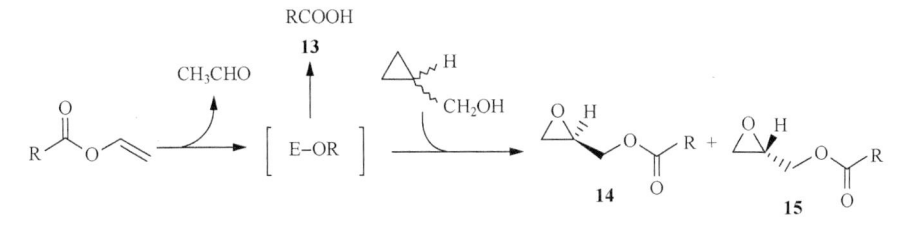

图 2-7　在离子液体[Emim][Tf$_2$N]中 MML 催化合成环氧丙酯的反应机理

2.6.3　离子液体对脂肪酶催化性能的影响

脂肪酶在离子液体中催化酯合成的过程,总体上分为四个阶段:①酸与酶活性位点结合,形成酸-酶中间体;②该中间体消除一个水分子,形成较稳定的酸-酶复合物;③醇羟基亲核攻击复合物,形成醇-酸-酶中间体;④复合体消除一个水分子,同时得到的酯从酶分子中游离。离子液体作为反应介质,主要从三个方面影响酶分子的催化性能:①破坏酶分子周围的微水相环境,从而改变脂肪酶的空间构象;

图 2-8　还原后的酶

②透过微水相环境，与脂肪酶直接作用，改变其活性位点；③与底物和产物间的相互作用，改变两者在两相间的分配行为。

1. 影响脂肪酶的微环境

脂肪酶催化酯类合成过程中，需要少量的水分子维持脂肪酶的空间构象（机理见图 2-9）。在"疏水离子液体-酶"组成的微环境中[图 2-9(a)]，离子液体的疏水作用导致酶周围的水分子层具有比离子液体更高的介电常数，使得水分子不易与酶分离，空间结构稳定在一定的范围内，离子液体的疏水性越大，水分子与酶的相互作用力越强，酶的空间结构越稳定；但当离子液体的疏水性超过界限值后，酶活力随着离子液体疏水性增大而降低，原因在于离子液体的疏水性过高会抑制底物与酶分子的相互接触，降低底物在离子液体中的溶解度，阻碍底物与酶分子的相互作用。而"在亲水性离子液体-酶"组成的微环境中[图 2-9(b)]，离子液体由于本身具有更高的介电常数，从而取代结合在酶表面的水分子，引起脂肪酶的肽链解折叠，最终表现为酶的活力降低甚至失活。因此，在脂肪酶催化酯类合成中，常选择疏水性离子液体作为反应介质，由于 pH 决定酶活性位点的氨基酸残基离子化状态，因此它对脂肪酶催化活力具有重要的调控功能。离子液体的极性越大，与酶分子表面的相互作用力越强，导致脂肪酶周围的 H^+ 不断富集，从而降低蛋白周围微环境的 pH，宏观上表现为抑制酶活力。

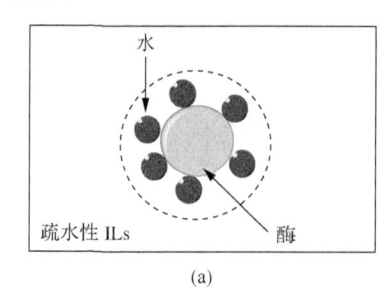

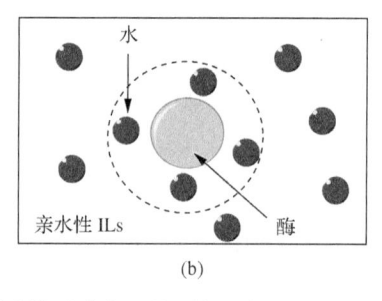

图 2-9 疏水性和亲水性离子液体对酶表面微环境的影响

离子液体不仅直接影响脂肪酶周围的水分子层，还会透过水分子层，进而与脂肪酶作用并影响其活力。主要是通过阴、阳离子与脂肪酶的带电基团结合，或与酶分子中含氢键基团发生静电作用来改变酶的空间构象，特别是，阳离子的非极性越强，对脂肪酶的空间结构的影响越大，主要原因有两方面：①非极性强的离子与酶的非极性亚基的相互作用力强，Constantinescu 等利用扫描量热法检测阳离子对核糖核酸的热降解程度；②非极性阳离子具有疏水性，能保护酶分子周围的微水相环境，有助于维持脂肪酶的稳定性，总体上脂肪酶催化性能呈贝尔曲线分布,当碳链长度为 $C_4 \sim C_6$ 时脂肪酶活力达到最大值。显然,离子液体中的阴离子也能影响脂肪酶活力。由于阴离子具有较强的电负性,会与醇羟基竞争,通过亲核攻击脂肪酶的靶位点,改变其空间结构,使醇不能结合到酶的活性位点,从而降低其活力。此外,离子液体的阴阳离子对脂肪酶空间构象的影响存在差异。阴离子的极化与水合作用的能力比阳离子强,因此阴离子对脂肪酶的空间构象影响更大;而阳离子一般通过与阴离子相互作用后,对酶分子间接产生影响:亲电性的阳离子导致阴离子亲核性降低,影响其与脂肪酶亲电基团的相互作用,且阴离子和脂肪酶的相互作用不遵循前述的 Hofmeister 顺序。

2. 影响脂肪酶的选择性

离子液体既能影响脂肪酶的催化性能,也能影响脂肪酶的对映体选择性。尽管离子液体影响脂肪酶对映选择性的机理尚未明了,但可以确定的是:离子液体的疏水性、阴离子的亲核能力及阳离子中碳链长度对脂肪酶对映体选择性具有较大的影响。离子液体除了影响脂肪酶的对映选择性,还影响脂肪酶的区域选择性。离子液体中产物比有机溶剂中的合成速率和产量更高,主要原因是离子液体对脂肪酶的区域选择性有较大的影响。目前,离子液体影响脂肪酶区域选择性的机理也尚未研究清楚,有一种可能的解释是:离子液体具有特异的溶剂性,与脂肪酶分子相匹配,引起脂肪酶特异性地生成某一产物。脂肪酶作为高效生物催化剂,其催化活力和选择性与脂肪酶的空间结构密切相关。因此,在研究离子液体对脂肪酶催化酯类合成过程的影响因素时,需要对离子液体、pH、黏度、脂肪酶的空间结构及催化活力等诸多因素进行综合考虑。

2.6.4 离子液体场/反应器强化酶促酯类合成

1. 场强化

超声强化酶促酯合成,可增强非均相体系的传质,是一种有效的强化手段。表 2-4 列举了机械搅拌和超声作用两种传质条件下酯类合成的产率结果,表明超声强化的效率明显高于传统传质方式。离子液体超声强化能显著缩短反应平衡时间,同时能提高产量。作为机械波,超声往往通过三个方面影响酶促反应:在超声波的作用下,底物和脂肪酶分子间产生空穴作用,分子微环境间产生强烈的冲击波和微射流,导致离子液体与脂肪酶表面的边界层减薄、分子间的微孔扩散强化以及传质表面积增大;超声引起脂肪酶分子振动,导致脂肪酶的空间结构发生变化;超声作用由于增强酶、底物以及产物之间的传质,从而对脂肪酶的催化性能有较大影响。

表 2-4　机械搅拌和超声作用下不同酯类的产率

产物	产率/%	
	搅拌	超声
木糖醇酯	39.82	60.3
葡萄糖酯	15.76	81.29
蔗糖酯	73.1	93.21

2. 微波强化

近年来，微波化学的兴起和发展使得微波辐射强化酯类合成的报道较多。表 2-5 比较了微波辐射和传统加热两种作用下的酯类合成产率结果，表明微波强化的效率明显高于传统加热方式。在相同的离子液体中，与传统加热相比，微波处理的脂肪酶稳定性能提高 2～3 倍。作为电磁波，微波强化的机理与超声强化不同：离子液体对微波强烈吸收，形成底物、产物共溶体系，促进分子之间的传质；此外，脂肪酶多为偶极子，在微波电场中电偶极子会产生强烈振动，分子之间增大了相互碰撞，从而在脂肪酶微环境中产生较多的热量，提高反应的速率。需要注意的是，微波对脂肪酶活力的影响并不明显。

表 2-5　微波和传统加热条件下不同酯类的产率变化

产物	产率/%	
	传统加热	微波
乙酸甲酯	73	92
水杨酸酯	36.6	93.6
CALB 活力	30	57
木糖醇酯	39.82	63.1

3. 生物反应器强化

1) 酶膜反应器

生物反应器对反应体系的传质、传热以及产物分离具有重要的影响，因此反应器强化近年来受到格外关注。酶膜反应器通过将脂肪酶固定在膜表面，保证酶具有活力，反应底物与酶分子结合并反应生成产物，产物透过膜的另一侧，实现酶促反应与产物分离的同时进行(图 2-10)。酶膜反应器中，酶膜通常用疏水有机相和水相组成的两相系统，产物原位转移到溶剂相，实现反应-分离耦合，简化下游工艺，节省生产成本。酶促合成以及传质过程主要受操作条件、流体性质以及膜表面的脂肪酶活力等因素的调控。流体在膜表面形成的污垢与反应器中的流体黏度直接相关，同时，有机相的极性和疏水性对膜表面酶活力也有较大影响；因此，要提高酶膜反应器中的传质速率，降低能量消耗，需要选择理化性质最适于反应体系的流体。此外，随着反应的进行，脂肪酶活力逐渐降低，原因在于酶的流失以及失活(由反应器中温度、pH、剪切力及器壁吸附作用引起)；同时，脂肪酶的吸附作用降低膜表面的传质速率，因此需要通过调节pH、搅拌速率以及添加润滑剂等措施来降低酶分子在反应器壁的吸附以及失活，使反应体系在长时间内维持稳定的反应速率。

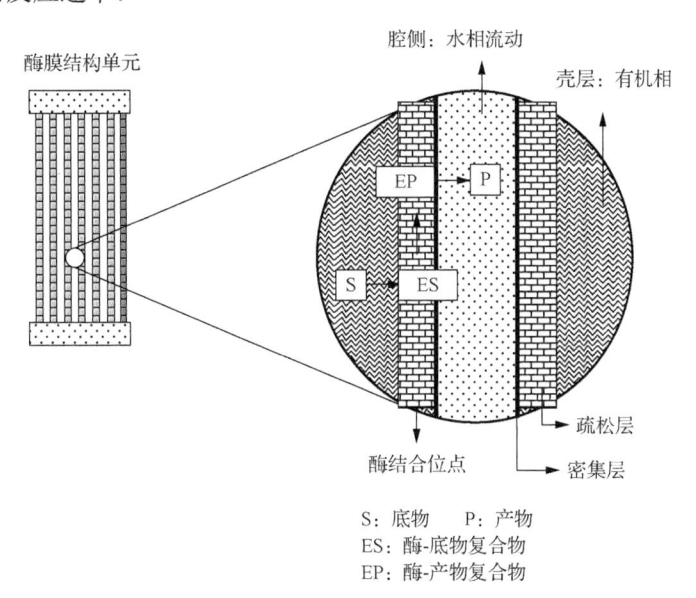

图 2-10 酶促反应器中的物料运输

S：底物　P：产物
ES：酶-底物复合物
EP：酶-产物复合物

2) 分段式微反应器

近年来，出现了一种采用多相流动方式(气-液、液-液两相系统等)的分段式微反应器用于酯类合成。在该反应器的微通道中，流体的黏度和表面张力等理化因素在两相界面产生的作用力导致流体以不同的速率流动，两相流体在微通道中形成连续的流体微团(即分段的流体)，同时不互溶的微团相互分离。当微团形成后，微团内部产生涡流循环，促使微团内部以及反应底物和产物在流体微团间的传质(图 2-11)，可以构建高效的反应-分离耦合催化体系。为使两相流体形成分段流动，微反应器中常使用 T 形接口，其中一相流体从通道中流动，另一相流体被挤压到 T 形接口的通道中，通过两相流体的界面作用力形成分段式流动(图 2-12)，分段长度受通道压力、流体黏度和相界面表面张力等因素的影响。与传统的搅拌槽式反应器相比，分段式微反应器内微通道里两相流体的界面积要大 2~3 倍，界面积增大，虽然有利于底物与产物之间的传质，但会增大酶分子在两相界面的接触，失去其结构的完整性和活力。因此，在分段式微反应器中往往采用固定化酶以及在水相中添加表面活化剂等措施，来提高酶分子的稳定性以及催化性能。

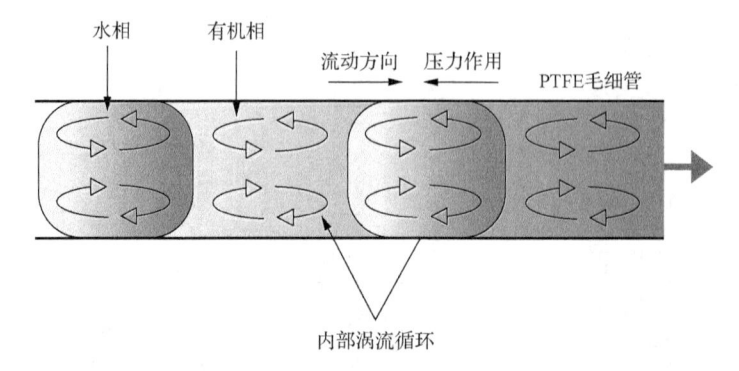

图 2-11　反应器中的两相流体分段流动

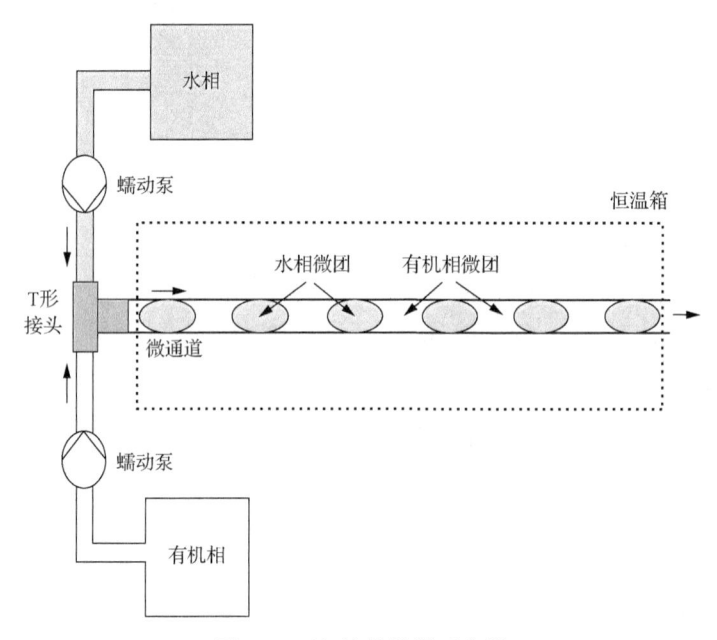

图 2-12　液-液分段微反应器

与传统的有机溶剂相比，离子液体在脂肪酶催化酯类合成过程中具有提高脂肪酶的催化性能、热稳定性、对映选择性及区域选择性等优越的介质特性。此外，离子液体和场致强化及新型生物反应器手段相结合，能够提高脂肪酶催化酯类合成的反应速率，增强脂肪酶的稳定性，构建高效的反应-分离耦合体系。离子液体中脂肪酶催化反应随着今后研究的深入，重点在于：①以离子液体对脂肪酶及其催化反应体系的作用机理为基础，采用计算机模拟、分子识别等手段设计、合成专用于酯类合成的新型离子液体；②设计和创新匹配离子液体的高效脂肪酶，采用定向进化、分子对接等手段高通量筛选用于离子液体中酯类合成的新型生物催化剂，并探索新型脂肪酶固定化及修饰方法在酯类合成中的新应用；③设计和构建新型高效的场致强化效应，发展酶膜、分段流式微反应器，采用化工计算、过程模拟等手段优化合成过程，提高脂肪酶催化酯类合成的催化效率。

2.7 微乳液体系脂肪酶催化反应

2.7.1 微乳液的定义

微乳液是油、水和两亲分子形成的单相、光学均一、热力学稳定的体系，或者可定义为：两种不互溶液体形成的热力学稳定的、各向同性的、外观透明或半透明的分散体系，微观上由表面活性剂界面膜所稳定的一种或两种液体的微滴构成。微乳液的使用可以追溯到19世纪末20世纪初美国的一些商业地板清洁产品。尽管在20世纪30年代中期的专利文献中已经提及了这一概念，但是直至1943年才由美国哥伦比亚大学的Schulman和Hoar首次进行了系统的报道。1959年，Schulman首次提出"微乳液"这一术语[62-66]。

2.7.2 微乳液的形成及性质

在一定条件下，只要将油、水和表面活性剂按适当比例混合，振荡，在数秒内微乳液可自发形成。微乳液中的质点大小界于胶团和普通乳状液之间，是二者间的过渡物，因此兼有胶团和普通微乳液的性质。但微乳液与普通乳状液有根本的区别：普通乳状液是热力学不稳定体系，分散相质点大，不均匀，外观不透明，靠表面活性剂或乳化剂维持动态稳定；而微乳液是热力学稳定体系，分散相质点很小，外观透明或近乎透明，经高速离心不发生分层现象，因此，在稳定性方面，微乳液更接近胶团溶液。微乳液的结构取决于表面活性剂的种类和体系的组分和组成，一般呈液滴型结构，有W/O型(油包水型，水滴分散在连续油相中)和O/W型(水包油型，油滴分散在连续水相中)微乳液。在W/O型微乳液体系中，纳米尺寸的小水滴在连续的油相中做布朗运动，液滴间发生非弹性碰撞。控制这种碰撞的是分子的热运动及碰撞液滴间表面活性剂尾部的疏水性基团之间的范德华力。在碰撞的同时，也发生液滴间水溶性溶质的交换和转移。近20年，W/O型微乳液引起生物学家的极大兴趣，因为人们发现溶解于微乳液水滴中的酶可保持其生物活性。人们把W/O型微乳液作为一种酶促反应的介质，对其进行了深入广泛的研究工作[67]。

2.7.3 微乳液的分类

根据微乳液的结构可以将微乳液分为以下三类：

(1) 水包油型(O/W)：由水连续相、界面膜、油核组成。界面膜由表面活性剂和助表面活性剂组成，且其极性基团朝向水连续相，当水相的体积分数大于80%时，通常形成这种微乳液[图 2-13(a)]。

(2) 油包水型(W/O)：由油连续相、水核、界面膜组成，界面膜上助表面活性剂和表面活性剂的极性基团朝向水核。当水相的体积分数小于20%时，通常形成这种微乳液[图 2-13(b)]。

(3) 双连续型：指的是当微乳体系内几乎含等体积的油和水时，油与水同时形成连续相，油连接成链组成油连续相；同样，水也连接成链组成水连续相。油链网与水链网相互贯穿与缠绕，形成油、水双连续相结构。这种微乳液体系具有O/W和W/O这两种结构的综合特性，但此时油液滴和水液滴的结构已不再是球形，结构趋于多样化，如随机的无规则结构[图 2-13(c)]、四方体结构[图 2-13(d)]、半有序的立方体结构[图 2-13(e)][68]。

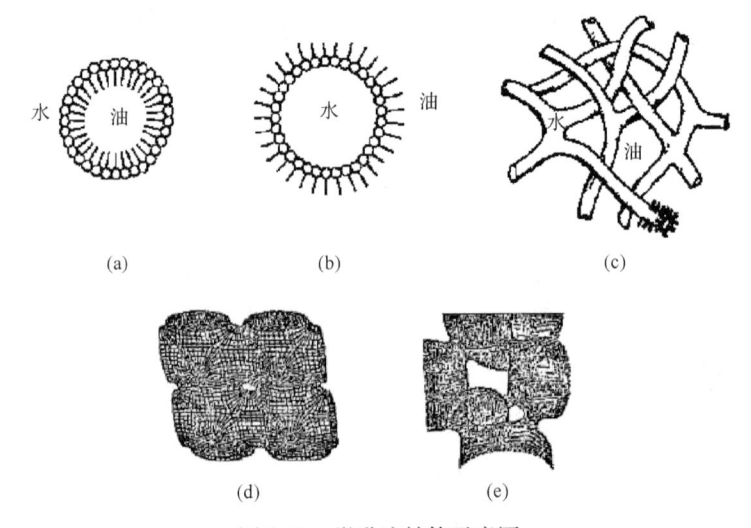

图 2-13 微乳液结构示意图

(a) O/W 型微乳液中的油滴；(b) W/O 型微乳液中的水滴；(c) 随机的双连续结构；(d) 具有低平均曲率和四方体对称结构的双连续型微乳液结构；(e) 具有低平均曲率和立方体对称结构的双连续型微乳液结构

根据 Winsor 系统分类方法，微乳液可以分为四种相平衡类型(图 2-14)。

(1) Winsor Ⅰ型：两相体系，即表面活性剂主要溶解在水中形成 O/W 型微乳液，且与过量的油相平衡共存的体系，也称下相微乳液。

(2) Winsor Ⅱ型：两相体系，即表面活性剂主要溶解在油中形成 W/O 型微乳液，且与过量的水相平衡共存的体系，也称上相微乳液。

(3) Winsor Ⅲ型：三相体系，富含表面活性剂的中相微乳液（双连续型结构）与过量的油相、水相共同存在，也称中相微乳液。

(4) Winsor Ⅳ型：单相体系（即 W/O、O/W 和双连续型）。通过向微乳液体系加入有机助剂或者电解质，可以实现 Winsor Ⅰ、Winsor Ⅲ、Winsor Ⅱ、Winsor Ⅳ的转变。

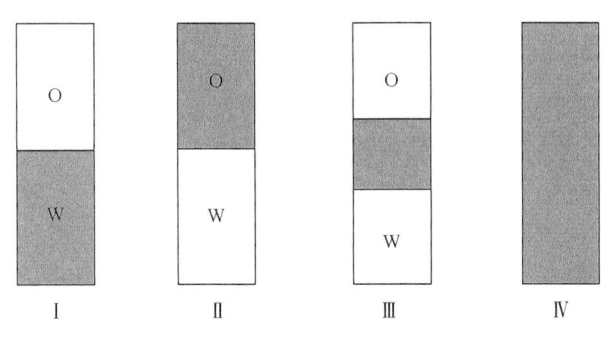

图 2-14 Winsor 系统分类

2.7.4 微乳液中的脂肪酶及其催化反应

1977 年，Martinek 等首次发现叶胰凝乳蛋白酶和氧化酶能够在 AOT/异辛烷微乳液中保持其催化活力，从此，微乳液中的酶催化受到了生物学家极大的青睐。因此，微乳液成为一种新型的反应介质，被广泛用于生物酶催化反应中。作为酶催化的反应介质，微乳液具有以下优点[69]：

(1) 微乳液对水和油均有较强的增溶能力，克服了一直以来都存在的亲水性和亲油性的底物在溶解性方面的问题。

(2) 某些类型的微乳液因其结构的特殊性，可以避免酶与有机溶剂的直接接触，也就是酶失活的可能性降低了。

(3) 在酶催化水解和缩合反应中，由于微乳液中水的含量可以控制，因此可以打破其原有的热力学平衡，从而可以提高产物收率。

(4) 可能会在一定程度上抑制产物的抑制作用。

(5) 有可能会增强生物酶的立体选择性、活力以及稳定性。

(6) 微乳液中增溶的水与细胞中水的性质十分相似，因此微乳液可以用来模拟一些生物体内的反应。

1. 微乳液体系中脂肪酶的活力

脂肪酶的活力在较大程度上取决于微乳液的组成，因此微乳液中不同的微观结构在脂肪酶的活力方面起到了至关重要的作用。目前，还没有合适的理论可以解释微乳液介质的特点与其对酶催化的影响两者之间的关系。几乎所有的酶催化研究都证实了微乳液的结构对酶的活力影响很大。单相微乳液中存在较低的表面张力以及较高的表面活性剂含量,在这样的结构中油和水之间的界面膜是酶的"栖息地",而作为界面酶,脂肪酶能够在微乳液中表现出较强的活力。底物会在微乳液相和水相之间不均匀分布,亲水性底物与溶解在水相的酶接触,从而使酶的活力在一定程度上受到了抑制[70]。

2. 脂肪酶的稳定性

脂肪酶在微乳液中操作以及储存过程中的稳定性会由于酶来源、微乳液体系的组成、表面活性剂的性质等的不同而存在显著差别。首先,微乳液中液滴尺寸似乎对酶的稳定性起到了至关重要的作用。脂肪酶在胶束尺寸较小的微乳液中稳定性比较好。此外,对酶的稳定性产生影响的一些可控措施还包括:①减少体系中的水含量;②添加一些化合物(如底物、配体、盐类、多元醇等);③减少酶与表面活性剂的极性基团的排斥作用;④选用合适的缓冲溶液浓度及最适的pH[71]。

3. 微乳液中的脂肪酶催化反应机理

微乳液体系是一种新型的酶反应介质体系,如图2-15所示。该体系中酶和其他亲水性物质能够通过螯合作用进入"水池",水池内水和细胞内水的性质类似,水池尺寸的大小可通过水含量的调节使之与蛋白质分子的大小相近。当水池尺寸与酶分子大小相当时,酶在其中可表现出最大活力;当水池尺寸远大于酶分子时,水池中可包含多个酶分子,酶与反应底物不能充分接触,酶活力不高,如图2-15(a)所示;当水池尺寸小于酶分子时,酶在其中不能完全展开其活性部位,活力降低如图2-15(b)所示。

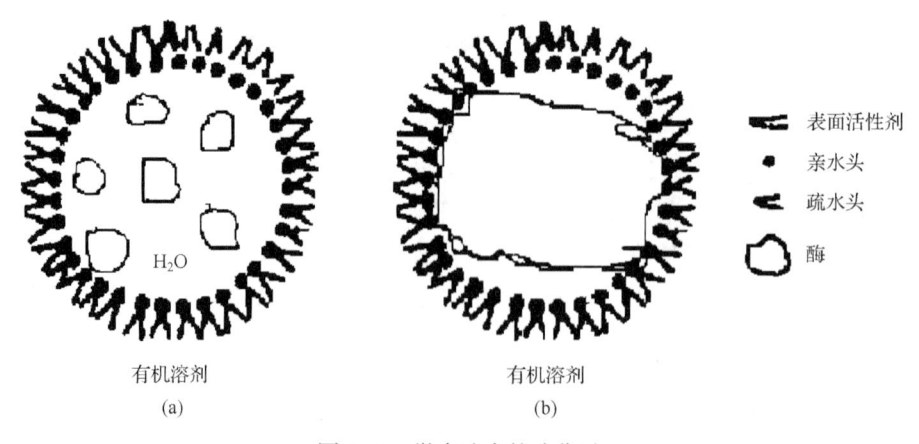

图 2-15 微水池中的酶分子

микро乳液体系中表面活性剂的分子膜类似于生物细胞膜类脂分子的定向排列，可以控制底物或产物分子的有向进出，从而为酶催化反应提供了一个独特的微环境。表面活性剂分子膜的存在，可避免酶与周围的有机溶剂接触，保护酶的活性部位不因与有机溶剂接触而失活；同时，高度分散的小液滴为反应提供了巨大的相界面积，使得通过液滴内外间的传质阻力变得很小。微乳液体系作为酶反应介质，较传统的水相酶促反应体系有许多优点：组成灵活、热力学稳定、界面积大、可通过相调节来实现产物回收等，因此近年来受到人们的普遍关注，关于酶在微乳液或反胶束体系中催化活力的研究日趋活跃。但是，微乳液中的酶促反应也有一些缺点：酶粉不易回收重复利用，产物分离困难等[72]。

参 考 文 献

[1] Zaks A, Klibanov A M. Enzymatic catalysis in organic media at 100℃[J]. Science, 1984, 224(4654): 1249-1251.

[2] 马林, 徐迪, 古练权. 无溶剂体系中固定化脂肪酶催化的酯交换反应研究[J]. 中山大学学报(自然科学版), 2003, 4(5): 39-44.

[3] Treichel H, Oliveira D D, Mazutti M A, et al. A review on microbial lipases production[J]. Food Bioprocess Technol, 2010, 3: 182-196.

[4] 沈鸿雁, 田桂玲, 叶蕴华. 非水介质中酶催化反应研究新进展[J]. 有机化学, 2003, 23(3): 221-229.

[5] 孙君社. 酶与酶工程及其应用[M]. 北京: 化学工业出版社, 2006: 34-45.

[6] Chamouleau F, Coulon D, Girardin M, et al. Influence of water activity and water content on sugar esters lipase-catalyzed synthesis in organic media[J]. Journal of Molecular Catalysis B: Enzymatic, 2001, 11(4-6): 949-954.

[7] Ferreira-Dias S, Fonseca M M R. Production of monoglycerides by glycerolysis of olive oil with immobilized lipases: Effect of the water activity[J]. Bioprocess and Biosystems Engineering, 1995, 12(6): 327-337.

[8] 梅乐和. 现代酶工程[M]. 北京: 化学工业出版社, 2006: 78-79.

[9] 罗贵民. 酶工程[M]. 北京: 化学工业出版社, 2008: 119-145.

[10] Zaks A, Klibanov A M. Enzymatic catalysis in nonaqueous solvents[J]. Journal of Biological Chemistry, 1988, 263: 3194-3201.

[11] Zaks A, Klibanov A M. The effect of water on enzyme action in organic media[J]. Journal of Biological Chemistry, 1988, 263: 8017-8201.

[12] Robb D A, Yang Z, Halling P J. The use of salt hydrates as water buffers to control enzyme activity in organic solvents[J]. Biocatalysis, 1994, 9: 277-283.

[13] Halling P J. Biocatalysis in low-water media: Understanding effects of reaction conditions[J]. Current Opinion in Chemical Biology, 2000, 4(1): 74-80.

[14] Humeau C, Girardin M, Rovel B, et al. Enzymatic synthesis of fatty acid ascorbyl esters[J]. Journal of Molecular Catalysis B: Enzymatic, 1998, 5(1-4): 19-23.

[15] Rosell C M, Vaidya A M, Hailing P J. Continuous in situ water activity control for organic phase biocatalysis in a packed bed hollow fiber reactor[J]. Biotechnology and Bioengineering, 1996, 49(3): 284-289.

[16] 辛嘉英, 郑妍, 吴小梅, 等. 非水相脂肪酶催化阿魏酸双甘酯的合成[J]. 现代化工, 2006, 26(10): 52-54.

[17] Shogren R L, Biswas A. Preparation of water-soluble and water-swellable starch acetates using microwave heating[J]. Carbohydrate Polymers, 2006, 64: 16-21.

[18] Chen L, Li X X, Li L, et al. Acetylated starch-based biodegradable materials with potential biomedical applications as drug delivery systems[J].Current Applied Physics, 2007, 781: 90-93.

[19] Yang B Y, Montgomery R. Montgomery acylation of starch using trifluoroacetic anhydride promoter[J]. Starch-Stärke, 2006, 58: 520-526.

[20] 刘珊珊, 刘鹏, 周玲妹, 等. 有机相中脂肪酶的催化反应及其应用[J]. 发酵科技通讯, 2015, 44(2): 52-56.

[21] 刘长波, 高瑞昶. 非水相酶催化合成L-抗坏血酸棕榈酸酯[J]. 化学工业与工程, 2003, 20(6): 444-447.

[22] 李宏亮, 胡晶, 谭天伟. 固定化脂肪酶合成维生素A棕榈酸酯[J]. 生物工程学报, 2008, 24(5): 817-820.

[23] Jiang X J, Hu Y, Jiang L, et al. Synthesis of vitamin E succinate from *Candida rugosa* lipase in organic medium[J]. Chemical Research in Chinese Universities, 2013, 29(2): 223-226.

[24] Chang M K, Abraham G, John V T. Production of cocoa butter-like fat from interesterification of vegetable oils[J]. Journal of the American Oil Chemists' Society, 1990, 67(11): 832-834.

[25] 王学伟, 常杰, 吕鹏梅, 等. 固定化脂肪酶催化制备生物柴油[J]. 石油化工, 2005, 34(9): 855-858.

[26] 徐明, 付会兵, 刘鹏, 等. 毕赤酵母高密度发酵产脂肪酶条件的研究[J]. 发酵科技通讯, 2015, 4(1): 33-37.

[27] Kazlauskas R J. Elucidating structure-mechanism relationships in lipases: Prospects for predicting and engineering catalytic properties[J]. Trends in Biotechnology, 1994, 12(11): 464-472.

[28] Hasan F, Shah A, Hameed A A. Industrial applications of microbial lipases[J]. Enzyme and Microbial Technology, 2006, 39: 235-251.

[29] Houde A, Kademi A, Leblanc D. Lipases and their industrial applications[J]. Applied Biochemistry and Biotechnology, 2004, 118: 155-170.

[30] Kang I J, Pfromm P H, Rezac M E. Real time measurement and control of thermodynamic water activities for enzymatic catalysis in hexane[J]. Journal of Biotechnology, 2005, 119(2): 147-154.

[31] Kuhll P, Elchhorn U, Jakubke H D. Enzymic peptide synthesis in microaqueous, solvent-free systems[J]. Biotechnology and Bioengineering, 1995, 3(45): 276-278.

[32] 梅乐和. 现代酶工程[M]. 北京: 化学工业出版社, 2006: 78-89.

[33] Wescott C R, Klibanov A M. Solvent variation inverts substrate specificity of an enzyme[J]. Journal of the American Chemical Society, 1993, 115: 1629-1631.

[34] 郭勇. 酶工程原理与技术[M]. 北京: 高等教育出版社, 2005: 9, 57-64.

[35] Laane C, Boeren S, Vos K. Rules for optimization of biocatalysis in organic solvents[J]. Biotechnology and Bioengineering, 1987, 30: 81-87.

[36] Anthonsen T, Sjursnes B J. Importance of water activity for enzyme catalysis in non-aqueous organic systems[A]. In: Gupta M N. Methods in Non-aqueous Enzymology[M]. Basel: Birkhauser Verlag, 2000: 14-15.

[37] Klibanov A M. Enzymatic catalysis in anhydrous organic solvents[J]. Trends in Biochemical Sciences, 1989, 14(4): 141-144.

[38] 刘洪侠. 非水相体系中固定化脂肪酶催化合成L-抗坏血酸棕榈酸酯[D]. 北京: 北京化工大学硕士学位论文, 2010.

[39] Kaieda M, Samukawa T, Matsumoto T, et al. Biodiesel fuel production from plant oil catalyzed by *Rhizopus oryzae* lipase in a water-containing system without an organic solvent[J]. Journal of Bioscience & Bioengineering, 1999, 88(6): 627-631.

[40] Tarahomjoo S, Alemzadeh I. Surfactant production by an enzymatic method[J]. Enzyme and Microbial Technology, 2003, 33(1): 33-37.

[41] 李琳媛, 刘萍, 刘莉, 等. 超声波对酶法制备MLM型结构脂质的影响[J]. 中国油脂, 2008, 33(8): 43-46.

[42] 李伟. 酶法合成单月桂酸丙二酸酯及其性质研究[D]. 华南理工大学硕士论文. 2011: 67-98.

[43] 马林, 徐迪, 古练权. 无溶剂体系中固定化脂肪酶催化的酯交换反应研究[J]. 中山大学学报(自然科学版), 2003, 42(5): 39-44.

[44] Giraldo L J L, Laguerre M, Lecomte J, et al. Lipase-catalyzed synthesis of chlorogenate fatty esters in solvent-free medium[J]. Enzyme and Microbial Technology, 2007, 41: 721-726.

[45] 吴小梅, 辛嘉英, 张颖鑫, 等. 无溶剂体系中的脂肪酶催化反应研究进展[J]. 分子催化, 2006, 20(6): 597-603.

[46] Hayes D G, Gulari E. Formation of polyol-fatty acid esters by lipase in reverse micellar media[J]. Biotechnology and Bioengineering, 1992, 40: 110-118.

[47] 左晓旭. 反胶束体系中脂肪酶催化合成生物柴油技术的研究[D]. 石河子: 石河子大学硕士学位论文, 2013.

[48] 赵俊廷, 刘大良, 张宏勋, 等. 反胶束体系中大豆油的脂肪酶催化水解研究[J]. 农业机械, 2011, (23): 66-70.

[49] Han D, Rhee J S. Characteristics of lipase-catalyzed hydrolysis of olive oil in AOT-isooctane reversed micelles[J]. Biotechnology and Bioengineering, 2004, 28(8): 1250-1255.

[50] Hedstrom G, Backlund M, Slotte J P. Enantioselective synthesis of ibuprofen esters in AOT/isooctane microemulsions by *Candida cylindracea* lipase [J]. Biotechnology and Bioengineering, 1993, 42(5): 618-624.

[51] Yamada Y, Kuboi R, Komasawa I. Increased activity of *Chromobacterium viscosum* lipase in Aerosol OT reverse micelles in the presence of nonionic surfactants[J]. Biotechnol Prog, 1993, 9: 468-472.

[52] Sebashao M J, Cabral J M S, Aires-Barros M R. Synthesis of fatty acid esters by a recombinant cutinase in reversed micelles[J]. Biotechnology and Bioengineering, 1993, 42: 326-332.

[53] Larsson K M, Adlercreutz P, Mattiasson B. Enzymatic catalysis in microemulsions: Production reuse and recovery[J]. Biotechnology and Bioengineering, 1990, 36: 135-141.

[54] 罗志刚, 杨连生, 高群玉. 逆胶束系统在油脂工业中的应用[J]. 粮油食品科技, 2003, 5(3): 1007-7561.

[55] 董文佩, 姚美焕, 谭绪霞. 脂肪酶在超临界流体中的研究[J]. 内江科技, 2014, 3: 125-126.

[56] 陈惠晴, 杨基础. 超临界CO_2中脂肪酶催化反应的研究[J]. 清华大学学报(自然科学版), 1999, 39(6): 28-30.

[57] 李晶, 王俊, 张磊霞, 等. 离子液体中脂肪酶催化酯类合成的新进展[J]. 有机化学, 2012, 32: 1186-1194.

[58] Itoh T, Han S, Matsushita Y, et al. Enhanced enantio selectivity and remarkable acceleration on the lipase-catalyzed acylation using novel ionic liquids[J]. Green Chemistry, 2004, 6: 437-439.

[59] Yuan Y, Bai S, Sun Y. Comparison of lipase-catalyzed enantioselective esterification of (±) menthol in ionic liquids and organic solvents[J]. Food Chemistry, 2006, 97(2): 324-330.

[60] Kurata Y, Kitamura A, Irie Y, Takemoto S, et al. Enzymatic synthesis of caffeic acid phenethyl ester analogues in ionic liquid[J]. Journal of Biotechnology, 2010, 148: 133.

[61] Hernandez-Fernandez, F. J. Des los Rios, A. P. Lozano-Blanco, L. Use of ionic liquids as green solvents for extraction of Zn^{2+}, Cd^{2+}, Fe^{3+} and Cu^{2+} from aqueous solutions. Journal of Chemical Technology and Biotechnology, 2010, 85: 1423.

[62] Hoar T P, Schulman J H, Transparent water-in-oil dispersion: The oleopathic hydro-micelle[J]. Nature, 1943, 152(3847): 102-103.

[63] Shinoda K, Friberg S, Microemulsions: Colloidal aspects[J]. Advances in Colloid & Interface Science, 1975, 4(4): 281-300.

[64] Friberg S, Becher P C. Encyclopedia of emulsion technology[M]. New York and Basel, 1988.

[65] Schulman J H, Stoeckenius W, PrinceL M, Mechanism of formation and structure of micro emulsions by electron microscopy[J]. Journal of Physical Chemistry, 1959, 63: 1677-1680.

[66] 李干佐, 郭荣. 乳液理论及其应用[M]. 北京: 石油工业出版社, 1995.

[67] 毛世艳. 微乳液和胶束水溶液中的化学反应[D]. 兰州: 兰州大学博士学位论文, 2012.
[68] Abe M. Macro-and microemulsions. Journal of Oleo Science, 2009, 47(9): 819-894.
[69] 张玉霞. 单一 AOT 微乳液与 AOT/TritonX-100 混合微乳液体系中假丝酵母脂肪酶催化蓖麻油水解的研究[D]. 兰州: 兰州大学硕士学位论文, 2007.
[70] Orlich B, Schomäcker R. Enzyme catalysis in reverse micelles[J]. Advances in Biochemical Engineering/Biotechnology, 2002, 75: 185-208.
[71] Han D, Rhee J S, Lee S B. Lipase reaction in AOT-isooctane reversed micelles: Effect of water on equilibria[J]. Biotechnology and Bioengineering, 1987, 30: 381-388.
[72] Trevan M D. Immobilized Enzymes: An introduction and application in biotechnology[M]. New York: John Wiley and Sons, 1980.

第3章 脂肪酶的固定化及应用

酶固定化是20世纪50年代发展起来的一项新技术。最初是将水溶性酶与不溶性载体结合起来,称为不溶水的酶衍生物,所以曾经称为"水不溶酶"和固相酶。1971年第一届国际酶工程会议正式采用"固定化酶"(immobilized enzyme)的名称。Trevan在1980年给出了固定化酶的一个定义:酶固定化就是通过某些方法将酶与载体相结合后成为不溶于含有底物的相中,从而使酶被集中或限制在一定的空间范围内进行酶解反应[1]。

固定化酶经固定化后具有以下优点:①极易将固定化酶与底物、产物分开;②可以在较长时间内进行反复分批反应和装柱连续反应;③在大多数情况下,能提高酶的稳定性;④酶反应过程能加以严格控制;⑤产物溶液中没有酶的残留,简化了提纯工艺;⑥较游离酶更适合于多酶反应;⑦可以增加产物的收率,提高产物的质量;⑧酶的使用效率提高,成本降低。当然,固定化酶也存在一些缺点:①固定化时,酶活力有损失;②生产成本增加,工厂初始投资大;③只适用于可溶性底物,而且较适用于小分子底物;④与完善菌体相比,不适宜于多酶反应,特别是需要辅助因子的反应;⑤胞内酶通常需要经过酶的分离程序。虽然固定化酶具有上述缺点,但是固定化酶的众多优点奠定了其工业化应用的重要位置。固定化技术不仅能稳定酶、改变酶的专一性、提高酶的活力、降低酶的使用成本,而且能够改善酶的各种特性,使之更符合使用要求。但是目前能够投入工业化生产的固定化酶并不多,这是因为固定化过程的成本高,固定化效率低,获得的固定化酶稳定性差,连续操作使用的设备复杂,因此进一步开发更简便、更优的固定化方法和载体材料,使得更多的固定化酶取得工业化的大规模应用,仍然是亟待解决的问题。

3.1 固定化方法

目前已报道的酶的固定化方法已超过百种以上,归纳起来大致可以分为四种:吸附法、交联法、共价结合法和包埋法。

3.1.1 吸附法

基于吸附的固定化方法是最早发展起来的酶的固定化方法之一。最早采用此方法制得的固定化酶之一是由Nelson和Griffin[2]在1916年报道完成的,他们发现以物理方式吸附在木炭上的蔗糖酶仍然保持催化活力。吸附法主要是利用离子键、疏水相互作用、范德华力和氢键等相互作用将酶固定在载体上的一种方法(图3-1)。根据酶和载体之间结合力的不同,该法又可细分为物理吸附法和离子交换吸附法两种。

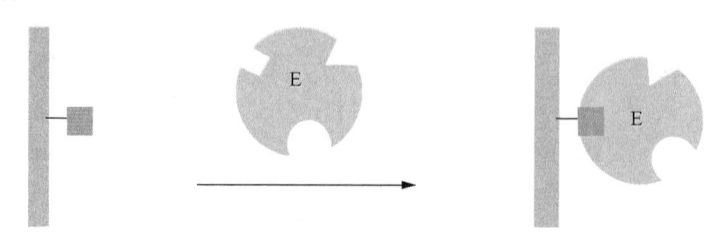

图 3-1 非共价结合固定化酶

1. 物理吸附法

物理吸附法是通过氢键、疏水键和 π 电子亲和力等物理作用力将酶直接吸附在载体上的方法。物理吸附法主要以高吸附能力的非水溶性材料为载体,如硅藻土、硅胶、高岭土、多孔玻璃、氧化铝、二氧化钛、大孔吸附树脂等,有机载体如聚乙烯、聚丙烯、多孔聚苯乙烯等;新型载体材料如介孔分子筛等。

为了避免酶活力丧失,可以在固定化过程中加入一些添加剂来保护酶分子。Rodrigures 等[3]通过活性炭吸附脂肪酶,当添加剂蛋白胨(PEP)换为牛血清蛋白(BSA)时,活力回收率从 38%提高到了 69%。但当替换为聚乙二醇(PEG)时,活力并没有提高,但是热稳定性提高了。多孔聚苯乙烯固定化嗜热芽孢杆菌(Geobacillus thermoleovorans)CCR11 脂肪酶,用 Triton 处理此固定化酶后操作稳定性显著提高。

物理吸附法操作简单,处理条件温和,酶的高级结构和活性中心的氨基酸残基不易被破坏,能得到酶活力回收率较高的固定化酶。但是载体和酶的结合力也比较弱,容易受到缓冲液种类或 pH 的影响,在离子强度高的条件下进行反应时,往往会发生酶从载体上脱落的现象。因此,该方法最适合用于有机溶剂的反应体系中。大孔丙烯酸聚合物树脂,如 Amberlite 公司的 XAD-7 可用于酶的吸附固定化[4],而固定于 VPOC1600(Bayer)的 CaL-B 被广泛地应用于特殊化学品的制备中[5]。硅基固定化酶载体材料也是这类制备方法中常用的一种材料,如甲基改性的硅胶基气凝胶[6]以及硅藻土[7]等。由此可见,吸附法一般广泛应用于大规模的生产制备中,特别是应用于固定价格比较低廉的酶[8]。

采用物理吸附法对脂肪酶进行固定化,分为以下两种情况。

(1) 载体为亲水载体。将脂肪酶固定到粉末状的亲水固体载体上的一般步骤是:首先把脂肪酶溶解于缓冲液中,再将溶液和粉末混合均匀(通过在烧杯中搅拌或在柱中渗透),移去上清液(通过过滤或简单地排水),最后将固定化酶干燥以便保存。用亲水载体固定脂肪酶时,具有一个普遍特征,就是脂肪酶的失活多。脂肪酶的失活由以下几个因素决定:

①脂肪酶吸附到某一载体时,酶的结构发生了改变,降低了活力;

②只有少量的酶被固定到载体上;

③疏水底物到达脂肪酶活性基团的能力下降;

④由载体造成的空间位阻,约束了脂肪酶分子的灵活性。

为了提高固定化酶的活力,避免活力丧失,在固定化过程中加入一些添加剂来保护脂肪酶。蛋白质(如白蛋白、酪蛋白、明胶)和聚乙二醇是很有效的添加剂。

(2)载体为疏水载体。一般认为,脂肪酶物理吸附到疏水载体上的操作与吸附到亲水载体上的操作相似。疏水固体载体如聚丙烯粉末,在吸附酶前先用乙醇、异丙醇、甲醇、丙酮之类的极性溶剂预先润湿。极性溶剂的应用可以减少吸附反应所需要的时间,而不采用预先润湿的操作通常可以得到具有较高活力的固定化脂肪酶。预处理时采用非极性溶剂是不利的。研究表明,用具有疏水特性的微孔性载体(如高密度聚丙烯或高密度聚乙烯)来固定脂肪酶,效果非常好。Dong 等[9]以有机膨润土固定猪胰脂肪酶,固定化酶的水解活性得到提高,固定酶的催化效率也更高。而 Robison 等[10]将脂肪酶固定在三种成本较低的蒙脱土载体上,得到固定酶的酯化活力最高为 1403U/g。这说明吸附固定具有固定条件简单温和、价格低廉且不需要化学添加剂等优点,所得到的固定酶活力也更高。

2. 离子交换吸附法

离子交换吸附法则是指在适宜的 pH 和离子强度下,利用酶的侧链离解基团和离子交换基团之间的相互作用而达到酶固定化的方法。离子吸附法常用的载体有阴离子交换剂 DEAE-纤维素、四乙氨基乙基(TEAE)-纤维素等;阳离子交换剂有羧甲基(CM)-纤维素、纤维素柠檬酸盐、Dowex-50 等。较早应用于工业化生产的氨基酰化酶,就是使用 DEAE-葡聚糖凝胶固定化的;用 D311 离子交换树脂对脂肪酶进行固定化,此固定化酶在异辛烷中催化合成月硅酸月桂醇酯,酯化率可达 91.3%。离子交换吸附法具有操作简单、条件温和、酶活力不易丧失等优点。此外,吸附过程同时可以纯化酶。但是载体和酶的结合力比较弱,容易受缓冲液种类或 pH 的影响,在离子强度高的条件下进行反应时,酶往往会从载体上脱落。

用吸附法制备固定化酶,操作比较简单,可以划分为以下四类:

(1)静态法(static procedure)。在没有搅拌、没有振摇的情况下,将载体直接加入酶溶液,通过自然吸附、解吸、再吸附等过程制备固定化酶的方法。效率低,耗时,吸附量小而且不均匀。

(2)电沉积法(electrodeposition procedure)。在酶液中放置两个电极,在电极附近加入载体，通电，则酶移向电极，并且沉积到载体表面的固定化方法。在沉积过程中，与酶活力、稳定性有关的某些离子如果发生移除、损漏都要及时补充。

(3)动力学批量式固定化法(dynamic procedure)。这是实验室制备常用的方法，与静态法相比，载体和酶溶液混合后要在搅拌下或者在摇床连续振摇下完成固定化。此法固定化较为均匀。要注意控制好搅拌或振摇的速率，既要不破坏酶和载体的结构，又要达到充分混合的目的。

(4)反应器装载法(reactor loading process)。这是工业上常用的方法，其特点是将固定化和其后的应用连在一起。这种方法适用于连续流搅拌桶式反应器(CSTR)和填充床反应器(PBR)。

Mojovic 等[11]将 *Candida rugosa* 脂肪酶吸附在大孔共聚物载体上，在最优条件下最大吸附量为 15.4mg/g，酶固定效率为 62%。动力学研究表明，脂肪酶是通过局部化学反应选择固定在载体上。笔者课题组在卵磷脂/异辛烷存在下，用此固定化酶水解椰子油，酶活力为游离酶的 70%，重复使用 15 次后，固定化酶活力仍保持其最初活力的 56%。

Kamata 等[12]在恒温 30℃、24h 条件下的水溶液中，将胰蛋白酶和 α-淀粉酶固定在珠状糖基蛋白上，实验过程无任何化学改性，所获得的固定化酶相对于固定在阴离子交换剂(器)或脱乙酰几丁质上的酶，有较长的生命周期。

脂肪酶是蛋白质，它根据溶液的 pH 和组成蛋白质的氨基酸的种类携带电荷，因此脂肪酶能够利用离子交换技术进行固定化。现有文献报道将脂肪酶固定到二乙基氨乙基纤维素和阴离子交换载体如 Duolite(离子交换树脂)上。羧酸离子交换树脂，大孔隙的离子交换树脂 DEAE-Sephadex A50、Amberlite IRA 94 是固定脂肪酶的有效的载体。用离子交换吸附进行脂肪酶固定化，条件温和，操作简便。只需在一定的 pH、温度和离子强度等条件下，将酶液与载体混合搅拌几小时，或者将酶液缓慢地流过处理好的离子交换柱，就可使酶结合在离子交换剂上，制备得到固定化酶。用离子交换吸附法制备的固定化脂肪酶，活力损失较少。

吸附法的优点是，操作简便，条件温和，吸附剂可再生反复使用，酶活力回收率很高。但也有许多不足，如酶量的选择全凭经验，pH、离子强度、温度、时间的选择对每一种酶和载体都不同，酶和载体之间结合力不强，易导致催化活力的丧失和沾污反应产物等。因此，其应用受到一定的限制。为提高其适用性能，大多数科研人员通常将此法与其他方法联合使用[13]。

3.1.2 交联法

交联法是用双功能试剂进行酶之间的交联，使酶分子和双功能试剂之间形成共价键，得到三维的交联网架结构。除了酶分子之间发生交联外，还存在着一定的分子内交联。此法虽也是利用共价键固定化酶，但交联法不使用载体。常用的双功能试剂有戊二醛、己二胺、顺丁烯二酸酐和双偶氮苯等，其中应用最广泛的是戊二醛。戊二醛的两个醛基都可与酶的游离氨基反应，形成席夫(Schiff)碱，使酶交联，制成固定化酶。关于交联方法的应用，Erdemir 等[14]分别使用了三种戊二醛派生物作为交联剂，对脂肪酶进行交联固定，三种交联剂均起到提高酶稳定性的作用。也有将脂肪酶以戊二醛为交联剂进行交联法固定的研究，以解决吸附的酶容易浸出的问题[15]。

交联法固定化酶实际上是一种无载体的固定化酶。这种固定化酶一般都是采用直接交联的方法制备，交联前的酶有不同的存在形式，如溶解酶、结晶酶、喷雾干燥酶和物理聚集酶等形式，经过交联固定化后，便可分别形成交联的溶解酶(CLE)、交联的酶晶体(CLEC)、交联的喷雾干燥酶(CSDE)和交联的酶聚集体(CLEA)。因此，区分它们的方法是根据其交联前酶的存在形式，如图 3-2 所示。

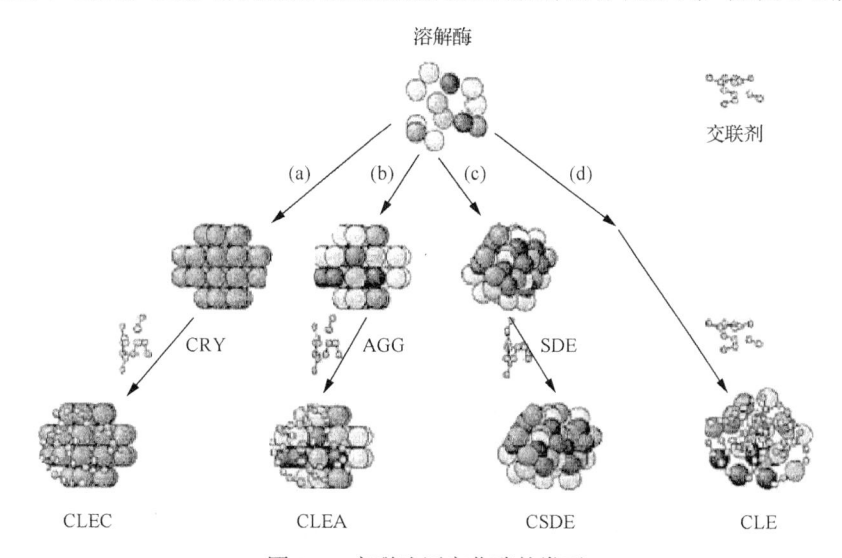

图 3-2 交联法固定化酶的类型
(a)交联的酶晶体；(b)交联的酶聚集体；(c)交联的喷雾干燥酶；(d)交联的溶解酶

当酶分子非常接近时(如酶晶体)，用交联法可以制备得到物理性能良好的生物催化剂。交联的酶晶体(CLEC)已经被 Alms Biologies 公司商业化[16]。这种方法所制备的固定化酶颗粒一般在 1～100μm，有着比较高的机械强度，并且能够在有机溶剂反应体系中应用[17]。由于晶体一般只包含一种酶，因此这种方法所制备的固定化酶只有一种催化能力。遗憾的是，CLEC 的形成既要求蛋白质的纯化，又要求这种酶形成晶体。虽然 CLEC 催化性能良好，但其制备成本较高[18]。另一种成本低廉的交联法固定化酶是用交联剂交联沉淀的酶聚集体，这种方法所得到的固定化酶称为交联的酶聚集体(CLEA)，一般所形成的固定化酶颗粒大小为 50～

100μm[19, 20]。这种固定化酶的方法后来被 Sheldon 课题组进一步发展[21,22]，并且被荷兰的一家公司商业化。这种方法可以固定化的酶包括腈水合酶[23]、脂肪酶[19]、腈水解酶[20]、青霉素酰化酶以及氨基酰化酶[24]等。通过交联条件的一个细微的变化，CLEA 的性能便可以得到显著改善。我们可以通过所要固定化酶的最佳活力来选择交联剂(如戊二醛，戊二醛乙烯二胺聚合物，或右旋糖酐醛)。Pchelintsev 等发现沉降时间比交联剂更能影响 CLEA 的活力以及微结构。Wilson 等发现过量的交联剂会降低酶的转化率、产率以及稳定性。并且，Majumder 等[25]研究发现交联度也会影响对映体的选择性。

交联法制备的固定化脂肪酶结合牢固，可以长时间使用。但由于交联反应条件强烈，酶分子的多个基团被交联，致使酶活力损失较大，固定化后的酶活力回收率一般较低，而且制成的固定化酶颗粒较小，给使用带来不便。因此交联法往往与吸附法或包埋法等方法联合使用，这种方法称为双重固定化。前者可防止吸附的酶脱落，后者可防止包埋的酶泄露。现已获得固定在 Amberlite 和 Diaion(甲醛系树脂)上的固定化脂肪酶。脂肪酶也可以先用物理吸附法吸附到不锈钢珠上，再用戊二醛交联。脂肪酶还可先吸附于聚氯乙烯(PV)上，再用戊二醛交联。Wang 等[26]先将假丝酵母脂肪酶通过过滤的方法固定在聚丙烯超滤薄膜上，然后通过戊二醛溶液进行交联。结果显示，超滤和交联结合能大大提高反应速率及酶的使用寿命。另外，交联法也可与吸附法共同使用。刘春雷等[27]采用 X-5 大孔树脂和戊二醛进行吸附交联固定脂肪酶，得到的固定化酶活力回收率为 62.4%，表现出良好的活力及稳定性。可以发现，交联法在脂肪酶稳定性提高方面起到很大的作用，但是对酶活力影响较大，不太适用于提高酶活力。

(1) 吸附交联法。将酶吸附在硅胶、皂土、氧化铝、球状酚醛树脂或其他大孔型离子交换树脂上，再用戊二醛等双功能试剂交联。也可将双功能团试剂与载体反应得到有功能团的载体，再与酶交联。王红英等[28]以磁性聚乙烯醇微球为载体，采用戊二醛为交联剂固定化 α-淀粉酶。固定化后的淀粉酶的总活力和活力回收率均较高；且其最适温度、热稳定性、操作稳定性、储藏稳定性均比游离酶显著提高，同时固定化酶对 Mg^{2+}、Fe^{2+}、Zn^{2+}、Cu^{2+} 的抑制作用有一定的耐受性。

(2) 包埋交联法。将酶液和双功能试剂(戊二醛)凝结成颗粒很细的集合体，然后用高分子或多糖类物质包埋成颗粒。这样避免了颗粒太细的缺点，同时制得的固定化酶稳定性好。

3.1.3 共价结合法

酶蛋白分子上功能基和固相支持物表面上的反应基团之间形成化学共价键连接，结合力牢固(图 3-3)，使用过程中不易发生酶的脱落，稳定性能好。该法的缺点是载体的活化或固定化操作比较复杂，反应条件也比较强烈，所以往往需要严格控制条件才能获得活力较高的固定化酶。共价结合固定化酶可看做是一个由载体、间隔臂、连接键和酶组成的复合体。以下因素可影响共价交联固定化酶的性能：①载体的物理性质，如孔大小、颗粒大小、孔隙率、形状等；②载体的化学性质，如骨架的化学成分、活性官能团、其他非活性官能团；③连接键性质与结合化学；④固定化前后酶的构象；⑤酶的定向性；⑥间隔臂的长度及性质；⑦固定化媒介性质；⑧酶载体之间结合键数目；⑨酶在载体表面或内部的分布。

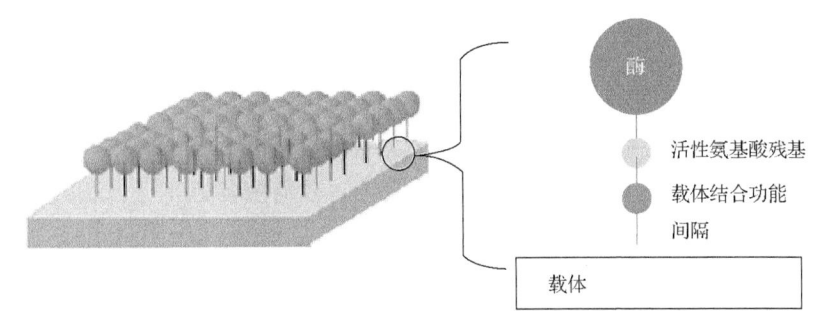

图 3-3　共价结合固定化酶

共价结合法研究从 20 世纪 50 年代开始盛行，现在已成为酶固定化的一种重要方法。共价结合法是将酶与聚合物载体以共价键结合的固定化方法，研究者对此法研究较为广泛和深入。可与载体以共价键结合的酶的功能团，包括：①氨基，赖氨酸的 ε-氨基和多肽键的 N-末端的 α-NH$_2$ 基；②羧基，天冬氨酸的 β-羧基、谷氨酸的 α-羧基和末端羧基；③酚基，酪氨酸的酚环；④巯基，半胱氨酸的巯基；⑤羟基，丝氨酸、苏氨酸和酪氨酸的羟基；⑥咪唑基，组氨酸的咪唑基；⑦吲哚基，色氨酸的吲哚基。最常见的为氨基、羧基、酪氨酸和组氨酸的芳环。此法的优点是，酶与载体的结合较为牢固，酶不易脱落，但因反应条件较为剧烈，酶活力有所下降，且制备过程较烦琐。

目前，常用的共价结合法包括以下几种。

(1) 重氮法。将具有氨基的不溶性载体，用稀盐酸和亚硝酸钠处理，成为重氮化物，再与酶分子偶联。常用的载体有多糖类的芳族氨基衍生物、氨基酸的共聚体和聚丙烯酰胺等。例如，羧甲基纤维素 (CMC)、CM-Sephadex (交联葡聚糖)、聚天冬氨酸、乙烯-顺丁烯二酸酐共聚物等，其中使用最多的是羧甲基纤维素重氮法。羧甲基纤维素在酸性条件下用甲醇酯化，生成羧甲基纤维素甲酯，然后与肼反应生成羧甲基纤维素的酰肼衍生物，再与亚硝酸反应生成羧甲基纤维素重氮衍生物。最后，羧甲基纤维素重氮衍生物中的活泼重氮基团与酶分子中的氨基形成肽键，使酶固定化。重氮衍生物也和羟基、酚羟基或巯基反应，不过生成的酯键可以用中性羟胺水解掉，使反应仅限于氨基。

(2) 烷化法和芳基化法。以卤素为功能团的载体与酶蛋白中氨基或巯基发生烷基化或芳基化反应而成为固定化酶。此法常用的载体有卤乙酰、三嗪基或卤异丁烯基的衍生物。卤乙酰衍生物包括氯乙酰纤维素、溴乙酰纤维素、碘乙酰纤维素等。

(3)戊二醛处理法。戊二醛与含有伯氨基的聚合物反应，可以生成具有醛功能的模板。酶蛋白可与用戊二醛处理过的聚合物发生不可逆的结合，如使用氨基乙基纤维素和戊二醛，可使胰蛋白酶等固定化[29]。所用载体除氨基乙基纤维素外，也可用DEAE-纤维素、琼脂糖的氨基衍生物和部分脱乙酰甲壳素等。

此外还可以先将酶用物理吸附法吸附于多孔物质上，或者用离子吸附法和用聚乙烯亚胺处理的二氧化硅结合后，再用戊二醛处理[30]。

(4)肽螯合法。Spheron是一种由羟乙基异丁酸酯和乙烯二异丁烯酯共聚而成的大孔亲水凝胶，带有很多羟基，可用肽螯合法进行酶的固定化。肽盐无毒、无致癌性、价格低廉且载体可以回收。

(5)肽键法。此法是将有功能基团的载体与酶蛋白中赖氨酸的 ε-氨基或 N 末端的 α-氨基作用形成肽键，成为固定化酶。例如，用酰基叠氮衍生物固定化。将纤维素转变为甲酯，再与肼作用，成为酰肼，此酰肼与亚硝酸作用成为相应的叠氮衍生物。此衍生物在低温下与酶蛋白作用，使酶固定化[31]。聚甲基谷氨酸通过叠氮反应成为酰基叠氮衍生物，可用作脲酶的载体制成固定化酶。这些固定化酶可以做成薄膜、球形、条形等。酶的活力可以保留90%以上，且热稳定性高。还有，用溴化氰活化的多糖类固定化，是将水不溶性多糖类、纤维素、交联右旋糖苷和琼脂糖用溴化氰活化，供制备固定化酶用[32]。

共价结合法中，载体的活化或固定化操作较复杂，要严格控制条件才能使固定化酶体现较高的活力。蛋白质通过什么基团参加共价连接、载体的物理和化学性质等对固定化酶都有影响。因此，人们常常将其与交联法联用。Gloria 等[33]通过共价方法将三种不同脂肪酶先固定在溴化氰活性琼脂糖上，又采用吸附方法将酶固定在疏水性载体辛基琼脂糖上，得到固定酶的活力和选择性较好。也有先采用沉淀聚合方法制备出磁性高分子纳米微球，后通过共价结合来固定脂肪酶的研究[34]，所得固定化酶具有很好的稳定性。虽然共价结合法得到的固定化酶稳定性很好，但因其制备条件的苛刻，在固定过程中酶容易失活，而且一些交联剂也是有毒的，不适于食品中的应用。

要使载体和脂肪酶形成共价键，必须首先使载体活化，使载体活化的方法很多，主要有重氮法、叠氮法、溴化氰法和烷化法等。脂肪酶已成功地固定溴化氰活化的琼脂糖珠、纤维素和葡聚糖凝胶。用重氮法固定脂肪酶的载体有聚丙烯酰胺、对氨基苄基纤维素、聚丙烯酰胺衍生物、聚对氨基苯乙烯、硅藻土氨基丙烯衍生物和玻璃的芳基胺衍生物等。用叠氮法固定化脂肪酶的载体有羧甲基纤维素、羧甲基葡聚糖凝胶、聚丙烯酰胺衍生物和 Wofatite(离子交换树脂)。用共价结合法制备的固定化脂肪酶，结合很牢固，酶不易脱落，可以连续使用较长时间，但载体活化的操作复杂，比较麻烦，同时由于共价结合时可能影响酶的空间构象而影响酶的催化活力。

3.1.4 包埋法

包埋法是把酶定位于聚合物材料的格子结构或微囊结构中。这样可以防止酶蛋白释放，而底物仍能渗入格子或微囊内与酶相接触。此法较为简便，酶分子仅仅被包埋起来，生物活性被破坏的程度低，但此法对大分子底物不适用。将酶分子包埋在高聚物的细微凝胶网眼或半渗透的聚合物膜腔中，前者又称凝胶包埋法，后者称为半透膜包埋法。

包埋法一般不需要与酶的氨基酸残基进行结合反应，很少改变酶的高级结构，酶活力回收率较高，因此可应用于许多酶的固定化。但包埋法适合作用于小分子底物和产物的酶，因为小分子易于通过高分子凝胶的网格扩散。Okada 和 Mprrissey[35] 研究了包埋法固定假丝酵母脂肪酶的方法，他们将脂肪酶包埋在壳聚糖-海藻酸盐-$CaCl_2$ 复合载体中，固定化酶表现出更好的稳定性。总的来说，包埋法的固定条件也比较温和，对酶的影响较小，固定酶的活力比较高。

1. 凝胶包埋法（网格型）

常用的载体有海藻酸钙凝胶、明胶、琼脂凝胶、卡拉胶等天然高分子化合物及聚丙烯酰胺、聚乙烯醇等合成高分子化合物。溶胶状天然高分子凝胶在酶存在下凝胶化，合成的高分子化合物采用单体或预聚物在酶存在下聚合。天然凝胶在包埋时条件温和，操作简便，对酶活力影响较少，但强度较差。而合成凝胶强度高，对温度和 pH 变化的耐受性强，但需要在一定条件下进行聚合反应，才能把酶包埋起来。在反应过程中往往引起酶变性失活，故要严格控制好包埋条件。当树脂是疏水性载体时，通过包埋法制得的固定化脂肪酶显示出较好的活力和稳定性。Tomin 等[36]就采用凝胶-溶胶的包埋方法将假单胞菌脂肪酶固定在硅藻土中，酶的稳定性得到改善。

常见的一些凝胶包埋法如下：

(1) 海藻酸钙凝胶包埋法。将一定的海藻酸钠溶于水，配制成一定浓度的海藻酸钠溶液，经杀菌冷却，与一定体积的酶液混合均匀，然后用注射器或滴管将悬液滴到一定浓度的氯化钙溶液中，形成球状固定化胶粒。

(2) 明胶包埋法。配制一定浓度的明胶悬浮液，加热融化灭菌后，冷却至35℃以上，与一定浓度的酶液混合均匀，冷却凝聚后做成所需形状。若机械强度不够，可用戊二醛等双功能试剂交联强化。由于明胶是一种蛋白质，因此不适用于蛋白酶的固定化。

(3) 聚丙烯酰胺凝胶包埋法。先配制一定浓度的丙烯酰胺和甲叉丙烯酰胺溶液，与一定浓度的酶液混合均匀，然后加入一定量的过硫酸钙和四甲基乙二胺（TEMED），混合后使其静止聚合，获得所需形状的固定化胶粒。用聚丙烯酰胺制备的固定化酶机械强度高，但由于丙烯酰胺单体对酶有一定的毒害作用，在聚合过程中，应尽量缩短聚合时间。

2. 半透膜包埋法(微胶囊型)

半透膜包埋法使酶存在于类似细胞的环境中，可以防止酶的脱落，防止其与微胶囊外的环境直接接触，从而增加了酶的稳定性。常用的材料有聚酰胺、火棉胶、醋酸纤维素等。此类固定化酶的直径从几微米到数百微米，孔径从几埃到数百埃，适用于小分子底物和产物的酶催化。李娜等以液体石蜡为油相，壳聚糖溶液为水相，采用反相乳液聚合法制备壳聚糖-聚丙烯酸微胶囊。而后利用该微胶囊固定化葡萄糖氧化酶（GOD），在 1-乙基-(3-二甲基氨基丙基)碳酰二胺盐酸盐（EDAC）和 2-N-吗啉乙磺酸（MES）的作用下，壳聚糖微胶囊上游离的氨基可以与酶分子中羧基发生碳二亚胺偶联反应形成肽键，实现 GOD 在微胶囊上的固定化。该微胶囊的表面圆整、规则，而且对环境溶液中的葡萄糖较敏感。

将脂肪酶包埋于半穿透性聚合体膜内，形成微囊。这种固定化酶由以下方法制备：将二氧化硅或粉末葡聚糖加到乙烯-顺丁烯二酐共聚物或糊精的黏合剂溶液中；这些混合物和在乙醇和丙酮混合液中的脂肪酶一起溶解，在热空气中雾化，得到直径为 10~20μm 的胶囊。脂肪酶也可采用液体干燥法，包埋在聚苯乙烯、硅酮衍生物和乙基纤维素中，在这种条件下制备的胶囊直径为 $10^2 \sim 10^3$μm。

常用微胶囊制备方法有以下几种。

(1) 界面沉淀法是一种简单的物理微胶囊化法，它利用某些高聚物在水相和有机相的界面上溶解度较低而形成的薄膜将酶包埋。例如，现将含有高浓度血红蛋白的酶溶液在水不溶的有机相中乳化，在油溶性的表面活性剂存在下形成油包水的微滴，再将溶于溶剂的高聚物加入乳化液中，然后加入一种不溶解高聚物的有机溶剂，使高聚物在油-水界面上沉淀、析出，形成的膜将酶包埋，最后在乳化剂的帮助下由有机相转入水相。此法条件温和，酶失活少，但要完全除去膜上残留的有机溶剂比较困难。

(2) 界面聚合法是用化学手段制备微胶囊的方法。亲水性单体和疏水性单体利用界面聚合原理将酶包埋。例如，将一定浓度的血红蛋白的酶溶液与 1,6-己二胺水溶液混合，立即在含有 Span-85 的氯仿-环己烷中分散乳化，加入溶于有机相的癸二酰氯后，在油-水界面上发生聚合反应，形成尼龙膜，将酶包埋。此法可自由控制微胶囊大小，制备时间非常短，但在包埋过程中易发生化学反应引起酶失活。

(3) 二级乳化法。酶溶液先在高聚物（常用乙基纤维素、聚苯乙烯等）有机相中乳化分散，乳化液再在水相中分散形成次级乳化液，当有机高聚物溶液固化后，每个球内包含多滴酶液。此法制备比较容易，但膜层较厚，会影响底物扩散。

3.2 新型脂肪酶固定化方法

常规脂肪酶固定化方法中吸附法、交联法、共价结合法和包埋法等虽有一定优势，但其单独使用时往往存在一定缺陷。吸附法的缺点是酶与载体结合不牢固，很容易从载体上脱落。交联过程一般较复杂，使用交联剂价格也较昂贵。共价法反应条件则较苛刻，载体在固定前通常需用化学试剂活化，共价结合后易造成脂肪酶结构发生变化，从而降低酶活力，还可能会使脂肪酶底物专一性发生改变。包埋法则易受传质阻力影响，只适于底物和产物是小分子的酶，对作用于大分子底物的酶不适用。因此，越来越多的科研者开始探寻脂肪酶固定化新方法，以达到更好的固定化效果。这些方法包括传统方法联用、交联脂肪酶晶体、交联酶聚集体及近年研究较多的溶胶-凝胶包埋法。

保持各种传统固定化方法的优点并改进其不足一直是酶固定化研究的重要内容，所以开发新型的酶固定化方法的原则是实现在较为温和的条件下进行酶的固定化，尽量减少或避免酶活力的损失，以达到理想的固定化效果。最近几年，人们研究了一些新型的酶固定化方法，简单介绍如下。

3.2.1 传统方法联用

传统方法联用是将四种不同传统方法中两种联合使用，从而能取长补短，克服某种方法单独使用缺陷。特别对交联法来说，交联过程激烈，酶的多个基团被交联，可能导致酶活力丧失严重；且经交联固定化脂肪酶颗粒较小，在使用时带来很大不便，可将交联法与吸附法或包埋法联合使用，以达到互补效果。Kumar 和 Kanwar[37]先用硅藻土吸附，然后用戊二醛交联制备固定化胰脂肪酶，将固定化胰脂肪酶应用于阿魏酸乙酯合成，对影响阿魏酸乙酯合成参数进行优化。结果显示，最佳合成条件为：45℃、pH 8.5、乙醇与阿魏酸浓度比为 1:1、酶浓度为 10mg/mL、分子筛浓度为 100mg/mL、反应时间为 6 h；反应溶液中 Co^{2+}、Ba^{2+} 和 Pb^{2+} 能提高阿魏酸乙酯产率，而 Hg^{2+}、Cd^{2+} 和 NH_4^+ 则降低阿魏酸乙酯产率。固定化脂肪酶经重复使用 3 次后仍可保留 50%以上活力。Karimpil[38]等利用吸附和交联相结合方法将米曲霉脂肪酶固定化，固定化效率为 56%。经考察发现，固定化酶热稳定性和耐变性剂能力均优于游离酶，在每次使用后用丙酮洗涤条件下，固定化酶重复使用 12 次后仍保留 70%活力，操作稳定性较好。经固定化脂肪酶具有良好储存稳定性，在储藏 30 天后活力为原活力 75%。

3.2.2 交联酶聚集体

交联酶聚集体(CLEAs)属于无载体固定化范畴，是采用物理方法使酶分子聚集经交联剂交联而成。其具有操作简便，成本低廉，无需其他载体，获得的固定化酶稳定性好、单位体积活力大、空间效率高等优点，而被广泛应用于酶的固定化。

交联酶聚集体的制备分两个步骤：聚集体形成和聚集体交联，两个步骤前后连续，对最后交联酶聚集体活力和稳定性都有重要影响。酶聚集体的形成实质上是将酶进行浓缩沉淀，使酶相互堆积形成超分子结构。该操作与分离纯化中的沉淀相同，可通过试验调节保持酶的三维构象和活力。而酶聚集体的交联是指利用交联剂将酶的物理聚集体进行共价捆绑，将酶聚集体形成的超分子结构及活力保持下来，使其在反应体系中不易被破坏，并可被回收使用。用作交联剂的物质有很多种，其中戊二醛是最常用的一种。

Xu 等[39]将 Serratia marcescens 脂肪酶与聚乙烯亚胺制备交联酶聚集体，脂肪酶经沉淀交联后粒径分布均匀，约为 0.3μm，小于 2007 年 Gupta 等[40]所报道的粒径(15～30μm)。研究还发现，聚乙烯亚胺是制备稳定聚集体良好的共沉淀剂，且所制备的交联脂肪酶聚集体具有很强的重复使用稳定性，在前 5 批使用中活力逐渐增强，之后趋于稳定。Xie[41]制备 Lipozyme TL 100L 交联酶聚集体，粒径 5～50μm，将其应用于蔗糖-6-乙酸酯合成，代替传统多步合成化学路径。结果显示，聚集体生成最佳条件为：共沉淀前添加山梨醇、33.3% PEG 600 为共沉淀剂，1.5%戊二醛在 0℃交联 4h；在适当条件下，产率可达 87.46%，蔗糖-6-乙酸酯浓度为 49.8g/L。所制备的交联酶聚集体与商品化 Lipozyme TLIM 相比，具有更好的重复使用性。

3.2.3 交联脂肪酶晶体

交联脂肪酶晶体(CLECs)技术是将酶结晶技术与化学交联相结合的一种新型无载体酶固定化方法。交联脂肪酶晶体蛋白纯度高、催化活力高，专一性较强，且具有优良的热稳定性和机械强度，对有机溶剂、pH 良好耐受能力。

潘力等[42]制备交联 Candida rugosa 脂肪酶晶体，并对其稳定性进行探索，所制得的交联脂肪酶晶体不仅保持脂肪酶原有特性，且交联脂肪酶晶体对极端环境(高温、极端 pH)具有抵抗作用。研究发现，结晶条件对脂肪酶晶体生成量至关重要，在合适结晶条件下，酶晶体生成量大，且适度交联非常重要，交联不足会导致酶晶体酶活力和机械强度不足；而过度交联则可能导致蛋白质沉淀和活力丧失。Dijkstra 等[43]研究发现，在连续操作超临界 CO_2 流体中，水浓度会影响交联脂肪酶晶体活力和稳定性。水浓度过低，CO_2 会夺取酶水分导致酶失活，而向底物加入少量水能修复脂肪酶活力。

3.2.4 定向固定化

传统的酶固定化方法中,酶是在随意位点和载体上进行连接,通常的连接位点一般是赖氨酸,因为酶通常含有多个赖氨酸,所以酶会和载体在许多位点进行反应。这样,有些位点的反应就会阻碍底物进入酶的活性位点。另外,当酶随意固定在载体上时一般会发生多位点的结合,这样就会降低固定化酶活力。

定向固定化是把酶和载体在酶的特定位点上连接起来,使酶在载体表面按一定的方向排列,使它的活性位点面朝固体表面的外侧,这样有利于底物进入酶的活性位点,显著提高固定化酶的活力。基于以上思路,人们开发了多种方法来实现酶的定向固定化。例如,利用酶和它的抗体之间的亲和性,通过酶分子上的糖基部分进行固定化,酶和金属离子形成复合物,用分子生物学方法使酶定向固定化等。Wei 等[44]用特定位点基因突变法将枯草杆菌蛋白酶的一个远离活性中心的丝氨酸转变为半胱氨酸,然后定向固定在聚砜载体上,定向固定化的酶活力要远远高于随意固定化的酶。

3.2.5 共固定化

共固定化是指将不同的酶同时固定于同一载体内形成共固定化系统的一种技术,综合了混合发酵和固定化技术的优点。这种系统稳定,可将几种不同功能的酶、细胞和细胞器在同一系统内进行协同作用。鉴于上述优越性,采用共固定化技术生产酒精、啤酒、果酒及食醋等的研究十分盛行。例如,利用凹凸棒土上的强吸附作用,首先将乳糖酶吸附于凹凸棒土上,再采用壳聚糖溶液包埋的方法制成乳糖酶与酿酒酵母细胞的共固定化凝胶颗粒,乳糖转化率达 93.2%[45]。

3.2.6 亲和固定化

重组蛋白质的末端可带上组氨酸残基尾巴,利用寡聚组氨酸与金属镍的特异性结合,在不需要金属螯合剂的情况下通过一步法就能制得固定化酶,该法可以在粗酶的状态下实现特异性固定化。

Ganesana 等[46]将重组乙酰胆碱酯酶(AChE)特异性地固定在氧化镍纳米颗粒上,制成了高灵敏检测对硝基苯磷酸酯(一种有机磷杀虫剂)的生物传感器。采用重组蛋白质外部带的组氨酸残基尾巴与金属镍的特异性结合,在不需要金属螯合剂的情况下通过一步法就制得固定化 AChE。对硝基苯磷酸酯浓度为 10^{-13}~10^{-8}mol/L,所制得的生物传感器都能快速灵敏地检测出来。

具体方法为首先在石墨丝网印刷电极(SPE)上固定一层纳米颗粒级的氧化镍,修饰过的 SPE 浸泡在 BSK(0.1mg/mL)溶液中封闭非特异性结合点,然后将重组 AChE 放置在修饰过的 SPE 上反应 30min，用 pH 7.0 磷酸缓冲液清洗电极后，用纯水清洗电极并在 4℃温度下保存。

3.2.7 溶胶-凝胶包埋法

溶胶-凝胶包埋法具有独特的优势，对酶分子无特殊要求，温和的反应条件和其非晶态结构都有利于保持酶的结构完整性。常用的基质材料(如二氧化硅)比有机聚合物具有更好的化学稳定性及坚固性，同时基质中因含有足够的水分也能保持酶的活力及稳定性。通过吸附包埋假丝酵母脂肪酶在织物膜上，固定化酶的酶活力比游离酶提高了 1 倍，并且具有良好的热稳定性和操作稳定性。

Yang 等[47]利用溶胶-凝胶包埋技术固定节杆菌脂肪酶，经研究发现，以异丁烯酸甲酯三甲氧基硅烷(MAPTMS)和四乙氧基硅烷(TEOS)为硅烷前驱体固定效果最好，固定化酶呈现光滑多孔表面形态。固定化酶与游离酶相比具有较好的热稳定性和储存稳定性，其储存 60d 后仍保留 54%活力，而游离酶储存 30d 后仅剩 52%活力。利用溶胶-凝胶包埋法可将磁性物质与脂肪酶一同包埋，使固定化脂肪酶具有磁性、易于分离，还可将脂肪酶与不同作用酶包埋在一起，进行连串催化反应。

Meunier 和 Legge[48]成功制备含硅藻土脂肪酶溶胶-凝胶，该固定化酶催化生物柴油转化率高达 90%，能很好地吸附水和甘油，对反应的进行十分有利。且固定化酶具有很强的储存稳定性，在 4℃下储藏 1.5 年活力仅下降 15%。Weiser 等[49]将三种二烷氧基硅烷和四乙氧基硅烷作为硅烷前驱体制备脂肪酶溶胶-凝胶效果进行比较，结果显示，二取代二甲基二乙氧基硅烷作为前驱体效果最好，固定化酶表现出较高的催化活力和操作稳定性。

3.2.8 分子沉积技术

目前传统的固定化方法使酶活力被载体面积的大小所限制。Decher 和 Hong[50]首次提出了分子沉积技术，根据阴阳离子相互吸引的原理，采用有机两亲性阴阳离子(或聚电解质)在带电的基片表面上交替沉积，制备了有机分子的多层超薄膜。用分子沉积法，在多孔三甲氨基聚苯乙烯载体上成功地固定化了双层葡萄糖异构酶，结果表明，这种新固定方法能使单位质量的固定化酶的酶活力及蛋白质载量成倍增加。

3.2.9 酶膜反应器

目前较先进的方法是将酶固定在膜反应器上，酶游离在膜的一侧或固定在膜上，酶反应可连续进行，提高了酶的利用率，同时产物通过半透膜透出，消除了产物对酶反应的抑制，使酶反应不断朝生成产物的方向进行，生产能力明显提高。

酶膜反应器集合了催化、产物分离和酶回收等特性，近 10 年来受到广泛的关注。以聚乙烯醇(PVA)和壳聚糖(CS)为原料,制备 100~200μm 薄膜。米根霉脂肪酶交联固定在薄膜上构成酶膜反应器,在该反应器中水解三酰甘油,与固定在硅胶上的固定化酶相比,酶膜反应器具有良好的操作稳定性。硅胶颗粒有很多亲水基团,容易吸附甘油酯,降低了在颗粒孔道的扩散速率,使固定化酶失活。而在酶膜反应器中,流体横向流过膜表面,甘油酯(包括副产物)不易吸附在壳聚糖膜表面,提高了反应体系的传质速率,显示了其在多相反应体系中的优势。例如,将富马酸固定在不对称聚砜膜反应器上转化富马酸,两周的连续操作表明酶活力并未见衰减。酶膜反应器集底物转化、产品分离、酶再利用为一体,将是未来酶固定化的主要方向。

3.2.10 脂肪酶固定化新载体

合适固定化方法虽对脂肪酶活力、稳定性及机械强度提高至关重要;但固定化脂肪酶性能好坏还取决于载体材料性质,一种良好载体会使脂肪酶固定化达到事半功倍的效果。脂肪酶固定化载体种类繁多,应用较为广泛的有多糖类材料、无机材料、有机合成聚合物、凝胶材料及复合材料等[51]。随着人们对脂肪酶工业化应用意识提高,越来越多地开始关注一些高吸附能力、易分离和廉价材料作为脂肪酶固定化新载体。

1. 纳米材料

纳米材料是指在三维空间中至少有一维处于纳米尺度范围(1~100nm)或由其作为基本单元构成材料。纳米材料颗粒粒径很小、比表面积大、表面吸附力强、分散性能好,是酶固定化良好材料。许多纳米材料被用以固定酶,包括纳米颗粒、纳米纤维和纳米棒等[52-55]。

以纳米二氧化硅为基本原料,采用溶胶-凝胶技术,可制备含纳米二氧化硅复合氧化物。此复合氧化物为催化剂载体时,对于许多结构敏感反应,将显示独特的反应性能。Bai 等[56]指出,功能化纳米二氧化硅颗粒既保持纳米材料具有比表面积大的优势,可大量吸附蛋白,又含有功能基团,能共价固定脂肪酶,非常适于作为固定脂肪酶载体。研究发现,以含有醛基新型纳米二氧化硅 NSD-3 为载体固定脂肪酶活力回收率最高可达 118%。固定化酶能很好耐受温度和 pH 变化,且具有很好的热稳定性和重复利用性。

Sawada 和 Akiyoshi[57]利用自组装制备承载胆甾基支链淀粉水凝胶,粒径为 20~30nm,并利用凝胶中胆甾基与脂肪酶之间疏水作用将脂肪酶固定化。固定后脂肪酶活力提高,其高温变性和高温聚集现象均得到明显改善。游离酶在 60℃加热 10min 活力全部丧失;而固定化酶在 60℃加热 10min 后仍保留 100%活力,且这种固定化方法还能避免由于冻干所致脂肪酶聚集。

Chen 等[58]成功将 *Burkholderia cepacia* 脂肪酶包埋到聚己酸内酯纳米纤维内，并在水相和有机相中考察固定化脂肪酶的催化活力。研究发现，在水相中聚己酸内酯能迅速分解，从而使包埋在纳米纤维中脂肪酶释放到水相中，且释放脂肪酶没有聚集，能很好地催化油脂水解，随后脂肪酶将失活。而在有机相中，固定化脂肪酶具很高的酯交换活力，在重复使用10次后仍保留50%以上活力。经不同溶剂对固定化酶酯交换活力影响研究发现，当加入10%丙酮时，固定化脂肪酶活力性能提高14倍。

2. 磁性微粒

磁性微粒具备良好磁效应、含有多种活性功能基团、具有良好生物兼容性及表面效应和体积效应等特点。当作为固定化酶载体时，也有其独特优点，可用以弥补传统方法的不足。在很多情况下合成磁性微粒为纳米级别，纳米级别磁性微粒具有纳米效应和超顺磁性。这种超顺磁性特点使固定化酶在无外加磁场时不具有磁性，能很好地分散到反应介质中。当加入外加磁场时，其被磁化可很好地与底物分离；而一旦外加磁场消失，磁性立即消失，又可很好地分散到反应介质中，省去反应后离心或过滤等烦琐分离步骤。

作为一种新型载体，磁性材料具有良好的应用前景。1987年，Matsunaga 和 Kamiya[59]首次报道将酶固定在磁性载体上，随后受到学者高度重视和广泛研究。王燕佳等[60]用沉淀聚合法制得 P(Am-co-Aa)-Gd(III)磁性纳米微球，在此基础上将脂肪酶共价连接到微球表面。结果显示，随微球直径减小，固定化酶偶联率和活力回收率逐渐增加。固定脂肪酶后磁性纳米微球无论在水溶液还是在有机溶剂中都具有良好的分散性和优异的磁分离能力。磁性钆离子对固定化酶有明显激活作用，当钆离子质量分数为0.8%时，偶联率和活力回收率分别提高57%和60%。脂肪酶被固定后其耐酸碱性、操作稳定性均比游离酶明显提高。

Xie 和 Wang[61]以共沉淀法合成表面覆盖壳聚糖的纳米磁性颗粒，并成功利用戊二醛共价结合褶皱假丝酵母脂肪酶。所制备的固定化酶应用到催化大豆油酯交换生产生物柴油具有很好的效果，在醇油比4:1，采用三步加醇、35℃反应30h最优条件下，生物柴油转化率可达87%；固定化酶重复使用4次后活力仍没有明显下降。

磁性微粒除可利用共价法连接脂肪酶外，还可通过吸附和交联等方法固定脂肪酶。Lee 等[62]制备了 Fe_3O_4 磁性微粒，并连接十二烷基硫酸钠作为间隔臂及制造疏水表面。猪胰脂肪酶通过疏水作用力吸附于磁性微粒表面，固定化脂肪酶相比游离酶表现出较高的比活力和较强的热稳定性。且固定化脂肪酶通过简单磁性分离能很快地回收再利用，在37℃，固定化酶二次使用，酶活力有所降低；但在之后5次重复使用后，酶活力几乎没损失，重复利用稳定性强。

3. 廉价易得材料

为更好地将脂肪酶应用于工业化生产、减少成本，研究者开始使用一些廉价载体、以食用废弃物及加工副产物作为脂肪酶固定化载体。

谭天伟等[63]用吸附法将猪胰脂肪酶固定在廉价硅藻土上，对脂肪酶催化合成单甘油酯对脂肪酶固定化条件进行研究，并考察水含量、温度及甘油与棕榈油物质的量比对固定化脂肪酶和游离脂肪酶催化反应影响。结果表明，在 25℃、pH 为 8.0、加酶量为 0.5g/g 条件下，固定化脂肪酶催化活力最高。固定化脂肪酶受水含量、温度及甘油与棕榈油物质的量比影响趋势与游离脂肪酶相似，但影响程度较游离酶小。

Yucel[64]以橄榄果渣为载体，先用聚戊二醛处理载体再用共价法固定米曲霉脂肪酶，并将其应用于生物柴油制备。在最佳条件下固定化脂肪酶制备生物柴油，最高转化率为 93%，固定化脂肪酶重复利用 10 次后仍保留 80%以上活力，其操作稳定性较好，聚戊二醛是增强酶稳定性的一种有效交联剂。

刘新喜和彭立凤[65]以食用废物蛋壳为载体固定化脂肪酶，并对其工艺进行研究。李丽丽等[66]则利用稻谷加工副产品米糠作为脂肪酶固定化载体，并研究米糠固定化脂肪酶制备及生化性质。该法不仅能获得米糠中油脂，还能保留米糠脂肪酶活力，为脂肪酶应用和米糠深度开发利用提供新方向。

3.3 固定化脂肪酶的特性

脂肪酶经固定化后引起酶性质的改变，一般认为其原因可能有两种，一是酶本身的变化，二是受固定化载体的物理或化学性质的影响。脂肪酶经过固定化后，活力大部分下降；固定化脂肪酶的稳定性一般比游离酶的稳定性好(如热稳定性、保存稳定性、对蛋白酶的抵抗性、对变性剂的耐受性、操作的稳定性)；脂肪酶被固定化后，酶反应的最适温度有时会发生变化；脂肪酶经过固定化，其作用的最适 pH 往往会发生一些变化，影响固定化酶最适 pH 的因素主要有两个，一是载体的带电性质，二是酶催化反应产物的性质。固定化酶底物特异性会发生改变，是由载体的空间位阻作用引起的。

3.3.1 固定化脂肪酶的催化活力

大多数的脂肪酶在固定化后其催化活力会降低，这是因为在固定化时，酶分子的空间构象及活性中心都可能有所变化，而载体的存在也会阻碍酶的活性中心与反应底物的接触，种种原因可能导致固定化酶的催化活力比游离酶稍低[67]。曹国民等[68]以 WA20 树脂为载体来固定脂肪酶，游离酶活力为 300IU/g，而固定后酶活力约为 165IU/g，只是游离酶活力的 55%，有明显的降低。这可能就是因为树脂的存在影响了酶与底物的接触，进而导致固定酶活力的降低。一般情况下，交联法及共价法固定酶的活力会降低得更多。

3.3.2 固定化脂肪酶的稳定性

通过近年来的研究发现，大多数的脂肪酶在经过固定化后其稳定性都会有所提高。究其原因可能是因为固定化后酶与载体之间或酶分子之间的连接更紧密，能够防止酶分子的变性，同时也抑制了分子的自降解反应[69]。稳定性的提高主要表现为热稳定性、有机溶剂耐受性、pH 稳定性、操作稳定性及储存稳定性等。金杰等[70]以二氧化硅纳米材料为载体，采用吸附法对脂肪酶进行固定化。经固定后，脂肪酶的热稳定性比游离酶有了很大的提高，在 70℃以下能保持 70%以上的酶活力。也有将胞外脂肪酶吸附固定在聚苯乙烯-二乙基聚丙烯载体上的研究[71]，得到的固定化酶对非离子洗涤剂、高温、酸性及中性 pH 和有机溶剂等条件的耐受性均较游离酶高，表现出更好的稳定性。稳定性的提高使得脂肪酶在反应中的催化作用发挥得更好，反应后也更易从产物中分离出来。操作稳定性的提高，使固定酶的重复利用成为可能，这也在一定程度上降低了催化反应的成本。

3.3.3 最佳反应条件的变化

脂肪酶的最适条件主要包括最适作用温度及最适 pH。大多数脂肪酶在固定化后最适温度都会有所升高，这可能与反应的活化能有关，活化能高的反应需在较高的反应温度下催化效果才会好。Metin[72]将假丝酵母脂肪酶固定在环氧基聚合物上，得到游离酶和固定化酶的最适温度分别是 35℃、45℃，固定化酶的最适温度升高了 10℃。就是因为固定后脂肪酶的活化能会相对升高，需要温度较高时才会发挥其最佳催化作用。

而脂肪酶最适 pH 的变化主要是因为固定化对酶分子的表面电荷性质产生了影响，使最适 pH 发生了偏移，一般来说，固定化后脂肪酶会具有更宽泛的 pH 耐受范围。如产黄青霉脂肪酶在固定化后，其 pH 耐受范围从 6.5~7.5 拓宽成 6.5~8.0[73]，表明固定化后明显增加了酶在中性及碱性区域范围的稳定性，对偏碱性的反应条件催化效果变得更好。

3.3.4 米氏常数的变化

米氏常数(K_m)是评价固定化酶活力的一种指标，能够反映出固定化对酶催化活力的影响。因为酶促反应中与酶结合的主要是底物分子，因此，研究酶促反应动力学就首先要阐明反应速率与底物浓度之间的关系，而米氏常数恰能反映这种关系，其一般含义为 $v=1/2v_{max}$ 时，即反应速率等于最大速率 1/2 时的底物浓度[69]。

固定化酶的米氏常数会随载体的带电性而发生变化。酶固定于电中性载体时，由于载体的影响，酶和底物间的亲和力发生变化，从而使表观米氏常数较游离酶的米氏常数有显著升高；而当底物与具有带相反电荷的载体结合后，表观米氏常数则往往会减小[74]。此外，溶剂中离子强度也对米氏常数有影响，当离子强度升高时，载体周围的静电梯度逐渐缩小甚至消失，从而导致米氏常数的变化。

3.4 固定化脂肪酶的评价指标及应用

3.4.1 固定化脂肪酶的评价指标

1. 固定化脂肪酶活力定义及测定

1) 酶活力定义

固定化酶的活力，即固定化酶催化某一特定化学反应的能力。催化活力的大小可以用在一定条件下催化某一反应的初速度来表示。

固定化酶的活力与游离酶的活力稍有区别。游离酶活力即表示每毫克(毫升)酶液所表现的催化活力，通常定义为一定条件下，一定时间内，将一定量的底物转化为产物所需的酶量，而酶活力的大小即酶含量的多少，用酶活力单位表示。酶的比活力(specific activity)代表酶的纯度，对同一种酶来说，比活力越大，表示酶的纯度越高，即每毫克酶制剂或每毫升酶制剂含多少酶单位(U/mg 或 U/mL)。常用的固定化酶的比活力用来表示每毫克固定化酶制剂所含的酶活力单位数，而不是每毫克酶所含的酶活力单位数；或者表示为每毫克干重固定化酶每分钟转化底物(或生成产物)的物质的量(μmol)，表示为 μmol/(min·mg)。

脂肪酶活力的定义十分混乱，从市场中购得的脂肪酶相互间无法进行正常的活力比较。测定底物的多样性，造成酶活力定义的多样性及酶活力单位的混乱。脂肪酶活力定义：在一定实验条件(温度、pH、反应时间)下，每分钟催化分解 1μmol 的底物的酶量为 1 个活力单位。因此，在说明活力单位时应注明底物。此外，应设定标准活力单位，其核心是采用标准的统一底物，可作为标准底物的有三油酸甘油酯或高纯度的橄榄油。

2) 酶活力测定方法

固定化脂肪酶活力的测定方法基本与游离酶的相似，但固定化脂肪酶通常呈颗粒状，所以一般测定固定化脂肪酶活力时需对相应的方法进行改进，通常在工业应用过程中采用填充床测定，常规的实验室规模则可采用悬浮于保温介质中进行测定。

按照测定过程分类，测定方法分为间歇测定和连续测定两种。采用间歇测定时，搅拌使固定化酶均匀悬浮于保温的介质中，其他条件与游离酶的活力测定相同，如反应隔一段时间后取样，再进行酶活力测定。固定化酶根据酶所用载体的差异，可能会在反应停止振荡时瞬间即沉淀于反应体系中或仍悬浮于反应体系中，因此对于后一种情况需要通过过滤再进行常规测定。不同固定化酶的活力测定受测定过程的条件影响，如反应的搅拌速度和温度等。在采用连续测定方法时，常将固定化酶装进具有恒温水夹套柱中，以不同流速流过底物，测定酶柱流出液。根据流速与反应速率的关系，测定和计算酶活力。此方法比较多地应用于测定放大规模的实际反应体系中，而工业应用过程中底物的浓度并非达到饱和程度，因此测定酶催化反应的条件应尽可能与实际工艺中的条件相同，以利于评价固定化酶的工艺流程的应用价值。

脂肪酶活力测定方法有以下几种。

(1) 平板法。平板法测定脂肪酶的活力主要是依据脂肪酶将琼脂平板中的底物(如三丁酸甘油酯)催化生成的游离脂肪酸与琼脂中的指示剂(罗丹明 B 或维多利亚蓝)反应，在琼脂平板中形成比较清晰的水解圈。由于水解圈有效直径的大小与酶活力对数呈线性关系，因此可根据水解圈直径对酶活力进行定性和定量分析。酶的活力单位(U)定义为在测定条件下每分钟水解产生 1μmol 游离脂肪酸所用的脂肪酶量。

(2) 滴定法。滴定法首先需要将橄榄油与聚乙烯醇溶液在高速组织搅拌机(或超声破碎仪)的搅拌下配制成乳化液，随后利用脂肪酶将乳化的橄榄油水解成脂肪酸和甘油，再使用标准碱溶液结合指示剂对产物脂肪酸进行酸碱滴定(或直接用 pH 酸度计代替指示剂)，由耗碱量求出脂肪酶的活力。酶的活力单位定义同平板法，其计算公式为

$$脂肪酶活力 = (V - V_0) / (t \times m \times n)$$

式中，V 为样品消耗碱的体积；V_0 为空白消耗碱的体积；t 为反应的时间；m 为 1mL 碱中所含的氢氧根的物质的量(μmol)；n 为酶液稀释倍数。在该法中乳化液的分散程度是影响测定结果的一个关键性因素[75, 76]。

(3) 比色法。

a. 铜皂法。比色法又称分光光度法或光谱检测法。铜皂法主要是利用脂肪酶将橄榄油、三丁酸甘油酯、三油酸甘油酯水解生成脂肪酸和甘油，脂肪酸和显色剂(5%的乙酸酮溶液用吡啶调至 pH 6.1)中的铜离子反应生成铜皂蓝色铬合物，其在 710nm 波长下有最大吸收值，再对照脂肪酸吸光度工作曲线得出脂肪酸的浓度，计算出酶的活力。酶的活力单位同平板法，其计算公式为

$$脂肪酶活力 = CV / tV_1$$

式中，C 为脂肪酸的浓度；V 为脂肪酸/苯溶液的体积；t 为作用时间；V_1 为酶液

的用量。这样方法操作相对复杂，同时由于金属离子的干扰，也会影响检测的准确[77, 78]。

b. 微乳液法。该种方法是在传统滴定法和铜皂法基础上改进的一种方法，微乳液是由水、表面活性剂和非极性溶剂在适当配比条件下自发形成的热力学稳定、光学透明、宏观均一的单分散体系。黄锡荣等[79]利用琥珀酸二辛酯磺酸钠为表面活性剂、异辛烷为有机溶剂形成了微乳液，张海燕等[80]改进了这一方法，利用价格较便宜的吐温80和正己烷形成微乳液环境。在微乳液环境下，脂肪酶水解三油酸甘油酯生成的脂肪酸与铜离子形成铜皂，经苯萃取后进行比色测定。酶的活力单位定义同平板法，酶活力计算同铜皂法。

c. 对硝基苯酚法。对硝基苯酚法是以对硝基苯酚酯作为底物，脂肪酶水解底物产生具有颜色的对硝基苯酚，在420nm波长下测出其吸光光度值，再对照对硝基苯酚吸光度工作曲线得出脂肪酶活力。这样可以使操作更加简单同时可以避免金属离子的干扰[76,81]。酶的活力单位定义为检测条件下每分钟产生1μmol对硝基苯酚所需的脂肪酶量，其计算公式为

$$\text{脂肪酶活力} = VN(C_{\text{样}} - C_{\text{空白}})/t/V_{\text{稀释酶液}}$$

式中，V 为反应总体积；N 为稀释倍数；C 为根据吸光度 A 求出的对硝基苯酚的浓度；t 为反应时间；$V_{\text{稀释酶液}}$ 为稀释酶液的体积。

2. 固定化脂肪酶的偶联率及酶活力参数的测定

酶活力和偶联率均可用于表示在酶固定化期间引起的酶损失，以及影响固定化酶性质的诸多因素的综合效应。

通常固定化酶的催化活力除了比活力外，还有负载率、相对活力和活力回收率等表征方式。其中，活力回收率是指固定化后固定化酶所显示的活力占被固定的等量游离态酶总活力的比例。固定化酶的偶联率可以定义为酶经固定化后，所显示出的固定化酶的活力与固定前加入的酶总活力之比，也可以理解为成功固定的酶量与加入的总酶量的比例(%)。通常可以通过测定酶活力(或G250-考马斯亮蓝法测定酶浓度)计算得到。

负载率=(总蛋白质−上清中的蛋白质)/总蛋白质×100%

相对活力=固定化酶的总活力/等量游离酶的总活力×100%

活力回收率=固定化酶的总活力/加入酶的总活力×100%

当偶联率接近1时，表示反应控制好，固定化或扩散限制引起的酶失活并不明显，且载体的表面性能可较好地适用于酶的固定化；偶联率小于1时，表示扩散限制对酶活力有影响，数值较小时说明载体表面的性能与酶不能兼容；当偶联率大于1时，有细胞分裂或从载体排除抑制剂等原因。因真空干燥或冻干处理会

导致酶活力损失，因此在工业应用过程中常采用湿固定化酶作为催化剂，湿酶活力和干酶活力则作为固定化酶催化活力的重要指标。

3. 固定化脂肪酶的半衰期及其操作稳定性

固定化酶的稳定性是酶经固定后显著改变的重要参数之一，是影响应用的关键因素，通常采用半衰期来衡量酶催化的稳定性。固定化酶的半衰期是指在连续或半连续酶催化过程中，固定化酶的活力为最初始活力的 50%时所经历的时间，以 $t_{1/2}$ 表示。固定化酶的测定过程可以采取长期实际操作测定，也可以通过较短时间的操作进行推算。在没有扩散限制时，固定化酶的催化活力与时间呈指数关系。

半衰期可由下式计算得到：

$$t_{1/2}=0.693/K_D$$

$$K_D = -\frac{2.303}{t}\lg(E/E_0)$$

式中，K_D 为衰减常数；E 为 t 时刻的酶活力；E_0 为酶的初始活力；E/E_0 是时间 t 后酶活力残留的比例。

如今酶稳定性的评价指标中，半衰期已从初始的操作稳定性的天数或次数发展至其他重要的性能参数，如不同温度处理下的半衰期、高温处理下的半衰期时间及连续或半连续操作下的半衰期次数等。

3.4.2 固定化脂肪酶的应用

固定化脂肪酶广泛应用于食品、洗涤剂、油脂和制药等领域，在生物柴油制备方面也有重要应用。

1. 在食品工业的应用

固定化脂肪酶在食品行业最早的应用是利用它分解油脂释放出短链脂肪酸以增加或改进食品风味，促进干酪熟化，并可以生产代可可脂。用尼龙和纤维素酯固定 *Candida cylindracea* 的脂肪酶，对一种巴西棕榈油进行酶解改性制备代可可脂[82]。利用吸附到涤棉布上的假丝酵母脂肪酶催化糖和糖醇与脂肪酸酯化生成单酯和双酯[83]。

2. 在油脂工业的应用

利用脂肪酶催化水解脂类生产脂肪酸和甘油，也可催化酯化反应获得一些特殊的脂类物质。谢舜珍等用 2 种脂肪酶水解菜籽油，可部分生产芥酸、甘油、饱和脂肪酸、脂肪醇等产品，尤其在利用固定化技术后，因酶活力不受 pH 变化的影响等优点显示其工业应用潜力。用固定 Rhizomucor miehei 的脂肪酶 Lipozyme IM60 催化酸解鳕鱼肝油，制备富含 ω-3 或 ω-6 多不饱和脂肪酸的结构脂[84]；利用固定化 T. languginosa 的脂肪酶 Lipozyme TLIM 催化改造猪油制备功能性脂效果良好[85]。用表面活性剂处理固定化酶可大幅度提高酶活力，并延长固定化酶的寿命[86]。

3. 在制药工业的应用

在丙酮体系中利用固定化脂肪酶催化合成 L-抗坏血酸月桂酸酯，与化学合成法相比，其反应条件温和、特异性强、副产物较少、产物分离纯化简单[87]。脂肪酶具有高度的立体选择性，可辨别对映体，当底物为消旋体时，可催化得到高产率的光学活性产物，尤其可完成用化学法难以进行的消旋化合物的拆分、不对称合成等，使得生物转化制药获得很大进展[88]。

4. 在生物柴油制备领域的应用

生物柴油是一种环保型可再生能源，目前，生物柴油主要用化学法生产，但该方法存在工艺复杂、甘油回收困难、有废碱液排放等缺点[89]。而利用生物酶法制备生物柴油具有较好的经济、环境效益，在近几年研究较多。固定化酶和全细胞催化合成生物柴油是一种很好的替代方法[90]。

(1) 应用固定化脂肪酶制备生物柴油。脂肪酶价格昂贵大大限制了其工业化应用，成为酶法产业化生产生物柴油的主要瓶颈。酶固定化是降低酶法生产生物柴油成本的关键。在催化合成生物柴油时，固定化脂肪酶体现了相对良好的催化活力和稳定性，而且可迅速从反应体系中分离再利用，从而大大降低了酶制品及整个生产工艺的成本[91]。固定化方式及载体的选择对于酶的催化活力及稳定性至关重要。大孔吸附树脂 D101[92]、多孔玻璃珠[93]、疏水非极性大孔聚合物[94]是较为理想的固定化脂肪酶的载体，在催化合成生物柴油体系中表现出相当好的稳定性。

(2) 应用全细胞催化制备生物柴油。目前开发的脂肪酶固定化技术具有稳定性高、可重复使用等优点，但是存在以下缺点：机械强度高、易于活化和制备固定化酶的载体有限。以全细胞生物催化剂形式利用脂肪酶则无需提取纯化酶，截留在胞内的脂肪酶可看作被固定化，具有很高的成本效率[95]，在工业生产中的应用潜力巨大。胡小加等[96]研究了以米根霉(Rhizopus oryzae)和聚氨酯泡沫制备成固定化全细胞生物催化剂催化制备生物柴油的主要工艺参数。Hama 等[97]用固定化米根霉(R. oryzae)细胞作为全细胞催化剂催化大豆油甲醇醇解合成生物柴油。研究表明，该脂肪酶位于细胞膜上，且其在胞内的含量及相应的转酯率随膜上脂肪酸组成、含量而改变，可通过向培养基中添加相应的油酸、棕榈酸等物质以提高胞内脂肪酶的含量并对酶催化活力、稳定性及膜的通透性、强度加以调控。Li 等[44]采用响应面法优化大豆油醇解合成生物柴油，发现全细胞催化剂在无溶剂体系中稳定性差，反应 4 批次后酯得率降为零，而在叔丁醇体系反应 10 批次后酯得率仍在 90%以上，因叔丁醇可以溶解甘油及甲酯，保持了催化剂的活力和稳定性。

参 考 文 献

[1] Trevan M D. Immobilized Enzymes:An Introduction and Application in Biotechnology[M]. New York: John Wiley and Sons, 1980.

[2] Nelson J M, Griffin E G. Adsorption of invertase[J]. Journal of the American Chemical Society, 1916, 38: 1109-1916.

[3] Rodrigures D S, Cavalcante G P, Silva G F, et al. Effect of additives on the esterification activity of immobilized *Candida Antarctica* lipase[J]. World Journal of Microbiology, 2008, 24(6): 833-839.

[4] Takac S, Bakkal M. Impressive effect of immobilization conditions on the catalytic activity and enantioselectivity of *Candida rugosa* lipase toward S-Naproxen production[J]. Process Biochemistry, 2007, 42: 1021-1027.

[5] Miletic N, Vukovic Z, Nastasovic A, et al. Macroporous poly(glycidyl methacrylate-co-ethylene glycol dimethylacrylate) resins-versatile immobilization supports for biocatalysts[J]. Journal of Molecular Catalysis B, 2009, 56: 196-201.

[6] Gao S, Wang Y, Wang T, et al. Immobilization of lipase on methyl-modified silica aerogels by physical adsorption[J]. Bioresource Technology, 2009, 100: 996-999.

[7] Chaplin J A, Gardiner N S, Mitra R K, et al. Process for preparing (–)-menthol and similar compounds[R]. US Pat: 2004058422.

[8] Lalonde J, Margolin A. Immobilization of enzymes. In: Drauz K, Waldmann H. Enzyme Catalysis in Organic Chemistry[M]. 2nd ed. Weinheim: Wiley-VCH, 2002: 163-184.

[9] Dong H P, Li J F, Li Y M, et al. Improvement of catalytic activity and stability of lipase by immobilization on organobentonite[J]. Chemical Engineering, 2012, 181-182: 590-596.

[10] Robison P S, Dallago R L, Penna F G, et al. Influence of process parameters on the immobilization of commercial porcine pancreatic lipase using three low-cost supports[J]. Biocatalysis and Agricultural Biotechnology, 2012, 1: 290-294.

[11] Mojovic L, Knezevic Z, Popadic R, et al. Immobilization of lipase from *Canadia rugosa* on polymer support[J]. Applied Microbiology and Biotechnology, 1998, 50(6): 676-681.

[12] Kamata Y, Sato A, Saito N. Stability of enzyme activity on glycosulated egg white beads and some general carrier in flow system[J]. Food Science and Technology Research, 2000, 6(1): 24-28.

[13] 刘秀伟, 司芳, 郭林. 酶固定化研究进展[J]. 化工技术经济, 2003, 21(4): 12-17.

[14] Erdemir S, Sahin O, Uyanik A, et al. Effect of the glutaraldehyde derivatives of Calix[n]arene as cross-linker reagents on lipase immobilization[J]. Journal of Inclusion Phenomena and Macrocyclic Chemistry, 2009, 64: 273-282.

[15] Gao S L, Wang Y J, Diao X, et al. Effect of pore diameter and cross-linking method on the immobilization efficiency of *Candida rugosa* lipase in SBA-15[J]. Bioresource Technology, 2010, 101: 3830-3837.

[16] Margolin A L. Novel crystalline catalysts[J]. Trends in Biotechnology, 1996, 14: 223-230.

[17] Roy J J, Abraham T E. Strategies in making cross-linked enzyme crystals[J]. Chemical Reviews, 2004, 104: 3705-3721.

[18] Brady D, Steenkamp L, Reddy S, et al. Optimisation of the enantioselective biocatalytic hydrolysis of naproxen ethyl ester using ChiroCLEC-CR[J]. Enzyme and Microbial Technology, 2004, 34: 283-291.

[19] Lopez-Serrano P, Cao L, van Rantwijk F, Sheldon R A. Cross-linked enzyme aggregates with enhanced activity: Application to lipases[J]. Biotechnology Letters, 2002, 24: 1379-1383.

[20] Kaul P, Stolz A, Banerjee U C. Cross-linked amorphous nitrilase aggregates for enantioselective nitrile hydrolysis[J]. Advanced Synthesis & Catalysis, 2007, 349: 2167-2176.

[21] Cao L, Langen L M, Janssen M H A, et al. Crosslinked enzyme aggregates[P]. European Pat: EP1088887, 2001.

[22] Sheldon R A, Schoevaart R, van Langen I M. Crosslinked enzyme aggregates (CLEAs): A novel and versatile method for enzyme immobilization (a review) [J]. Biocatal Biotransformation, 2005, 23: 141-147.

[23] Kubaca D, Ondrej K, Veronika E, et al. Biotransformation of nitrile to amides using soluble and immobilized nitrile hydratase from *Rhodococcus erythropolis* A4[J]. Journal of Molecular Catalysis B, 2008, 50: 107-113.

[24] Bode M L, van Rantwijk F, Sheldon R A. Crude aminoacylase from *Aspergillus* sp. is a mixture of hydrolases[J]. Biotechnology and Bioengineering. 2003, 84; 710-713.

[25] Majumder A B, Mondal K, Singh T P, et al. Designing cross-linked lipase aggregates for optimum performance as biocatalysts[J]. Biocatal Biotransformation, 2008, 26: 235-242.

[26] Wang Y J, Xu J, Luo G S, et al. Immobilization of lipase by ultrafiltration and cross-linking onto the polysulfone membrane surface[J]. Bioresource Technology, 2008 (99): 2299-2303.

[27] 刘春雷, 于殿宇, 屈岩峰, 等. 吸附-交联法固定化脂肪酶的研究[J]. 食品工业科技, 2008, 6: 104-106.

[28] 王红英, 钱斯日, 古楞, 等. 磁性聚乙烯醇微球固定化 α-淀粉酶的研究[J]. 食品工业科技, 2007, 28(3): 69-75.

[29] Matsumura S, Tskuada K, Toshima K. Enzyme-catalyzed ring-opening polymerization of 1,3-dioxan-2-one to poly (trimetyhl carbonate) [J]. Macromolecules, 1997, 30: 3122-3124.

[30] Bisht K S, Svikrin Y Y, Henderson L A, et al. Lipase-catalyzed ring-opening polymerization of trimethylene carbonate[J]. Macromolecules, 1997, 30: 7735-7742.

[31] Feng J, He F, Zhuo R X. Polymerization of trimethylene carbonate with high molecular weight catalyzed by immobilized lipase on silica microparticles[J]. Macromolecules, 2002, 35: 7175-7177.

[32] He F, Wang Y X, Zhou R X. Synthesis of poly (5,5-dimethyl-1,3-dioxan-2-one) by lipase-catalyzed ring-opening of polymerization[J]. Chinese Journal of Polymer Science, 2003, 21: 5-8.

[33] Gloria F L, Betancor L, Carrascosa A V, et al. Modulation of the selectivity of immobilized lipases by chemical and physical modifications: release of omega-3 fatty acids from fish oil [J]. American Oil Chemistry Society, 2012, 89; 97-102.

[34] 殷伟庆, 张丽. 含锰磁性聚丙烯酰胺-丙烯酸共聚纳米粒子固定脂肪酶的研究[J]. 稀有金属快报, 2008, 27(6): 32-36.

[35] Okada T, Mprrissey M T. Production of n-3 polyunsaturated fatty acid concentrate from sardine oil by immobilized *Candida rugosa* lipase[J]. Food Science, 2008, 73(3), 146-150.

[36] Tomin A, Weiser D, Hellner G, et al. Fine-tuning the second generation sol-gel lipase immobilization with ternary alkoxysilane precursor systems[J]. Process Biochemistry, 2011 (46): 52-58.

[37] Kumar A, Kanwar S S. Synthesis of ethyl ferulate in organic medium using celite-immobilized lipase[J]. Bioresource Technology, 2011, 102: 2162-2167.

[38] Karimpil J J, Melo J S, D'Souza S F. Hen egg white as a feeder protein for lipase immobilization[J]. Journal of Molecular Catalysis B: Enzymatic, 2011, 71: 113-118.

[39] Xu J H, Pan J, Kong X D, et al. Crosslinking of enzyme coaggregate with polyethylene imine: a simple and promising method for preparing stable biocatalyst of serratia marcescens lipase[J]. Journal of Molecular Catalysis B: Enzymatic, 2011, 68: 256-261.

[40] Gupta M N, Dalal S, Sharma A. A multipurpose immobilized biocatalyst with pectinase, xylanase and cellulose activities[J]. Chemistry Central Journal, 2007, 16(1): 1-5.

[41] Xie W, Wang J L. Highly efficient biosynthesis of sucrose-6-acetate with cross-linked aggregates of lipozyme TL 100 L[J]. Journal of Biotechnology, 2012, 161: 27-33.

[42] 潘力, 林炜铁, 姚汝华. Candida rugosa 脂肪酶交联酶晶体稳定性研究[J]. 广西大学学报(自然科学版), 2008, 23: 397-400.

[43] Dijkstra Z J, Weyten H, Willems L, et al. The effect of water concentration on the activity and stability of CLECs in supercritical CO_2 in continuous operation[J]. Journal of Molecular Catalysis B: Enzymatic, 2006, 39: 112-116.

[44] Li W, Du W, Liu D H. Optimization of whole cell catalyzed methanolysis of soybean oil for biodiesel production using response surface methodology[J]. Journal of Molecular Catalysis B: Enzymatic, 2007, 45(3/4): 122-127.

[45] 李雪雁, 王玉丽. 凹凸棒土-壳聚糖耦合固定化乳糖酶及其在低乳糖乳制备中的应用[J]. 甘肃农业大学学报, 2009, 44(2): 149-152.

[46] Ganesana M, Istarnboulie G, Marty J L, et al. Site-specific immobilization of a (His) 6-tagged acetylcholinesterase on nickel nanoparticles for highly sensitive toxicity biosensors[J]. Biosensors and Bioelectronics, 2011, 30(1): 43-48.

[47] Yang G, Wu J P, Xu G, et al. Improvement of catalytic properties of lipase from Arthrobacter sp. by encapsulation in hydrophobic sol-gel materials[J]. Bioresource Technology, 2009, 100: 4311-4316.

[48] Meunier S M, Legge R L. Evaluation of diatomaceous earth supported lipase sol-gels as a medium for enzymatic transesterification of biodiesel[J]. Journal of Molecular Catalysis B: Enzymatic, 2012, 77: 92-97.

[49] Weiser D, Boros Z, Poppe L, et al. Disubstituted dialkoxysilane precursors in binary and ternary sol-gel systems for lipase immobilization[J]. Process Biochemistry, 2012, 47: 428-434.

[50] Decher G, Hong J D. Buildup of ultrathin multilayer films by a self-assembly process: I Consecutive adsorption of anionic and cationic bipolar amphiphiles[J]. Makromolekulare Chemie Macromolecular Symposia, 1991, 46: 321.

[51] 王君, 曹稳, 房星星. 脂肪酶固定化载体材料研究进展[J]. 粮食与油脂, 2007, (7): 14-16.

[52] Kim J, Grate J W, Wang P. Nanostructures for enzyme stabilization[J]. Chemical Engineering Science, 2006, 61: 1017-1026.

[53] Kim J, Grate J W, Wang P. Single-enzyme nanoparticles armored by a nanometer-scale organic/inorganic network[J]. Nano Letters, 2003(3): 1219-1222.

[54] Wang Z, Wan L, Liu Z, et al. Enzyme immobilization on electrospun polymer nanofibers: An overview[J]. Journal of Molecular Catalysis B: Enzymatic, 2009, 56: 189-195.

[55] Dro Y, Kuhn J, Avrahami R, et al. Encapsulation of enzymes in biodegradable tubular structures[J]. Macromolecules, 2008, 41: 4187-4192.

[56] Bai Y X, Li Y F, Yang Y, et al. Covalent immobilization of triacylglycerol lipase onto functionalized nanoscale SiO_2 spheres[J]. Process Biochemistry, 2006, 41: 770-777.

[57] Sawada S, Akiyoshi K. Nano-encapsulation of lipase by self-assembled nanogels: Induction of high enzyme activity and thermal stabilization[J]. Macromolecular Journals, 2010, 10: 353-358.

[58] Chen M, Dong M D, Song J, et al. Enhanced catalytic activity of lipase encapsulated in PCL nanofibers[J]. Langmuir, 2012, 28: 6157-6162.

[59] Matsunaga T, Kamiya S. Use of magnetic particles isolated from magnetotactic bacteria for enzyme immobilization[J]. Applied Microbiology and Biotechnology, 1987, 26: 328-332.

[60] 王燕佳, 蒋惠亮, 方银军, 等. 磁性聚丙烯酰胺-丙烯酸共聚纳米粒子固定脂肪酶的研究[J]. 应用化学, 2008, 37(5): 491-494.

[61] Xie W, Wang J L. Immobilized lipase on magnetic chitosan microspheres for transesterification of soybean oil[J]. Biomass and Bioenergy, 2012, 36: 373-380.

[62] Lee D G, Ponvel K M, Kim M, et al. Immobilization of lipase on hydrophobic nano-sized magnetite particles[J]. Journal of Molecular Catalysis B: Enzymatic, 2009, 57: 62-66.

[63] 谭天伟, 王芳, 刘天全. 用硅藻土固定化脂肪酶及酶法合成单甘油酯[J]. 中国粮油学报, 2000, 15(2): 29-31.

[64] Yucel Y. Biodiesel production from pomace oil by using lipase immobilized onto olive pomace[J]. Bioresource Technology, 2011, 102: 3977-3980.

[65] 刘新喜, 彭立凤. 蛋壳作载体固定化脂肪酶[J]. 固原师专学报(自然科学版), 2000, 21(6): 21-24.

[66] 李丽丽, 吴晖, 吴苏喜, 等. 米糠固定化脂肪酶的制备及生化性质的研究[J]. 现代食品科技, 2009, 7(25): 760-763, 785.

[67] 刘志勤, 宋笛. 脂肪酶固定化及固定化脂肪酶的应用研究进展[J]. 农产品加工·学刊, 2012, 5: 89-92.

[68] 曹国民, 盛梅, 高广达. 脂肪酶的固定化及其性质研究[J]. 生物技术, 1997, 7(3): 14-17.

[69] 李晔. 酶的固定化及其应用[J]. 分子催化, 2008, 22(1): 86-95.

[70] 金杰, 杨艳红, 吴克, 等. 二氧化硅纳米材料固定中性脂肪酶的条件优化及其特性[J]. 生物工程学报, 2008, 25(12): 2003-2007.

[71] Roberta B, Luciane D A, Augusto S, et al. Optimal conditions for continuous immobilization of *Pseudozyma hubeiensis* (Strain HB85A) lipase by adsorption in a packed-bed reactor by response surface methodology[J]. Enzyme Research, 2012, (2090-0406): 329178.

[72] Metin A. Immobilization studies and biochemical properties of free and immobilized *Candida rugosa* lipase onto hydrophobic group carrying polymeric support[J]. The Polymer Society of Korea, 2012, (13): 1026-1033.

[73] Shafei M S, Allam R F. Production and immobilization of partially purified lipase from *Penicillium chrysogenum*[J]. Malaysian Journal of Microbiology, 2010, 6(2): 196-202.

[74] 崔娟. 用于有机相中催化反应的脂肪酶固定化[D]. 杭州: 浙江大学硕士学位论文, 2004.

[75] 阎金勇, 杨江科, 徐莉, 等. 白地霉Y162脂肪酶基因克隆及其在毕赤酵母中的高效表达[J]. 微生物学报, 2008, 48(2): 184-190.

[76] 杨华, 娄永江. 国产碱性脂肪酶的测定方法特性研究[J]. 中国食品学报, 2006, (3): 138-142.

[77] Lowery R R, Tinsley I J. Rapid colorimetric determination of free fatty acids[J]. Journal of the American Oil Chemists' Society, 1976, 53(7): 470-472.

[78] 纪建业. 脂肪酶活力测定方法的改进[J]. 通化师范学院学报, 2005, 26(6): 51-53.

[79] 黄锡荣, 张文娟, 宁少芳, 等. 分光光度法测定微乳液中脂肪酶的酶活[J]. 化学通报, 2001, 10: 659-661.

[80] 张海燕, 丁玉, 尹瑞卿, 等. 脂肪酶酶活性的最新研究[J]. 生物学通报, 2007, 42(3): 16-17.

[81] Teng Y, Xu Y. A modified para-nitrophenyl palmitate assay for lipase synthetic activity determination organic solvent[J]. Analytical Biochemistry, 2007, 363(2): 219-224.

[82] Meron F B, Anna J, Nobrega R. Enzyme hydrolysis of babassu oil in a membrane bioreactor [J]. Journal of the American Oil Chemists' Society, 2000, 77(10): 1043-1048.

[83] 寇秀芬, 徐家立. 酶法合成糖及糖醇酯[J]. 微生物学报, 2000, 40(2): 193-197.

[84] Rao R, Manohar B, Sambaiah K, et al. Enzymatic acidolysis in hexane to produce n-3 or n-6FA-enriched structured lipids from coconut oil: Optimization of reactions by response surface methodology[J]. Journal of the American Oil Chemists' Society, 2002, 79(9): 885-890.

[85] 赵海珍, 陆兆新, 别小妹, 等. 无溶剂体系中脂肪酶改造猪油制备功能性脂的研究[J]. 生物工程学报, 2005, 21(3): 493-496.

[86] Goto M, Kamiya N, Miyate M, et al. Enzymatic esterification by surfactant-coated lipase in *Organic media*[J]. Biotechnol Progress, 1994, 10: 263-268.

[87] 蔡水根, 陶冠军, 熊幼翎, 等. L-抗坏血酸月桂酸酯的酶法合成、分离及其性质[J]. 食品工业科技, 2008, 10: 211-215.

[88] 顾克东. 脂肪酶产生菌的筛选、诱变育种及发酵条件的优化[D]. 兰州: 兰州大学硕士学位论文, 2000.

[89] 聂开立, 王芳, 邓利, 等. 间歇及连续式固定化酶反应生产生物柴油[J]. 生物加工过程, 2005, 3(1): 58-62.

[90] Soumanou M M, Bornscheuer U T. Improvement in lipase catalyzed synthesis of fatty acid methyl esters from sunflower oil [J]. Enzyme and Microbial Technology, 2003, 33: 97-103.

[91] Noureddini H, Gao X, Philkana R S. Immobilized *Pseudomonas cepacia* lipase for biodiesel fuel production from soybean oil [J]. Bioresource Technology, 2005, 96(7): 769-777.

[92] 李元元, 李春, 唐凤仙, 等. 固定化脂肪酶催化棉籽油合成生物柴油[J]. 石河子大学学报(自然科学版), 2008, 26(5): 598-602.

[93] 罗文, 谭天伟, 袁振宏, 等. 多孔玻璃珠固定化脂肪酶及其催化合成生物柴油[J]. 现代化工, 2007, 27(11), 40-42.

[94] Shinji H, Hideki Y, Takahiro F, et al. Biodiesel fuel production in a packed-bed reactor using lipase producing *Rhizopus oryzae* cells immobilized within biomass support particles[J]. Biochemical Engineering Journal, 2007, 34: 273-278.

[95] Shinji H, Sriappareddy T, Takahiro F, et al. Lipase localization in *Rhizopus oryzae* cells immobilized within biomass support particles for use as whole-cellbiocatalysts in biodiesel fuel production[J]. Journal of Bioscience and Bioengineering, 2006, 101(4): 328-333.

[96] 胡小加, 江木兰, 陈洪, 等. 固定化全细胞葡枝根霉 YF6 合成生物柴油的研究[J]. 中国油脂, 2008, 4: 47-49.

[97] Hama S, Tamalampudi S, Fukumizu T, et al. Lipase localization in *Rhizopus oryzae* cells immobilized within biomass support particles for use as whole-cell biocatalysts in biodiesel-fuel production[J]. Journal of Bioscience and Bioengineering, 2006, 101(4): 328-333.

第4章 脂肪酶催化合成人乳脂替代品

4.1 人乳脂替代品的概述

4.1.1 人乳脂替代品的定义及发展

人乳是婴儿主要和首选的营养来源，是促进婴儿健康成长的黄金标准[1]。人乳脂肪(human milk fat)能提供婴儿生长所需膳食能量的40%～55%[2]，供给必需的营养物质，如甘油三酯中的脂肪酸和长链多不饱和脂肪酸，并可作为脂溶性维生素的载体[3,4]，但由于现代生活模式、工作压力、个人因素等影响[5]，存在母乳不足、母乳营养缺乏、需要增加辅食等情况，婴儿配方奶粉成为可供选择的最佳食品之一。而婴儿配方奶粉中添加的牛乳脂肪在脂肪酸组成及分布上与人乳脂肪差异较大，不能更好地满足成长中婴儿的营养需求。因此，近年来对具有天然油脂的物理特性且脂肪酸组成和结构与人乳脂相似的人乳脂替代品(human milk fat substitutes，HMFS)的研究备受关注。

人乳脂替代品是一种模拟人乳脂的脂肪酸组成及其位置分布的甘油三酯混合物，可作为重要油脂基料并添加于婴儿配方奶粉中。人乳脂替代品是利用现代酶技术对植物油或动物脂肪进行改性并结合新型分离技术进行分离精制所得的产品，使其中的脂肪酸组成及其位置分布均接近人乳脂。婴儿配方奶粉的营养学和临床医学研究至今已有100多年的历史。油脂作为婴儿配方奶粉的重要配料，其应用于配方奶粉中的进程也逐步由宏观走向了微观。宏观上，配方奶粉脂肪的脂肪酸含量要接近人乳脂，故通常选用牛乳为配方奶粉的主要脂成分，通过添加多种植物油以提高乳脂中不饱和脂肪酸的比例，使各个脂肪酸含量在一定范围内。然而，微观上脂肪结构却存在很大差别，即无论是牛乳脂肪还是普通植物油的甘油三酯结构都与人乳脂存在明显差别。因此，开发一种与人乳脂脂肪酸组成及其位置分布均相似的人乳脂替代品的研究就应运而生了。

近20年来，一些营养学及临床医学研究者开展了不同脂肪酸结构的油脂对婴儿营养吸收影响的研究，结果表明棕榈酸位于sn-2位的油脂优于其位于sn-1,3位的棕榈油等植物油。随着酶工程技术和脂肪酶技术的发展，以sn-1,3位专一性脂肪酶为催化剂通过酯交换反应获得与人乳脂相似的人乳脂替代品成为可能。国外Loders Croklaan(Univer)公司取得生产人乳脂替代品的专利，产品为Betapol™，是通过Lipozyme RM IM催化三棕榈酸甘油酯(PPP)和油酸(O)合成1,3-二油酸-2-棕榈酸甘油酯(OPO)型人乳脂替代品，目前正进行商业化生产。值得重视的是，在2008

年中国卫生部第 13 号公告批准了 OPO 作为营养强化剂可添加到婴儿配方奶粉中。然而到目前为止,国内还没有 OPO 型人乳脂替代品的生产厂家。国内一些研究者对酶法催化合成人乳脂替代品的研究正处于起步阶段。

4.1.2 人乳脂替代品的优势

人乳脂中的脂肪酸组成与含量随地域、人种、饮食的不同差别很大,甚至 1d 内的不同时间,其乳汁中甘油三酯的脂肪酸组成也不同[6]。油脂中的脂肪酸因其种类及分布位置不同而具有不同的物理化学性质和营养学意义,尤其是脂肪酸的位置分布决定着脂肪酸和营养物质的吸收代谢[7,8],并决定了油脂的应用价值,即使含有等量的同种脂肪酸,脂肪酸位置分布的差异也将导致不同的吸收利用结果。故油脂中的脂肪酸组分固然重要,但脂肪酸的位置分布也不容忽视[9]。人乳中脂肪含量为 4.0%～4.5%,其中 98%是甘油三酯。人乳脂与植物油和反刍动物乳相比,具有独特的结构特征,例如,含有大量长链脂肪酸(如棕榈酸、油酸、亚油酸和硬脂酸),脂肪酸组成中油酸含量最大,60%～70%的棕榈酸(C16:0)位于 sn-2 位上[10],而 5.7%～8%的硬脂酸(C18:0)、30%～35%的油酸(C18:1)和 7%～14%的亚油酸(C18:2)等不饱和酸,则优先在 sn-1,3 位上[11]。

饮食中摄入的脂肪酸、甘油三酯在人体内被脂肪酶消化吸收时,胰脂肪酶通常将甘油三酯水解成 sn-1,3 位游离脂肪酸和 sn-2 位甘油单酯。Sn-1,3 位上的不饱和及短链游离脂肪酸容易被人体吸收,而饱和脂肪酸不易被人体吸收[12]。棕榈酸是人乳脂肪中主要的脂肪酸组分,并且绝大多数分布在甘油三酯的 sn-2 位上,而牛乳和某些婴儿配方乳中的棕榈酸主要分布在 sn-1 或 sn-3 位上,进入机体后被胰脂肪酶水解为游离脂肪酸,易与食物中的钙离子形成钙皂排泄出来,造成钙和能量的流失,人体利用度较差[13]。而 sn-2 位的棕榈酸单甘酯可与胆汁盐形成乳糜微粒,就会很容易被人体吸收,从而提高人体脂肪酸的吸收率。因此,棕榈酸在甘油三酯上的位置对婴儿的营养吸收有着生理学上的重要意义。Sn-2 位棕榈酸可以促进脂肪和钙的吸收,增加骨骼矿物质,降低脂肪酸皂化和大便硬度,对婴幼儿的生长发育有促进作用[14]。

4.1.3 酶法合成人乳脂替代品的方法

由于传统婴儿配方奶粉中脂肪的脂肪酸的位置分布与人乳脂的差异很大,经临床医学和营养学的评价研究表明这种区别对婴儿脂肪、脂肪酸和矿物质的吸收产生了一些负面的影响。随着人们生活水平质量的提高,脂肪作为婴儿配方奶粉的重要配料,其脂肪酸组成及其位置分布尤为重要。为了制备人乳脂的主要甘油三酯成分——1,3-二不饱和脂肪酸-2-饱和脂肪酸甘油酯,酶法催化制备人乳脂替代品成为可能。与化学法相比,酶法催化改性油脂因其反应条件温和、特异性(位置专一性和脂肪酸专一性)强、催化高效、易于控制等优点而具有广阔的应用前景。酶法制备人乳脂替代品则能弥补传统配方中脂肪的不足,具有很好的开发前景。酶法催化制备人乳脂替代品的方法主要有酶促酸解反应和酶促酯交换反应。

1. 酶促酸解反应

酶促酸解法是甘油三酯在脂肪酶的催化下与脂肪酸发生酰基交换从而改变甘油三酯脂肪酸组成及其位置分布的方法。酶促酸解反应实质上分为两步进行。第一步,脂肪酶 Ser-OH 基团亲核进攻甘油三酯的酰基碳,形成酰基酶共价复合物[15];酰基酶复合物一旦形成后在水的参与下甘油三酯被水解使其酯键断裂,释放甘油酯残基(偏甘油酯)和形成被水解的脂肪酸残基与酶的复合物。第二步,体系中偏甘油酯与游离脂肪酸在酶的作用下酯化生成目标结构脂。制备结构脂需要用到 sn-1,3 位专一性脂肪酶,酸解甘油三酯与脂肪酸的酶促反应的主要过程与机理如图 4-1 所示。然而,在酶促酸解过程中,sn-2 位脂肪酸(B)在中间副产物(甘油二酯)中易迁移到 sn-1,3 位,最终导致生成的目标物(DBD)纯度降低。

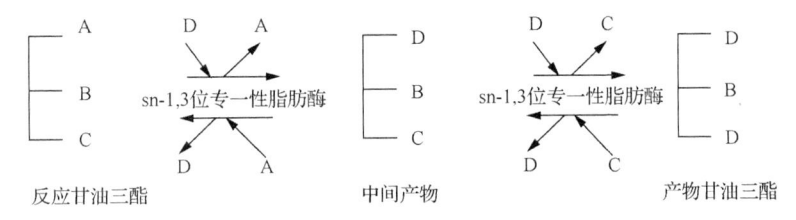

图 4-1 甘油三酯(ABC)与脂肪酸(D)的酶促酸解反应机理示意图

早在 20 世纪 80 年代,关于 C16∶0 主要位于 sn-2 位的结构脂的制备研究已经展开。由于酸解工艺简捷、效率高等优点,酶促酸解反应是制备人乳脂替代品的主要路线。国外的研究报道主要集中以植物油为基础原料通过酶法酯交换反应制备 sn-2 位富含棕榈酸的甘油三酯,代表性的研究有:Sahin 等[11]将三棕榈酸甘油酯(PPP)、榛子油脂肪酸和硬脂酸按 1∶12∶1.5 物质的量比混合底物,用脂肪酶 Lipozyme RM IM(*Rhizomucor miehei*)获得一种与人乳脂的甘油三酯结构相似的产品,在 55℃时反应 24h,产物中棕榈酸的总脂肪酸含量为 45.3mol%①,sn-2 位棕榈酸含量为 76mol%;然而棕榈酸分布在 sn-2 位的相对含量仅为 55.95%,与人乳脂的(>70%)相比较低。同时,Sahin 等[16]在有机溶剂正己烷体系中以 PPP 和榛子油脂肪酸、γ-亚麻酸为底物,经酶促酸解反应,制备了与人乳脂相近结构的 1,3-二不饱和脂肪酸-2-棕榈酸的甘油酯,其中棕榈酸分布在 sn-2 位的相对含量为 60.23%。

---

① mol%表示摩尔百分比,wt%表示质量分数,全书同。

Guncheva 等[17]采用固定化酶 MC7(*Bacillus stearothermophilus*)催化酸解 PPP 与油酸合成富含 OPO 的甘油三酯混合物,考察了在无溶剂体系和有溶剂体系中脂肪酶 MC7 的热稳定性。

Robles 等[10]通过多个步骤合成 sn-2 位富含棕榈酸和 DHA 的人乳脂替代品(图 4-2)。首先,通过非特异性脂肪酶 Novozym 435 催化金枪鱼和棕榈酸的酸解反应;其次用 KOH 中和酸解产物中的游离脂肪酸,并用正己烷萃取富含棕榈酸和 DHA 的甘油三酯;然后,采用 sn-1,3 专一性脂肪酶 DF(*Rhizopus oryzae*)催化酸解 sn-2 位富含棕榈酸和 DHA 的甘油三酯与油酸反应,最后获得到人乳脂替代品(棕榈酸分布在 sn-2 位的相对含量为 63.4%)。由此可见,研究主要集中在对酸解反应过程中反应因素的优化;且所得的人乳脂替代品中,棕榈酸分布在 sn-2 位的相对含量比人乳脂的低。另外,由于 PPP 的熔点较高(>60℃),故酶促酸解反应通常需要在较高的反应温度(55~70℃)下或在有机溶剂(主要为正己烷)体系中进行。

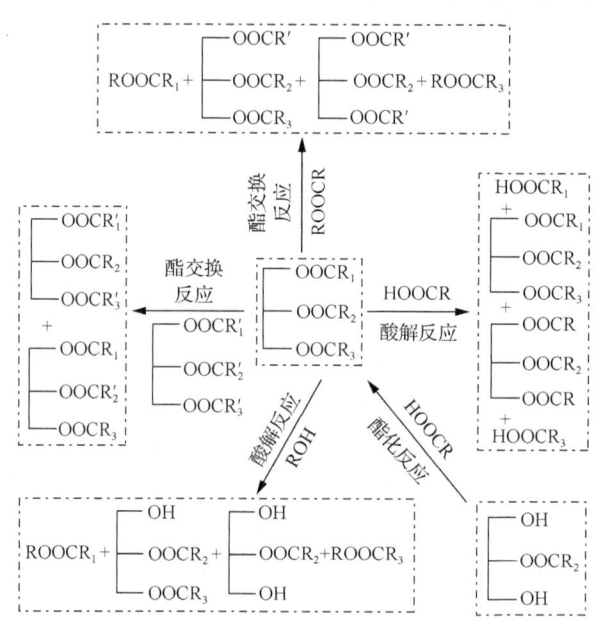

图 4-2 Sn-1,3 位专一性脂肪酶催化合成人乳脂替代品的反应类型及反应机理

Yüksel 和 Yesilcubuk[2]合成的富含亚麻酸的人乳脂替代品是由三棕榈酸甘油酯与游离脂肪酸通过酶促酸解反应产生的,其中游离脂肪酸是从榛子油和一些商品油混合物中获得的,用于催化反应的是 sn-1,3 位专一性脂肪酶 Lipozyme TL IM。采用响应面法获得最佳反应条件是反应温度 60℃、反应时间 8h、底物物质的量比为 4:1,此条件下的亚麻酸和油酸含量分别增加至 2.0mol/100mol 总脂肪酸、22.9mol/100mol 总脂肪酸,sn-2 位上棕榈酸为 46.2mol/100mol 总脂肪酸,并且,所得的人乳脂替代品的抗氧化性有所提高,与三棕榈酸甘油酯相比有更宽的熔点

范围。Nagachinta 和 Akoh[3]酸解棕榈油和从二十二碳六烯酸单细胞油(DHASCO)和花生四烯酸单细胞油(ARASCO)中提取的游离脂肪酸混合物,在正己烷体系中用 Novozym 435 作催化剂,采用响应面法进行优化,最终确定最佳反应条件为底物物质的量比为 18:1、反应温度 60℃、反应时间 24h,此条件下获得每 100g 产物含有 25.25g DHA 和 ARA,sn-2 位上含有 17.20g DHA 和 ARA。这种结构脂质的脂肪酸组成与人乳脂肪相似,可为孕妇提供营养需求。

Yang 等[6]在无溶剂体系中,通过 Lipozyme RM IM 进行猪油与大豆油脂肪酸的酸解反应,最佳条件为反应温度 61℃、反应时间 1h、猪油和脂肪酸的物质的量比为 1:2.4、酶添加量 13.7%、含水量 3.5%,所得产物的特性与中国女性的乳脂相似。

Robles 等[10]通过四步合成结构甘油三酯,使它在 sn-2 位上富含 DHA 和棕榈酸,sn-1,3 位上富含油酸。首先用非位置专一性的脂肪酶 Novozym 435 进行催化金枪鱼油和商品棕榈酸酸解,获得富含棕榈酸和 DHA 的甘油三酯,然后用 KOH-乙醇法进行纯化,接着用 sn-1,3 位专一性脂肪酶 DF 酸解富含油酸的游离脂肪酸和所得到的甘油三酯,纯化后获得了 sn-1,3 位含 67mol 油酸、sn-2 位含 52.1mol 棕榈酸,15.4mol DHA 的甘油三酯,并且没有检测到游离脂肪酸的残留。

Tecelão 等[18]通过酶促酸解反应制备人乳脂替代品,分别研究了无溶剂体系条件下,三棕榈酸甘油酯与油酸(体系 1)和 ω-3 多不饱和脂肪酸(体系 2)在 60℃时,4 种固定化脂肪酶 C. parapsilosis lipase/ acyltransferase、Lipozyme RM IM、Lipozyme TL IM、Novozym 435 在批式操作条件下的酶活力及稳定性,最终得出酶的活力及稳定性取决于使用的酰基供体。Jiménez 等[19]在无溶剂体系条件下通过酸解棕榈酸硬脂(含 60%棕榈酸、sn-2 位含 23%棕榈酸)与富含棕榈酸的游离脂肪酸混合物,生产 sn-2 位富含棕榈酸的甘油三酯,以脂肪酶 QLC(固定化于硅藻土)催化反应,最佳操作条件为:反应温度 65℃、游离脂肪酸和棕榈酸硬脂的物质的量比为 3:1,最终得到 sn-2 位上含 80%棕榈酸的甘油三酯。

Esteban 等[20]通过酶促酸解富含棕榈酸的甘油三酯和富含油酸的游离脂肪酸,合成结构为油酸-棕榈酸-油酸(OPO)的高纯度甘油三酯,作为人乳脂替代品,分别研究了有无正己烷添加时的最佳反应条件。在正己烷体系中,脂肪酶 DF 催化反应,温度 37℃、游离脂肪酸和甘油三酯的物质的量比为 6:1、反应时间 1h,该条件下获得了 sn-1,3 位含 67.2%的油酸、sn-2 位含 67.8%的棕榈酸。在无溶剂体系中,温度 50℃、游离脂肪酸和甘油三酯的物质的量比为 6:1、反应时间 19h,该条件获得的 sn-1,3 位含 67.5%的油酸、sn-2 位含 57%的棕榈酸。

国内的相关研究报道较少,代表性的研究有:Yang 等[6]以猪油为原料,利用 sn-1,3 位专一性脂肪酶 Lipozyme RM IM,与大豆油脂肪酸进行酸解反应,制备 sn-2 位富含棕榈酸甘油三酯,并采用响应面优化了反应温度、底物物质的量比和加水量等反应条件；在优化的条件下，棕榈酸的含量为 29.0mol%，其中有 81.72%的棕榈酸分布在 sn-2 位，与人乳脂的很接近。朱启思等[21]以猪油和植物油脂肪酸混合物为底物，脂肪酶 Lipozyme RM IM 为催化剂进行酸解反应制备人乳脂替代品，在优化的条件下，棕榈酸的含量为 29.48wt%，其中有 71.32%的棕榈酸分布在 sn-2 位上。这些研究表明，以 sn-2 位富含棕榈酸的猪油为反应底物制备人乳脂替代品，其主要脂肪酸组成及位置分布与人乳脂的类似；然而研究主要集中在对酸解反应参数的优化等方面，对反应过程中脂肪酸酰基转移(如 C16：0 从 sn-2 位迁移到 sn-1,3 位)等并没有更进一步的探讨。Li 等[22]用 Lipozyme RM IM 酶促酸解牛乳脂与油菜籽油、大豆油混合物，制备人乳脂替代品，并设计了 2 周饲养小鼠实验，结果表明，合成的人乳脂替代品大大减少了喂养后的小鼠体内钙皂的形成，脂肪与钙的吸收率明显提高。

2. 酶促酯交换反应

酶促酯交换是指在脂肪酶的催化下，两种不同组分的甘油三酯(TAG)或甘油三酯与简单酰基酯的酯键发生反应，使酯类分子间的酰基发生交换得到目标甘油三酯产物。该方法制备人乳脂替代品一般选用植物油混合物或者植物油与动物油混合作为反应底物，调整合适的底物物质的量比，进行酶促酯交换反应，近年来，采用该法制备人乳脂替代品与酶促酸解法相比，研究率较低，可能是由于产物 TAG 中脂肪酸含量可以符合人乳脂肪，但脂肪酸位置并不能很好地符合人乳脂的天然结构，从而会影响婴儿对乳脂的吸收。

代表性的研究有：Lee 等[23]用响应面优化了 PPP 和油酸乙酯的酯交换过程中 OPO 的含量及酰基转移情况，用高效液相色谱检测了 OPO 甘油三酯的含量，在反应温度 50℃、底物物质的量比 5.5：1 和反应 3h 时 OPO 的含量为 31.43%，C16：0 酰基转移水平为 6.07%。

Srivastava 等[24]研究了两种 sn-1,3 位专一性脂肪酶(LIP1 和 Lipozyme RM IM)分别在正己烷体系中以 PPP 和油酸或油酸甲酯为底物合成 OPO 的效果，并探讨了反应温度、底物物质的量比和反应时间对合成 OPO 的影响，结果表明 Lipozyme RM IM 的专一性更强，更适用于生产 OPO 型人乳脂替代品；然而制备的人乳脂替代品中，棕榈酸的总脂肪酸含量均较高(＞50%)，其中棕榈酸分布在 sn-2 位的相对含量也非常低。

Maduko 等[25]将 PPP 和混合植物油(椰子油：红花油：大豆油=2.5：1.1：0.8)按一定的质量比例作为反应底物，用 Lipozyme RM IM 催化酯交换反应制备人乳脂替代品，并讨论了反应因素棕榈酸、油酸和亚油酸在酯交换产物中的插入率的影响。Maduko 和 Park[26]还将 3 种混合植物油添加到脱脂羊奶中，将羊奶中的脂肪酸和胆固醇改性，使其应用于婴儿配方奶粉中，得出椰子油、红花油、大豆油的体积比为 2.5∶1.1∶0.8 时，脂肪酸组成以及胆固醇和植物甾醇含量更接近人乳脂。

Silva 等[27]通过 sn-1,3 位专一性脂肪酶 Lipozyme TL IM，将猪油与大豆油混合物酶促酯交换，并描述了产物结构脂质的物理特性和化学组成，酶促酯交换反应混合物的固体脂含量、稠度、结晶区域、软化温度等值均减小，使其类似于人乳脂，满足儿童的营养需求。

Karabulut 等[28]将棕榈油、棕榈仁油、橄榄油、葵花油和深海油脂混合物按质量比为 4.0∶3.5∶1.0∶1.5∶0.2 混合，通过 Lipozyme TL IM 酶促酯交换，合成与人乳脂结构相似的人乳脂替代品。在配有磁力搅拌的双夹套玻璃反应器内进行反应，在 60℃、24h 时，产物的总脂肪酸和 sn-1,3 位脂肪酸组成与人乳脂相似，但是 sn-2 位上棕榈酸含量较人乳脂低，可以通过 sn-2 位富含棕榈酸的油脂作为底物进行反应来弥补不足。

目前已有的人乳脂替代品的研究报道，大多数为酶促酸解工艺条件的考察，对酸解过程脂肪酶对各种脂肪酸的选择性、酰基转移情况、产物的分离精制及产品表征的报道不多。

4.2 脂肪酶催化反应体系的建立

4.2.1 反应底物的选择

人乳脂具有独特的脂肪结构，即棕榈酸主要分布在甘油骨架的 sn-2 位上，不饱和脂肪酸（油酸和亚油酸）则主要在 sn-1,3 位。以人乳脂的脂肪酸组成及其分布为"黄金标准"，按照一定比例组成的 sn-2 富含棕榈酸的油脂与酰基供体混合物在 sn-1,3 位专一性脂肪酶的催化作用下进行反应，以期得到一种与人乳脂的脂肪酸组成及其分布相似的人乳脂替代品。理论上，天然存在的普通植物油和动物脂肪都可以作为合成人乳脂替代品的原料，但绝大部分油脂的脂肪酸组成及其分布与人乳脂存在一定差别（表 4-1）。为了有效合成 sn-2 位棕榈酸和 sn-1,3 位不饱和脂肪酸（OPO）为主的人乳脂替代品，通常选择富含中链脂肪酸（C12∶0、C14∶0）的椰子油和富含不饱和脂肪酸的茶油和大豆油等为酰基供体以及 sn-2 位富含棕榈酸的棕榈硬脂、猪油和牛乳脂等为反应底物。此外，还可以通过非专一性脂肪酶（如源于 *Alcaligenes* sp.的 Novozym 435、Lipase QLM 和 QLC）催化棕榈硬脂与棕榈酸的酸解反应获得 sn-2 位富含棕榈酸的甘油三酯作为反应底物[19]。人乳脂中含有少量的 DHA（0.5wt%）和 AA（0.5wt%），因此，金枪鱼油和海藻油等也作为多不饱和脂肪酸酰基供体来源，但由于多不饱和脂肪酸极易与氧发生氧化反应使油脂变质。一般情况下，富含 DAH 和 AA 等油脂不经酶法改性而直接添加到婴儿配方奶粉生产过程中。

表 4-1　常见乳脂与油脂的主要脂肪酸组成及其分布(%)

油脂		脂肪酸						
		C12∶0	C14∶0	C16∶0	C18∶0	C18∶1n-9	C18∶2n-6	C18∶3n-3
人乳脂	total	3.6	3.5	20.2	5.3	36.9	20.9	0.8
	sn-2	39.8	53.3	81.0	10.1	13.5	20.6	25.0
棕榈硬脂	total	0.4	1.4	58.1	5.2	26.9	7.6	0.2
	sn-2	—	—	28.1	18.6	47.5	51.8	—
棕榈油	total	0.4	1.0	28.8	9.1	47.2	11.8	—
	sn-2	25.0	16.7	7.4	23.8	44.8	62.4	—
大豆油	total	—	—	11.3	4.5	21.2	51.8	5.8
	sn-2	—	—	—	—	37.8	46.1	4.4
椰子油	total	55.7	15.1	6.4	1.1	10.2	2.1	—
	sn-2	25.3	34.4	45.3	42.4	83.3	85.7	—
茶油	total	—	—	9.2	3.9	84.8	2.1	—
	sn-2	—	—	10.5	6.8	36.8	44.4	—
猪油	total	—	1.4	26.1	15.7	30.1	18.9	0.9
	sn-2	—	92.9	84.9	6.6	9.3	10.1	14.8
山羊脂	total	—	3.6	18.1	20.8	45.5	3.5	1.5
	sn-2	—	33.3	18.0	18.4	47.3	34.3	33.3
牛乳脂	total	4.6	13.3	36.2	11.9	24.1	4.1	0.6
	sn-2	5.7	29.1	37.0	29.7	34.2	43.9	33.3

注：total 为总脂肪酸含量(wt%)；sn-2 为某种脂肪酸分布在 sn-2 位的相对含量(%)，其计算公式为：某脂肪酸分布在 sn-2 位的相对含量 $= \dfrac{\text{sn-2 位脂肪酸含量}}{3 \times \text{总脂肪酸含量}} \times 100\%$；"—"表示未检出。

4.2.2 脂肪酶的筛选

根据反应底物与母乳甘三酯结构及脂肪酸含量的异同，酶促酯交换制备人乳脂替代品的脂肪酶应该选用 sn-1,3 位专一性脂肪酶。目前，应用较广泛的是丹麦诺维信生物酶制剂公司生产的 Lipozyme TL M、 Lipozyme TL IM、Lipozyme RM IM，此外，Robles 等采用脂肪酶 DF 催化合成富含棕榈酸和(二十二碳六烯酸)DHA 的人乳脂替代品[10]。Sn-1,3 位专一性脂肪酶所催化的酯交换反应分两步完成，即水解反应和酯化反应。在脂肪酶的催化下，首先形成中间体甘二酯(DAG)，并有一小部分水解为甘一酯(MAG)，DAG 再与反应体系中的新脂肪酸酯化从而形成新的甘三酯。

酶添加量对酯交换反应效率有一定影响，随着酶添加量的增加，反应程度逐渐提高，但酶添加量继续增加，反应会趋于平衡，脂肪酸插入率不再升高，并且酶添加量增加对酰基转移有促进作用，产生副产物[29]，所以，应在保证一定反应速率的同时，尽可能减少酶量，不仅可以减少酰基转移的程度和副产物含量，还可以降低生产成本，综合考虑酶的最适添加量为5%~10%。

脂肪酶的反应温度一般控制在60℃左右，温度过高过低都会使酶活力下降，反应缓慢，且反应时间不能过长，当反应体系中的甘油三酯被水解60%时，sn-2位的酰基尚未向sn-1,3位发生转移，此时需加入乙醇终止反应，对水解产物进行分离后进行检测。酶只有在一定水活度下才有催化活力，但水活度过高会促进酯水解反应发生而导致副产物形成。因此，在酯交换反应中控制水分是十分必要的。在最佳的水活度下，酶具有最高的催化活力和选择性，可以采用分子筛、含结晶水化合物、水饱和盐溶液等对水活度进行控制，采用减压干燥等对反应进行水活度即时控制。

4.2.3 反应介质的确定

脂肪酶催化油脂改性的反应体系主要分为有机溶剂体系、微水条件下的无溶剂体系、微乳液体系和超临界流体。有机溶剂体系进行酶促反应有许多优势，但是溶剂的使用会造成一定的环境污染，而且大多数溶剂都存在不同程度的毒性，如果溶剂残留则不能食用。无溶剂体系提供了与传统溶剂不同的新环境，是目前较常用的反应体系。酶直接作用于反应底物，反应速率快、产物纯化容易，环境的污染少，回收有机溶剂的成本降低，但是反应混合物黏度大，往往需要较高的温度。超临界二氧化碳具有溶解甘油三酯和脂肪酸、保持脂肪酶的活力、不参与化学反应、在适当的情况下易与产物和底物分离、反应温和且有益于热敏性和易氧化物质的稳定性提高等优点，目前有关超临界二氧化碳介质中的酶促改性油脂反应也有相关研究报道[30]。

4.2.4 人乳脂替代品的脂肪酸组成和甘油三酯种类分析

在酶促合成人乳脂替代品的基础上，目标产物的检测分析对控制目标产物的质量非常重要。目前，产物甘油酯组成的定性/定量分析方法主要有薄层层析法(TLC)、薄层色谱-氢火焰离子化检测器法(TCL-FID)、高效液相色谱-示差检测器法(HPLC-RID)等[31]；甘油三酯种类及异构体的检测方法主要有高效液相色谱-质谱法(HPLC-MS)[32]和银离子高效液相色谱法[33]；甘油酯脂肪酸组成的检测方法主要是气相色谱法(GC)；脂肪酸位置分布的分析方法主要有酶促水解法[11]、格氏化学降解法[34]和 ^{13}C NMR 法[35]。Sn-1,3位专一性猪胰脂肪酶催化水解法是常用方法，主要步骤包括脂肪酶水解甘油三酯-水混合液、采用TLC分离甘油一酯、对甘油一酯进行甲酯化和GC检测脂肪酸甲酯。该方法不但耗时，而且酶水解程度不好控制，猪胰脂肪酶对中短碳链脂肪酸(<C_{10})、多不饱和脂肪酸和其他碳链脂肪酸的水解能力不同，因此在水解不同脂肪酸组成的油脂(如富含短碳链脂肪酸的牛乳

脂和山羊脂等天然油脂及其改性后油脂、富含多不饱和脂肪酸的鱼油)存在一定局限性。为解决猪胰脂肪酶水解脂肪的局限性和简化脂肪酸位置分布分析过程，Williams 等[36]对酶促水解法进行改进，即采用 sn-1,3 位专一性脂肪酶 *Rhizopus arrhizus* 水解甘油酯，酶促水解产物不需 TLC 分离而直接进行甲酯化和 GC 检测脂肪酸甲酯。此外，化学试剂降解法可以避免因酶法选择性水解甘油酯中脂肪酸的缺陷，但比较耗时。Redden 等[37]比较了格氏化学降解法、HPLC 法和 ^{13}C NMR 法分析富含亚麻酸的甘油三酯的 sn-2 位脂肪酸分析，结果表明 ^{13}C NMR 法较为简单、方便。Silva 等[38]运用 ^{13}C NMR 直接分析不同比例的猪油与大豆油混合物以及两种油脂在 Lipozyme TL IM 催化作用下生成的人乳脂替代品样品的 sn-2 位和 sn-1, 3 位脂肪酸分布，不需对油脂样品进行酶法水解、薄层层析等处理即可了解其脂肪酸位置分布情况。然而，^{13}C NMR 法也有其自身的局限性，虽然可将饱和脂肪酸、单不饱和脂肪酸和多不饱和脂肪酸分开，但不能对不同碳链的饱和脂肪酸以及不同碳链的多不饱和脂肪酸(C18：2 和 C18：3)进一步区分。

　　人乳脂替代品的主要成分是 OPO，但异构体(POO)的存在对 OPO 的定量有一定的影响。分离和检测甘油三酯异构体通常可采用银离子高效液相色谱法。Lee 等[23]采用银离子色谱柱(250mm×4.6mm i.d.，Varian，Netherlands)定量分析由 Lipozyme TL IM 催化 PPP 和油酸乙酯合成的人乳脂替代品产物中甘油三酯的种类及其异构体，在设定的色谱条件下，POP、PPO、OPO、POO 得到有效的分离，准确定量了反应过程 OPO 生成量。此外，基于 GC 检测脂肪酸组成及其位置分布数据也能间接反映人乳脂替代品的 OPO 含量。理论上，当 OPO 的纯度为 100%时，油酸分布在 sn-1,3 位的相对含量为 66.67%，棕榈酸分布在 sn-2 位的相对含量为 100%。因此，Qin 等[39]基于"扣分"原则在 GC 检测脂肪酸组成及其位置分布的数据基础上，建立了一种评分模型以反映人乳脂替代品中 OPO 纯度，并通过对比发现运用该模型计算 OPO 纯度得分与 HPLC 法测定 OPO 的含量呈现良好线性关系(R^2=0.94)。

4.3　产物分离纯化与产品评价

4.3.1　产物的分离纯化与性质测定

　　通常被用于甘油三酯的产物分离的方法，主要有分子蒸馏、柱层析、液-液萃取、溶剂结晶和超临界二氧化碳萃取五种方法。

　　1. 分子蒸馏的分离方法

　　分子蒸馏，是一种在高度的真空的条件下，对待分离的混合物液，进行液-液分离的方法。待分离的混合液在加热板上加热，物料受热后，物料分子从混合液的液面逸出，在冷凝面上被冷凝后分馏出。加热的面与冷凝的面之间的距离要小于各类蒸气分子的平均自由程。因此，分子蒸馏又可被称为短程蒸馏。分子蒸馏的技术，即利用不同种类物质的分子在运动时都具有自己的、不同于其他种类物质的分子的平均自由程，利用它们的差异，来实现不同种类的物质之间的分离，分子蒸馏的原理如图 4-3 所示。

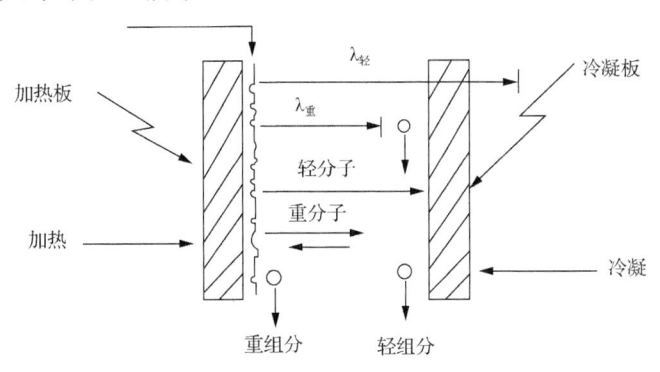

图 4-3　分子蒸馏的原理示意图

整个分子蒸馏的过程都是在一个高度真空的条件下进行的，在这种高真空的情况下待分离物质的沸点会远低于在常压下该物质的沸点，因此分子蒸馏的技术具有操作的温度较低、蒸馏的压强较低、受热的时间较短、分离的程度较高的特点。分子蒸馏的方法，即用来分离待分离的物质成分的最为温和的一种分离方法。鉴于分子蒸馏技术所具有的以上这些特点，使用分子蒸馏进行物质分离时，最适合分离的就是黏度较大、热敏性较强、沸点较高的物质。为了提高分离的效果和分离物质的纯度，可采用多级分子蒸馏的方法进行分离，如图 4-4 所示。

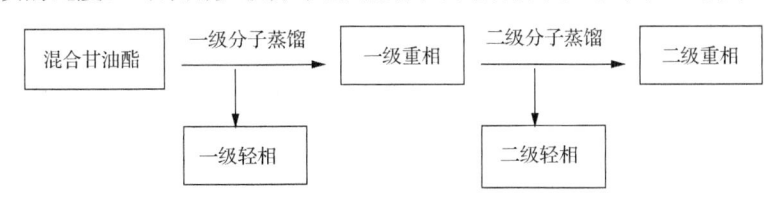

图 4-4　多级分子蒸馏的工艺流程图

2. 柱层析的分离方法

柱层析分离，就是使用硅胶对于不同种类的物质的吸附能力的差异，使混合物液中的各物质组分能逐一地分离开来的一种方法。在通常的情况下，硅胶对极性比较大的物质的吸附能力比较强，对极性比较小的物质的吸附能力比较弱。在使用柱层析的方法进行物质分离时，一般是在伴随溶剂洗脱的过程中进行的，整个过程即是一个一系列的吸附、解吸、再吸附、再解吸逐次重复进行的过程。在整个柱层析的分离过程中，极性比较大、吸附力比较强的物质组分，在层析柱中所移动的距离比较小，较晚流出层析柱；反之，极性比较小、吸附力比较弱的物质组分在柱中所移动的距离比较大，先流出层析柱，由此，不同极性、不同吸附能力的物质组分被逐个分离。柱层析的基本装置如图 4-5 所示。使用柱层析的方法进行物质分离时，根据待分离物质的极性大小及相互之间的差异情况，选择合适的流动相进行柱层析，以保证层析分离的效果。硅胶柱层析分离时常用的流动相体系见表 4-2，在层析分离的过程中如果出现了拖尾的现象，可加入少量的氨水或乙酸，以消除拖尾现象。在选择流动相时，一般根据物质组分的极性情况，按照极性相似相溶的原理，来判断流动相与固定相的极性，大部分的情况下选择固定相的极性小于流动相的极性，流动相的极性要与所要洗脱的物质组分的极性相接近，有利于使待分离的物质组分能够洗脱下来。

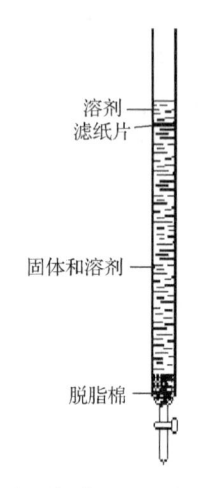

图 4-5 柱层析分离的基本装置

（标注：溶剂、滤纸片、固体和溶剂、脱脂棉）

表 4-2 硅胶柱层析分离时常用的流动相体系

待分离物质极性	流动相体系
小	乙酸乙酯：石油醚
较大	甲醇：氯仿
大	甲醇：水：正丁醇：乙酸

3. 液-液萃取的分离方法

液-液萃取的分离方法，就是根据相似相溶的原理，利用不同物质在萃取剂中的溶解度和分配系数的差异，将混合物液体中的待分离物质组分从一种溶剂（混合物的溶剂）中转移到另一种溶剂（萃取剂）中，将混合物液中的不同种类的物质组分之间相互分离的一种方法。

可以作为萃取剂的溶剂，应该具有选择性的溶解能力，可以根据不同种类的物质组分在这种溶剂中不同的溶解度或分配系数，使不同种类的物质组分相互分离。同时，作为萃取剂的溶剂与待萃取的混合液液体之间不能具有相溶性。此外，作为萃取剂的溶剂，还应具有良好的化学稳定性、热稳定性，以及较小的毒性和腐蚀性，不能与待萃取的混合物液体中的任何物质组分发生化学反应。常用作萃取剂的溶剂，如苯(用于分离煤焦油中的酚)、有机溶剂(用于分离馏分中的烯烃)、氯仿(用于萃取水中的溴)等。

4. 溶剂结晶的分离方法

溶剂结晶的分离方法，就是控制在一定的温度下，使用一定的溶剂，利用不同种类物质的溶解度不同及这一溶解度的差异，通过控制结晶温度，使得具有不同溶解度的物质逐步结晶、分离的方法。使用溶剂结晶的方法进行物质分离时，关键在于选择合适的溶剂以及控制好合适的结晶温度。使用溶剂结晶的分离方法进行物质分离，整个分离工艺具有操作成本比较低廉、设备要求比较简单等特点。

5. 超临界二氧化碳萃取的分离方法

超临界二氧化碳的萃取的方法，就是根据不同种类的物质组分在超临界二氧化碳中具有不同的溶解性质，不同种类的物质在超临界二氧化碳中具有特殊的溶解能力，在不同的压力以及不同的温度对超临界二氧化碳具有的溶解的能力产生不同的影响，通过超临界二氧化碳可以使特定的物质组分相互分离。使用超临界二氧化碳萃取的方法进行物质的分离，整个分离过程在超临界的状态下进行，把超临界二氧化碳与待分离的混合物充分地相互接触，使用超临界二氧化碳可以具有选择性。

4.3.2 人乳脂替代品产品评价

由于人乳脂可促进脂肪酸、矿物质、维生素的吸收并减轻便秘，因此，人乳脂被视为"黄金标准"，为人乳脂替代品的开发提供方向以及作为传统婴儿配方奶粉脂肪调配的依据。然而，由前面的介绍可知，人乳脂替代品可以通过不同脂肪酶在不同反应条件下催化不同底物实现，其脂肪酸组成及其位置分布各异。人乳脂替代品中OPO是主要成分，与人乳脂的脂肪酸组成及其位置分布仍有差距，可通过Matlab优化工具箱中的线性约束优化函数求解OPO型人乳脂替代品与多种植物油物理调配，使之脂肪酸组成及结构均与人乳脂相似，经调配后的人乳脂替代品作为奶粉的脂肪来源。目前市场上各种品牌婴儿配方奶粉中脂肪的脂肪酸组成及其位置分布也参差不齐。同时，由于人乳脂脂肪酸种类较多(20多种)及其脂肪酸位置分布复杂，直接、快速地评价婴儿配方奶粉的油脂基或人乳脂替代品的各种脂肪酸含量及其位置分布与人乳脂的相似度有一定的困难。相似度是评价人乳脂替代品的一种重要指标，从复杂的人乳脂脂肪酸数据(如脂肪酸组成及分布、甘油三酯种类等)中以量化、直观的方式评价不同人乳脂替代品与人乳脂的相似度是非常有必要的。然而，人乳脂替代品的评价手段和评估机制相关研究较少。Wang 等[40]首次提出了一种基于"扣分"原则的具有直观、量化的评分模型，用于评价不同地域人乳脂的差异、婴儿配方奶粉油脂基与人乳脂的相似度。以人乳脂的总脂肪酸和sn-2位脂肪酸含量为参考标准，基于"扣分"原则，人乳脂替代品的脂肪酸组成及其位置分布指标若与人乳脂的参考值偏离幅度越大,那么相应的指标得分就越低,因此相似度(总分为 $G=100$ 分)评分模型可表示为

$$G = 100 - 50\left[\sum_{i=1}^{n}\left(|B_i - A_i|/A_i\right) \times \left(D_i / \sum_{i=1}^{n} D_i\right)\right]$$
$$- 50\left[\sum_{i=1}^{n}\left(|B_{i(\text{sn}-2)} - A_{i(\text{sn}-2)}|/A_{i(\text{sn}-2)}\right) \times \left(D_{i(\text{sn}-2)} / \sum_{i=1}^{n} D_{i(\text{sn}-2)}\right)\right]$$

若人乳脂替代品的相似度得分越接近满分(100 分),则其与人乳脂越相似,反之亦然。Zou 等[41]利用 Matlab 优化 OPO 与多种植物油(菜籽油、葵花籽油、棕榈仁油、海藻油)混合调配,调配得到人乳脂替代品,运用该模型计算得到相似度为 89.2 分的人乳脂替代品,与人乳脂非常相似。油脂是以甘油三酯形式被摄入人体并在小肠内分泌的 sn-1,3 位专一性胰脂肪酶催化水解为甘油一酯和游离脂肪酸。然而婴儿体内的胰脂肪酶活力相对较低,且其对甘油三酯的 1-位和 3-位上脂肪酸的水解与脂肪酸碳链长短有关。因此,Zou 等[42]进一步完善了人乳脂替代品与人乳脂的相似度的评价指标,即模型包含了脂肪的脂肪酸组成及其位置分布、甘油三酯组成,相似度评分模型为

$$G_{\text{FA/sn-2FA/PUFA/TAG}} = 100 - \sum_{i}^{n} E_{i(\text{FA/sn-2FA/PUFA/TAG})}$$

此外,Wang 等[43]建立的基于"扣分"原则的评分模型具有普适性,可以推广到 ABA 型结构脂(如 MLM 或 LML 型结构脂)的评价以反映在酶法合成结构脂过程中 ABA 的纯度[39],尤其是在不具备 HPLC 检测甘油三酯异构体的条件下。此外,人乳脂替代品的氧化稳定性是保证油脂本身质量的重要因素。人乳脂替代品中不饱和脂肪酸在通常储存条件下容易吸收氧气而发生氧化反应,使油脂发生变质。其氧化稳定性直接影响婴儿配方奶粉质量的好坏,而产品品质与婴儿的健康息息相关。

目前,关于人乳脂替代品的研究主要集中在酶法催化合成人乳脂替代品的优化过程,但关于人乳脂替代品的氧化稳定性的研究较少。Nielsen 等[12]通过油脂过氧化值、酸价和挥发性产物三个指标评价了猪油及其酶法改性产品(人乳脂替代品)在 60℃避光放置 3d 的氧化稳定性,结果表明,改性后产品(人乳脂替代品)的氧化性稳定性低于猪油(改性前)的,主要原因是油脂中一些具有抗氧化活性的物质(如生育酚)在人乳脂替代品制备过程和纯化步骤中损失和除去。这一研究结果与其他研究者[44,45]的实验结果是一致的。在酶促合成人乳脂替代品过程以及后续的精炼过程都可使油脂本身含有的生育酚等天然抗氧化剂损失,导致人乳脂替代品

在后期的储存过程中氧化稳定性较差。为了防止油脂在酶促合成结构脂特别是酶法合成富含多不饱和脂肪(如：C18：2n-6、C18：3n-3、DHA 和 AA)的结构脂过程中多不饱和脂肪酸发生氧化，向反应体系加入一定量的抗氧化剂(生育酚)以及在结构脂产品中添加一定浓度的抗氧化剂是防止脂肪酸在酶促反应过程和储存过程发生氧化的有效手段[46]，从而有效改善油脂氧化稳定性。此外，人乳脂替代品的氧化稳定性在婴儿配方奶粉加工与储藏过程中也容易受到加工工艺以及奶粉配方中其他营养素(如铜、铁金属离子)的影响。黄兴旺[47]详细考察了奶粉生产工艺、抗氧化剂、矿物质添加方式等对婴儿配方奶粉中脂肪氧化稳定性的研究，该研究有助于掌握婴儿配方奶粉加工与储藏过程中脂肪的氧化稳定性变化规律，对保障配方奶粉的品质与安全及指导配方奶粉生产具有重要意义。

4.4 其他功能性油脂

4.4.1 中长碳链甘三酯

中长碳链甘三酯(MLM)主要是为一些因胰脂酶功能损坏、脂质吸收不良的患者提供的一种结构脂。中碳链饱和脂肪酸提供快速能量的同时，也提供一些必需脂肪酸。在中碳链甘油三酯以及长碳链甘油三酯的物理混合物中，虽然也含有必需脂肪酸，但是由于两种甘油三酯的结构并未改变，因此必需脂肪酸难以吸收。同时，大量文献报道通过酶法合成的 MLM 比物理混合的脂肪具有更多的优势，如提高免疫功能，降低癌症风险，预防血栓形成，降低胆固醇，改善氮平衡等[48]。这种 MLM 结构脂可以通过 1,3-位特异性脂肪酶催化长碳链甘油三酯和中碳链甘油三酯酯交换以及长碳链甘油三酯和中碳链饱和脂肪酸或者中碳链饱和脂肪醇之间的反应得到[49-51]。

Hita 等[52]在固定床反应器(PBR)中合成 sn-1,3 位是辛酸，sn-2 位是二十二碳六烯酸(DHA)的功能性甘油三酯，分别通过脂肪酶 Rd 和 Palatase 催化金枪鱼油和辛酸的酸解反应，反应器可以连续并反复使用，产物通过脂肪酶 Novozym 435 的醇解后发现脂肪酸中有 55%的辛酸在 sn-1,3 位上，42%的 DHA 在 sn-2 位上。Muñio 等[8]采用两步酶催化法合成富含多不饱和脂肪酸(PUFA)的功能性甘油三酯，首先将鱼油在具有 sn-1,3 位特异性脂肪酶的催化作用下醇解后获得 2-单甘酯，再将其与辛酸酯化后合成出功能性辛酸-PUFA-辛酸酯。

Wang 等[53]成功地采用脂肪酶催化酯交换法由高酸度的粗制鱼油合成富含 EPA 和 DHA 甘油酯，这种油脂具有更好的消化吸收和氧化稳定性。Jennings 和 Akoh[54]在脂肪酶的催化作用下通过酸解反应将癸酸加到鲱鱼油甘三酯的结构中，在正己烷和无溶剂体系中合成具有中长链脂肪酸结构的功能性油脂，癸酸在 sn-2 上的最大插入率可达 39.3%，这种结构油脂具有氧化稳定性强、熔点低、代谢容易、释能迅速、热能值低等特性，甚至具有改善人体代谢条件和治疗某些疾病的特殊功能。

4.4.2 低热量脂肪

随着越来越多的人意识到高脂肪摄入量的危害后，低热量脂肪以及脂肪替代物也逐渐为大家所关注。碳水化合物以及基于蛋白质的脂肪替代物目前已有文献报道，但是它们不能暴露在高温下。因此，只有基于脂肪的替代物才能在烹调以及油炸中运用，满足天然脂肪的各种特性。低热量脂肪的设计主要是利用长碳链饱和脂肪酸不易被吸收以及短碳链脂肪酸低热性能的原理[55]。目前市面上存在的一些低热量脂肪主要有 Caprenin、Salatrim®和 Captex810D 等。

可可脂替代品是指不仅在膨胀性、熔点特性方面而且在脂肪酸组成和甘三酯组分上均与天然可可脂十分相似的代用品，在巧克力配方中能以任意比例与天然可可脂混合。采用的原料油脂主要有棕榈油脂中间分提物、乌桕脂、茶油等，用 sn-1,3 催化专一性的脂肪酶与硬脂酸或硬脂酸加棕榈酸酯交换。目前，日本、英国已有了以棕榈油中间分提物为原料经酶促改性制取类可可脂的小规模生产。国内近几年来对我国特有的油脂资源——乌桕脂和茶籽油经酶促改性制可可脂替代品有研究[56]。

DAG 是油脂摄入体内后代谢产生的中间体。DAG 除可作为健康食用油外，还广泛应用在食品添加剂、制药、化工等领域。如二甘酯可以改善面包、蛋糕等焙烤食品的风味，使其口感更加油润，硬化速度减缓，从而延长储存期。营养学研究表明，富含 1,3-DAG 的食用油具有同等量的 TAG 相似的热值[57]。对于 DAG 的研究大多采用油脂选择水解法、醇解法、直接酯化法、转酯化法和甘油解法等，直接酯化法的反应效率是最高的。

参 考 文 献

[1] Han N S, Kim T J, Park Y C, et al. Biotechnological production of human milk oligosaccharides[J]. Biotechnology Advances, 2011, 3: 1-11.

[2] Yüksel A, Yesilcubuk N S. Enzymatic production of human milk fat analogues containing stearidonic acid and optimization of reactions by response surface methodology[J]. Food Science and Technology, 2012, 46: 210-216.

[3] Nagachinta S, Akoh C C. Enrichment of palm olein with long chain polyunsaturated fatty acids by enzymatic acidolysis[J]. LWT-Food Science and Technology, 2012, 46: 29-35.

[4] Koletzko B, Palmero M R, Demmelmair H, et al. Physiological aspects of human milk lipids[J]. Early Human Development, 2001, 65: 3-18.

[5] Spitzer J, Doucet S, Buettner A. The influence of storage conditions on flavour changes in human milk[J]. Food Quality and Preference, 2010, 21: 998-1007.

[6] Yang T K, Xu X B, He C, et al. Lipase-catalyzed modification of lard to produce human milk fat substitutes[J]. Food Chemistry, 2003, 80: 473-481.

[7] Jiménez M J, Esteban L, Robles A, et al. Production of triacylglycerols rich in palmitic acid at position 2 as

intermediates for the synthesis of human milk fat substitutes by enzymatic acidolysis[J]. Process Biochemistry, 2010, 45: 407-414.

[8] Muñío M M, Robles A, Esteban L, et al. Synthesis of structured lipids by two enzymatic steps: Ethanolysis of fish oils and esterification of 2-monoacylglycerols[J]. Process Biochemistry, 2009,44: 723-730.

[9] 赵海珍, 陆兆新, 别小妹, 等. 高效液相色谱法测定猪油甘油三酯中的脂肪酸位置分布[J]. 色谱, 2005, 23(2): 142-145.

[10] Robles A, Jiménez M J, Esteban L, et al. Enzymatic production of human milk fat substitutes containing palmitic and docosahexaenoic acids at Sn-2 position and oleic acid at sn-1,3 positions[J]. LWT- Food Science and Technology, 2011, 44: 1986-1992.

[11] Sahin N, Akoh C C, Karaali A. Lipase-catalyzed acidolysis of tripalmitin with hazelnut oil fatty acids and stearic acid to produce human milk fat substitutes[J]. Food Chemistry, 2005, 53: 5779-5783.

[12] Nielsen N S,Yang T K, Xu X B, et al. Production and oxidative stability of a human milk fat substitute produced from lard by enzyme technology in a pilot packed-bed reactor[J]. Food Chemistry, 2006, 94: 53-60.

[13] 韩瑞丽, 马健, 张佳程, 等. 棕榈酸在甘油三酯中的位置分布对婴儿营养吸收的影响[J]. 中国粮油学报, 2009, 24(5): 81-83.

[14] 商允鹏, 生庆海, 王贞瑜, 等. 三酰甘油 Sn-2 位上棕榈酸生理功能及研究概况[J]. 中国粮油学报, 2010, 25(10): 119-123.

[15] Brady L, Brzozowski A M, Derewenda Z S, et al. A serine protease triad forms the catalytic centre of a triacylglycerol lipase[J]. Nature, 1990, 343: 767-770.

[16] Sahin N, Akoh C C, Karaali A. Enzymatic production of human milk fat substitutes containing γ-linolenic acid: Optimization of reactions by response surface methodology[J]. Journal of the American Oil Chemists Society, 2005, 82(8): 549-557.

[17] Guncheva M, Zhiryakova D, Radchenkova N, et al. Properties of immobilized lipase from *Bacillus stearothermophilus* MC7. acidolysis of triolein with caprylic acid [J]. world Journal of Microbiology and Biotechnology, 2009, 25(4): 727-731.

[18] Tecelão C, Silva J, Dubreucq E, et al. Production of human milk fat substitutes enriched in omega-3 polyunsaturated fatty acids using immobilized commercial lipases and *Candida parapsilosis* lipase/acyltransferase[J]. Journal of Molecular Catalysis B: Enzymatic, 2010, 65: 122-127.

[19] Jiménez M J, Esteban L, Robles A, et al. Production of triacylglycerols rich in palmitic acid at Sn-2 position by lipasecatalyzed acidolysis[J]. Biochemical Engineering Journal, 2010, 51: 172-179.

[20] Esteban L, Jiménez M J, Hita E, et al. Production of structured triacylglycerols rich in palmitic acid at Sn-2 position and oleic acid at sn-1,3 positions as human milk fat substitutes by enzymatic acidolysis[J]. Biochemical Engineering Journal, 2011, 54: 62-69.

[21] 朱启思, 唐家毅, 周瑢, 等. 猪油酸解制备人乳脂替代品的研究[J]. 中国油脂, 2009, 34(2): 39-42.

[22] Li Y Q, Mu H L, Jens Enevold Thaulov A, et al. New milk fat substitutes from batter fat to improve fat absorption[J]. Food Research International, 2010, 43: 473-744.

[23] Lee J H,Son J M, Akoh C C, et al. Optimized synthesis of 1,3-dioleoyl-2-palmitoylglycerol-rich triacylglycerol via interesterification catalyzed by a lipase from *Thermomyces lanuginosus*[J]. New biotechnology, 2010, 27(1): 38-45.

[24] Srivastava A, Akoh C C, Chang S W, et al. *Candida rugosa* lipase LIP1-catalyzed transesterification to produce human milk fat substitute [J]. Journal of Agricultural and Food Chemistry, 2006, 54(14): 5175-5181.

[25] Maduko C O, Akoh C C, Park Y W. Enzymatic interesterification of tripalmitin with vegetable oil blends for

formulation of caprine milk infant formula analogs[J]. Journal of Dairy Science, 2007, 90(2): 594-601.

[26] Maduko C C, Park Y W. Modification of fatty acid and sterol composition of caprine milk for use as infant formula[J]. International Dairy Journal, 2007, 17: 1434-1440.

[27] Silva R C, Cotting L N, Poltronieri T P, et al. The effects of enzymatic interesterification on the physical-chemical properties of blends of lard and soybean oil[J]. Food Science and Technology, 2009, 42: 1275-1282.

[28] Karabulut I, Turan S, Vural H, et al. Human milk fat substitute produced by enzymatic interesterification of vegetable oil blend[J]. Food Technology & Biotechnology, 2007, 45(4): 434-438.

[29] Zhao H Z, Lu Z X, Lu F X, et al. Lipase-catalysed acidolysis of lard with caprylic acid to produce structured lipid[J]. International Journal of Food Science and Technology, 2006, 41: 1027-1032.

[30] 赵海珍. 脂肪酶催化猪油酸解制备功能性脂的研究[D]. 南京: 南京农业大学博士学位论文, 2005.

[31] Ruiz-gutiérrez E, Barron L J R. Methods for the analysis of triacylglycerols[J]. Journal of Chromatography B: Biomedical Sciences and Applications, 1995, 671(1-2): 133-168.

[32] Neff W E, Byrdwell W C. Soybean oil triacylglycerol analysis by reversed-phase high-performance liquid chromatography coupled with atmospheric pressure chemical ionization mass spectrometry[J]. Journal of the American Oil Chemists' Society, 1995, 72(10): 1185-1191.

[33] Adlof R O. Analysis of triacylglycerol positional isomers by silver ion high performance liquid chromatography[J]. Journal of High Resolution Chromatography, 1995, 18(2): 105-107.

[34] Beckerc C, Rosenquist A, Holme R G. Regiospecific analysis of triacylglycerols using allyl magnesium bromide[J]. Lipids, 1993, 28(2): 147-149.

[35] Soon N G. Analysis of positional distribution of fatty acids in palm oil by ^{13}C NMR spectroscopy[J]. Lipids, 1985, 20(11): 778-782.

[36] Williams J P, Khan M U, Wong D. A simple technique for the analysis of positional distribution of fatty acids on di- and triacylglycerols using lipase and phospholipase A2[J]. The Journal of Lipid Research, 1995, 36(6): 1407-1412.

[37] Redden P R, Lin X, Horrobin D F. Comparison of the grignard deacylation TLC and HPLC methods and high resolution ^{13}C-NMR for the sn-2 positional analysis of triacylglycerols containing γ-linolenic acid[J]. Chemistry and Physics of Lipids, 1996, 79(1): 9-19.

[38] Silva R C, Soares F A S D M, Fernandes T G, et al. Interesterification of lard and soybean oil blends catalyzed by immobilized lipase in a continuous packed bed reactor[J]. Journal of American Oil Chemists' Society, 2011, 88(12): 1925-1933.

[39] Qin X L, Wang Y M, Wang Y H, et al. Preparation and characterization of 1,3-dioleoyl -2- palmitoylglycerol[J]. Journal of Agricultural and Food Chemistry, 2011, 59(10): 5714-5719.

[40] Wang Y H, Mai Q Y, Qin X L, et al. Establishment of an evaluation model for human milk fat substitutes[J]. Journal of Agricultural and Food Chemistry, 2010, 58(1): 642-649.

[41] Zou X Q, Huang J H, Jin Q Z, et al. Preparation of human milk fat substitutes from palm stearin with arachidonic and docosahexaenoic acid: Combination of enzymatic and physical methods[J]. Journal of Agricultural and Food Chemistry, 2012, 60(37): 9415-9423.

[42] Zou X Q, Huang J H, Jin Q Z, et al. Model for human milk fat substitute evaluation based on triacylglycerol composition profile[J]. Journal of Agricultural and Food Chemistry, 2013, 61(1): 167-175.

[43] Wang Y H, Mai Q Y, Qin X L, et al. Establishment of an evaluation model for human milk fat substitutes[J]. Journal of Agricultural and Food Chemistry, 2010, 58(1): 642-649.

[44] Sorensen A D M, Xu X, Zhang L, et al. Human milk fat substitute from butterfat: Production by enzymatic

interesterification and evaluation of oxidative stability[J]. Journal of American Oil Chemists' Society, 2010, 87(2): 185-194.

[45] Maduko C O, Park Y W, Akoh C C. Characterization and oxidative stability of structured lipids: Infant milk fat analog[J]. Journal of American Oil Chemists' Society, 2008, 85(3): 197-204.

[46] Lee J H, Shin J A, Lee J H, et al. Production of lipase - catalyzed structured lipids from safflower oil with conjugated linoleic acid and oxidation studies with rosemary extracts[J]. Food Research International, 2004, 37(10): 967-974.

[47] 黄兴旺. 婴幼儿配方奶粉加工与贮藏过程中脂肪的氧化稳定性研究[D]. 长沙: 中南林业科技大学硕士学位论文, 2011.

[48] Kennedy J P. Structured lipids: Fats of the future[J]. Food Technology, 1991, 45(11): 76-83.

[49] Fomuso L B, Akoh C C. Enzymatic modification of triolein: Incorporation of caproic and butyric acids to produce reduced-calorie structured lipids[J]. Journal of the American Oil Chemists' Society, 1997. 74: 269-272.

[50] Shimada Y, Sugiura A, Nakano H, et al. Production of structured lipids containing essential fatty acids by immobilized *Rhizopus delemar* lipase[J]. Journal of the American Oil Chemists' Society, 1996, 73(11): 1415-1420.

[51] Huang K H, Akoh C C. Enzymatic synthesis of structured lipids: Transesterification of triolein and caprylic acid ethyl ester[J]. Journal of the American Oil Chemists' Society, 1996, 73(2), 245-250.

[52] Hita E, Robles A, Camacho B. Production of structured triacylglycerols by acidolysis catalyzed by lipases immobilized in a packed bed reactor[J]. Biochemical Engineering Journal, 2009, 46: 257-264.

[53] Wang W, Li T, Ning Z, et al. A process for the synthesis of PUFA-enriched triglycerides from high-acid crude fish oil[J]. Journal of Food Engineering, 2012, 109: 366-371.

[54] Jennings B H, Akoh C C. Lipase catalyzed modification of fish oil to incorporate capric acid[J]. Food Chemistry, 2001, 72(3): 273-278.

[55] Smith R E, Finley J W, Leveille G A. Overview of SALATRIM: A family of low-calorie fats[J]. Journal of Agricultural and Food Chemistry, 1994, 42(2): 432-434.

[56] Undurraga D, Markovits A, Erazo S. Cocoa butter equivalent through enzymic interesterification of palm oil midfraction[J]. Process Biochemistry, 2001, 36: 933-939.

[57] Meng X H, Zhang D Y, Sheng Z P, et al. Dietary diacylglycerol prevents high-fat diet-induced lipid accumulation in rat liver and abdominal adipose tissue[J]. Lipids, 2004, 39(1): 37-41.

第 5 章　脂肪酶催化淀粉酯的合成

糖脂(这里指人工合成的产物)由亲水的糖基部分和疏水的烷基链部分组成，由于不具有离子化功能基团，是一类典型的非离子表面活性剂。它们以可再生资源为原料，具有巨大的商业价值。由于亲水的糖基和疏水的烷基链可以有许多不同的组合，这赋予了这类表面活性剂广泛的亲水亲油平衡值，通过改变糖基和碳链长度，可以获得许多不同性质的糖脂。优良的界面化学性质使糖脂在化工、化妆品、食品以及医药等领域有着广泛的应用，而且其应用量与应用范围仍在不断扩大，目前全球仅葡萄糖酯和蔗糖酯的年生产量就达到了 6000t[1]。糖脂现在被人们定义为这样一种产品：可再生，廉价，原料易得，可生物降解，环境友好，来源无毒。虽然用脂肪酸及油脂的衍生物生产一系列应用在不同领域的表面活性剂已经有很长的时间，且技术成熟可靠，但是以脂肪酸及油脂和糖类为原料大规模工业化生产表面活性剂还是一门比较新兴的技术。现在，应用比较多的糖基表面活性剂是烷基葡萄聚酯、山梨聚糖酯和蔗糖酯。典型的表面活性剂应具有两亲结构，但用一个糖分子连接到脂肪和油脂的衍生物上(如脂肪酸)并不容易。虽然科学杂志已经报道了大量这样的结合，而且也描述了许多不同的糖都可以应用于此反应中，但是只有少数的糖能符合价格低廉、质量可靠、来源广泛的标准。能符合这样的标准的糖主要有来源于甜菜和甘蔗的蔗糖，由淀粉制得的葡萄糖，来源于高浓度果糖糖浆的果糖，来自干酪乳清的乳糖和由葡萄糖氢化得到的山梨糖[2]。

目前合成糖脂的方法有化学法和酶法。传统的化学法是目前糖脂工业化生产的唯一方法。酶法合成糖脂虽然现在还无法应用于工业化生产，但自从 1986 年 Klibanov 等[3]首次在咪唑中用猪胰脂肪酶催化合成了 6-O-酰基-葡萄糖酯后，便掀起了一股酶法合成糖脂的热潮，其在糖脂工业中潜力已经逐渐显现出来。

5.1　糖脂在食品中应用

食品往往由多种食品原料制成，一些不相溶的部分如混合不均匀则会影响食品品质。焙烤食品发硬等现象皆由此而起。食品乳化剂可有效地解决食品中组分互不相溶的问题。作为非离子表面活性剂，糖脂在食品生产中主要作为食品乳化剂使用。对于食品添加剂而言，其安全性无疑是最重要的一项指标。以脂肪酸和糖为原料合成的脂肪酸糖酯，经人体消化后，分解为糖和脂肪酸，参与人体正常代谢，对人体无毒无害，安全性高。蔗糖酯已被联合国粮食及农业组织(FAO)和世界卫生组织(WHO)等推荐使用于各类食品的生产中[4]。

糖脂是同时含有亲水和亲油基团的阴离子型表面活性剂，其亲水性基团糖水化合物含有多个羟基，控制羟基与脂肪酸的酯化程度，可以制成亲水亲油平衡(HLB)值1~16的糖脂，适用范围很广。糖脂类食品添加剂具有优良的表面活性、生物相容性、可生物降解性和无毒、无臭、无刺激等优点，某些糖脂及其衍生物还具有抑菌、抗病毒和抗肿瘤等活性，已作为食品乳化剂、润滑剂、食品质地改良剂、保鲜保水剂、杀菌剂、结晶控制剂、抗老化剂等广泛应用于食品工业(表5-1)。糖脂可以和淀粉、蛋白质形成复合物，从而影响淀粉和蛋白质的理化性质。蔗糖酯与直链淀粉分子相互作用形成复合物，可以抑制淀粉回生，使面包长期保持新鲜口味。蔗糖酯与蛋白质分子相互作用，降低蛋白质对低pH、盐、乙醇、高温和剪切作用的敏感度，增加蛋白质的溶解度，使蛋白质不易絮凝。在面团中添加适量的糖脂，面团的耐揉性及冻融稳定性均有所增加，面包结构将更加细腻和松软，面包体积膨大，货架期延长。

表5-1 糖脂在食品工业中的应用

用途	食品	作用
乳化剂	烘焙食品、人造奶油、冰淇淋、糖果、果酱、饮料、乳制品	均匀分散食品不相溶组成部分
结晶控制剂	巧克力、蜂蜜	吸附在分散相固态小颗粒上，使其不易沉淀
黏度调节剂	制糖	降低糖膏黏度，使其流动性增强，易于扩散和结晶
润滑剂	糖果	与物料结合，使食品不粘模具，赋予食品光亮外观
抑菌剂	含乳饮料	部分糖脂对革兰氏阳性菌，特别是形成孢子的革兰氏阳性菌有明显抑制作用
保鲜保水剂	禽蛋、水果蔬菜	对禽蛋、水果蔬菜进行涂膜保鲜
抗老化剂	面包	进入淀粉螺旋结构，抑制分子的结晶，延迟淀粉老化

不同糖脂具有不同的抑菌特性，蔗糖酯对微生物具有较广泛的抑制作用，其中对革兰氏阳性菌(G^+菌)，特别是对形成芽孢的G^+菌具有明显抑制作用。但蔗糖酯对乳酸菌的生长没有影响，故在发酵食品制造中仍可使用蔗糖酯。糖脂的抑菌性与其酯化度密切相关。

蔗糖月桂酸单酯较二酯或多酯的抑菌性强。6-O-麦芽糖月桂酸单酯可抑制 Bacillus sp.和 Lactobacillus plantarum 的生长，6-O-麦芽糖月桂酸单酯和 6'-O-麦芽糖月桂酸单酯可抑制 Bacillus sp.和 Escherichiu coli 的生长，而 6,6'-O-麦芽糖月桂酸二酯对微生物没有明显的抑制作用。

糖脂作为食品乳化剂应用于冰淇淋的生产，随着糖脂HLB值的增加，冰淇淋的表面张力不断降低，在保持样品黏度变化不大的前提下，添加糖脂可防止脂肪分子的过度凝集而影响冰淇淋的质量,同时又能保证冰淇淋的融化速率与添加混合乳化剂的样品相似。高 HLB 糖脂可有效抑制糖类在水相中的结晶,而低 HLB 糖脂则可防止油脂的大结晶的生成,因此,糖脂作为结晶控制剂可用于巧克力的生产,以改善巧克力的口感[5]。

5.2 脂肪酶催化糖脂合成

5.2.1 脂肪酶催化糖脂合成的反应媒介

脂肪酶催化糖脂合成的反应需要在非水相的溶剂中进行。一种适宜的溶剂必须能够溶解足够量的底物,如糖和脂肪酸。但是糖和脂肪酸在有机溶剂中的溶解性是完全不同的,所以在一种有机溶剂中使两种底物均有较高的溶解度是很难达到的。合成糖脂所使用的溶剂不应该对酶的活力和稳定性造成损害。强极性溶剂会破坏脂肪酶的水化层,水化层的破坏增强了酶的刚性,使脂肪酶的催化活力和稳定性降低。脂肪酶需要可以使其持续保持活力的有机溶剂,否则由于溶剂的作用,随着反应进程的进行,脂肪酶的合成活力将会逐渐降低。与水相环境相比,在有机溶剂环境中脂肪酶的三维结构发生了改变,也就改变了脂肪酶的立体选择性、区域选择性和稳定性。同一种脂肪酶在不同有机溶剂显示出不同的活力,这是由其不同的水化程度造成的。通常,通过影响脂肪酶的水化状态,有机溶剂会大幅影响各种脂肪酶催化反应参数,如反应速率、最大反应速率、催化剂的转化率、底物亲和力、专一性常数。在理想的溶剂中,产物还应有较低的溶解度,这样随着反应的进行,产物不断析出,使反应平衡始终向着产物方向移动。

溶剂的介电常数会影响脂肪酶三维结构中的极性离子的相互作用,而且会改变酶的刚性,从而影响酶的活力。希尔德布兰德溶解度参数 δ 常用来衡量溶剂的极性,虽然它并不是一种特别好的方法。通常认为在脂肪酶催化糖脂合成的反应中,弱极性溶剂能加快反应速率。另一些研究则表明,反应溶剂可以改变脂肪酶活性位点处的极性,使反应过程中的带电过渡状态趋于稳定,不同溶剂的溶解能力不同进而导致总自由能的变化,可能是由于非水媒介中溶剂效应。不同溶剂有着不同的极性系数 P 值(P 为某种溶剂在水和辛醇混合体系中的分配系数),在脂肪酶催化糖脂合成的反应中,溶剂的 $\lg P$ 值常被用来去解释溶剂对脂肪酶活力和专一性的影响。人们发现在 $\lg P$ 值较高的溶剂中,脂肪酶有最大的活力和稳定性。像溶剂的介电常数、电子接收索引以及前述的希尔德布兰德溶解度参数都被用来解释不同溶剂对脂肪酶催化糖脂合成反应的影响,但相比之下,溶剂的 $\lg P$ 值可以更好地同脂肪酶的活力联系起来。

对于脂肪酶催化糖脂合成反应,强疏水性溶剂也不是一个好的选择。因为亲水性的糖如葡萄糖,在这样的溶剂中往往溶解度很低,这对产物的产量是非常不利的。通过混合两种甚至多种溶剂可以改善非水反应媒介的极性和离子化能力。早期酶法合成糖脂常使用如吡啶、DMSO、DMF 这样的极性溶剂作为反应媒介，但由于这些溶剂对人体健康和环境存在危害。随着研究的深入，在甲乙酮和丙酮中合成了辛酸葡萄糖酯；用 Novozym 435 固定化脂肪酶，以己烷为溶剂，合成了一系列脂肪酸木糖酯；在己烷与丙酮的混合溶剂中用脂肪酶催化合成了月桂酸麦芽糖二酯；用固定化的南极酵母脂肪酶合成不同碳水化合物的肉豆蔻酯。另一种提高酶催化合成速率的方法是使用糖的衍生物，因为它们在有机溶剂中的溶解度比糖要高[6-15]。

离子液体正越来越多地作为脂肪酶催化脂肪酸糖酯的反应媒介来使用。不同于传统的有机溶剂，离子液体是全部由离子组成的有机盐，而不是像丙酮这样由中性分子组成的溶剂，可以用改变其中阴阳离子的方法，改变其物理化学性质，这是一种可以设计的反应媒介。离子液体可以有效地溶解糖和其他复杂的碳水化合物。例如，葡萄糖、蔗糖和乳糖在离子液体中的溶解度会超过 100g/L。但强极性的离子液体也会影响酶的活力。有报道称，像水合碳酸钠这样的添加剂可以使离子液体更适合在脂肪酶催化反应中使用。通过添加水合碳酸钠这种方式，使极性与甲醇这样的极性溶剂相似的离子液体却不会像甲醇那样使酶失活，并在原本不能发生反应的离子液体中获得像在非极性有机溶剂中那样的反应速率。例如，Novozym 435 脂肪酶在不同的离子液体以及它们的混合物中的活力和稳定性是不同的。他们在离子液体[Bmim][Tf$_0$]中用葡萄糖过饱和溶液与脂肪酸反应，脂肪酸的转化率达到了 86%，但当回收的脂肪酶第二次利用时，转化率降到了 61%。他们还在[Bmim][Tf$_2$N]和[Bmim][Tf]以 1:1(h/Y)比例的混合液中进行了试验，虽然脂肪酶初次使用的转化率降低到 69%，但是在后面继续循环使用时，脂肪酶却保持了很高的活力。目前以离子液体作为溶剂还存在着黏度高和回收利用等方面的问题，还需要人们去作更为深入的研究，离子液体在酶促糖脂合成反应中的应用潜力也等待着人们去挖掘[16]。

超临界流体是现在人们研究的热点，它也被应用到酶法催化糖脂合成的反应中。超临界二氧化碳的原料廉价易得，作为酶法催化糖脂合成的反应媒介时，不但对糖等碳水化合物有很高的溶解度，同时能够持续地保持脂肪酶的活力。有研究表明，在 80℃的高温下，叔戊醇中的脂肪酶早已失活，而在超临界二氧化碳中同种脂肪酶仍然保持着很高的活力。在超临界二氧化碳中，成功地合成了蔗糖棕榈酸酯、蔗糖月桂酸酯、果糖月桂酸酯和果糖棕榈酸酯，其中果糖棕榈酸酯的转化率达到了 65%，其转化率均高于以叔戊醇为反应溶剂时。以超临界流体为反应媒介的缺点是对反应容器的要求较高，但反应完成后的产物提取非常容易，而且没有溶剂残留。这一点对于对安全性要求很高的应用于食品生产的糖脂意义非凡的[17-19]。

5.2.2 脂肪酶催化糖脂的反应温度

反应温度影响着酶的稳定性、底物和产物的溶解度、反应速率和反应平衡的位置。大多数常用的固定化脂肪酶都比较耐热。以 Novozym 435 脂肪酶为例，即使在 60~80℃也能保持大部分的催化活力。以脂肪酶为催化剂时，当温度低于 20℃时底物的溶解度和转化率都很低，而当温度超过 70℃时，由于酶的活力大幅下降，底物的转化率也很低。所以，通常 Novozym 435 脂肪酶的合成反应温度在 30~70℃；但在特殊情况下，也会在 80℃的情况下使用，如以超临界流体为反应媒介的合成反应中。在脂肪酶催化葡萄糖酯的合成反应中，当反应温度从 35℃升至 45℃，脂肪酶的活力逐渐升高。在这个温度范围内，酰化酶复合物形成的活化能大约为 52.9kJ/mol，相比之下，葡萄糖单酯形成的活化能仅为 19.4kJ/mol。除了直接影响反应速率外，提高温度也会提高相对最大转化率。

当温度从 25℃升至 60℃，葡萄糖在甲乙酮中的溶解度逐渐增大，在此温度范围内，产物辛酸葡萄糖酯的溶解度也大约从 2.98mg/mL 升至 69.3mg/mL。产物溶解度的增加，使它们难于以结晶沉淀的方法离开反应体系，并使反应平衡向水解的方向移动。所以应了解温度对底物和产物溶解度的影响，从而找出最佳的反应温度。

在脂肪酶催化糖脂合成的反应的实验中，在 60℃的条件下反应 72h，产物棕榈酸果糖酯的转化率达到了 78%，但当温度升高到 70℃，72h 后，转化率大幅下降到 1.3%。这是由酶失活和糖脂溶解度增加共同造成的。当温度升高到 90℃以上时，脂肪酶失活的焓已经大大超过了其活化能。

反应的最佳温度也与参与反应的脂肪酸链长有关。在脂肪酶催化如辛酸这样的短链脂肪酸和葡萄糖合成的糖脂时，在 35~45℃的范围内，可以获得最高的转化率。在这个温度范围内，产物的溶解度很低，并且可以以沉淀的方式从反应混合物中移除。当底物中含有长链脂肪酸时，反应温度可以升高至 60℃。由此可见，反应的最佳温度并不一定是脂肪酶的最适温度，还要综合考虑其他因素。所以应该通过实验考察 30~80℃的反应温度，以便结合温度对底物、溶剂、酶的影响，获得最佳反应温度[20-24]。

5.2.3 脂肪酶催化糖脂合成的反应底物

糖和脂肪酸是糖脂合成反应中的底物。当确定所用脂肪酶和所需产物后，底物的选择将决定该脂肪酶能否有效地催化反应进行。不同脂肪酶对底物的催化效率也是不同的。一些脂肪酶对中长链脂肪酸有较高的选择性，但是另一些脂肪酶则表现出对短链和支链脂肪酸的选择性。底物的取代基、支链、不饱和度、碳链长度都会影响脂肪酶的活力和选择性。

第 5 章 脂肪酶催化淀粉酯的合成

关于脂肪酸(酰基供体)的碳链长度对脂肪酶活力的影响是比较复杂的。比较常用的 Novozym 435(固定在大孔聚丙烯酸树脂上南极假丝酵母脂肪酶 B)通常对无支链的长链脂肪酸有较高的选择性。Kuma 等发现随着酰基供体碳链长度的增加，来源于 *Staphylococcus warneri* 和 *Staphylococcus xylosus* 的脂肪酶表现出来的活力逐渐增加，相比之下 *Thermomyces lanuginosus* 脂肪酶(Lipase 100T)随着酰基供体碳链长度的增加，酯化率则逐渐降低。也有报道，在 50~78℃的条件下，用固定化的南极假丝酵母脂肪酶 B 合成葡萄糖酯的反应中，随着碳链长度变短，糖脂的产量逐渐降低。

两种反应底物的物质的量比会对酯化反应产生重大影响。这是因为一种底物在反应媒介中的溶解会改变反应媒介的极性，从而影响另一种底物在反应媒介中的溶解度。Yan 等报道了在葡萄糖与硬脂酸的酯化反应中，脂肪酸过量会大幅增加糖脂的产量。在以等物质的量比的果糖和脂肪酸的混合物为底物的反应中，增加脂肪酸的链长可以增加糖脂转化率；但当脂肪酸与糖的物质的量比增大时，糖脂的转化率降低了。在葡萄糖与棕榈酸的酯化反应中，固定脂肪酸的浓度，并增大葡萄糖浓度，最初反应得到促进，并在底物物质的量比为 1:1 时转化率达到最大值，继续增大葡萄糖浓度，糖脂的转化率则逐渐降低。这可能是因为葡萄糖作为底物直接抑制了脂肪酶的活力，也可能是葡萄糖过度吸水而影响脂肪酶的活力。葡萄糖可能会抑制部分脂肪酶的活力，但并不会抑制所有的脂肪酶。

酯化反应中产物浓度的变化会影响反应物的溶解度。Cauglia 和 Canepa 发现 60℃下，葡萄糖在叔戊醇中只有很低的溶解度，但随着产物豆蔻酸葡萄糖酯的增加，葡萄糖溶解的量也大幅增加。葡萄糖溶解度的增加又会使产物的合成速率增加。但反应溶剂中产物的过度积累会抑制它的合成速率。因此需要将产物不断地移除反应体系，人们已经设计许多种联合反应的方案，以达到移除反应产物的目的。

通常情况下，脂肪酶催化碳链长度小于 10 的脂肪酸的转酯反应可以通过脂肪酸过量来增加转化率。相反，在使用碳链长度大于 16 的脂肪酸时，较小的脂肪酸与糖的物质的量比是比较适合的，因为高浓度的非极性脂肪酸会使糖在反应媒介中的溶解度降低。

以叔戊醇为反应溶剂，Novozym 435 为催化剂，用异栎素与不同链长的脂肪酸反应，当所使用的脂肪酸链从 C_4 增加到 C_{10} 时，转化率从 88%降到了 38%，反应初速度则从 17.7mmol/h 降到了 10.1mmol/h。

脂肪酸的乙烯酯是一种非常有效的酰基供体。原因在于在脂肪酶催化糖脂合成反应中，生成的离去基团如果越容易除去，那么反应平衡就越容易向糖脂生成的方向移动，脂肪酸乙烯酯的离去基团为乙烯醇，可自发转化为乙醛，乙醛在常压下沸点仅为 20℃，极易除去。而且乙烯酯的 α-碳原子正电性强，易被亲核的脂肪酶攻击。此外，烯醇酯参与酰基转移反应的反应速率远高于非活化酯。以蔗糖和棕榈酸乙烯酯为原料,在叔戊醇与 DMSO(体积比为 4∶1)的混合溶剂中,以 Novozym 435 脂肪酶为催化剂,在40℃的条件下合成了棕榈酸蔗糖酯,其转化率为94%。使用乙烯酯的缺点是价格昂贵,不利于工业化,而且有报道乙醛会使部分脂肪酶丧失活力。

在非水相中,用脂肪酶合成糖脂面临的一个主要问题是如何选择合适的溶剂将糖溶解。糖在非极性的反应媒介中往往是难溶的,亲水性有机溶剂是溶解诸如蔗糖、葡萄糖和果糖之类的首选。然而在亲水性有机溶剂中,大多数酶会迅速失活,而且很难控制酯化的区域和酯化程度。为了解决这些限制,对底物进行改性,以增加这些多羟基化合物在疏水性媒介的溶解度。用极性较小的糖的衍生物(烷基缩醛衍生物)作为底物,往往会得到较好的溶解效果。还有一些可以提高反应效果的方法,包括使用活化的酰基供体和以固定化的糖作为底物。使未溶解的糖悬浮起来,可以使其持续地溶解到反应媒介中,以补充被反应消耗的溶解的那部分糖[25-36]。

5.2.4 水活度

在脂肪酶催化糖脂合成中,非水反应媒介的水活度是一项影响合成效果重要的因素。酯化反应本身并不需要水,但是供脂肪酶水化的微量的水是必不可少的,它关系到脂肪酶的催化活力和稳定性。同时水也是酯化反应的产物,水的积累会使反应平衡由酯化转向水解。所以非水相反应体系中的水应该保持在仅可使酯化反应发生的极低的量级。有时,人们通过水浓度来讨论水的影响,但实际上是热力学上的水活度影响着反应平衡。因为反应平衡时,反应混合物中有许多相,所有相中的水浓度并不相同,但水活度是相同的。合成反应生成水,即水是产物之一,所以无论使用什么研究方法都需要将产生的水从反应中不断地移除,这样才能使反应有利于合成而不是水解。作为水解反应的亲核试剂,水也是脂肪酶在有机媒介中催化糖脂合成的竞争性抑制剂。

研究者想出很多方法去控制反应媒介中水的量。通过抽出一部分溶剂,将其蒸馏回收再循环使用,从而将水从反应体系中不断地移除。用全蒸发和微波辐射的方法也可以完成水的移除,但这些方法相对烦琐。还有一种控制水活度的方法是用已知水活度的饱和盐溶液去平衡反应媒介。这种方法既可以在反应开始前控制反应初始水活度,也可以用通过一层硅膜使媒介与饱和盐溶液不断接触,从而控制反应过程中的水活度。当反应混合物处于平衡状态时,添加吸水物质可以促进反应平衡移动。用分子筛来移除反应体系中的水是一种较为方便的方法。分子筛价格低廉,而且容易分离和再生,是脂肪酶催化糖脂合成反应中最常用的脱水剂。相比于沸石和孔径为3Å的分子筛,孔径为4Å的分子筛有更强的移除反应中水的能力。但分子筛可能会对脂肪酶的催化效果有影响。在糖脂合成反应中,当水活度大于0.6时,转化率和初始反应速率都会降低,在初始水活度为0.23时,产物的生成量最大[37-42]。

5.3 酶法与化学法合成糖脂的比较

目前实现工业化生产的糖脂有蔗糖转酯和葡萄糖酯等，生产方法为传统的化学合成的方法，需要酸性金属催化剂和高温高压的催化环境，对生产设备要求高，能耗高，费用高，而且产物是不同酯化度糖脂的混合物，并含有许多副产物，甚至会受到有毒物质的污染。随着食品、医药、化妆品等行业对糖脂的需求量日益升高，传统的化学合成糖脂的方法已经逐渐不能满足人们的要求。当下人们对食品安全问题的关注度日益提高，一向令人们"谈之色变"的食品添加剂更是受到人们的格外关注。同样，环境保护问题也是本世纪的世界性问题。在这两大背景下，人们希望能开发出一种绿色、安全、环境友好的生产方法，于是人们将目光投向了酶法合成糖脂。酶法合成糖脂能吸引人们的目光主要是因为其具有反应条件温和、选择性高、绿色、安全等特点。这里简单地将化学法和酶法生产糖脂的途径进行对比。工业化合成蔗糖酯、葡萄糖酯、果糖酯是通过糖与脂肪酸甲酯发生酯交换反应，反应需要催化剂，温度超过100℃和减压的环境。人们已经在170～185℃、133～400Pa的环境下分别用油酸锂、油酸钠和棕榈酸钾为催化剂合成了蔗糖酯，产量依次递减。整个反应过程需要高温，这就意味着高能耗。除此之外，化学法还需要困难的多级分离过程。高温过程合成的糖脂含有许多无用的副产物，而且通常是不同酯化程度和不同酰化位置的混合物。与此相反，酶法催化糖脂合成是一个单级反应而且通常不需要羟基的保护与去保护。酶法是一种综合了低能耗(反应温度为40～60℃)、环境友好等众多优点的方法，为替代化学法提供了一种选择。酶法还具有高度的化学选择性、区域选择性、对映体选择性和非对映体选择性。产品通常是单酯，也有微量的二酯生成。相对简单的混合产物简化了下游的纯化过程。同时酶法也可获得较高的产率，虽然目前酶法合成糖脂还没有实现工业化生产，但近些年来，人们通过使用蔗糖、葡萄糖和果糖，对酶法合成糖脂进行了一些研究，这些研究显示酶法合成糖脂完全可以获得可观的转化率和产量。例如，用固定化的 *Thermomyces lanuginosus* 脂肪酶，在40℃下，经12h合成了6-月桂酸蔗糖酯，转化率为98%。像吡啶和DMF这样有毒有害试剂在化学法中是必须用到的，过去酶法合成也用到，但随着研究的不断深入，在酶法合成糖脂的过程中已经逐渐不再使用这样的试剂。化学法中所使用的催化剂也存在着一些潜在的危害，如硅藻土，如操作不当，可能会使生产者患上尘肺病。

高度的选择性是脂肪酶催化糖脂合成的优点之一。以蔗糖酯为例，蔗糖一共有八个羟基，其中三个伯羟基均较易酰化，那么完成蔗糖的区域单酰化就往往需要复杂的保护和脱保护过程。脂肪酶的高度选择性则理想地解决了这一问题。事实上，具有亲核活性中心的蛋白酶(ser-OH)也可以催化糖脂合成，但与脂肪酶催化反应的区域不同。脂肪酶催化反应的区域(以蔗糖为例)为 6,6'-OH，蛋白酶催化反应的区域为 1'-OH 和 2-OH。而且二者对于酰基供体的选择性也不同。蛋白酶通常以短链脂肪酸为底物，而脂肪酶则以长链脂肪酸(碳链长度大于 12)为底物[43-46]。

5.4 常用于糖脂合成的脂肪酶

脂肪酶广泛存在于动物、植物和微生物中，由于微生物种类多、繁殖快、易变异，且微生物脂肪酶来源丰富、作用 pH 和作用温度范围广，适合于工业化生产和获得高纯度样品，因此微生物脂肪酶是工业用脂肪酶的重要来源。

目前，常用于合成糖脂的酶类主要是水解酶类，包括脂肪酶、蛋白酶等。脂肪酶是最早用于合成糖类化合物，也是非水相中酶促合成糖脂使用频率最多的酶类。其中，源于 *Thermomyces lanuginosus* 的脂肪酶、源于 *Candida antarctica* 的游离脂肪酶 CAL-B 及固定化脂肪酶 Novozym 435、源于 *Pseudomonas cepacia* 的脂肪酶 PSL、源于 *Candida cylindracea* 的脂肪酶 CCL 以及猪胰脂肪酶 PPL 最为常用。其他微生物脂肪酶，如 *Rhizopus delemar* 脂肪酶、*Pseudomonas cepacia*、*Mucor miehei*、*Thermomyces lanuginosus* 脂肪酶也可用于糖的合成。例如，采用 *Mucor miehei* 脂肪酶在 2-甲基-2-丁醇溶液中催化果糖和油酸，果糖油酸酯得率可达到 83%；在异丙醚中采用猪胰脂肪酶对各种单糖进行乙酰化，1-*O*-酰化果糖有最高得率，为 70%。通常情况下，应根据合成终产物糖脂的类型、特征及合成条件等合理选择脂肪酶[47-54]。

5.5 非水相体系脂肪酶催化糖脂的合成

糖脂的酶法合成由于环境友好引起研究者广泛关注，并且还有许多其他的优势，如毒性低、原料廉价又可再生、反应条件温和、选择性高等。然而，糖脂合成反应受热力学限制不适合在水相中进行已成为不争的事实。近年来，非水相中酶法合成糖脂的研究大大扩展了糖脂在工业上的应用。下面根据糖脂种类的不同对其在非水相合成研究进行阐述[55]。

5.5.1 葡萄糖酯的合成

葡萄糖酯的种类很多，常见的有葡萄糖月桂酸酯、葡萄糖乙烯酯、葡萄糖氨基酸酯、葡萄糖棕榈酸酯等。这些酯应用广泛，其中氨基酸酯可以抑制溶菌酶热失活及其凝聚，棕榈酸酯抑菌谱广，主要应用在医药上；葡萄糖月桂酸酯可作为稳定的乳化剂，乳化不同的疏水底物、增强原油的降解等。

5.5.2 果糖酯的合成

果糖酯广泛应用于食品业、化妆品业、制药业。目前，果糖酯的酶法合成研究越来越多，大部分工作主要集中在酶的活力和糖的溶解这两方面，合成的糖脂主要有果糖棕榈酸酯和果糖月桂酸酯。

果糖棕榈酸酯是一种重要的非离子生物表面活性催化剂，通过改变糖脂上脂肪酸链的长度以及糖基上羟基的数目可以调节其亲水亲油平衡值，既可以作为水包油型乳化剂，也可以作为油包水型乳化剂，主要用于食品、化妆品、医药、纤维工业中。

5.5.3 木糖醇酯的合成

木糖醇酯适用于作为无糖食品的添加剂。木糖醇酯的合成主要是用脂肪酶催化木糖醇和不同脂肪酸发生酯化反应来合成。在木糖醇酯的合成过程中，脂肪酸的碳链长度及反应介质对木糖醇酯的合成有很大的影响。亲水性溶剂会使单酰基糖酯的产量增加，当有机溶剂的含量在等于或者高于 60%以上时就会对 CALB(lipase B from *Candida antarctica*)产生很大的负面影响。当用脂肪酶催化木糖醇与不同碳链长度的脂肪酸（丁酸、己酸、辛酸等)合成木糖醇酯，在脂肪酸的碳链长度长于 4 时，酯化程度由有机溶剂的含量来决定。

5.5.4 蔗糖酯的合成

蔗糖酯可以有效地抑制细菌以及酵母，其中蔗糖月桂酸酯还可以抑制某些芽孢杆菌。据报道，在糖脂的合成过程中，二甲基-二丁醇溶液中加入二甲基亚砜后能增加糖类的溶解度并可避免生物催化剂的失活，二甲基亚砜含量为20%的二甲基-二丁醇溶液是以 *T. lanuginosus* 脂肪酶，为酶合成蔗糖单酯的最好组成溶液。目前用脂肪酶催化合成的糖脂主要有 6-*O*-蔗糖单酯、6,6'-*O*-蔗糖双酯。

5.5.5 麦芽糖酯的合成

淀粉质食品在加工和储存的过程中可能引起淀粉糊化或老化，这会影响食品的口感、风味并降低食品的营养价值。而麦芽糖酯具有良好的乳化性，能够提高淀粉的热稳定性，其中长链脂肪酸酯更能有效延缓淀粉糊化或老化。在合成麦芽糖酯的众多溶剂中，丙酮是比较适宜的，它对糖的溶解性比较好，且在一定程度上也能保持酶的活力。若在丙酮中再混入己烷会加速反应，选择性也会升高，并且当己烷含 30%～50%时，单酯合成受限制而双酯合成量很大。目前，麦芽糖月桂酸酯是脂肪酶催化合成的主要糖脂。

5.5.6 其他糖脂的合成

熊果普酯在降低血脂、镇咳等方面具有重要的作用。利用来源于青霉的酶固定化后在无水 THF(四氢呋喃)中高选择性催化熊果苷和脂肪酸乙烯酯的转酯化反应,合成了 6'-酯。

海藻糖酯抑菌谱广,且抑制效果优于苯甲酸等而与富马酸二甲酯接近,具有广阔的开发前景。以 Novozym 435 为催化剂在叔丁醇中催化海藻糖和二十碳五烯酸乙酯合成海藻糖二十碳五烯酸酯。产物中单酯和双酯都存在,且单酯为 6-O-海藻糖二十碳五烯酸单酯。

环糊精曾被适用于稳定、溶解并降低药物分子的易变性,但是环糊精使用不安全,而环糊精酯克服了环糊精的缺点,保留了环糊精的用途,所以合成环糊精酯的研究越来越多。用南极假丝酵母脂肪酶 CALB 催化剂催化环糊精和乙烯月桂酸、乙烯丁酸、乙烯癸酸合成环糊精酯。环糊精酯在 DMSO 中由嗜热酶催化合成,且其主要选择性合成第 2 位的取代物。例如,在与乙烯癸酸反应时,产物全部为第 2 位的取代物;在与乙烯丁酸反应时,第 2 位全部取代,也有一部分的第 3 位和第 6 位被取代。

5.6 糖脂的结构与功能

糖脂又称糖类脂肪酸酯,由极性的糖类与非极性的长链脂肪酸经过酯化反应得到的一类具有两亲结构且性质优良的非离子生物表面活性剂。糖脂亲水亲油平衡值范围较广(1~16),其值的大小可以通过糖基上的羟基数目及脂肪酸链的长短来调节。糖脂作为典型的非离子型表面活性剂,具有较强的亲水性与亲油性,且拥有乳化、分散、渗透、起泡、黏度调节、抗老化及抑菌等多种功能,已经广泛应用于食品、医药、发酵、化妆品及洗涤剂等领域。

糖脂结构中的糖基供体主要为单糖或者二糖,脂肪酸供体主要为含有 7~12 个碳原子的脂肪酸。糖脂中糖基的亲水基使糖脂这类乳化剂具有非常很好的生物降解性能,更强的亲水性及憎油性,更优越的界面性质,以及抗菌杀虫能力。

以蔗糖为糖基供体合成的蔗糖酯类是目前化工合成的糖脂类表面活性剂的代表,为糖脂类乳化剂市场占有率最大的产品。糖脂的各种优越的性能,使糖脂类乳化剂的市场需求越来越大。对糖脂类乳化剂的研究与开发正在广泛与深入地开展。以麦芽糖为糖基供体合成的麦芽糖酯的合成研究,国内的有关报道不多,大体上都参照蔗糖转酯的合成方法进行研究。

蔗糖分子(图 5-1)由葡萄糖分子与果糖分子组成,具有 6',1,6 位三个伯羟基和五个仲羟基。这些羟基的位置不同,其活力也就不同,与羧酸发生酯化反应的难易程度不同。伯羟基位被酯化的概率高于仲羟基位，其中伯羟基位中被酯化的概率 6'>6>1 位，仲羟基位的概率均等。蔗糖酯(图 5-2)是蔗糖脂肪酸酯的简称。目前关于蔗糖酯的合成方法已经较成熟，其应用效果已得到市场的肯定。并且蔗糖酯作为乳化剂具有起泡、分散、乳化等优越的性能，广泛应用于调节黏度、防止老化等方面，同时还能与不同种类及亲水亲油平衡值的表面活性剂进行复配，进而改变乳化剂的亲水亲油平衡值，提高其表面性质及降低其刺激作用。

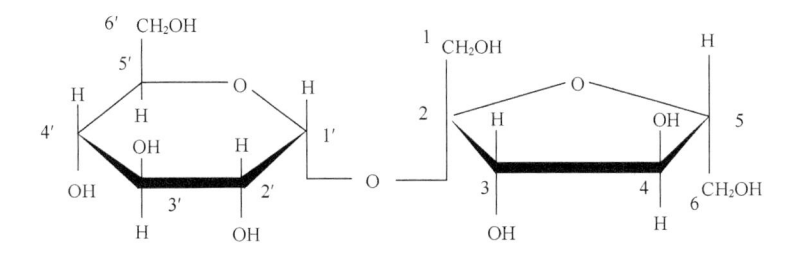

图 5-1 蔗糖分子的结构式

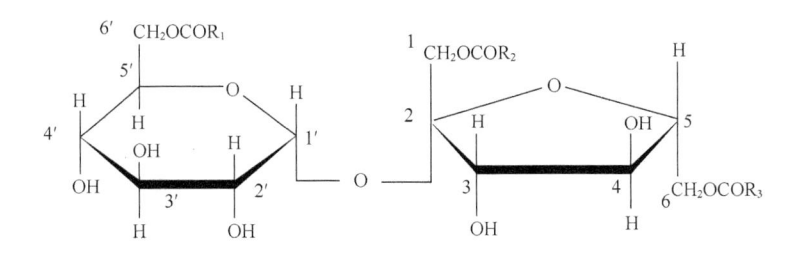

图 5-2 蔗糖酯结构通式（R_1、R_2、R_3 为脂肪酸残基）

麦芽糖分子(图 5-3)由两个葡萄糖分子组成。麦芽糖酯(图 5-4)的结构与蔗糖酯 R 的结构相似，都属于多元醇酯类化合物。麦芽糖酯是由麦芽糖与脂肪酸脱水缩合形成的一类新型乳化剂。麦芽糖酯分子结构中的糖基部分为亲水基团，长链脂肪酸基部分为亲油基团，这种结构使麦芽糖酯是一种具有特殊性能的表面活性剂。麦芽糖酯结构与蔗糖酯结构的相似性，赋予麦芽糖酯具有蔗糖酯相似的性能与用途。麦芽糖是淀粉经过淀粉酶水解获得的，可以认为其原料来源较蔗糖的广泛，具有良好的市场前景。因此可以认为麦芽糖酯作为一类有待开发的新型的非离子型表面活性剂，将因其具有良好的乳化性及膨胀性等性能，而被广泛应用于食品、洗涤及化妆品等相关行业。

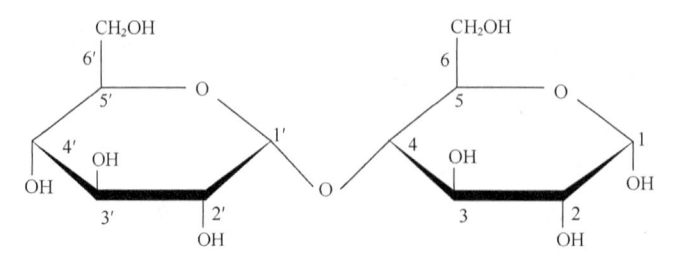

图 5-3 麦芽糖结构通式

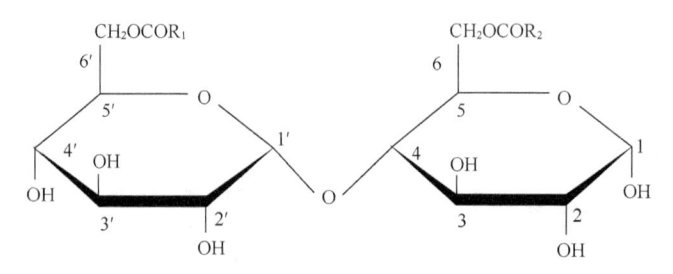

图 5-4 麦芽糖酯结构通式（R_1、R_2 为脂肪酸残基）

5.7 糖脂的合成方法

目前糖脂的工业生产方法为化学合成法，此法用到的有机溶剂具有一定的毒性，使生产的糖脂也具有一定的毒性，且产品的纯度低。目前正在研究用酶法、微生物发酵法等绿色高效的方法来替代化学合成法。

5.7.1 化学合成糖脂

化学合成糖脂需在高温高压下进行，用碳酸钾等无机盐作催化剂时的反应条件不易控制，所得产物的一般是单酯、二酯、多酯及其同分异构体的混合物，反应的区域选择性比较差。若用化学法选择性合成特定亲水亲油平衡值的糖脂，需对糖分子中的羟基进行部分修饰保护。修饰过的糖类会使合成反应变得复杂，初产物还得脱保护基团，这样生产成本加大，不易推广，并且产物的分离难度大，一些有毒的化学物质还残留在糖脂产品中，使其不适用于食品、化妆品及药品等加工与生产。

5.7.2 微生物发酵合成糖脂

微生物丰富的酶合成系统使其具有很强的生物合成能力。随着发酵工程技术的发展与成熟，微生物利用其酶合成系统合成蔗糖酯被发现。刁虎欣等利用假单胞菌 *Pseudomonas* 为发酵微生物，采用原油或液体石蜡为培养基，液态发酵可产生 11.58/L 鼠李糖癸酸酯的发酵液。微生物发酵是一种复杂的多酶联合催化过程，所生成的糖脂是混合物，产物难分离，产量低，还不易工业化生产。

有文献报道，将产生脂肪酶的根霉菌、曲霉菌和青霉菌属等用含蔗糖的培养基在一定的条件下培养，可使蔗糖和脂肪酸发生反应生成蔗糖酯，冷冻干燥，萃取产品。薄层层析及高效液相色谱均证明产生了蔗糖酯。

5.7.3 酶法合成糖脂

酶是由微生物细胞代谢产生的一类具有催化活力的蛋白质。相比于化学法，酶催化反应具有反应速率快、催化效率高、反应条件温和、易于控制并且催化专一性强等显著特点。脂肪酶是一种酯键水解酶，其催化的水解反应具有可逆性，既能水解酯类，又能合成酯类，从而可以利用脂肪酶在非水介质中催化合成糖脂。1986 年 Klibanov 等首创利用猪胰脂肪酶在吡啶中催化合成 6-O-酰基-葡萄糖酯，此后采用酶法合成糖脂的探索研究在国内外相继展开。目前，已经相继合成了葡萄糖酯、果糖酯、甘露糖酯、半乳糖酯、纤维素酯、蔗糖酯及麦芽糖酯等糖脂。

相比于利用化学法合成糖脂，酶法合成糖脂的反应条件温和，反应过程中的副产物很少，产品易于分离；反应的选择性高，通过改变脂肪酸和糖基供体的种类以及控制酯化度，能够获得亲水亲油平衡值为 1~6 的糖脂产物。根据反应机理的不同，酶法合成糖脂主要以直接酯化及转酯两种方式来实现。

反应体系的含水量与反应溶剂的极性对非水相酶催化反应的影响至关重要。酶分子需要一定水分来维持酶的催化活力所必需的构象，水分子直接或者间接通过氢键、疏水键及范德华力与酶蛋白分子相互作用。当体系中的含水量高于酶最适需水量，酶分子结构的构象将向疏水环境下热力学稳定的状态变化，酶的结构柔性过大，引起酶结构的改变和失活，相反若低于最适需水量，酶构象过于"刚性"，而失去催化活力，酶分子只在最适水量的环境中表现出最大催化活力。另外，有机溶剂极性的大小对酶的催化活力影响很大。酶在非极性($\lg P>4$)及中等极性($2<\lg P<4$)的有机溶剂中表现出较高的催化活力，而酶在强极性($\lg P<2$)有机溶剂中表现出较低的催化活力[56-58]。

5.8 糖脂脂肪酶合成研究存在的问题

由于糖类、脂肪酸及酶对溶剂的要求差异极大，难以选择合适的反应介质来进行酶催化合成糖脂，用生物酶催化合成糖脂仍无法实现工业化生产，仍然停留实验室研究阶段。

实现酶催化合成糖脂的工业化，需先实现糖脂的连续化合成。这就要求反应底物间能更好地接触，并与酶能更好地相互作用。相对于无溶剂而言，有机溶剂具有良好的流动性,且成本相对低廉,且易于回收。同时生物酶具有较高的反应选择性,且反应条件温和,易于控制,适合作合成糖脂的催化剂。

目前实验研究所用的有机溶剂可以很好地溶解糖与脂肪酸,但是有些溶剂具有毒性致使产品不能应用于食品等工业中。无溶剂条件下常规加热酶促反应体系虽然在一定程度上提高酯化速率及反应的区域选择性,反应需在高温和真空条件下进行,酶易失活,同时也不适合连续酶促合成。可见单纯地依靠调节酶催化反应的反应溶剂合成的糖脂不能满足工业化连续生产及食品安全的要求,所以需探索其他的途径改善糖脂的酶促合成。另外,对糖进行一定的修饰,可提高酯化速率及产率,但是修饰及去修饰又增加了生产成本。

通过研究发现,微波辐射对生物酶催化化学反应的影响主要表现在:适宜强度的微波辐射能改变酶分子及其活性部位的结构,使活性部位"裸露"更好地与底物结合,表现出酶活力升高;微波辐射能增加反应体系及底物分子的能量,加强底物分子的有效碰撞,增加酶催化反应速率及反应产率;微波辐射能通过改善酶的"微环境"来加强酶催化的专一性;微波辐射能改善酶催化的区域选择性。因此,可以选择微波辐射为加热源,来进行酶催化合成糖脂,进而可以探索并开发一种更为合理、绿色、高效、安全的糖脂合成方法。

5.9 脂肪酶催化淀粉酯的合成

淀粉是一种价格低廉、来源丰富、可再生性强的天然高分子碳水化合物,能被自然界中的微生物完全降解,对环境无任何污染。因此淀粉不仅是食品加工业中的重要原料,也是化工应用中的可降解材料和可再生性绿色能源。然而天然淀粉的一些固有性质,如冷水不溶性、淀粉糊易老化、低温下易凝沉、成膜性差等缺陷使其应用受到了限制[59]。因此,世界各国的科技工作者和生产厂商根据淀粉的结果和理化性质开发了淀粉的变性技术,从而变性淀粉应运而生。

变性淀粉是指采用物理、化学及生物化学的方法,使淀粉的结构、物理性质和化学性质改变,从而制成的具有特定性能和用途的产品称为变性淀粉或修饰淀粉[60]。变性淀粉最早是在19世纪中期由英国胶的发现而开始的,至今已有150多年的历史。近30年来,变性淀粉进入了一个快速发展的阶段,目前以淀粉为原料进行变性处理的产品已有2000多种。变性淀粉的种类很多,通过不同的途径可得到不同的变性淀粉,根据其不同性质应用于不同的领域。对淀粉进行改性常用的方法有化学改性法、物理改性法和生物改性法。变性淀粉的种类繁多,通过不同的途径可以获得不同的变性淀粉,根据其性质的不同应用于不同的生产。根据原淀粉来源的不同可分为:玉米变性淀粉、马铃薯变性淀粉、木薯变性淀粉、大米变性淀粉和小麦变性淀粉等;而按照处理方法的不同,主要分为四大类:物理变性淀粉、化学变性淀粉、生物变性淀粉和复合变性淀粉,其中对化学变性淀粉的研究最为透彻[61]。

淀粉酯属于化学改性淀粉中的一种,淀粉分子中含有丰富的羟基,羟基的存在使淀粉可以与羧酸发生酯化反应生成淀粉酯[62]。淀粉经酯化改性后,其葡萄糖单元上的羟基被酰基取代,分子间的氢键作用被削弱,从而使酯化淀粉具有热塑性[63]和疏水性[64]。目前,酯化淀粉主要在纺织[65]、造纸[66]、降解塑料[67]、水处理工业[68]、医药以及食品等工业生产中应用[69]。到目前为止,关于酯化改性淀粉的研究主要包括酯化剂的种类、酯化淀粉的制备方法以及对结构与性能的表征与分析。在淀粉分子中有三个游离的羟基,因此可以形成单酯、双酯和三酯化合物[70]。酯化反应的发生使淀粉的糊化温度降低,糊黏度增大,糊透明度增强,回生积度减少,凝胶能力降低,抗冷冻性能提高,更适用于作为食品的增稠剂和稳定剂[71]。而中长碳链脂肪酸淀粉酯由于引进疏水性的基团,还使淀粉能稳定水包油型乳浊液,作为乳化剂和表面活性剂应用到食品工业中。淀粉酯是通过淀粉结构中的羟基与无机酸或有机酸及其衍生物发生酯化或者转酯化反应后得到的一类变性淀粉。根据所用酸的不同,可以将酯化淀粉分为无机酸酯化淀粉[72](如磷酸淀粉酯、黄原酸淀粉酯)和有机酸酯化淀粉[73](如乙酸淀粉酯、棕榈酸淀粉酯等),而又可以根据所用羧酸链的长短将有机酸酯化淀粉分为短链羧酸淀粉酯(如甲酸淀粉酯、乙酸淀粉酯等)、中链羧酸淀粉酯(如戊酸淀粉酯、辛酸淀粉酯等)和长链脂肪酸淀粉酯(如棕榈酸淀粉酯、月桂酸淀粉酯等),进一步从所用羧酸饱和程度的角度可以将有机酸淀粉酯分为饱和羧酸淀粉酯(如硬脂酸淀粉酯、琥珀酸淀粉酯等)和不饱和羧酸淀粉酯(如油酸淀粉酯和亚油酸淀粉酯等)。在过去的多年研究中,用途最大的无机酸淀粉酯是磷酸淀粉酯[74]和黄原酸淀粉酯[75];有机酸淀粉酯中最主要的是乙酸淀粉酯[76]。研究最多、最透彻的是琥珀酸淀粉酯。

脂肪酶是重要的水解酶,由于具有高区域、立体选择性和反映条件温和等特点,在食品、医药、精细化学品合成、皮革和洗涤剂等许多工业领域都具有广泛应用[77]。脂肪酶的天然底物为难溶于水的长链脂肪酸酯,早期的主要工业应用是油脂的改良,但由于脂肪酶具有非常宽的底物专一性和高立体选择性,可以对大量的非天然酯类进行立体选择性水解或合成,同时不需要辅酶,价格便宜,可用于有机溶剂,因此,在淀粉的酯化改性中占有举足轻重的地位。脂肪酶催化淀粉酯的合成是近些年新兴起的一种淀粉改性手段。脂肪酶在催化酯化反应中表现出的优良特性,使其成为淀粉酯化改性的热门酶类。相对于化学合成法来说,酶催化法可以在底物含量较低、较温和的条件下进行,而且体系内无需加入酸试剂,从而淀粉不会发生降解,用酶法可以生产出传统方法无法实现的一些新产品[78]。而且用酶法合成的淀粉酯可以应用在食品和生物医药以及一些新兴领域[79]。因此,酶法合成淀粉酯越来越被人们重视。本章从脂肪酶催化短链脂肪酸淀粉酯、中长链脂肪酸淀粉酯、阿魏酸淀粉酯和萘普生淀粉酯的合成四个方面，介绍近年来国内外利用脂肪酶催化合成淀粉酯方面的研究进展。

5.9.1 脂肪酶催化脂肪酸淀粉酯的合成

目前，具有催化合成脂肪酸淀粉酯的脂肪酶主要包括 Novozym 435、Lipase PS 等。然而，这些脂肪酶的催化活力，不仅与其本身的催化特性有关，还与选择的淀粉的种类、反应体中水含量、反应介质及利用酶的方式有关。以脂肪酶 Lipozyme C TLIM 作为催化剂，以马铃薯淀粉、硬脂酸为原料，十水焦磷酸钠为水分缓冲剂，可合成硬脂酸淀粉酯。*Staphylococcus aureus* C SAL3 作为催化剂，在微波辅助加热法条件下合成了油酸淀粉酯。利用 Novozym 435 脂肪酶可酶促合成取代度不同的辛烯基琥珀酸淀粉酯、月桂酸淀粉酯、油酸淀粉酯和棕榈酸淀粉酯。猪胰脂肪酶可以催化大米淀粉与月桂酸发生酯化反应合成月桂酸玉米淀粉酯。

1. 脂肪酶催化短链脂肪酸淀粉酯的合成

短链脂肪酸淀粉酯是指脂肪酸的碳链长度在 8 个碳以下的脂肪酸淀粉酯，如乙酸淀粉酯、丙酸淀粉酯、丁酸淀粉酯和琥珀酸淀粉酯。其中研究较早较为深入的是乙酸淀粉酯和琥珀酸及其衍生物淀粉酯，虽然丙酸淀粉酯具有较好的水溶液稳定性和表面吸附性，但是淀粉与丙酸发生酯化后，生物降解性下降，因此研究很少。

1) 甲酸淀粉酯

甲酸淀粉酯，遇水水解，具有一定热稳定性，加热到 150℃时仍为黏稠状，既不结晶也不分解，0℃时仍为油状，不结晶也不成块，不溶于四氯化碳和氯仿等有机溶剂，在碱液和酸液中分解淀粉，在室温条件下可较长时间不变质，不变硬，不易挥发，能燃烧等。甲酸淀粉酯由于具有这些油类物质的特性，又被称为"淀粉油"，属多羟基酯。它与日常用的脂肪酸甘油酯等油类在结构上有显著的不同[80]。甲酸淀粉酯的合成为淀粉改性及应用开辟了新途径。

2) 乙酸淀粉酯

乙酸淀粉酯又称乙酰化淀粉或醋酸淀粉。目前，乙酸淀粉酯的工业产品主要分为取代度为 0.01~0.20 的低取代乙酸淀粉酯和取代度大于 2 的高取代度乙酸淀粉酯[81]。低取代度乙酸淀粉酯的颗粒形状在显微镜下观察与原淀粉无差异。乙酸淀粉酯由于在淀粉分子中引入少量的酯基团，因而阻碍或减少了直链淀粉分子间的氢键缔合，使乙酸淀粉酯的许多性质优于天然淀粉。高取代度乙酸淀粉酯的性质取决于原料及制备方法。随乙酰基含量的增加，产品的相对密度、比旋光度和熔点都下降。

在食品工业中，低取代度乙酸淀粉酯主要用于罐装、冷冻、焙烤和干制食品中。它们也用于瓶装或罐装婴儿食品、由水果和奶油制作的馅料中，以使其能长时间承受住各种气温的作用。在冷冻食品中的主要作用是保持食品低温储藏的稳定性。在焙烤食品中能增强食品的抗渗水性。在纺织工业中，乙酸淀粉酯的主要用途是经纱上浆，具有很好的黏附纱线的作用、很高的抗张强度和柔韧性。另外，其膜溶解性高，易于脱浆。乙酸淀粉酯还可用于内衬浆料中以加强织物的挺度。在造纸工业中，乙酸淀粉酯主要用于表面施胶，能改善纸张的可印刷性，增强纸张的表面强度并提高耐磨、保油以及抗溶剂等性能，乙酸淀粉酯还具有很高的白度，是造纸工业的优良添加剂。

3) 草酸淀粉酯

草酸淀粉酯又称乙二酸淀粉酯。目前仅我国的张水洞等对其进行了研究，以草酸与淀粉在溶液中直接进行酯化反应，制备了取代度为 0.9 的草酸淀粉酯。草酸淀粉酯的分子量能保持在较高的水平，而且酯化反应可以有效地提高淀粉的耐老化性能。另外，由于草酸与淀粉反应还残留着另一个羧基，因此，随着取代度的提高，草酸淀粉酯的热稳定性下降，而吸湿性能则明显提高。草酸淀粉酯的这些新特性，将为其应用提供广阔的前景。

4) 琥珀酸及其衍生物淀粉酯

琥珀酸及其衍生物淀粉酯是目前研究最为透彻、应用最为广泛的有机酸淀粉酯。由于其具有良好的吸水性、生物相容性和生物可降解性而广泛地应用于食品、医药等精细化工行业中[82]。最先进行琥珀酸淀粉酯研制的是 Wurzburg 等于 1953 年制备了辛烯基丁二酸淀粉酯。Parka 等在辛烯基琥珀酸淀粉酯的研究过程中发现此类淀粉酯糊化后具有高度的剪切变稀现象，并研究了不同辛烯基琥珀酸酐添加量(从 0%到 2.5%)对淀粉酯流变性能的影响[83]。与原淀粉相比，辛烯基琥珀酸淀粉酯在人体内分解后产生的葡萄糖浓度明显降低，适用于特殊人群服用。低黏度的辛烯基琥珀酸淀粉酯具有很好的乳化性和乳化稳定性，并将其作为乳化剂成功地加入碳酸饮料和糖浆中。低黏度的辛烯基琥珀酸淀粉酯也可用作固体饮料的载体。而高黏度的辛烯基琥珀酸淀粉酯则对高黏度和高油含量的体系具有很好的乳化作用，它可以提供产品所需要的黏度，可以保持产品乳化状态的稳定从而提高产品的质构。而辛烯基琥珀酸淀粉酯最主要的应用是作为壁材。辛烯基琥珀酸淀粉酯的优势在于作为乳化剂其用量少，乳化稳定性高；作为壁材其操作工艺简单、效果比阿拉伯胶和糊精等传统壁材好。辛烯基琥珀酸淀粉酯的另一种用途即作为脂肪的替代品。将取代度为 0.01~0.20 的辛烯基琥珀酸淀粉酯加到肉浆中可以明显地增强肉浆的弹性、持水性和黏性。这在一定程度上也是利用了辛烯基琥珀酸淀粉酯的乳化性和增稠性。辛烯基琥珀酸淀粉酯也可用在焙烤食品的生产工艺上，将辛烯基琥珀酸淀粉酯、糊精、蛋白质、米粉、玉米粉、面包屑、盐等干粉混合物包裹在鸡肉块外面进行焙烤时，能得到类似油炸的外观，外壳色泽均一，黏附力更强，而且极脆。辛烯基琥珀酸淀粉酯与润滑油混合进行经纱上浆，能提高纺织性能和退浆能力。辛烯基琥珀酸淀粉酯和十四烯基琥珀酸淀粉酯可以很好地改善玻璃纤维的移动阻滞力和玻璃缕的完整性。辛烯基琥珀酸淀粉酯应用到造纸工业中，能有效地提高纸张的抗水性、施胶度、透气度，并使纸张基质更加致密。在制药工业上，辛烯基琥珀酸淀粉酯作为药片的基质载体能赋予药片良好的冷水分散性。在乳胶中加入辛烯基琥珀酸淀粉酯不仅提高了乳胶的黏合力，而且大大降低了乳胶的毒性。

2. 脂肪酶催化中长链脂肪酸淀粉酯的合成

中长链脂肪酸淀粉酯，一般是指脂肪酸链长在 C_8 以上的脂肪酸淀粉酯，是变性淀粉的一个重要类型，研究发现中长链脂肪酸淀粉酯具有特殊的热塑性、疏水性、乳化性和可生物降解性，它们作为多种石油化工产品的代用品越来越受重视，目前研究较为系统和深入的是硬脂酸淀粉酯和油酸淀粉酯。

在国外，有关硬脂酸淀粉酯的研究工作进行得比较多，特别是美国和日本。早在 20 世纪 40 年代，James 等就开始了硬脂酸淀粉酯的研究工作。国内目前程发等采用水媒法进行了硬脂酸淀粉酯合成的研究，赵秀娟和于国萍在无溶剂体系中，用脂肪酶 Lipozyme TLIM 催化合成硬脂酸大米淀粉酯[84]。目前对硬脂酸淀粉酯合成的研究大多采用有机溶剂法，所用的有机溶剂有四氯化碳、吡啶、三乙胺、二甲基甲酰胺、二甲基乙酰胺等。脂肪酸的直接酯化是一种低取代度的反应，淀粉在反应过程中还会有一定的降解。高取代度的产品通常是在吡啶、二甲基亚砜中与酸酐制得，或利用酰氯与叔胺或碱液相结合的方法制备。而且，中长链脂肪酸淀粉酯的取代度受到很多因素的影响，其中包括淀粉的种类、酰化试剂的链长、饱和度及种类、制备方法及条件等。Rajan 等用天然的椰子油水解得到的混合脂肪酸为酯化剂，以微生物脂肪酶为催化剂，以 DMSO 为溶剂在微波反应中制备酯化玉米/木薯淀粉酯[85]。

3. 多元酸及芳香酸淀粉酯

柠檬酸是三羧酸，在一定条件下可与淀粉发生酯化反应生成柠檬酸淀粉酯。柠檬酸淀粉酯是一种抗性变性淀粉，可以抵抗酶对淀粉的降解，目前主要应用在面包和饼干等食品加工中。Klaushofer 课题组早在 1978 年就对柠檬酸淀粉酯的合成及其性质进行了初步研究，制备出不同取代度的柠檬酸淀粉酯。Miesenberger 等则对制备柠檬酸淀粉酯的方法、柠檬酸淀粉酯的冻融稳定性和热化学性质进行了研究，并将其作为食品添加剂的应用前景进行了分析。Shi 等将柠檬酸、甘油和淀粉在一定条件下进行加热混溶，在熔融共混的过程中，柠檬酸便与淀粉发生局部酯化反应从而生成柠檬酸淀粉酯[86]。2007 年，封禄田用半干法进行了柠檬酸淀粉酯的合成研究，获得取代为 1.44 的柠檬酸淀粉酯[87]。2008 年，于密军以 NaOH 为催化剂，采用干法制备出柠檬酸豌豆淀粉酯。豌豆淀粉经柠檬酸改性后其黏度降低、溶胀性下降、热稳定性下降[88]。2011 年，王恺等用干法制备出取代度为 1.02 的高取代度的柠檬酸淀粉酯，并对其最佳反应条件进行了优化[89]。

Thakore 等以邻苯二甲酸作为酯化剂与淀粉在甲酰胺和乙酸钾的催化作用下合成了邻苯二甲酸淀粉酯。经过邻苯二甲酸酯化的淀粉，其疏水性有明显提高，熔点范围变小但其结晶度有所提高[90]。Mathew 等利用阿魏酸酰氯与马铃薯淀粉在嘧啶的催化下合成阿魏酸淀粉酯，生产出一种具有抗氧化活性的变性淀粉，发明出一种新型的具有抗氧化活性的食品添加剂，为变性淀粉功能特性的研究增加了一条新的思路。

4. 天然油淀粉酯的酶促合成

长链脂肪酸淀粉酯的合成多采用单一脂肪酸，如硬脂酸、月桂酸、油酸、棕榈酸等。

近几年，出现了一些混合脂肪酸淀粉酯的合成报道，其中包括用回收的蔬菜油与马铃薯淀粉合成的酯化淀粉取代度为 1.5，该产品成本低，用于可降解的热塑性塑料；椰子油与木薯淀粉合成混合脂肪酸淀粉酯；以天然大豆色拉油和玉米淀粉为原料得到了大豆油脂肪酸玉米淀粉酯的取代度为 0.107。以天然油棕榈油、玉米淀粉为原料，制得棕榈油玉米淀粉酯，具有明显的乳化性，而且黏度显著降低，具有高浓低黏的特性。棕榈油淀粉酯具有剪切变稀的特性，属于假塑性流体。猪油也可以作为酯化剂对淀粉进行酯化改性，获得猪油淀粉酯，猪油淀粉酯与植物油淀粉酯相比乳化性和乳化稳定性较好。天然油与脂肪酸相比，具有成本低、来源广泛的优点。目前，关于天然油作为酯化剂合成淀粉酯的研究报道极少，并且大多数研究是需要先将天然油水解后再酯化反应，工艺复杂；得到的产品虽然取代度高但反应效率较低。目前仅大豆油淀粉酯的合成，采用一步脂肪酶催化合成。

5.9.2 脂肪酶催化脂肪酸淀粉酯合成的影响因素

1. 淀粉的种类对淀粉酯合成的影响

淀粉是由葡萄糖组成的高分子化合物，有直链状和支链状两种分子，分别称为直链淀粉和支链淀粉，前者是脱水葡萄糖单元经过 α-1,4 糖苷键连接，后者的支链位置是 α-1,6 糖苷键连接，其余为 α-1,4 糖苷键连接。天然直链淀粉分子卷曲成螺旋形，螺旋的每一圈含有 6 个葡萄糖残基，支链淀粉具有"树枝"状的分支结构，各分支都是 D-葡萄糖以 α-1,6 糖苷键连接，支链淀粉分子是近似球状的大分子。普通品种淀粉如玉米、小麦、木薯、马铃薯等都是直链淀粉和支链淀粉两种分子组成的颗粒，小麦、玉米、木薯、马铃薯淀粉含直链淀粉分别为 30%、27%、18%和 20%，其余均为支链淀粉，但也有的淀粉品种不含直链淀粉，完全由支链淀粉组成，如黏玉米、黏高粱和糯米的淀粉。淀粉中直链淀粉的含量会影响脂肪酶催化淀粉酯的合成，若对淀粉进行预处理，一般情况是直链淀粉含量越低的淀粉酯化改性后取代度越高。

2. 淀粉的结构对脂肪酶催化反应的影响

淀粉分子间及分子内存在较强的氢键作用，淀粉颗粒是由外层的结晶区和内部的无定形区交错组成的半结晶结构，而且其聚集态结构复杂、结晶度高，一般的有机和无机溶剂难以溶解淀粉。这就使得直径较大的淀粉颗粒很难进入脂肪酶的活性中心，发生相应的化学反应。已经有研究表明，适当地改变淀粉颗粒的结构及降低其结晶度对提高淀粉反应效率具有一定的理论和现实意义。

1) 淀粉颗粒直径对脂肪酶催化淀粉酯合成的影响

在无溶剂体系中用固定于大孔丙烯酸树脂的南极假丝酵母脂肪酶 Novozym 435 (L4777) 催化四种直径大小不同的玉米淀粉与棕榈酸发生酯化反应合成棕榈酸淀粉酯，淀粉的颗粒直径直接影响了脂肪酶催化棕榈酸与淀粉的酯化反应，并且淀粉的颗粒直径越小，酶的催化活力越大，当淀粉颗粒的平均直径小于 0.1μm 时酶的催化活力最大（图 5-5）。

d=4～15μm　　　　　　　　　d=0.5～3μm

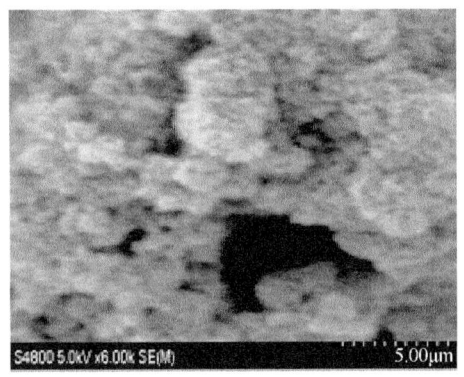

$d\approx 1.0\mu m$ $d<0.1\mu m$

图 5-5 氢氧化钠/尿素质量比对淀粉颗粒大小的影响

2) 淀粉的晶体结构对脂肪酶催化淀粉酯合成的影响

淀粉颗粒中一部分分子排列杂乱，形成没有规律性的无定形区，另一部分分子形成具有规律性排列的结晶区。淀粉颗粒由于结晶结构的存在而呈现一定的 X 射线衍射图。在淀粉的 X 射线衍射图中，尖峰衍射特征和弥散衍射特征分别对应淀粉颗粒的结晶区和无定形区。致密的结晶区结构是导致淀粉化学反应活性极低的主要原因。

经氢氧化钠/尿素水溶液处理前后玉米淀粉的 X 射线衍射谱图如图 5-6 所示。原玉米淀粉在 X 射线衍射图谱上 $2\theta=15.0°$、$17.0°$、$17.9°$ 和 $22.9°$ 处均出现强衍射峰，表明原玉米淀粉颗粒结晶结构为 A 型。处理后玉米淀粉在 $2\theta=13.0°$ 和 $19.8°$ 处出现了强衍射峰，是 V_H 型结晶结构的特征衍射峰，这一结果表明预处理后玉米淀粉的结晶类型发生转变，由 A 型变为 V_H 型，这源于淀粉与乙醇组成的单螺旋结构的包合物[91]。在强碱性溶液中，淀粉分子上的羟基被离子化而带负电，它们之间相互排斥促进颗粒溶胀直至糊化，最终导致双螺旋区的展开变成单螺旋，结晶结构被打破，结晶序列发生变化[92]，中和作用后，乙醇的滴入则使淀粉分子与乙醇形成了单螺旋复合物（V_H 型复合物）。玉米淀粉颗粒的结晶类型由原来的 A 型变为 V_H 型，会大大提高南极假丝酵母脂肪酶 Novozym 435 催化棕榈酸与淀粉发生酯化反应的活性，脂肪酶的催化反应初速度由 0.0003mmol/(h·mg) 提高到 0.3970mmol/(h·mg)。玉米淀粉在经过一定处理之后，其红外光谱图如图 5-7 所示，在 101cm^{-1} 附近 D-吡喃葡萄糖环中 C—O—C 基团上的 C—O 伸缩振动峰发生红移，淀粉中的氢键相互作用减弱，从而使得预处理淀粉更易进入脂肪酶的水化层与酯化试剂进行酶促酯化反应。

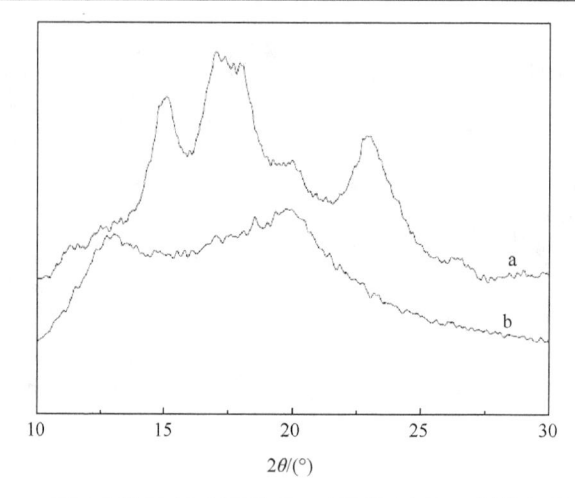

图 5-6　原玉米淀粉(a)和预处理玉米淀粉(b)的 X 射线衍射谱图

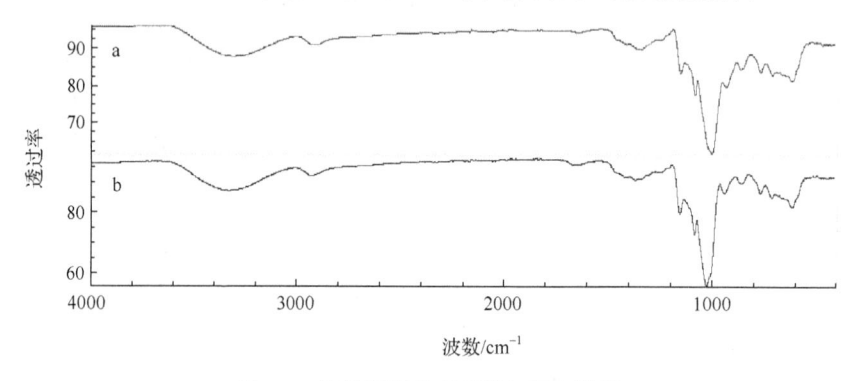

图 5-7　淀粉经预处理后的红外光谱图

3) 淀粉的比表面积对酶促酯化反应的影响

淀粉颗粒的比表面积与其直径呈反比关系。直径越大，其比表面积越小，直径越小，其比表面积越大。淀粉颗粒比表面积的增大，大大提高了玉米淀粉与棕榈酸和脂肪酶的接触机会从而促进了酶的催化反应活性。玉米淀粉经预处理后酶催化反应初速度和产物取代度都明显提高。随淀粉颗粒比表面积的增大，酶促反应初速度和产物取代度均随之增大。

3. 酰基供体对脂肪酶催化反应的影响

脂肪酶不但具有位置专一性，还具有脂肪酸专一性。在相同的反应体系和反应条件下，脂肪酶对各中长链脂肪酸的识别能力并不相同，因此脂肪酶催化各中长链脂肪酸与淀粉的酯化比活力和产物取代度也并不相同。酶酯化比活力和产物取代度与脂肪酸的碳链长度有关，当碳链长度在 $C_8 \sim C_{16}$ 的范围内，酶酯化比活力虽然随碳链长度的增加而有所下降,但下降趋势并不明显。而产物取代度随碳链长度的增加有明显的减小。当碳链长度增加到 20 个碳时,反应结束后取代度的测定值基本为零。然而酶的催化反应活性不仅与脂肪酸的碳链长度有关,还与脂肪酸的饱和度有关,同为 18 个碳的硬脂酸和油酸与预处理玉米淀粉发生酯化反应后,油酸淀粉酯的取代度要比硬脂酸淀粉酯高近 8 倍,酶酯化比活力也明显高于硬脂酸淀粉酯。然而,脂肪酸的碳链长度及其饱和度都会影响脂肪酸的溶解度,在无溶剂体系中,中长链脂肪酸的液化对酶促酯化反应有着至关重要的作用,它既影响着底物的混合及体系的均一性,也影响了底物的传质流动从而影响酶促酯化反应的能力。脂肪酸的侧链结构也对酶促反应产生影响,例如,在有机溶剂体系中用固定化脂肪酶无法催化阿魏酸与预处理玉米淀粉发生酯化反应生成阿魏酸淀粉酯,但若用阿魏酸乙酯代替阿魏酸,这个转酯化反应是可以进行的。同样用固定化脂肪酶催化琥珀酸和琥珀酸酐与淀粉发生反应,合成琥珀酸淀粉酯,后者得到的产物取代度较大。以上例子说明,若脂肪酸的侧链使得脂肪酸的疏水性更强,有利于酶促反应的进行[93-95]。

4. 反应介质对脂肪酶催化反应的影响

1) 有机溶剂体系

不同有机溶剂作为脂肪酶催化合成的反应介质对酶的催化活性有不同的影响。亲水性有机溶剂丙酮、乙腈和叔丁醇等有利于溶解水溶性底物,但这些亲水性的有机溶剂会夺取酶分子中保持其催化活性的必需水,从而降低酶的催化活性,甚至使酶失活[96]。疏水性的有机溶剂如己烷、异辛烷等有助于保持酶的催化活性,但不利于水溶性底物的溶解,使酯化合成的反应速率极其缓慢[97]。在淀粉的酯化改性中,由于淀粉是葡萄糖的高聚体,一般的有机试剂无法将其溶解。目前仅有少数几种高极性的有机溶剂可以作为淀粉的溶剂,常用于作为脂肪酶催化反应介质的有二甲基亚砜和二甲基甲酰胺,但该种有机溶剂只能作为助溶剂应用于脂肪酶的催化反应中,不能作为溶剂大剂量的应用,因为这些溶剂无论是单独应用还是配比混合应用都会对酶的活力有一定的抑制作用,其中二甲基甲酰胺的影响较小,其次是以二甲基亚砜与二甲基甲酰胺的混合液作为助溶剂,影响最大的是二甲基亚砜。脂肪酶 Novozym 435 在以二甲基亚砜、二甲基甲酰胺及二者等体积的混合溶液作为助溶剂的反应介质中,反应 8h 之内仍能保持较高的活力,但随助溶剂与酶作用时间的延长对酶活力抑制作用逐渐加强,当作用时间为 24h 时酶活力仅为原来的 4%。虽然助溶剂的加入对酶活力产生抑制作用,但适量的助溶剂可以提高酶催化反应的初速度。主要是因为助溶剂的加入有助于反应体系中脂肪酶发挥其催化酯化反应活性促进的油-水界面的形成、有效降低底物传质限制,大大增加两底物之间的接触概率,从而促进酶催化酯化反应的进行,提高酶的反应初速率。但是由于二甲基亚砜和二甲基甲酰胺的极性较大,酶表面微环境失水严重,酶二级结构发生改变(α-螺旋和β-折叠),从而使酶的活力大大降低。

2) 无溶剂体系

无溶剂体系是指反应体系中没有附加的溶剂,只含有反应物和酶,酶直接作用于反应底物。其具有以下突出的优点:可避免有机溶剂引起的毒性及易燃问题,这对于食品、化妆品、药物的生产尤为重要;减小反应体积,反应速率快,产物收率高,最终产物易于分离纯化,环境污染小,满足产品和生产的安全性,是一种极具潜力的清洁反应新技术[98];对酶的活力和选择性影响不大,同时由于没有溶剂的稀释作用,产物浓度提高。无溶剂体系中包含底物的液相和含有酶的固相,因此反应速率受到内、外传质的限制。而且固定化酶的载体也会影响传质过程,同时反应体系黏度大,底物浓度大,也会影响传质过程,从而降低产物得率。而在脂肪酶催化中长链脂肪酸淀粉酯合成的研究中,所用的酰基供体长链脂肪酸在一定温度下是流态,因此可以在无溶剂体中实现脂肪酶的催化合成。并且同一种脂肪酶催化同一种底物发生反应,在无溶剂体系中所获得的产物的取代度要远远高于在微溶剂体系中。这主要是由于在无溶剂体系中,因为没有有机溶剂的存在,底物无需在有机溶剂和酶活性中心进行分配,使得底物与酶活性中心直接接触发生反应。而在有机溶剂存在的条件下,底物不仅要在有机溶剂和酶活性中心进行分配,同时在酶催化两底物发生酯化反应之前,底物和酶必须先除去表面的有机溶剂才能相互接触发生反应,这就大大减慢了酶的催化反应速率。

3) 离子液体体系

离子液体作为一类新颖的溶剂,具有几乎没有蒸气压,能有效溶解多种有机、无机化合物,热稳定性高,能保持或提高生物催化反应效率等优点,是替代传统挥发性有机溶剂,解决其在应用过程中产生的严重的环境污染、健康危害、安全威胁以及设备腐蚀等问题,是发展绿色化学的有效途径。在离子液体与淀粉领域结合的十几年里,多种离子液体被证明对淀粉有良好的溶解性,同时多种脂肪酶在离子液体中表现强的催化活性,因而在离子液体中淀粉的生物催化转化是一种有效的手段。普通玉米淀粉、高直链玉米淀粉和蜡质玉米淀粉在[Bmim]Cl中的最大溶解度为10.75g/100gIL、11g/100gIL、10.25g/100gIL,在[Bmim]Ac中的最大溶解度分别为9.5g/100gIL、9.75g/100gIL、9.25g/100gIL。温度升高有利于离子液体中淀粉溶解。三种淀粉在[Bmim]Cl中80℃时开始溶解,溶解时间为17~22h,温度达到120℃,淀粉在6min时即可完全溶解。对于离子液体[Bmim]Ac淀粉70℃时开始溶解,溶解时间为9~13h,温度达到110℃,淀粉在7min时即可完全溶解。

淀粉溶液浓度在1%~5%时,溶解时间基本不变。在[Bmim]Cl蜡质玉米淀粉浓度达到70%,普通玉米淀粉、高直链玉米淀粉浓度达到10%时,溶解时间显著增加。在[Bmim]Ac 中，三种淀粉浓度达到 7%，溶解时间开始增加，达到 10%时，淀粉无法完全溶解。水分的加入不利于离子液体溶解淀粉。淀粉浓度越高，溶解温度越高，溶液体系中能承受的最大含水量越少。一定温度下，淀粉-离子液体均相体系所能承受的最大含水量与对应的该溶液的最初淀粉浓度呈现线性相关性。离子液体溶解淀粉时主要受阴离子影响，阴离子的亲核性越强，越有利于淀粉颗粒的溶解，而当阴离子的亲核性低于一定值时，对淀粉颗粒不具有溶解性。目前，用离子液体作为反应介质通常有两种途径，一种是用离子液体，如[Bmim][BF$_4$]和[Bmim]Ac 的混合溶液直接作为反应介质，使用脂肪酶催化剂脂肪酸甲酯与淀粉发生酯交换反应合成脂肪酸淀粉酯；另一种是先采用离子液体[Bmim]C$_1$对淀粉进行溶解，然后用乙醇将该离子液体洗去，再采用离子液体[Bmim][BF$_4$]作为反应介质，使用脂肪酸为酰基供体、脂肪酶为催化剂将溶解的淀粉进行催化酯化。无论是哪一种方法，目前采用的离子液体无法兼具溶解淀粉和保持脂肪酶活力的特性，从而使制备的脂肪酸淀粉酯的取代度有限。但利用离子液体可设计的特点，合成出适合脂肪酶催化合成脂肪酸淀粉酯的离子液体是未来的努力方向。

在离子液体中脂肪酶催化淀粉酯化，依赖于脂肪酶的催化活性三元组与离子液体、酰基供体的相互作用，反应主要遵循乒乓机制。混合离子液体体系下，淀粉分子能够良好地溶解，脂肪酶的活力可以得到保持，酰基供体的链长对产物取代度影响较小；两步法下，淀粉分子有少量聚集，脂肪酶活力保持较好，酰基供体链长对产物取代度影响较大[99]。

4) 反胶束体系

反胶束体系是表面活性剂溶解于非极性溶液中，形成非极性环境围绕极性核的反应体系，即油包水型(W/O)微乳液。该方法是在脂肪酶表面吸附少量的表面活性剂，表面活性剂的用量不应将酶的表面全部覆盖，形成脂肪酶表面活性剂离子对，增加了脂肪酶在以有机溶剂为反应体系中的溶解性，形成反胶束，催化酯化反应的发生。而反应体系中对酶进行一定修饰后才能获得高取代值淀粉酯，Bruno 等在以异戊烷为有机溶剂的反应体系中，加入通过相转移法制成的枯草蛋白酶-2-乙基己基琥珀酸酯磺酸钠[bis(2-ethylhexyl)sulfosuccinate sodium salt, AOT]离子对，催化癸酸乙酯与淀粉的转酯化反应。通过热重量分析法测定，制得的癸酸淀粉酯的取代度为 0.15～0.32。通过光电子能谱发现，酯化反应优先发生在淀粉颗粒的表面。研究进一步发现，使用未经预处理的酶直接加入该反应体系时，并没有发生酯化反应。Alissandrato 等利用脂肪酶-表面活性剂离子对在异戊烷有机相中，催化合成了末端带有三键的己炔酸淀粉酯，并且通过末端的三键与带有荧光的叠氮化物进行环加成反应，生成具有荧光性的淀粉酯。通过荧光显微镜观察到该荧光物质，进一步证明了己炔酸淀粉酯的生成。Chakraborty 等将淀粉制成平均粒径在 40μm 左右的纳米淀粉颗粒，并与酰基供体形成 AOT 微乳液，以固定化脂肪酶 Novozym 435 为催化剂,在 40℃条件下反应 48h,制得取代度为 0.8 的硬脂酸淀粉酯。通过同位素比质谱仪发现,尽管固定化脂肪酶存于大孔树脂的内部,但是纳米淀粉颗粒还是与脂肪酶发生接触,并成功催化了反应的发生[100-103]。

5) 体系水活度对脂肪酶催化淀粉酯合成的影响

脂肪酶自身含有一定的水分,水分对于维持酶活力构象是必需的。否则,酶不具有催化活力。然而,在脂肪酶催化淀粉的酯化反应中,水又是反应的副产物,过量的水会阻碍反应向酯化反应方向进行,使水解反应发生,从而影响反应的平衡。反应体系初始水活度对酶酯化比活力和产物取代度都会产生影响,而且对反应初始水活度加以控制,可以提高酶的酯化比活力,但由于副产物水的生成与积累使副反应水解反应加强,仅控制反应体系初始水活度并不能改变酶促反应的平衡。然而,向初始反应体系中加入不同的饱和盐对以控制体系的水活度,可以除去反应过程中产生的多余水分,最大限度地降低酶的水解比活力,从而促进酶促反应平衡向酯化反应方向移动,大大提高了棕榈酸淀粉酯的取代度。反应体系水活度的大小不仅直接影响着脂肪酶的催化活性和反应平衡,也对脂肪酶周围水化层的特性产生影响,脂肪酶周围水化层的分布特性对酶的酯化比活力具有一定的影响[104-106]。

6) 反应体系的混合方式

由于底物淀粉不易溶解,脂肪酶催化脂肪酸淀粉酯的合成通常是在液-固体系中进行的,液-固体系中的反应体系的混合程度非常重要,特别是对无溶剂体系的反应,目前有试管加超声波处理、振荡和搅拌三种形式。在脂肪酶催化脂肪酸淀粉酯合成的过程中,磁力搅拌作用效果好于振荡的混合方式,通过磁力搅拌转速的调节能够完全克服外扩散对反应的影响。而在磁力搅拌的调节下用间隙式超声辅助处理可以进一步提高酶的催化反应活性。若反应过程中有水或甲醇等副产物会对酶促反应产生不利的影响,可以采用旋转蒸发的方式除去,此时旋转蒸发器的转速是克服体系外扩散的主要影响因素[107]。

5.9.3 脂肪酶催化脂肪酸淀粉酯合成的反应机制研究

用于脂肪酸淀粉酯合成的酶主要为脂肪酶,来自南极假丝酵母(*Candida antarctica*)、金黄色葡萄球菌(*Staphylococcus aureus*)、黑曲霉(*Aspergillus niger*)等。在非水相中进行的酶促反应,酯水解反应向着酯合成反应方向进行,从而使酶法催化合成长链脂肪酸淀粉酯成为可能。脂肪酶多用于长链脂肪酸淀粉酯的合成,其反应机理为:酶的活性中心含有亲核基团(如丝氨酸的羟基、半胱氨酸的巯基、组氨酸的咪唑基),这些基团都有共用的电子对作为电子的供体,与脂肪酸中羧基的碳原子即亲电子基团以共价键的方式结合,形成酰化酶中间产物,接着酰基从中间产物转移到另一酰基受体淀粉分子中,形成脂肪酸淀粉酯。反应历程如下:

第 5 章 脂肪酶催化淀粉酯的合成

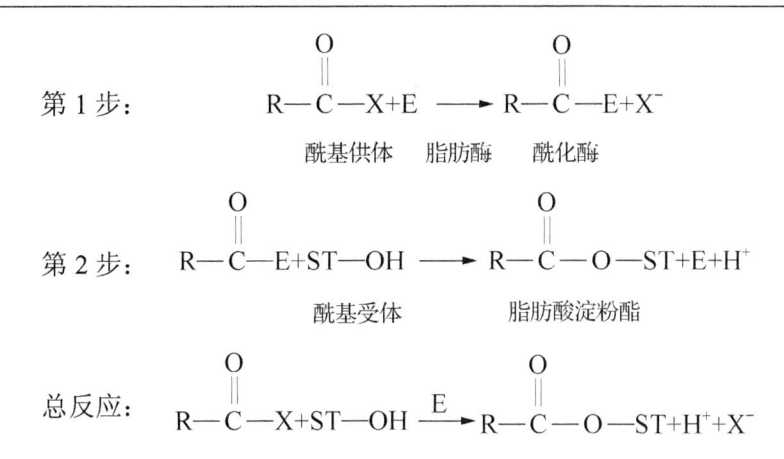

第 1 步：
$$R-\overset{O}{\underset{\|}{C}}-X + E \longrightarrow R-\overset{O}{\underset{\|}{C}}-E + X^-$$
酰基供体　脂肪酶　　酰化酶

第 2 步：
$$R-\overset{O}{\underset{\|}{C}}-E + ST-OH \longrightarrow R-\overset{O}{\underset{\|}{C}}-O-ST + E + H^+$$
酰基受体　　　　脂肪酸淀粉酯

总反应：
$$R-\overset{O}{\underset{\|}{C}}-X + ST-OH \xrightarrow{E} R-\overset{O}{\underset{\|}{C}}-O-ST + H^+ + X^-$$

式中，X 为 RCOO、OR、Cl、OH。

在非水相中，酶的催化活性受到很多因素的影响，包括有机溶剂、反应体系、水含量、酶的利用方式等。在水相体系中，酶表面极性带电荷的氨基酸侧链能与水分子相互作用，使酶分子有较大的催化表面积，而在疏水性有机溶液中，这些氨基酸侧链会转向酶分子内部，在酶分子表面高度包裹，减少酶分子的可溶表面积，降低酶催化的柔韧性，从而抑制了酶的催化活性。在非水相催化反应中，水含量也是影响酶催化活性的重要因素，正是由于在微观上酶分子表面这层微观水的存在，才使得宏观上非水相体系中酶具有催化活性。水分子的存在可以通过氢键、疏水键等作用力维持酶分子的催化构象。对于亲水性的有机溶剂，会吸附酶分子表面的必需水，使得酶分子变为刚性状态，失去酶催化构象的柔韧性。因此反应体系中，适当含量的水是必需的。同时，酶的利用形式也会影响其催化活性及耐受性。酶在非水相中的利用方式主要有 3 种方式：酶的化学修饰、酶的固定化以及酶的定点突变。酶的化学修饰是利用戊二醛或聚乙二醇与酶进行化学交联，得到交联酶晶体，提高酶分子在有机相中的溶解性和稳定性，同时能提高反应活性。酶的固定化是用载体将酶固定在特定的区域，使得酶仍具有催化活性，并且可以重复利用。研究发现，除了具有普通酶的性质外，酶的固定化使其在有机溶剂中的稳定性提高；酶的定点突变是用分子生物学的方法定向改造酶分子的结构，并通过高通量筛选出有机溶剂耐受性酶，提高酶在非水溶剂中活性和催化能力。

在无溶剂体系中，脂肪酶 Novozym 435 能催化玉米淀粉与中长链脂肪酸发生酯化反应，并有很好的酯化比活力。这主要是由于：在无溶剂体系中，底物分子周围没有溶剂，因此不会对酶活力产生影响；同时在反应过程中酶分子与底物直接接触，无需去溶剂效应这一过程，而使反应速率加快；反应体系适度的水活度使得固定化脂肪酶表面形成一层均匀连续的、厚度适宜的水化层；由于预处理淀粉分子上的羟基(亲水性)和中长链脂肪酸上的羧基(疏水性)具有相反的极性，因而适宜比例的两底物可以有序地分布排列在固定化脂肪酶分子的表面；从而在酶分子表面的水分子层上又形成一底物分子层，这种水分子层和底物分子层的形成不仅有利于底物分子流动，同时油-水界面的形成也为脂肪酶发挥其催化活性提供了必要条件；由于中长链脂肪酸淀粉酯本身具有两亲性是一种很好的表面活性剂，它的生成和累积有助于脂肪酶周围油-水界面的形成和底物的分布与排列；同时，中长链脂肪酸淀粉酯具有疏水性使其一生成便能很快地脱离酶的催化活性中心，从脂肪酶表面的水化层逃离出来，从而促进酶促酯化反应的进行，避免水解反应的发生。当不用外力增加酶与底物的接触时，底物分子与酶分子的结合、产物分子从酶活性中心的离去完全依靠自身扩散作用便能完成。

5.9.4 酯化淀粉取代度测定方法的分析

取代度(degree of substitution)是目前国际上通用的用来衡量淀粉酯化程度的唯一标准。在淀粉酯化改性的研究中，无论是采用传统的化学法还是酶法，淀粉酯化程度的分析是至关重要且极具意义的。目前已有几种不同的淀粉酯化产物取代度的测定方法，其中滴定法是目前现有的几种分析方法中最早被应用的，也是目前最常用的一种方法。它是由 Genung 等于 1941 年提出的。滴定法的基本原理是，当酯化改性淀粉在一定量的热氢氧化钠溶液中发生皂化反应时，酯键发生断裂生成游离的酰基，游离的酰基与钠离子形成酰基钠。当用标准盐酸溶液对皂化反应物进行反滴定时，通过计算皂化反应消耗的氢氧化钠的量推导出发生酯化反应的酰基的量。目前，这种方法仍然广泛地应用于淀粉酯化改性的分析和酯化程度的测定。近些年来随着科技的发展，出现了专门用于滴定反应的精密仪器，这种仪器的出现使得皂化-滴定法变得更精确，很少量的产物都可以被检测出来，操作起来更简便，数字显示器使读数更准确，滴定终点更好控制；元素分析法是利用红外光谱图和核磁共振图法进行淀粉酯化程度的计算，是近几年刚刚兴起的分析测定手段。元素分析法主要是通过测定样品中 C、H、O 三种元素的含量，然后与各理论取代度的样品中 C 元素的含量进行对照，以确定样品的取代度。红外光谱法和核磁共振法主要是通过酰基供体在红外谱图和核磁共振谱图上的碳链特征吸收峰来进行测定。高分辨的核磁共振法是通过测定脂肪链中—CH_3 上的 H 和葡萄糖上质子 H 在 ^1H NMR 图谱上峰面积的特定比值来确定样品的取代度，一般对取代度大于 2 的样品测定较为准确。采用红外光谱法来测定淀粉酯的取代度，样品可以不经过纯化、溶解直接进行测定，准确度很高。但是由于这两种方法需要特定的仪器且测定成本较高，合成产物具有一定的未知性，因而这两种高精密仪器的测定方法并没有得到普及。因此，在过去研究者一直热衷于皂化-滴定法。但是皂化-滴定法并不精确，不能真实地反映出淀粉的酯化改性程度。这主要因为滴定反应是使溶液 pH 回到未加氢氧化钠溶液前的 pH，而滴定终点的 pH 相当高以至于酰基钠的滴定反应非常不明显。尽管应用高精密的滴定仪器仍然存在一些问题，当氢氧化钠与淀粉及其酰基供体的混合物发生皂化反应后，由于氢氧化钠对淀粉产生的糊化作用使得体系的黏度很大，因此在滴定过程中很难形成均匀体系。这就导致了待测样的局部 pH 过高或者过低，从而影响产物取代度的测定。而且在皂化反应过程中，强碱溶液也会使淀粉发生一定程度的水解，从而也会对滴定反应产生影响，使取代度的测定结果偏高。而且即使用对照试验也无法排除干扰，而且对照试验的重复性非常低。相比较而言，甲醇醇解-气相色谱分析进行取代度的测定是目前方法中精确度较高、较简便、更适合应用于中长链脂肪酸淀粉酯取代度的分析与测定的方法。此方法中甲醇醇解的程度和醇解产物的萃取率对取代度的测定起着至关重要的作用。与广泛应用的淀粉酯取代度的测定方法皂化-滴定法相比，甲醇醇解-气相色谱法误差小、重复性好、灵敏度高[108-111]。

近年来，长链脂肪酸淀粉酯作为脂肪替代品、缓释药物载体和具有良好热塑性的生物降解材料在各领域已有广泛应用。随着研究的不断深入，权衡淀粉、酶和长链脂肪酸这三者的关系，找到一个适合的反应条件，以及提高酶法催化长链脂肪酸淀粉酯取代度问题都将成为未来的研究热点，并且随着可利用的酶的种类增多，酶法催化长链脂肪酸淀粉酯有更广阔的发展空间。

参 考 文 献

[1] 汪多仁. 蔗糖酯的开发及应用[J]. 杭州化工, 1996: 20-21.

[2] Gumel A M, Annuar M S M, Heidelberg T, et al. Lipase mediated synthesis of sugar fatty acid esters[J]. Process Biochemistry, 2011, 46: 2079-2090.

[3] 冯雷刚. 非水相脂肪酶催化合成糖酯的研究[D]. 天津: 天津科技大学硕士学位论文, 2004.

[4] 张桂菊, 徐宝财, 赵秋瑾, 等. 酶催化法合成食品乳化剂的研究进展[J]. 食品安全质量检测学报, 2014, 5(1): 116-121.

[5] 刘树英. 蔗糖脂肪酸酯在食品中的应用[J]. 食品科技, 1994, (5): 1-2.

[6] Yoshida S, Watanabe T, Honda Y, et al. Effects of water-miscible organic solvents on the reaction of lignin peroxidase of *Phanerochaete chrysosporium*[J]. Journal of Molecular Catalysis B: Enzymatic, 1997, 2: 243-251.

[7] Kamat S V, Iwaskewycz B, Beckman E J, et al. Biocatalytic synthesis of acrylates in supercritical fluids: Tuning enzyme activity by changing pressure[J]. Proceedings of the National Academy of Sciences of the United States of America, 1993, 90: 2940-2944.

[8] Lortie R. Enzyme catalyzed esterification[J]. Biotechnology Advances, 1997, 15: 1-15.

[9] Singh M, Singh S, Singh R S, et al. Corrigendum to transesterification of primary and secondary alcohols using *Pseudomonas aeruginosa* lipase[J]. Bioresource Technology, 2009, 100: 1884.

[10] Gumel A M, Annuar M S, Heidelberg T, et al. Thermo-kinetics of lipase-catalyzed synthesis of 6-*O*-glucosyldecanoate[J]. Bioresource Technology, 2011, (19): 8727-8732.

[11] Yan Y, Bornscheuer U T, Cao L, et al. Lipase-catalyzed solid-phase synthesis of sugar fatty acid esters: Removal of byproducts by azeotropic distillation[J]. Enzyme and Microbial Technology, 1999, 25: 725-728.

[12] Adnani A, Basri M, Chaibakhsh N, et al. Lipase-catalyzed synthesis of a sugar alcohol-based nonionic surfactant[J]. Asian Journal of Chemistry, 2011, 23: 388-392.

[13] Jia C, Zhao J, Feng B, et al. A simple approach for the selective enzymatic synthesis of dilauroyl maltose in organic media[J]. Journal of Molecular Catalysis B: Enzymatic, 2010, 62: 265-269.

[14] Degn P, Zimmermann W. Optimization of carbohydrate fatty acid ester synthesis in organic media by a lipase from *Candida antarctica*[J]. Biotechnology and Bioengineering, 2001, 74: 483-491.

[15] Chang S W, Shaw J F. Biocatalysis for the production of carbohydrate esters[J]. New Biotechnology, 2009, 26: 109-116.

[16] Ganske F, Bornscheuer U T. Lipase-catalyzed glucose fatty acid ester synthesis in ionic liquids[J]. Organic Letters, 2005, 7: 3097-3098.

[17] Kimizuka N, Nakashima T. Spontaneous self-assembly of glycolipid bilayer membranes in sugar-philic ionic liquids and formation of ionogels[J]. Langmuir, 2001, 7(22): 6759-6761.

[18] Lee S H, Dang D T, Ha S H, et al. Lipase-catalyzed synthesis of fatty acid sugar ester using extremely supersaturated sugar solution in ionic liquids[J]. Biotechnology and Bioengineering, 2008, 99(1): 1-8.

[19] Habulin M, Šabeder S, Knez Ž.Enzymatic synthesis of sugar fatty acid esters in organic solvent and in supercritical carbon dioxide and their antimicrobial activity[J]. The Journal of Supercritical Fluids, 2008, 45(3): 338-345.

[20] Yoshida Y, Kimura Y, Kadota M, et al. Continuous synthesis of alkyl ferulate by immobilize *Candida antarctica* lipase at high temperature[J]. Biotechnology Letters, 2006, 28: 1471-1474.

[21] Yu Z, Chang S, Wang H, et al.Study on synthesis parameters of lipase catalyzed hexyl acetal supercritical CO_2 by response surface methodology[J]. Journal of the American oil Chemists, Society, 2003, 80: 139-144.

[22] Yu J, Zhang J, Zhao A, et al. Study of glucose ester synthesis by immobilized lipase from *Candida* sp[J]. Catalysis Communications, 2008, 9: 1369-1374.

[23] Engasser J M, Chamouleau F, ChebilL, et al. Kinetic modeling of glucose and fructose dissolution in 2-methyl-2-butanol[J]. Biochemical Engineering Journal, 2008, 42: 159-165.

[24] Arahomjoo S, Alemzadeh I. Surfactant Production by an enzymatic method[J]. Enzyme and Microbial Technology, 2003, 33(1): 33-37.

[25] Divakar S, Manohar B. Use of lipases in the industrial production of esters[J]. Industrial Enzyme, 2007: 283-300.

[26] Juhl P B, Doderer K, Hollmann F, et al. Engineering of *Candida antarctica* lipase B for hydrolysis of bulky carboxylic acid esters[J]. Journal of Biotechnology, 2010,150(4): 474-480.

[27] Yan Y. Enzylnatic Production of sugar fatty acid esters[D]. Germany: University of Stuttgart, 2001.

[28] Yan Y, Bornscheuer U T, Stadler G, et al. Production of sugar fatty acid estrs by enzymatic esterification in a stirredank membrane reactor: Optimization of parameters by response surface methodology[J]. Journal of the American oil Chemists' Society, 2001, 78(2): 147-153.

[29] SoultaniS, EngasserJ, Ghoul M. Effect of acyl donor chain length and sugar/acyl donor ratio on enzymatic synthesis offatty acid fructose esters[J]. Journal of Molecular Catalysis B: Enzymatic, 2001, 11: 725-731.

[30] Tsuzuki W, Kitamura Y, Suzuki T, et al. Effects of glucose on lipase activity[J]. Bioscience,Biotechnology and Biochemistry, 1999, 63: 467-470.

[31] Cauglia F, Canepa P. The enzymatic synthesis of glucosyl myristate as a reaction model for general considerations on sugar esters production[J]. Bioresource Technology, 2008, 99: 4065-4072.

[32] Salem J H, Humeau C, Chevalot I, et al. Effect of acyl-donor chain length on isoquercitrin acylation and biological activities of corresponding esters[J]. Process Biochemistry, 2010, 45: 382-389.

[33] 李军生, 谭贤勇. 脂肪酶催化合成蔗糖-6-月桂酸单酯的研究[J]. 广西工学院学报, 2006, 17(1): 43-46.

[34] 王萍, 杜理华, 何秀娟, 等. 蔗糖棕榈酸单酯的选择性酶促合成及其性能研究[J]. 浙江工业大学学报, 2012,

40(5): 488-492.

[35] 万会达, 夏咏梅. 酶催化区域选择性合成蔗糖酯的研究进展[J]. 日用化学工业, 2010, (1): 48-53.

[36] de Goede A T J W, van Oosterom M, van Deurzen M P J, et al. Selective lipase-catalyzed esterification of alkyl glycosides[J]. Biocatalysis, 2009, 9: 145-155.

[37] Hailing P J.What can we learn by studying enzymes in non-aqueous media[J]. Philosophical Transactions of the Royal Society of London, 2004(1448): 1287-1297.

[38] Humeau C, Girardin M, Rovel B, et al. Effect of the thermodynamic water activity and the reaction medium hydrophobicity on the enzymatic synthesis of ascorbyl palmitate[J]. Journal of Biotechnology, 1998, 63: 1-8.

[39] Yu D, Tian L, Ma D, et al. Microwave-assisted fatty acid methyl ester production from soybean oil by Novozym 435[J]. Green Chemistry, 2010, 5: 844-850.

[40] Wehtje E, Kaur J, Adlercreutz P, et al. Water activity control in enzymatic esterification processes[J]. Enzyme and Microbial Technology, 1997, 21(97): 502-510.

[41] Chamouleau F, Coulon D, Girardin M, et al. Influence of water activity and water content on sugar esters lipase-catalyzed synthesis in organic media[J]. Journal of Molecular Catalysis B: Enzymatic, 2001, 11: 949-954.

[42] 侯爱军, 徐冰斌, 梁亮, 等. 改进铜皂一分光光度法测定脂肪酶活力[J]. 皮革科学与工程, 2011, 21(1): 22-27.

[43] Ferrer M, Cruces M A, Plou F J,et al. Chemical versus enzymatic catalysis for the regioselective synthesis of sucrose esters of fatty acids[J]. Studies in Surface Science and Catalysis, 2000: 509-514.

[44] Liu X, Gong L, Xin M, et al. The synthesis of sucrose ester and selection of its catalyst[J]. Journal of Molecular Catalysis A: Chemical, 1999, 147: 37-40.

[45] Fewer M, Soliverib J, Ploua F J ,et al. Synthesis of sugar esters in solvent mixtures by lipases from *Thermomyces lanuginosus* and *Candida antarctica* B, and their antimicrobial properties[J]. Enzyme and Microbial Technology, 2005, 36:391-398.

[46] 于大海, 王智, 王绍峰, 等. 脂肪酶催化糖酯合成反应的底物选择性研究[J]. 2004 年全国生物技术学术研讨会论文集, 2004.

[47] Guncheva M, Zhiryakova D. Catalytic properties and potential applications of *Bacillus* lipase[J]. Journal of Molecular Catalysis B: Enzymatic, 2011,68: 1-21.

[48] Long Z D, Xu J H, Pan J. Significant improvement of *Serratia marcescens* lipase fermentation, by optimizing medium, induction, and oxygen supply[J]. Applied Biochemistry and Biotechnology, 2007,142(2): 148-157.

[49] Cao L, Bornscheuer U T, Schmid R D. Lipase catalyzed solid phase synthesis of sugar esters[J]. J mol catal B :Enzym, 1999, 6 : 279-285.

[50] Joana F, Cortez Biscaia. Enzymatic Synthesis of Carbohydrates Fatty Acid Esters in a Highly Concentrated Aqueous System and in an Organic Solvent[D]. Ins t : tuto superior TÉCNICO Univer sidade Técnica de Lisboa, 2008.

[51] Ong A L, Kamaruddin A H, Bhatia S, et al.Performance of free *Candida antarctica* lipase B in the enantioselective esterification of(R)-ketoprofen[J]. Enzyme and Microbial Technology, 2006, 39(4): 924-929.

[52] 陈志刚, 宗敏华, 娄文勇. 非水介质中酶促糖酯合成研究进展[J]. 分子催化, 2007, 21(1): 90-95.

[53] Uehara A, Imai M, Suzuki I. The most favorable condition for lipid hydrolysis by *Rhizopus delemar* lipase in combination with a sugar-ester and alcohol W/O micro-emulsion system[J]. Colloids and Surfaces A:Physicochemical and Engineering Aspects,2008, 324(1-3): 79-85.

[54] Walsh M K, Bombyk R A, Wagh A, et al.Synthesis of lactose monolaurate as influenced by various lipases and solvents[J]. Journal of Molecular Catalysis B: Enzymatic, 2009, 60 (3-4): 171-177.

[55] 戴清源, 朱秀灵. 非水相中脂肪酶催化合成糖酯类食品添加剂的研究进展[J]. 食品工业科技, 2012, 33(10):

385-389.

[56] 邱华, 齐暑华, 王劲. 蔗糖酯的合成研究进展[J]. 高分子通报, 2007, 10: 47-51.

[57] 彭立凤. 脂肪酶催化合成糖酯研究进展[J]. 粮油食品科技, 1999(5): 15-17.

[58] 王宇新. 非水相体系脂肪酶催化糖酯的合成[D]. 哈尔滨: 哈尔滨商业大学硕士学位论文, 2015.

[59] Brain W P. The first hundred years corn refining in the United States[J]. Starch, 2001, 53: 257-260.

[60] 徐忠书, 廖铭. 功能性变性淀粉[M]. 北京: 中国轻工业出版社, 2010.

[61] Tester R F, Karkalas J, Qi X. Starch-composition, fine structure and architecture[J]. Journal of Cereal Science, 2004, (39): 151-165.

[62] 高嘉安. 淀粉与淀粉制品工艺学[M]. 北京: 中国农业出版社, 2001: 21-25.

[63] 张天胜, 等. 生物表面活性剂及其应用[M]. 北京: 化学工业出版社, 2005: 3-10.

[64] Ferrer M, Cruces M A, PlouF J, et al. A sample procedure for regioseleetive synthesis of fatty acid esters of maltose, leucrose, maltotriose and n-dodecyl maltosides[J]. Tetrahedron, 2000, 56: 4053-4061.

[65] Tokukura M, Kawauchi T, Watanab T. Food preservatives containing coated bacteriostatic agents[J]. JP: 2000041642A2, 2000:02-15.

[66] Sumnu G. Quality control charts for storage of pears[J]. European Food Research and Technology, 2000, 211(5): 355-359.

[67] Moser G A, Melaehlan M S A. non-absorbable dietary fat substitute enhances elimination of persistent lipophilic contaminants in humans[J]. Chemosphere, 1999, 39(9): 1513-521.

[68] 张燕萍, 徐爱国. 硬脂酸玉米淀粉酯在低脂植脂奶油中的应用[A]. 中国淀粉工业协会变性淀粉专业委员会第八次学术报告/经验交流会论文集, 哈尔滨, 中国淀粉工业协会, 2005.

[69] 徐爱国, 张燕萍, 孙忠伟. 淀粉基脂肪替代品-低取代度硬脂酸淀粉酯的制备工艺研究[J]. 食品工业科技, 2004, 25(5): 5-87.

[70] Hasuly M J, Trzasko P T. Textile warp size[P]. US, 4758279, 1986.

[71] Wolf B W, Wolever T M S, Bolognesiet C, et al. Glycemic response to a food starch esterified by 1-octenyl succinic anhydride in humans[J]. Journal of Agricultural and Food Chemistry, 2001, 49(5): 2674-2678.

[72] Peltonen, Soili, Harju. Application and methods for the preparation of fatty acid esters of polysaccharides[P]. US, 5589577, 1996.

[73] Mellul, Myriam, Candau, et al. Cosmetic compositions containing a dispersion of solid particles, the surface of which is coated with a cationic polymer[P]. US, 6083491, 2000.

[74] Bikiaris D, Aburto J, Alric I, et al. Mechanical properties and biodegradability of LDPE blends with fatty-acid esters of amylose and starch[J]. Journal of Applied Polymer Science, 1999, 71: 1089-1100.

[75] Tarvainen M, Sutinen R, Peltonen S, et al. Enhanced film-forming properties for ethyl cellulose and starch acetate using n-alkenyl succinic anhydrides as novel plasticizers[J]. European Journal of Pharmaceutical Sciences, 2003, 19(5): 363-371.

[76] 汤化钢, 夏文水, 袁生良. 维生素E微胶囊化研究[J]. 食品与机械, 2005, 21(1): 4-7.

[77] Heacocka P M, Hertzlera S R, Wolf B. The glycemic, insulinemic, and breath hydrogen responses in humans to a food starch esterified by 1-octenyl succinic anhydride[J]. Nutrition Research, 2004, 24(8): 581-592.

[78] Alissandratos A, Baudendistel N, Flitsch S L, et al. Lipase-catalysed acylation of starch and determination of the degree of substitution by methanolysis and GC[J]. BMC Biotechnology, 2010, 10(82): 11-25.

[79] Zaks A, Kibanov A M. Enzymatic catalysis in organic media at 100℃[J]. Science, 1984, 224: 1249-1251.

[80] Tamaki S. Structural change of potato starch granules by ball-mill treatment[J]. Starch-Stärke, 1997, 49: 431-436.

[81] Huang Z Q, Lu J P, Li X H, et al. Effect of mechanical activation on physico-chemical properties and structure of cassava starch[J]. Carbohydrate Polymers, 2007, 68: 128-135.

[82] Mao G J, Wang P, Meng X S, et al. Crosslinking of corn starch with sodium trimetaphosphate in solid state by microwave irradiation[J]. Journal of Applied Polymer Science, 2006, 102: 5854-5860.

[83] Yu H M, Chen S T, Suree P, et al. The effects of microwave irradiation on the acid-catalyzed hydrolysis of starch[J]. The Journal of Organic Chemistry, 1996, 61(26): 9608-9614.

[84] 赵秀娟, 于国萍. 脂肪酶催化合成硬脂酸淀粉酯的研究[J]. 东北农业大学学报, 2008, 10:89-93.

[85] Rajan A, Prasad V S, Emilia Abraham T. Enzymatic esterification of starch using recovered coconut oil[J]. International Journal of Biological Macromolecules, 2006, 39(4-5): 265-272.

[86] Shi R, Zhang Z Z, Liu Q Y. Characterization of citric acid/glycerol coplasticized thermoplastic starch prepared by melt blending[J]. Carbohy. Polym, 2007, 69:748-755.

[87] 封禄田, 曾波, 王晓波. 柠檬酸改性玉米淀粉的研究[J]. 沈阳化工大学学报. 2011, 2:105-109.

[88] 于密军. 柠檬酸改性豌豆淀粉的研究[D]. 天津大学硕士论文, 2008: 76-98.

[89] 王恺, 刘亚伟, 田树田, 等. 高取代度柠檬酸酯淀粉制备研究[J]. 粮食与油脂, 2007, 4: 23-25.

[90] Evers A O, McDermott E E. Scanning electron microscopy of wheat starch Ⅱ. Structure of granules modified alpha-amylolysis, preliminary report[J]. Starch-Stärke, 1970, 22: 23-26.

[91] Soumanou M M, Bornscheuer U T. Improvement in lipase-catalyzed synthesis of fatty acid methyl esters from sunflower oil[J]. Enzyme and Microbial Technology, 2003, 33(1): 97-103.

[92] Chen J, Jane J. Properties of granular cold-water-soluble starches prepared by alcoholic-alkaline treatments[J]. Cereal Chemistry, 1994, 71(6): 623-626.

[93] Adachi S, Kobayashi T. Synthesis of esters by immobilizedlipase-catalyzed condensation reaction of sugars and fatty acids in water- miscible organic solvent[J]. Journal of Bioscience and Bioengineering, 2005, 99(2): 87-94.

[94] Zhang D H, Bai S, Sun Y. Lipase-catalyzed regioselective synthesis of monoester of pyridoxine (vitamin B_6) in acetonitrile[J]. Food Chemistry, 2007, 102(4): 1012-1019.

[95] 张蕾, 辛嘉英, 陈林林, 等. 无溶剂体系脂肪酶催化合成阿魏酸双油酸甘油酯[J]. 农产品加工, 2008, 7: 37-41.

[96] Song X Y, He G Q, Ruan H, et al. Preparation and properties of octenyl succinic anhydride modified early indica rice starch[J]. Starch-Stärke, 2006, 58: 109-117.

[97] Yoshimur T, Yoshimura R, Seki C, et al. Synthesis and characterization of biodegradable hydrogels based on starch and succinic anhydride[J]. CarbohydratePolymers, 2006, 64: 345-349.

[98] Saartrata S, Puttanlekb C, Rungsardthongc V, et al. Paste and gel properties of low-substituted acetylated canna starches[J]. Carbohydrate Polymers, 2005, 61: 211-221.

[99] Lu X X, Luo Z G, Yu S J, et al. Lipase-catalyzed synthesis of starch palmitate in mixed ionic liquids[J]. Journal of Agricultural and Food Chemistry, 2012, 8(25): 1-7.

[100] 周晓露, 宗敏华, 姚汝华. 促进非水相酶反应的研究进展[J]. 分子催化, 2000, 14(6): 452-460.

[101] 茅庆成, 许建和, 胡英, 等. 逆胶束系统中脂肪酶对橄榄油的水解[J]. 华东化工学院学报, 1992, 18(2): 276-280.

[102] Zaks A, Empie M, Gross A. Potentially commercial enzymatic processes for the fine and specialty chemical industry[J]. Trends in Biotechnology, 1998, 6(11): 272-275.

[103] Hayes D G, Gulari E. Formation of polyol-fatty acid esters by lipase in reverse micellar media[J]. Biotechnology and Bioengineering, 1992, 40: 110-118.

[104] Kang I J, Pfromm P H, Rezac M E. Real time measurement and control of thermodynamic water activities for enzymatic catalysis in hexane[J]. Journal of Biotechnology, 2005, 119(2): 147-154.

[105] 王越, 张苓花. 四氢嘧啶提高脂肪酶催化合成油酸乙酯产率的研究[J]. 食品工业科技, 2010, 11: 224-227.

[106] Xiao Y W, Wu Q, Cai Y, et al. Ultrasound-accelerated enzymatic synthesis of sugar esters in nonaqueous solvents[J]. Carbohydrate Research, 2005, 340: 2097-2103.

[107] Kuhll P, Elchhorn U, Jakubke H D. Enzymic peptide synthesis in microaqueous, solvent-free systems[J]. Biotechnology and Bioengineering, 1995, 3(45): 276-278.

[108] Miladinov V D, Hanna M A. Starch esterification by reactive extrusion[J]. Industrial Crops and Products, 2000, 11(1): 51-57.

[109] Gao S J, Nishinari K. Effect of degree of acetylation on gelation of konjac glucomannan[J]. Biomacromolecules, 2004, 5(1): 175-185.

[110] Forrest B. Identification and quantitation of hydroxypropylation of starch by FTIR[J]. Starch-Stärke, 1992, 44(5): 179-183.

[111] 梅洁, 陈家杨, 欧义芳. 醋酸纤维素的现状与发展趋势[J]. 纤维素科学与技术, 1999, 7(4): 57-62.

第6章 脂肪酶催化阿魏酸酯的合成

6.1 阿魏酸与阿魏酸的衍生物

6.1.1 阿魏酸的性质与分布

阿魏酸(ferulic acid；FA)是一种羟基肉桂酸的衍生物，学名为4-羟基-3甲氧基肉桂酸(4-羟基-3-甲氧基-β-苯丙烯酸)，早在1886年，奥地利的科学家就从香阿魏(ferula foetida)中将其分离出来，1925年实现了化学合成[1]，阿魏酸的分子结构式如图6-1所示。

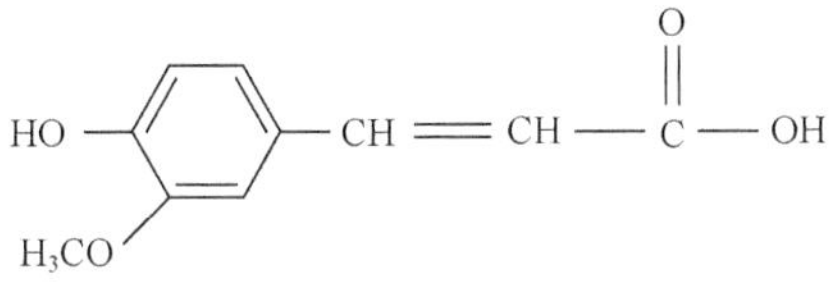

图6-1 阿魏酸分子结构

阿魏酸有顺式和反式两种，顺式为黄色油状物，反式为白色至微黄色斜方晶体，一般是指反式体，分子量194.19，熔点174℃，微溶于冷水，可溶于热水和乙酸乙酯，易溶于乙醇、甲醇、丙酮，稍溶于乙醚，难溶于苯、石油醚，见光易分解。阿魏酸分子中的烷烃较短，且含有双键，亲水性较强。

阿魏酸最初在植物的种子和叶子中发现，是高等植物中存在的酚类化合物。主要以阿魏酸酯的形式存在于玉米、小麦、西红柿和芦笋等植物的细胞壁及不溶性纤维中。阿魏酸的单体和二聚体是植物细胞初生壁的组成成分，在植物的种子和叶片上通常与木栓质和角质中的单糖、寡糖、多糖、糖蛋白、多胺、木质素和带羟基的脂肪酸以共价键结合。阿魏酸通过莽草酸途径产生，其合成前体为苯丙氨酸和酪氨酸。它在当归、川芎、阿魏、北升麻和酸枣仁等中药材中的含量较高，是这些中药的主要有效成分之一[2-5]。

食品中的阿魏酸以三种状态存在：水溶态、脂溶态和束缚态。水溶态阿魏酸存在于植物的细胞质中，该状态下的阿魏酸与一些小分子结合呈易溶态。脂溶态是指阿魏酸与一些脂溶性物质(甾醇等)结合，如谷维素，主要存在于植物表面的蜡质层中。束缚态指阿魏酸以酯或醚的形式与植物细胞壁物质(多糖、蛋白质和木质素)结合[6]。

6.1.2 阿魏酸及其衍生物的生理活性

1979 年，日本研究者发现从米糠油中提取的阿魏酸硬脂酸酯具有抗氧化活性[7]，从此阿魏酸的生理功能研究开始得到重视。阿魏酸毒性低，雄鼠的 LD_{50} 为 2445mg/kg，雌鼠的 LD_{50} 为 2113mg/kg。由于阿魏酸分子中含有双键，烷烃基较短，易亲水，很难透过生物膜脂质双分子层。因此对阿魏酸的结构进行改造修饰，得到一系列阿魏酸衍生物。有关研究证实，阿魏酸衍生物主要以阿魏酸盐和阿魏酸酯为主，还包括阿魏酸醚类和阿魏酸酰胺类衍生物。阿魏酸盐是利用阿魏酸的酸性，将其与无机碱(如 NaOH)、有机碱(如哌嗪、川芎嗪)等形成盐，得到了阿魏酸钠、阿魏酸哌嗪、阿魏酸川芎嗪等盐类修饰物，增加了阿魏酸的溶解度[8,9]；阿魏酸酯是指阿魏酸分子结构中的羧基与醇或酚类化合物形成的酯及其酚羟基与有机酸形成的酯。报道表明阿魏酸衍生物基本上体现和保持了阿魏酸的生物学特性，并且比阿魏酸具有更强的生理活性和较低的毒性[10]。

近年来，阿魏酸及其衍生物已成为一种大宗的生物化工产品，并在医药、食品、化妆品等领域有着越来越广泛的应用。其具有多种生理功能，包括抗氧化、抑制自由基产生、抗紫外线辐射、抗血栓形成、降血脂、抗菌、抗炎、抗癌、止痛、调节内分泌及人体免疫功能等作用[11]。

(1) 抗氧化和清除自由基。阿魏酸及其衍生物具有很好的抗氧化活性，对过氧化氢、超氧自由基、羟自由基、过氧化亚硝基都有强烈的清除作用[12]。

阿魏酸不仅能猝灭自由基，而且能调节人体生理机能，抑制产生自由基的酶，促进清除自由基的酶的产生。主要由于阿魏酸的酚酸原子核有共轭侧链，它容易形成连续稳定的苯氧基团，可以通过直接清除自由基，抑制氧化反应和自由基反应，保护生物膜脂质等多种机理来防止自由基对组织的损害。由阿魏酸和聚合物自由基反应生成的聚阿魏酸可以增加动物细胞中的环腺苷酸，抑制环核苷酸磷酸二酯酶，作为保健食品可以改善肺内皮感染与肺积水[13]。

(2) 抗血栓。阿魏酸钠能抑制血小板聚集，抑制羟色胺、血栓素(TXA2)样物质的释放，选择性抑制 TXA2 合成酶活性，使前列环素(PGI2)/TXA2 比率升高，因而具有抗血栓作用。许多实验表明，阿魏酸抑制血小板聚集与释放在人、兔和大鼠身体上都得到了证实[14]。目前，在医学上用复方阿魏酸钠治疗脑血栓已有明显效用，该药能明显抑制血小板聚集($R<0.05$)，无明显副作用[15]。有研究表明，阿魏酸与亮氨酸、脯氨酸合成的衍生物抗血栓效果更好。这类物质不仅能抑制血栓的形成，而且能将凝集的血小板解聚。

(3) 降血脂作用。阿魏酸能竞争性地抑制肝脏中羟戊酸-5-焦磷酸脱氢酶活力，抑制肝脏合成胆固醇，从而达到降血脂的目的[16]。阿魏酸的降脂作用已经得到了 Kamal-Eldin 等的证实[17]。

(4)抗菌与抗病毒。阿魏酸对一些细菌和病毒具有抑制作用,机理是阿魏酸能抑制与这些微生物生存有密切关系的酶的活力。阿魏酸对细菌的抑制作用主要是由于阿魏酸对细菌 N-乙酰转移酶有较强的抑制作用[18]。现已发现,阿魏酸能抑制宋内氏志贺氏菌、肺炎杆菌、肠杆菌、大肠杆菌、柠檬酸杆菌、绿脓杆菌等致病性细菌和 11 种造成食品腐败的微生物的繁殖[19,20]。阿魏酸对病毒的抑制机理还可能与它能抑制黄嘌呤氧化酶的活力有关,因为该酶与一些炎症性疾病关系密切。

(5)抗突变和防癌作用。阿魏酸对结肠癌、直肠癌、舌癌等癌症都表现出一定的抗癌活性,Kawabata 等[21]认为这可能与其激活解毒酶,如谷胱甘肽转硫酶、醌还原酶的活力有关。Kawabata 等采用偶氮甲烷(AOM)诱导 F334 鼠产生结肠癌,发现饲喂含有 500mg/kg 阿魏酸的异常病灶隐窝数下降 27%。

(6)对皮肤的保健。阿魏酸及其衍生物能改善皮肤品质,使其细腻、有光泽、富有弹性。因其具有两大特点:一是阿魏酸等酚性物质因其强氧化能力和能抑制酪氨酸酶活力,减少黑色素形成,对皮肤具有保健作用;二是阿魏酸在 290~330nm 附近有良好的紫外线吸收,而 305~315nm 的紫外线最易诱发皮肤红斑。所以,阿魏酸可抑制皮肤衰老、减少色斑生成以及美白皮肤,从而在化妆品中得到广泛应用[22]。1993 年,日本爱依沙公司开发出阿魏酸生发剂。1997 年,日本神户大学医学部用维生素 E 与阿魏酸合成维生素 E 阿魏酸酯,用于皮肤的美白护理或作祛斑治疗,对黑色素的形成有很强的抑制作用并抑制酪氨酸酶的活力[23],因此阿魏酸及其衍生物被公认为美容因子。

(7)在食品中的应用。阿魏酸作为一种有效因子可应用于功能食品。日本专利 JP2002145767 中报道了一种含阿魏酸的新制剂,可以治疗循环性疾病,适用于保健食品[24]。在麦麸膳食纤维中存在的戊聚糖是一种良好的面团改良剂,但它是通过阿魏酸等酚酸的活性双键的氧化胶化作用,与面粉中蛋白质结合成更大分子的网络结构,从而强化面团,改善其焙烤品质。阿魏酸可作为合成香兰素的前体物质,通过微生物酶将阿魏酸转化成香兰素。阿魏酸还是一种食品抗氧化剂[25],主要应用于肉类及面条加工上的油脂抗氧化[26],对油脂的水解型和酮解型酸败具有较好的抑制作用。日本 1975 年即用阿魏酸保存柑橘和作为亚麻籽油、大豆油和猪油的抗氧化剂。阿魏酸和抗环血酸或维生素 E 共同使用时,具有协同作用。阿魏酸低聚糖有较强的抗氧化活性,抗脂质体氧化的 IC_{50} 为 2.689mg/mL,其是一种良好的天然抗氧化剂[27]。除了以上介绍的功能外,阿魏酸及其衍生物还具有免疫调节和清除亚硝酸盐等作用[28]。

6.1.3 阿魏酸衍生物的合成

1. 化学合成法

阿魏酸从分子结构上来看存在许多活性基团,是一种具有较强反应活性的物质。阿魏酸分子中的活性基团有酚羟基、羧基、烯键和芳环,酚羟基可以发生酸碱中和反应生成盐,与烷基化剂生成醚,与羧酸反应生成酯;羧基可以与碱反应生成盐,与醇、胺、羧酸等缩合生成酯、酰胺、酸酐,还可以与酰氯化试剂反应生成酰氯;烯键可以发生亲电加成反应生成烷烃、卤化物、醇等,还可以发生聚合反应;芳环由于存在属于第一类定位基的羟基、甲氧基,亲电活性增大,通过亲电取代反应可引入卤素、硝基、磺酸基等[29]。

目前用化学合成方法比较完善地合成了阿魏酸酯类衍生物、阿魏酸酰胺类衍生物、阿魏酸醚类衍生物、阿魏酸酮类衍生物、芳环有取代基的阿魏酸衍生物。合成阿魏酸酯类衍生物化学方法有直接酯化法、溶剂共沸法、酰氯法、化学试剂法等。Elias 和 Rao 报道以羧酸香兰素酯为原料在丙酮的碱性溶液中反应合成阿魏酸酮类衍生物[30]。Nomura[31]发现采用酯化法将阿魏酸同五倍子酸结合可合成高抗化学致癌活性物质;Nomura 等发现酰胺化的阿魏酸衍生物具有明显的促进胰岛素释放功能,提出了基于阿魏酸合成安全的降血糖药物的设想。2003 年,Nomura 等[32]研究合成了阿魏酸异丙基酰胺、阿魏酸丁基酰胺、阿魏酸仲丁基酰胺,阿魏酸戊丁基酰胺等,这类化合物能够促进胰岛素的分泌。Rakotondramanana 等[33]通过氧化耦合法合成阿魏酸甲酯的二聚物,证明其具有较好的抗动脉粥样硬化和抗疟原虫的活性。Trombino 等[34]采用非均相法合成阿魏酸纤维素凝胶,将丙烯酸基团嵌入纤维素的骨架生成两个不同取代度的纤维素单体。合成的凝胶表现出良好的平衡溶胀性能,并且其能有效地清除 DPPH 自由基,因此能将这种生物材料应用于制药领域作为前提药物以提高热降解药物的稳定性。

在国内莫若莹等[35]报道了以香草醛和溴代烷或 3-氯-1,2-环氧丙烷反应得到的中间体再与阿魏酸反应得到了阿魏酸的醚类化合物。李天赐等[36]用溶剂共沸法合成了吲哚美锌阿魏酸-淀粉酯。王小莉等[37]用酰氯法合成了 4-乙氧羰基阿魏酸-7-羟基黄酮酯。黄华永等[38]将香兰素与溴进行溴代反应得 5-溴香兰素,其再和丙二酸进行 Knoevenagel 缩合反应,得 5-溴阿魏酸,溴原子的引入不仅提高了清除自由基的能力,还明显地增大了脂溶性。

胡志忠等[39]以香草醛为主要原料,经溴化、Knoevenagel 反应、乙酰化、酰氯化、酰胺化五步反应,合成目标化合物,得到阿魏酸酰胺类衍生物。程青芳等[40]将异香草醛和肉桂酸经酯化、与丙二酸在微波辐射下经 Knoevenagel 反应制得 3-肉桂酰异阿魏酸,其在超声波辐射下与取代酚酯化得到 3-肉桂酰异阿魏酸苯酯,酯化收率为 61%~84%。龚盛昭等[41]以乙醇和阿魏酸为原料,732 型强酸性阳离子交换树脂为催化剂,直接酯化法合成阿魏酸乙酯,确定了最佳反应条件:树脂与阿魏酸的质量比为 0.12,乙醇与阿魏酸的物质的量比 6:1,加热回流反应 7h 后,阿魏酸转化率达到 83.4%。732 型树脂催化剂重复使用 4 次后,阿魏酸转化率不低于 81%。曾庆友等[42]以香兰素、丙二酸二乙酯为主要原料,以甘氨酸为催化剂，无水甲醇为溶剂，经水解、酸化和 Knoevenagel 缩合等反应一锅式合成阿魏酸甲酯。确定的最适反应条件为香兰素：丙二酸二乙酯：甘氨酸物质的量比为 1.0：1.8：0.15，反应时间 8h，甲醇用量 110mL，阿魏酸甲酯产率 72.3%。

另外，采用化学法从阿魏酸和其他多官能团天然化合物中合成具有生理活性的天然活性成分类似物遇到了巨大的障碍。例如，目前还很难专一性合成阿魏酸羧基与五倍子酸和肌醇指定的羟基酯化的产物，很难合成阿魏酸与外消旋醇和胺选择性酯化或酰胺化的光学活性产物。这些都大大限制了其在合成新型生理活性化合物中的应用，因为目前临床应用上具有高疗效的药物往往具有手性化合物结构，它们的药效与严格的对映体立体结构是分不开的[43]。

2. 生物催化合成法

利用酶催化反应，许多结构复杂的生物活性物质得以人工合成进行工业生产。另外，生物催化反应条件温和、反应速率快、副产物少而得到科学界的关注。它不仅对结构有化学选择性和非对映异构体选择性，还有严格的区域选择性和对映体选择性。这一特性的发现使得生物催化技术获得突破性进展，成为国际上非常热门的一个研究领域。日益受到重视的方法是在非水相介质中利用酶催化生物化学的方法来达到目的。在非水系中发掘酶的潜在功能，可以实现以前无法实现的过程及其产品开发。

目前，国内外的一些学者生物催化法合成阿魏酸衍生物的研究主要集中于阿魏酸酯的合成。2000 年美国的 Compton 和 Laszlo[44]利用脂肪酶合成了阿魏酸酯类，反应体系充氮气保护，温度由带有水套的油浴系统控制，油浴安装在磁力搅拌器上。通过阿魏酸乙酯与辛醇的反应说明 Novozym 435 脂肪酶在弱极性溶剂如甲苯和己烷中的活力较强，增加水分和醇与阿魏酸乙酯的比例对酯化反应不利。实验采用每 24h 抽真空 5min 的方法除去生成的乙醇。以阿魏酸乙酯和甘油三酯为底物在无水甲苯中发生转酯化反应合成了 44%的阿魏酸单甘酯和阿魏酸双甘酯的混合物。

2001 年意大利的 Giuliani 等[45]在十六烷基三乙基溴化铵（CTAB）、己烷和丙酮组成的 pH 6.0 的微乳状液中，温度 40℃，用黑曲霉来源的阿魏酸脂酶催化合成阿魏酸和戊醇反应 6h，阿魏酸戊酯的产量达到 60%，并指出反应介质中的水含量从 1.8%增加到 2.4%时，产率降低 15%～30%。

2003 年，美国的 Laszlo 等[46]用 Novoyzym 435 催化阿魏酸乙酯和富含甘油三脂的大豆油的转酯化反应。采用连续反应的方式，当底物的物质的量比为 1：1 时，50%以上的阿魏酸乙酯发生反应合成了阿魏酸单甘酯和双甘酯，产物具有很强的抗紫外线能力和不溶水的特性。采用生物催化的方法合成的产品无任何毒性和副作用被称为绿色防晒剂，采用固定化酶增加其被利用的次数减少反应时间，大大降低了成本，适用于工业方面的应用引起了重视。

Tsuchiyama 等[47]报道了在一种阿魏酸脂酶 FAE-PL 的催化作用下，5%二甲基亚砜作溶剂，1%的阿魏酸与 85%的甘油在 pH 4.0、温度 50℃的条件下，转化率可达 81%。阿魏酸甘油酯 DPPH 自由基的清除率高于二丁基羟基甲苯(BHT)。

Grant[48]研究阿魏酸配糖体，实验中采用不同类型的配糖体作为酰基受体，如 α-甲基-L-呋喃阿拉伯糖、α-甲基-D-吡喃葡萄糖、D-吡喃半乳糖等；三氟乙基阿魏酸酯作为酰基供体，在 100T 脂肪酶的催化作用下反应，酯化反应作用发生在首位羟基。

Yoshida 和 Kimura[49]在高温条件下由 *Candida antarctica* 脂肪酶连续合成了阿魏酸戊酯、阿魏酸己酯、阿魏酸庚酯等，实验采用了柱塞流式反应器在 90℃的高温条件下反应，反应转化率超过 90%，整个反应体系能够稳定至少两周的时间。

Lee 和 Widjaja[50]以 Novozym 435 为催化剂合成具有有效地防止油脂发生自动氧化作用的阿魏酸乙酯。

国内学者孙尚德等在阿魏酸酯的研究方面取得了一定的进展。Sun 和 Shan[51]考察了反应的传质作用、反应初速率和酶的重复利用性，通过 Novozym 435 催化阿魏酸乙酯和甘油转酯化反应在真空度为 10mmHg，温度 60℃，反应 10h 的产率可达 96%。而阿魏酸与甘油的直接酯化反应在 14h 后，产物的产率只有 10%。原因是与长链的脂肪酸相比阿魏酸在甘油中分散能力差。Sun 和 Shan[52]由 Novozym 435 脂肪酶通过两步反应：首先甘油与阿魏酸乙酯发生转酯化反应，生成的 1-阿魏酸甘油酯再与油酸酯化合成阿魏酸单酰甘油酯和阿魏酸双酰甘油酯。在旋转蒸发器中真空度为 10mmHg 条件下反应 1.33h 后，两种产物的总产率可达到 96%。第一步反应是限速步骤，甘油与三酰甘油和部分去酰化的三酰甘油相比有更多的羟基，更容易作为酰基受体；旋转蒸发反应减少了外部传质限制，并有效地除去反应过程产生的水分。Sun 和 Shan[53]研究了无溶剂系统中阿魏酸甘油酯(FG)与油酸(OA)合成阿魏酸双酰甘油酯(FDAG)的酯化反应。实验采用两步连续步骤合成：首先是阿魏酸乙酯(EF)与过量的甘油转酯化反应合成出阿魏酸甘油酯，再由 FG 与油酸酯化合成 FDAG。通过考察参数对 FDAG 产率的影响，优化了合成条件：反应时间为 12h、温度 65℃、酶用量 7.5%、底物比(OA：FG+甘油)为 7.5：1，转化率和产率分别为 98%和 82.6%。确定反应遵循 Ping-Pong Bi-Bi 机理。

Kobayashi 等[54]在 *Candida antarctica* 脂肪酶的催化作用下通过提高反应温度克服由于阿魏酸分子共振结构影响酯化反应速率的影响，连续酯化反应的温度为 60~90℃，碳原子个数为 5~7 的醇先与含 10%水的甘油混合再加入装有阿魏酸的柱中，最后混合物一起泵入含有脂肪酶的柱中进行酯化反应。温度为 90℃，反应两周后，阿魏酸庚酯的转化率可高达 90%，阿魏酸甘油酯在 80℃反应 6 天的转化率可达 75%。

Chigorimbo-Murefu 等[55]将乙酸乙烯酯与阿魏酸通过直接酯化合成阿魏酸乙烯酯，在 Novozyme 435 脂肪酶催化作用下，通过转酯化反应合成阿魏酸辛酯和阿魏酸固醇酯，所有合成后的酯的抗氧化活性均高于前体阿魏酸。阿魏酸固醇酯清除 ABTS 自由基的活性比阿魏酸高 19%。抑制 LDL 氧化的能力比前体高出 10%。

Calheiros 等[56]通过核磁共振 NOESY 谱从构象上分析阿魏酸甲酯、乙酯、丙酯和丁酯的抗氧化能力，氢键和去键合排斥形成的共振稳定性是这些酯类具有良好的体内和体外抗氧化性的原因。Moussouni 等[57]考察了洋葱过氧化物酶作为生物催化剂对咖啡酸甲酯和阿魏酸甲酯环氧化耦合的影响，并得出合成后的产物具有铁离子还原的抗氧化能力（FRAP）。Kumar 和 Kanwar[58]将商品脂肪酶 Steapsin 固定在硅藻土 545 上催化阿魏酸与乙醇发生酯化反应，合成阿魏酸乙酯的最佳条件为：温度 45℃，pH 8.5，乙醇与阿魏酸的物质的量比为 1∶1。Co^{2+}、Ba^{2+} 和 Pb^{2+} 能够提高阿魏酸乙酯的产率，而 Hg^{2+}、Cd^{3+} 和 NH_4^+ 对产物的合成有抑制作用。

6.2 脂肪酶催化阿魏酸油酸甘油酯的合成

阿魏酸油酸甘油酯包括阿魏酸单油酸甘油酯和阿魏酸双油酸甘油酯，它既保持了阿魏酸的生理活性，又克服了阿魏酸分子本身亲水性强难以在油品中发挥其功效的弊端，还可以保持甘油酯优良性能，是一种具有多种活性的双功能分子。因此可以广泛地应用在食品、药品及化妆品行业[59]。在食品行业中主要是发挥其抗氧化的作用，代替丁基羟基茴香醚（BHA）和二丁基羟基甲醚（BHT）作为新型的天然的油脂抗氧化剂。在化妆品行业中，阿魏酸油酸甘油酯具有良好的紫外吸收能力，可以代替有机合成的价格昂贵的辛基-乙酰麻酸甲氧基乙酯（OMC）作为新型而且更加安全的绿色防晒油[60]，同时阿魏酸油酸甘油酯具有脂肪酸双甘酯的重要性质：如作为多元醇型非离子表面活性剂的重要品种，具有乳化、抗静电、润滑等特性，还有安全、营养、加工适应性好、人体相容性高等诸多优点[61]。

6.2.1 阿魏酸油酸甘油酯反应体系的构建及表征

1. 脂肪酶催化阿魏酸乙酯和三油酸甘油酯的转酯化反应

根据文献[46]报道，采用固定化 Novozym 435 脂肪酶催化阿魏酸乙酯和大豆油反应，能够得到多种阿魏酸双脂肪酸甘油酯和阿魏酸单脂肪酸甘油酯的混合物，同时还产生少量水解副产物阿魏酸和阿魏酸甘油酯，未检测到双阿魏酸单脂肪酸甘油酯的产生。采用脂肪酶催化阿魏酸乙酯（EF）和三油酸甘油酯（TO）进行转酯化反应，反应如图 6-2 所示，目标产物是疏水的阿魏酸双油酸甘油酯（FDO）和阿魏酸单油酸甘油酯（FMO）；副产物是水解产生的亲水的阿魏酸（FA）和阿魏酸甘油酯（FG）。

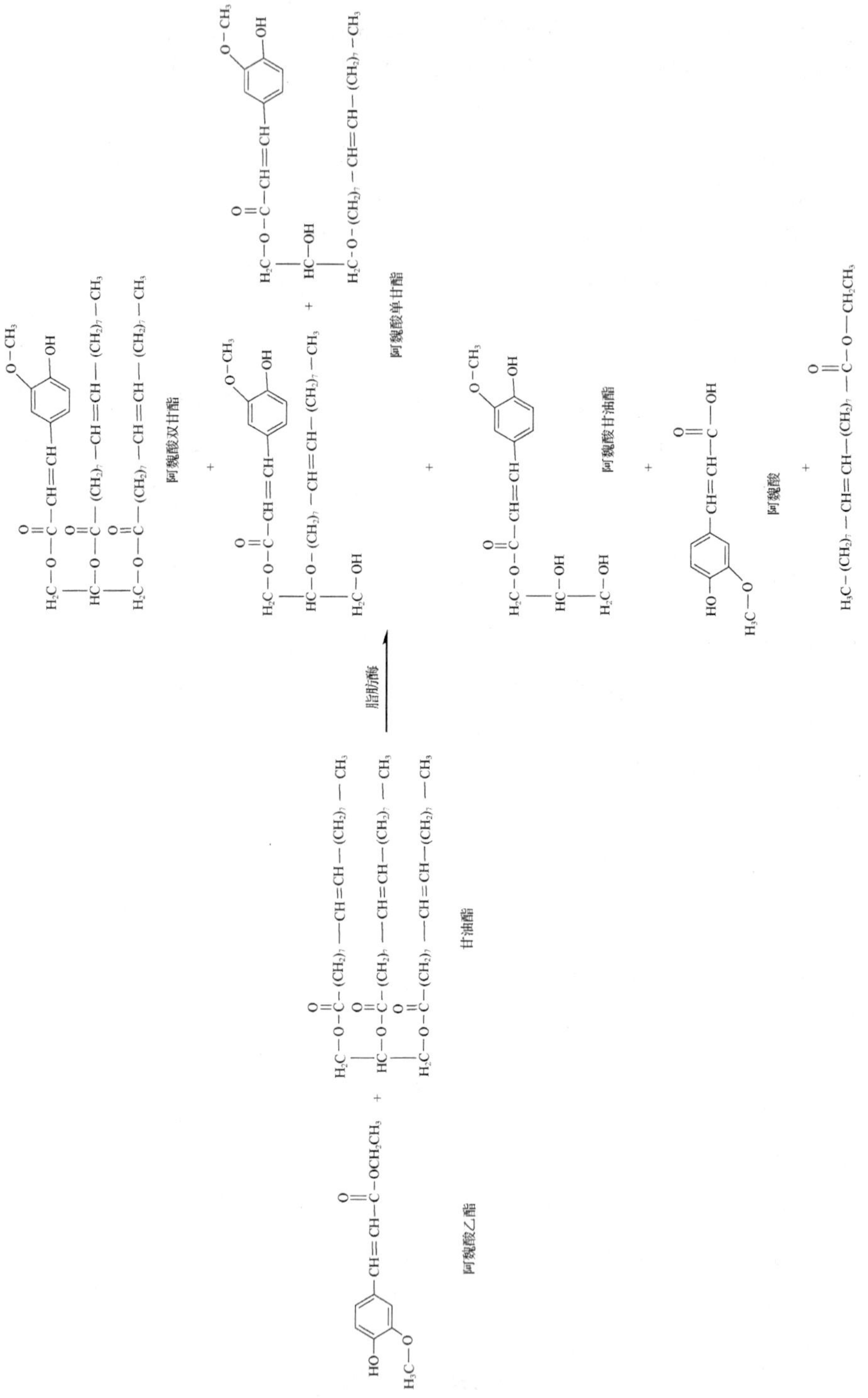

图6-2 脂肪酶催化阿魏酸乙酯和三油酸甘油酯转酯化反应

以不同的有机溶剂和无溶剂作为反应介质，取 1.0mmol 阿魏酸乙酯、2.0mmol 三油酸甘油酯和脂肪酶 110mg 置于 25mL 的具塞锥形瓶中，加入有机溶剂 5.0mL(不加有机溶剂时即为无溶剂体系)，在一定温度下振荡反应 72h。反应体系在加酶前用分子筛除水 48h。研究不同的反应介质对酶促反应的影响及柱状假丝酵母脂肪酶 CRL、固定化南极假丝酵母脂肪酶 Novozym 435、猪胰脂肪酶、麦胚脂肪酶等不同脂肪酶催化反应的活性、稳定性和选择性等，以催化转酯化反应是否进行及催化反应的产率为指标，对脂肪酶进行筛选。

2. 产物检测与分析

1) 薄层层析分析

通过薄层层析分析(TLC)每隔一定的时间吸取 2.5μL 的反应混合物进行反应进程监测。将反应样品和对照样品分别点在 GF254 硅胶板上，展开剂根据均匀实验设计筛选展开剂体系的最佳溶剂组[62]之间的最佳溶剂配比为苯∶乙醚∶二氯甲烷∶正己烷=3∶5∶2∶2(体积比)，展开方法：上行法；展开距离为 10.5cm，254nm 紫外光下观察，监测产物阿魏酸双油酸甘油酯(ferulyl diolein, FDO)、阿魏酸单油酸甘油酯 (ferulyl monoolein, FMO)、底物阿魏酸乙酯(ethyl ferulate, EF)、副产物阿魏酸(ferulic acid, FA)和阿魏酸甘油酯(ferulyl glycerol, FG)的含量变化。

2) 高效液相色谱分析

利用高效液相色谱(HPLC)进行定量分析，色谱柱：XDB-C$_{18}$(4.6mm×150mm, 5μm)；流动相：溶剂 A(0.1%乙酸溶液)和溶剂 B(100%甲醇)，梯度洗脱：0min 时 50%A+50%B，2min 时 100%B+0%A，保持 3min；流速为 1mL/min；样品经甲醇稀释 20 倍，进样量 10μL；检测波长 325nm；检测温度 30℃。

6.2.2 有机相酶促阿魏酸甘油酯的合成

有机溶剂可以保持较低的水活度，可以降低酯化和水解反应的热动力学和动力学障碍，在有机溶剂中酶的催化活性和选择性与反应系统的含水量、有机溶剂的性质、酶的使用形式(固定化酶、游离酶、化学修饰酶)等因素密切相关。控制和改变这些因素，可以提高有机溶剂中的酶活力，调节酶的选择性。有机溶剂通过直接与酶相互作用或者夺取酶表面的结合水来影响反应。目前研究最多的是酶活力与溶剂的极性参数 lg$P$ 之间的关系。通过测定有机溶剂的疏水性预测有机溶剂是否适合作为反应介质。通过反应体系的建立和脂肪酶的筛选，确定选择 Novozym 435 脂肪酶继续进行下一步的研究，Novozym 435 脂肪酶(来源于 *Candida antarctica*)是一种通过吸附作用固定于大孔丙烯酸树脂上的固定化脂肪酶，其对多不饱和脂肪酸具有非常高的活性，具有 sn-1,3 位置专一性[63,64]，能够与甘油的 1-位、3-位羟基发生酯化，减少酰基向 2-位的迁移。在有机相反应体系中通过

Novozym 435 脂肪酶催化阿魏酸乙酯和三油酸甘油酯发生转酯化反应：

(1) 通过考察反应体系有机溶剂的种类、摇床转速、加酶量、反应温度、底物浓度、反应体系水活度等因素对反应的影响，以目标产物与副产物的生成量为标准优化酶促合成条件，优化体系的基本反应过程。

(2) 通过温度与反应初速度曲线的线性关系，根据 Arrhenius 法确定非水相转酯化反应速率常数随温度变化的关系式。

(3) 通过不同加酶量及转速对反应初速度影响的关系曲线，确定反应是否可以消除内扩散和外扩散的障碍。

(4) 通过一系列底物浓度的实验，确立反应机制的类型是属于序列机制还是乒乓机制。对动力学模型进行参数优化估计和拟合，判断两种底物在改变浓度时是否对反应存在抑制作用。

1. 有机相酶促转酯化反应

在 25mL 具塞三角瓶分别加入 1mmol 阿魏酸乙酯、2mmol 三油酸甘油酯和 5.0mL 有机溶剂，然后加入 110mg Novozym 435 脂肪酶，50℃条件下以 180r/min 摇床振荡反应 120h，定时取样分析，计算反应产率和初速度。考察各个因素对转酯化反应的影响，具体实验条件因因素的不同有所改变。反应体系在加酶前用分子筛除水 48h。

2. 反应体系水活度的控制

水活度是酶催化反应中非常重要的一个参数，靠近或结合在酶活性部位的水分对保持酶的微水相环境是必需的，但过多的水也会降低酶的催化活力。同时反应体系中水的积累会降低平衡转化率，还可能导致产物的水解。最适水分含量可以促进转酯化反应的发生。因此，水活度决定了转酯的平衡反应进行的方向和酶在催化过程中的稳定性和活力。在非水相介质中设定或控制水活度的方法有以下几种。

(1) 向反应体系中加入预先平衡好的硅胶和分子筛。

(2) 用饱和盐溶液预先平衡反应体系中各相。

(3) 向反应体系中加入水合盐对。

(4) 向每一溶剂中加入不同量的水。

具体有顶部抽真空法[65]、渗透蒸发法[66]、分子筛法[67]、水合盐对法、饱和盐溶液法[68,69]、吸附法[70]、注入惰性气体法[71]等。在催化反应过程中一般常用水活度 (a_w) 而不是水分含量和水分浓度来表示水分对反应混合体系的影响。

Won 等[72]利用渗透蒸发法控制 Candida rugosa 脂肪酶催化合成外消旋异丁苯丙酸选择性酯化反应的 a_w。渗透蒸发法是通过选择性半透膜纤维素乙酸酯膜，将其由滤纸盖住，在其渗透边缘采用真空方法将水分从反应中分离的方法。Won 等分别采用交联聚乙烯醇膜(PVA)和两种氟化膜 Nafion®117、Nafion®NE 450 除去反应中产生的水分。实验表明 PVA 更适合反应,伴随渗透蒸发反应速率和对映体选择性得到有效的提高,这主要是由于通过渗透蒸发除去了多余的水分,减少了过多水分对酶促反应的不利影响。

Rhee 等[73]通过实验研究了溶血磷脂和蔗糖单酯无溶剂体系合成反应中水合盐对控制 a_w 的效果,在反应中不同的水合盐对以相同的量直接或装入茶叶袋中后悬浮在反应混合物的顶部。但当水合盐对直接加入时,盐类的溶解和电离,可能会影响反应介质的 pH 和酶的活力。水合盐对所起的调控水的作用非常类似于酸碱缓冲剂对于溶液 pH 变化的缓冲作用。用水合盐对进行体系水分控制,水合盐对能够吸收或释放水分以使水含量在反应过程中保持不变,无论两种形式的盐的相对含量大小如何[74]。这就解决了无溶剂体系中水含量的控制问题,使体系保持在最佳含水量。Sabbani 和 Hedenström[75]在有机相反应体系中 *Candida rugosa* 脂肪酶催化外消旋 2-甲基己酸与正癸醇的选择性酯化反应,水活度通过在反应液中添加水合盐对或在气密干燥器中的饱和盐溶液中进行平衡。结果表明,两种控制水活度的方法对产物的对映体选择性和平均反应速率的影响无明显差异,但反应液中的水合盐对离子会对这两个指标产生不利影响。

Wang 等[76]在叔丁醇作为反应介质的体系中,利用脂肪酶催化大豆油和甲醇合成生物柴油。通过细孔硅胶和 3Å 分子筛能够有效地控制副产物水分的含量,并大大地提高了产物产率,加 3Å 分子筛的反应体系最高产率可达 97%。脂肪酶可以连续使用 120 以上活力没有明显损失。Li 等[77]在有机溶剂中采用自制的固定化 *Penicillium expansum* 脂肪酶催化具有高酸价的废油合成生物柴油,结果表明酯化反应中有游离脂肪酸产生的水和甲醇对抑制产率的提高,实验通过在反应体系中加入硅胶的方法控制水分含量使得产率提高,7h 后产率可达 92.8%。加入硅胶后的脂肪酶在废油中的稳定性好于玉米油,经过 10 批式反应后活力保持为原酶活力的 68.4%。

Adamczak 和 Uwe[78]在离子液体中通过添加饱和盐溶液控制水活度脂肪酶催化合成抗坏血酸油酸酯,饱和盐溶液 NaI 可使水活度控制为 0.3,在[Bmim][BF$_4$]中的最高产率可达 72%。

Borg 和 Binet[79]在无溶剂条件下 Novozym 435 脂肪酶催化合成二十碳五烯酸甘油酯的研究中,为了防止多不饱和脂肪酸的氧化,反应在吹氮气的条件下进行,这样既可以加速反应液的混合,又可以将反应过程中产生的乙醇和水分蒸发除去,使反应向合成的方向进行。

反应使用的任何底物(三油酸甘油酯、阿魏酸乙酯)、酶和有机相均采用饱和盐溶液预平衡法[80]对反应初期的水活度进行控制。反应开始前,在温度为 25℃的条件下,将固定化脂肪酶、底物阿魏酸乙酯和三油酸甘油酯及有机相分别置于盛有不同盐饱和水溶液的密闭容器中,气相平衡 5 天以上,以使酶与底物的水活度和饱和盐溶液的水活度相同。实验中所用的盐包括:LiCl 饱和盐溶液(a_w: 0.11),

MgCl$_2$ 饱和盐溶液(a_w: 0.33)，NaBr 饱和盐溶液(a_w: 0.57)，NaCl 饱和盐溶液(a_w: 0.75)，KNO$_3$ 饱和盐溶液(a_w: 0.94)。实验中以 3Å 分子筛(a_w<0.01)控制水活度方法作比较。预平衡法对反应体系水活度进行控制如图 6-3 所示。

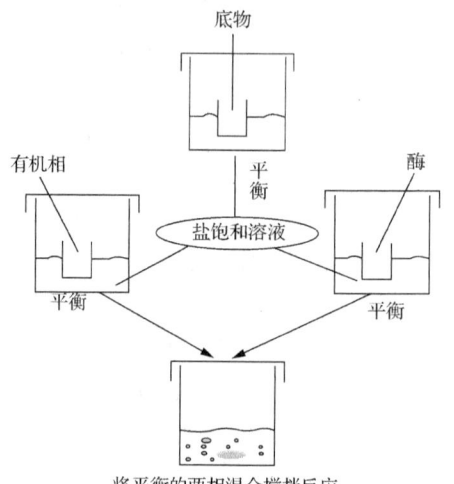

图 6-3　预平衡法控制体系水活度

有机相酶促合成阿魏酸油酸甘油酯反应体系采用饱和盐对预平衡法对反应初期的水活度进行控制。反应过程中，通过加入不同量的分子筛，以控制反应后期体系的水活度。

3. 酶促转酯化反应动力学模型

近年来，有关脂肪酶的研究日益受到人们的重视，但对脂肪酶在非水相中催化转酯化反应动力学研究较少，对于无溶剂体系和离子液体反应体系的动力学研究更少。有的研究学者认为转酯化反应以酰基酶复合物作为过渡态中间物，有的认为不同的酰基供体，如游离的脂肪酸和脂肪酸酯，对酶有着不同的竞争性。Li 等[81]研究了具有(1,3)-位置专一性的 *Rhizopus oryzae* 脂肪酶催化合成脂肪酸甲酯的反应，产物产率大于 80%。虽然脂肪酶能够催化甘油三酸酯甲醇解，然而酰基转移被认为是进一步提高产率的关键，结果表明在甲醇解过程中，在 2-甘油单酸酯和 1-甘油单酸酯以及 1,2-甘油双酸酯和 1,3-甘油双酸酯之间的酰基转移可以没有脂肪酶的催化作用。动力学研究表明反应中的酰基转移属于一级可逆反应，并且由水解和酯化两步连续的反应构成。Pires-Cabral 等[82]对固定在聚氨酯泡沫体上 *Candida rugosa* 脂肪酶催化合成丁酸乙酯的反应动力学进行研究，结果表明底物丁酸在一定的浓度范围内对酶活力无抑制作用，而当乙醇浓度高于 0.15mol 时，其对酶产生抑制作用，动力学数据能够较好地描述底物抑制模型。Xiong 和 Wu[83]

通过分子筛控制水分，研究了无溶剂条件下 Alcaligenes sp.脂肪酶不对称转酯化合成苯乙醇腈的反应，得出苯甲醛和安息香酸在很大程度上抑制了酶活力。通过因素温度、转速、酶用量、底物浓度对转化率影响的测定，按照 Ping-Pong Bi-Bi 机理推导得出动力学模型，此反应不受底物和产物的抑制。

在以加压丙烷为反应介质的脂肪酶催化合成生物柴油的反应中，Brusamarelo 等[84]考察一系列底物浓度大豆油和乙醇、温度和酶用量对反应初速度的影响后得出反应能够在中温和加压的条件下进行，通过半经验数学模型描述的动力学模型中的实验值与理论值的相对偏差为 10%，说明理论值能够代替实验值很好地描述此转酯化反应。此外，Rassy 和 Perrard 等[85]证实了在经超临界二氧化碳干燥后，在有机溶剂中转酯化合成月桂酸辛酯的反应仍符合 Ping-Pong Bi-Bi 机理。Du 等[86]以棕榈酸甲酯作为衡量反应初速率的指标，得出脂肪酶催化卵磷脂与 α-亚麻酸乙酯转酯化反应动力学符合 Ping-Pong Bi-Bi 机理，并且不受底物的抑制作用。而与以上研究不同的是罗文和袁振宏[87]以 Candida sp.199-125 脂肪酶为催化剂，甘油三油酸酯和甲醇为底物，采用了序列反应机制模型对酶促合成生物柴油的酯交换反应动力学进行了研究，证明比经典的 Ping-Pong Bi-Bi 机理更精确。反应过程中，醇抑制为竞争性抑制，底物三油酸甘油酯对酶催化不存在抑制作用，因此说明不同脂肪酶催化不同转酯化反应的差异性会改变其动力学模型类型。Cheirsilp 等[88]在研究棕榈油脂肪酸酯和乙醇的转酯化反应动力学模型时，采用了三种模型进行模拟，这三种动力学模型的限速步骤和乙醇分子如何掺入反应的方式不同。通过对不同乙醇浓度的转酯化反应试验数据拟合动力学参数，最终确定的模型说明乙醇直接参与棕榈酸的醇解反应，并且表明增加乙醇的初浓度能够提高产率，减少游离脂肪酸生成。

在反应动力学研究的基础上，一些学者进行了转酯化反应连续反应器的研究。Kaewthong 等[89]采用固定化脂肪酶 PS 通过棕榈油酸酯的甘油解合成单酰甘油酯，实验得出在柱填充式(PBR)反应器中，底物首先混合并搅拌再通过蠕动泵从装有酶的柱上部进入，并开始反应，产物从柱子的下部收集，整个反应器通过水浴循环保持温度为 45℃。Halim 等[90]研究了柱式反应器中烹饪后废弃的棕榈油和甲醇的连续转酯化反应，反应介质为叔丁醇，将 Novozym 435 脂肪酶装入 1cm×18cm 的反应柱中，底物混合物通过蠕动泵从上端进入反应柱中，通过 RSM 法优化反应的条件为反应器固定化酶填充量高 10.53cm、底物流速 0.57mL/min，反应可在 4h 达到平衡，模型预测脂肪酸甲酯的产率为 80.3%，实际值为 79%。固定化酶可以在反应器中连续使用 120h 以上。

阿魏酸乙酯与三油酸甘油酯的转酯化反应涉及两底物和两产物的多底物酶反应体系。双底物和双产物的酶促反应机制根据底物与酶的结合以及产物的释放的顺序主要有三种，即顺序序列机制(Odered Bi-Bi)、随机序列机制(Random Bi-Bi)、乒乓机制(Ping-Pong Bi-Bi)。

(1) 顺序序列机制。顺序序列机制是指酶结合底物和释放产物是按顺序先后进行的。两个底物(A+B)与酶结合成复合物是有顺序的，酶先与底物 A 结合生成 EA 复合物，该复合物再与 B 结合生成具有催化活性的 EAB。反应机制用 Cleland 图解表示，如图 6-4 所示。

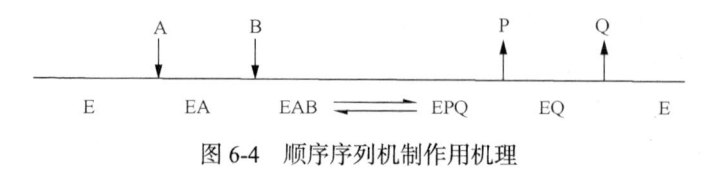

图 6-4 顺序序列机制作用机理

(2) 随机序列机制。在这种作用机制里，两个底物(A+B)能随机地结合到酶上，在经典的非竞争抑制或混合的抑制系统中，产物(P+Q)也可以随机地脱离。反应机制用 Cleland 图解表示，如图 6-5 所示。

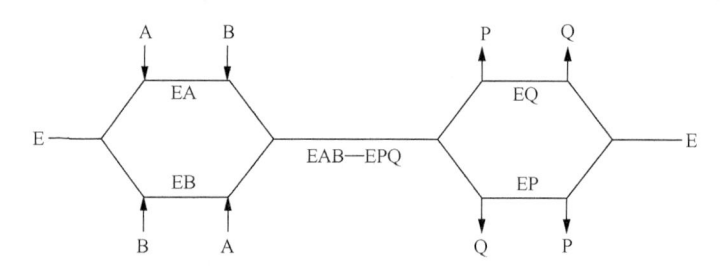

图 6-5 随机序列机制作用机理

(3) 乒乓机制。乒乓机制指各种底物不可能同时与酶形成多元复合体，酶结合底物 A，并释放产物后，才能结合另一底物，再释放另一产物。由于底物和产物是交替地与酶结合或从酶释放，好像打乒乓球一样，一来一去，故称乒乓机制，实际上这是一种双取代反应，酶分两次结合底物，释出两次产物。反应机制用 Cleland 图解表示，如图 6-6 所示。

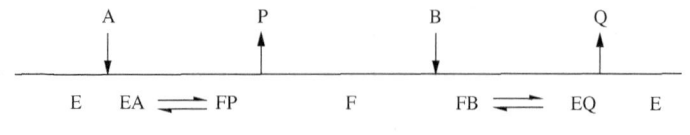

图 6-6 乒乓机制作用机理

阿魏酸乙酯与三油酸甘油酯的转酯化反应动力学模型可能属于上述三种机制中的一种。在优化反应条件的基础上，实施两个系列的实验，其一为固定阿魏酸乙酯的量为 0.2mol/L，三油酸甘油酯的量从 0.2mol/L 变化到 0.8mol/L；另一系列

第6章 脂肪酶催化阿魏酸酯的合成

为固定三油酸甘油酯的量为 0.4mol/L,阿魏酸乙酯的量从 0.1mol/L 变化到 0.6mol/L。确定两底物浓度在一定范围内与反应初速度的关系,再根据 Linewear-Burk 作图法求出最大反应速率 v_{max} 及相关动力学常数,获得动力学模型。

(4)动力学方程的非线性拟合。通过考察有机相体系酶促合成阿魏酸油酸甘油酯过程中摇床转速、脂肪酶添加量、反应温度、底物浓度及分子筛添加量等因素对转酯化反应产率和反应初速度的影响,优化了转酯化反应条件,在此反应条件下,反应体系不存在传质限制,因而可以用两底物浓度在一定范围内与反应初速度的关系来推导反应的动力学模型。当三油酸甘油酯保持恒定时,随着阿魏酸乙酯浓度的增加,反应初速度也随之增加,然而当阿魏酸乙酯固定时,随着三油酸甘油酯浓度的增加,反应初速度降低。由反应底物浓度与初速度之间双倒数图可以看出阿魏酸乙酯在实验范围内没有出现底物抑制现象,而三油酸甘油酯对酶的作用起抑制作用,且为竞争性抑制作用。

在上述反应初速度研究的基础上,确定脂肪酶首先与酰基供体形成酰基酶复合物,因此排除动力学模型中的随机序列机制。有序序列机制和乒乓机制的动力学方程见式(6-1)和式(6-2)。

$$r = \frac{r_{max}[A][B]}{K_{iB}K_{mA} + K_{mB}[A] + K_{mA}[B] + [A][B]} \tag{6-1}$$

$$r = \frac{r_{max}[A][B]}{K_{mB}[A](1+[A]/K_{iB}) + K_{mA}[B] + [A][B]} \tag{6-2}$$

式中,r 为反应速率;r_{max} 为最大反应速率;[A]为阿魏酸乙酯反应初始浓度;[B]为三油酸甘油酯反应初始浓度;K_{mA} 为阿魏酸乙酯米氏常数;K_{mB} 为三油酸甘油酯米氏常数;K_{iB} 为三油酸甘油酯的抑制常数。

根据式(6-1)、式(6-2),利用 SPSS 软件通过非线性回归拟合获得的有机相动力学模型参数如表 6-1 所示。

表 6-1 阿魏酸乙酯与三油酸甘油酯转酯化反应动力学参数

动力学参数	三元复合机制	乒乓机制
r_{max}/[mol/(L·h·g)]	0.022	0.099
K_{mA}/[mol/(L·g)]	5.969	8.846
K_{mB}/[mol/(L·g)]	−2.638	0.231
K_{iB}/[mol/(L·g)]	0.679	3.307
SSE	0.006	0.006

在最佳的反应条件下,由于顺序序列机制拟合的 $K_{mB}<0$,说明反应不符合此机制。有乒乓机制拟合的残差平方和 SSE 较小,因此说明阿魏酸乙酯与三油酸甘油酯在有机相体系中的酶促转酯化反应符合乒乓机制。

(5)动力学模型验证及分析。根据乒乓反应机制,阿魏酸乙酯与三油酸甘油酯转酯化反应的描述如图 6-7 所示。

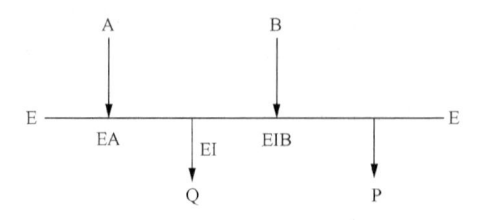

图 6-7 阿魏酸乙酯与三油酸甘油酯乒乓转酯化反应机制

酰基供体阿魏酸乙酯(A)首先与酶结合形成阿魏酸乙酯-酶复合体(EA),EA 再转化成阿魏酰基-脂肪酶复合体(EI),此时释放乙醇(P)。由于在反应过程中,三油酸甘油酯首先经脂肪酶催化水解脱油酰生成二油酸甘油酯和单油酸甘油酯,生成的二油酸甘油酯和单油酸甘油酯作为酰基受体(B)与 EI 形成另一个二元复合体(EIB),EIB 有两种形式,最终释放出阿魏酸双油酸甘油酯或阿魏酸单油酸甘油酯(Q)以及酶。根据脂肪酶催化转酯化反应的乒乓机制,具体反应顺序如图 6-8 所示。

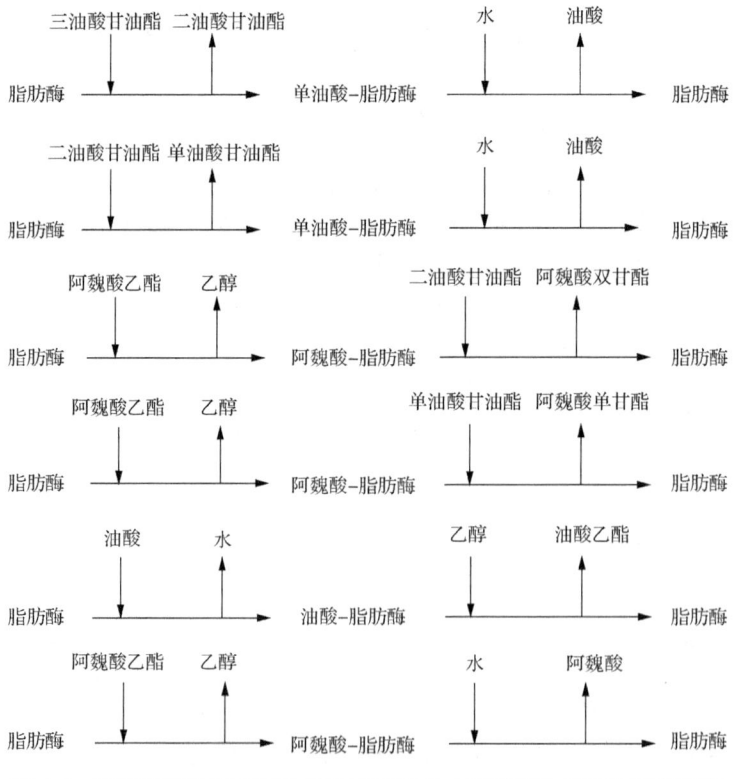

图 6-8 脂肪酶催化阿魏酸乙酯和三油酸甘油酯转酯化反应的反应顺序

6.2.3 无溶剂体系酶促阿魏酸甘油酯的合成

随着酶反应研究的深入和扩展,20 世纪 90 年代兴起的绿色化学,力图克服在生产和使用化学物质的过程对环境造成的污染。在有机化学物质的合成过程中(特别是固体物质参与的反应)使用有机溶剂是较为普遍的,这些有机溶剂会散失到环境中造成污染。20 世纪 90 年代明确提出"无溶剂系统酶催化反应"即在不含有机溶剂的条件下将反应物简单混合进行酶催化反应(底物以固体或熔化形式存在)。无溶剂系统中酶直接作用于底物,提高了底物和产物浓度以及反应选择性,纯化过程容易、步骤少[91],不用或少用有机溶剂而大大降低了对环境的污染,降低了回收有机溶剂的成本,为反应提供了与传统溶剂不同的新的分子环境,有可能使反应的选择性、转化率得到提高[92]。本章主要研究的内容是揭示无溶剂反应体系阿魏酸甘油酯合成反应动力学及主要影响因素,对无溶剂体系脂肪酶催化合成阿魏酸甘油酯的工艺进行优化,并对无溶剂和有机相反应体系中脂肪酶选择性酯化的不同进行一定的探讨,完善现有的非水体系酶催化反应理论。

6.3 非水相 α-生育酚阿魏酸酯的酶促合成

α-生育酚阿魏酸酯(alpha-tocopheryl ferulate, α-TF)是 α-生育酚的衍生物,它是阿魏酸与 α-生育酚的 β-色酮环的 6-位羟基成酯而形成的化合物,由于丧失了自由的羟基而不具有 α-生育酚的抗氧化活性,在空气中较为稳定,因其可保护 α-生育酚的 6-位羟基,α-生育酚在储存和运输中稳定性增加[93],同时它保持了阿魏酸诸多的生理活性,克服了由于其烷烃链短而无法在油脂工业中应用的弊端[44,94,95]。将脂溶性较强的 α-生育酚和水溶性较强的阿魏酸合成 α-生育酚阿魏酸酯,不仅可以达到相互保护,降低氧化变性水平,提高它们的化学稳定性,还可以通过新型的双功能分子达到彼此增强原有疗效的双重目的。据报道,日本神户大学已经用化学方法将 α-生育酚和阿魏酸通过酯键连接在一起,并且对其生理活性及其他特性进行评价,发现 α-生育酚阿魏酸酯具有抗癌、增白皮肤、防紫外线伤害和在食用油脂中抗氧化性高等功能特性[96]。

6.3.1 反应体系的建立

采用脂肪酶催化阿魏酸乙酯和 α-生育酚进行转酯化反应,反应如图 6-9 所示,目标产物是 α-生育酚阿魏酸酯,副产物是乙醇及水解产生的阿魏酸。

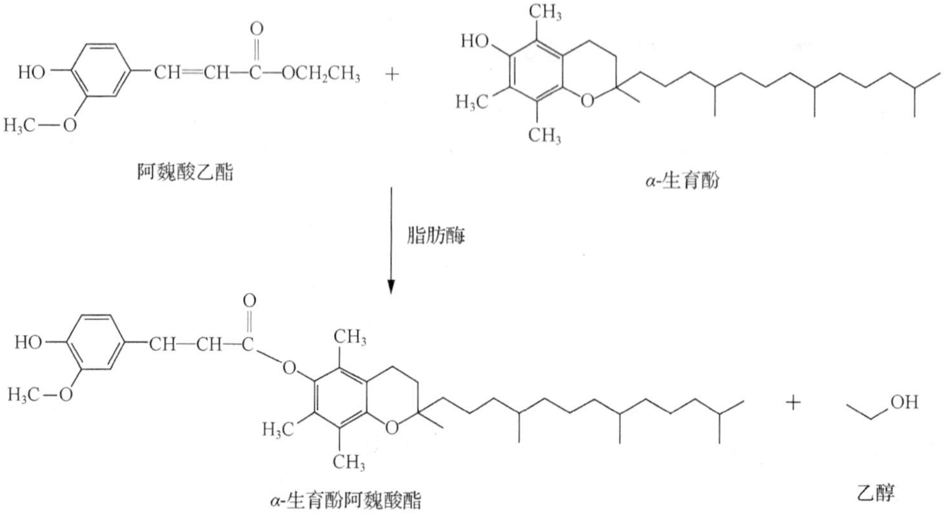

图 6-9　α-生育酚阿魏酸酯的合成途径

反应在一个 25mL 具塞三角瓶中进行，反应物包括阿魏酸乙酯(1.0mmol)、α-生育酚(5.0mmol)以及 110mg 的脂肪酶。反应在一定温度下进行，摇床转速为 180r/min。对照实验(未加脂肪酶)也在相同的条件下进行。以催化转酯化反应是否进行及催化反应的产率为指标，对生物催化剂进行筛选，建立反应体系并对产物进行表征。

1. 产物检测与分析

1) 薄层层析分析(TLC)

为了对反应进程进行监测，每隔一定的时间就吸取 2.5μL 的反应混合物进行薄层层析分析。在定量计算之前，先对空白样进行分析。在 GF254 硅胶板上点样，展层液根据均匀实验设计筛选展开剂体系的最佳溶剂组分之间的最佳溶剂配比为二氯甲烷：苯：乙醚：正己烷= 50：30：20：0.2(体积比)[97]；TLC 薄板在紫外光下是可见的，α-生育酚阿魏酸酯、阿魏酸乙酯、α-生育酚和阿魏酸在紫外光(254nm)下都可以直接检测到。展开方法为上行法，展开距离 14cm。

2) 高效液相色谱分析(HPLC)

利用高效液相色谱(Agilent 1200)对反应物和产物进行定量分析，样品经甲醇稀释 20 倍，通过 XDB-C$_{18}$ 反相色谱柱(5μm, 150×4.6mm)对反应混合物分析计算，流动相为溶剂 A(100%的甲醇)和溶剂 B(100%的水)，流速为 0.2mL/min，流动相 30%(体积比)A 和 70%(体积比)B，保留时间为 30min。检测温度 30℃，检测波长 325nm，进样量是 10μL。

2. 目标产物的分离纯化和表征

反应结束后,按文献报道[98]将反应液在薄层色谱中进行分离,对应分离出来的 α-生育酚阿魏酸酯所在的斑点用刀片取下,上硅胶柱纯化,采用溶剂配比为二氯甲烷:苯:乙醚:正己烷=50:30:20:0.2(体积比)洗脱出目标产物。通过高效液相色谱、红外光谱、质谱、核磁共振等手段对目标产物 α-生育酚阿魏酸酯进行表征。

6.3.2 水活度对酯化反应的影响

采用饱和盐溶液预平衡法控制反应水活度。采用如下饱和盐溶液或固体吸附剂在 25℃下预平衡 5d 获得不同的水活度:LiBr 饱和盐溶液(a_w: 0.05),LiCl 饱和盐溶液(a_w: 0.11),CH$_3$COOK 饱和盐溶液(a_w: 0.23),Mg(NO$_3$)$_2$·6H$_2$O 饱和盐溶液(a_w: 0.54),NaCl 饱和盐溶液(a_w: 0.75),固体吸附剂 3Å 分子筛(a_w<0.01)。通过饱和盐溶液或者 3Å 分子筛的预平衡,阿魏酸乙酯和 α-生育酚转酯化反应的初始水活度可以被控制在 0.01~0.75。初始水活度对酶催化效率有明显的影响,当水活度从 0.01 上升到 0.07 时,α-生育酚阿魏酸酯的产率从 23.5%缓慢上升至 24.1%。然而,当初始水活度从 0.07 上升到 0.75 时,产率却随着水活度的上升而有所下降。转酯化反应产率的下降很可能是由于水作为反应底物直接参与反应导致的,另一个假设可能是,水积累在酶的表面上,导致 α-生育酚的疏水基团向酶分子的靠近受到了限制。

6.3.3 旋转蒸发反应消除副产物

转酯化反应产率较低,原因可能是阿魏酸乙酯与 α-生育酚的转酯化反应过程中产生副产物乙醇,乙醇会对反应热力学平衡和酶活力产生影响。为使产率得到进一步提高,从反应开始采用旋转蒸发 0.001MPa 下进行反应。在旋转蒸发条件下合成的 α-生育酚阿魏酸酯产率在 72h 迅速达到 30.6%,继续反应至 120h 产率缓慢增加到 32.4%。这可能是由于在减压条件下,底物能够有效地接触,降低外部传质阻力的限制,减少副产物乙醇对酶的失活,同时也有利于反应平衡向着生成 α-生育酚阿魏酸酯方向移动。与常压反应相比,在相同的反应时间内,减压条件下的产率更高。

6.4 非水相中添加极性物质阿魏酸酯的酶促合成

向反应体系中添加极性物质来提高整个转酯化反应的限速步骤,进而提高阿魏酸酯的产率。根据文献[99,100]报道反应体系中添加甘油、硅胶及树脂等极性物质,能够调节和控制酶的活力和选择性,还减轻底物极性过大对酶的影响,使反应体系完善。

6.4.1 无溶剂体系中加甘油酶促合成阿魏酸油酸甘油酯

在无溶剂体系中，采用阿魏酸乙酯和三油酸甘油酯为 1∶2 的底物物质的量比，转酯化反应在 25mL 圆底烧瓶中进行，反应物包括 1.0mmol 阿魏酸乙酯，2.0mmol 三油酸甘油酯和 0.0~1.0mmol 的甘油。0.0~1.0mmol 的甘油首先用等质量的硅胶完全吸附后再加入反应物中避免引起脂肪酶团聚和失活。向反应物中加入占底物质量 7.5%的 Novozym 435 脂肪酶引发反应，在常压或 0.001MPa 真空度下，60℃，180r/min 反应 120h，定时取样分析。反应体系在加酶前用分子筛除水 48h。反应完成后采用经分子筛平衡除水的正己烷(a_w<0.01)反复冲洗固定化酶颗粒(80 目筛除去硅胶回收固定化酶)，回收的固定化酶进行下一批反应。

三油酸甘油酯首先经脂肪酶催化脱油酰生成二油酸甘油酯和单油酸甘油酯，然后生成的二油酸甘油酯和单油酸甘油酯作为酰基受体与阿魏酰基脂肪酶(ferulyl-lipase)中间物反应生成阿魏酸双油酸甘油酯(FDO)和阿魏酸单油酸甘油酯(FMO)。如果整个转酯化反应的速率是由阿魏酸酰化的速率决定的，那么加甘油量的变化将不会对转酯化反应产生明显影响。根据图 6-10 显示，加甘油量的变化对产物的产率有较大的影响。这说明整个转酯化反应的速率是由形成酰基受体

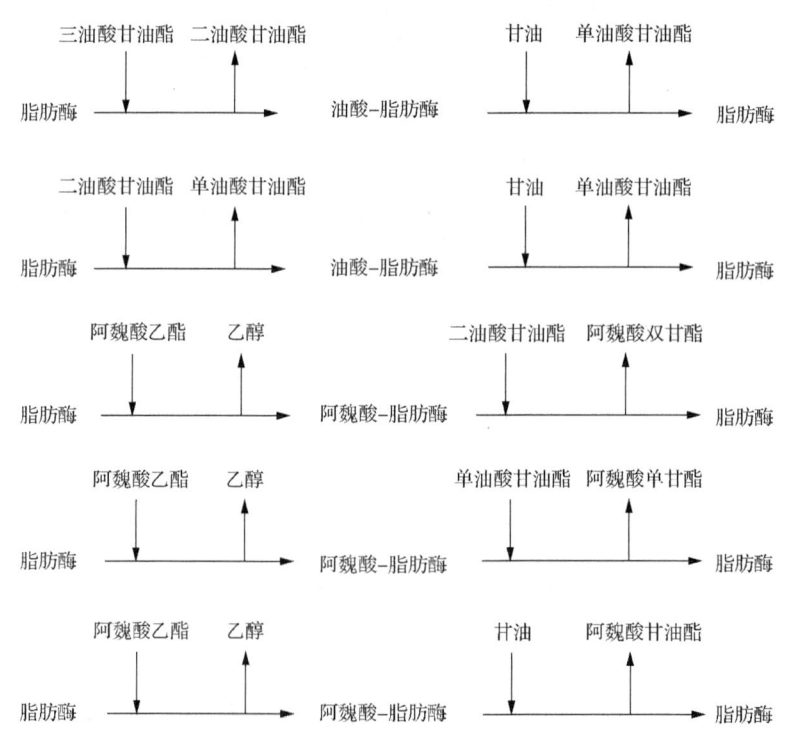

图 6-10 甘油存在下脂肪酶催化阿魏酸乙酯和三油酸甘油酯转酯化反应的反应顺序

二油酸甘油酯和单油酸甘油酯的速度决定的,那么此步为整个转酯化反应的限速步骤,增加甘油量有助于二油酸甘油酯和单油酸甘油酯的生成,进而可以提高阿魏酸油酸甘油酯的产率。

6.4.2 非水相体系中加树脂酶促合成阿魏酸油酸甘油酯

在非水相酶促催化极性底物反应中存在的主要问题:一是极性底物在有机溶剂中的溶解性;二是在非极性介质中反应的极性底物对酶的包覆,会影响底物与产物的传质,从而使反应产率较低[101]。据文献[100]报道,在酶促催化甘油或丙二醇与油酸的酯化反应中,采用硅胶和一种离子交换树脂 Duolite™A568 先将甘油等吸附后再加入体系中反应,反应产率明显提高。由于非水相酶促阿魏酸油酸甘油酯的合成中,底物阿魏酸乙酯的极性较强,会对酶活力产生影响,因此在非水相体系中添加树脂,考察在反应体系中分别加入底物质量 2%的具有极性的大孔树脂 AB-8、NKA-9、S-8,732 型阳离子交换树脂及硅胶等对转酯化反应的影响,加入大孔树脂可使产率提高,说明添加的极性物质对反应有利,可能是极性物质阻止了极性底物阿魏酸乙酯对酶的覆盖,其相当于蓄水池一样通过吸附 EF,逐步释放,使反应传质容易[100]。加入极性树脂和硅胶的反应体系初速度提高不明显,主要是由于反应开始时,部分 EF 与树脂结合,酶附近底物浓度相对不高,但保证了体系的传质快,所以反应初速度仍有所提高。

6.4.3 无溶剂体系中加硅胶酶促合成 α-生育酚阿魏酸酯

Berger 等[102-104]报道了在酶促高极性底物的反应中,先将不溶于反应溶剂的底物如乙二醇和甘油等吸附于硅胶上与另一种底物游离脂肪酸在有机相正己烷中发生酯化反应,有效合成了单酰和双酰甘油酯,并证明硅胶不会改变转酯化反应的平衡,但可以有效地提高转化率。通过前一章阿魏酸乙酯和 α-生育酚进行的脂肪酶催化转酯化反应推测 α-生育酚接触酶活性位点过程是转酯化反应的限速步骤,因而引入硅胶,先将阿魏酸乙酯用硅胶吸附,再将其加入 α-生育酚中。为了考察硅胶对无溶剂体系酶促合成 α-生育酚阿魏酸酯的转酯化反应的影响,反应前预平衡48h。在 25mL 三角瓶中加入 1.0mmol 阿魏酸乙酯、5.0mmol α-生育酚,再加入占底物质量 5%的固定化的 Novozym 435 脂肪酶和不同比例的硅胶,在 60℃、180r/min、常压或 0.001MPa 真空度下反应。

从图 6-11 中可以了解到,在未加极性硅胶的反应体系中,由于酶的表面有一层水化层,所以高极性的阿魏酸乙酯就会覆盖整个酶的表面,这样,疏水性的 α-生育酚就很难接近酶的活性位点,从而抑制了整个转酯化反应的速率。而向反应体系中加入硅胶以后,阿魏酸乙酯就会被吸附到极性硅胶的表面,从而暴露出酶的活性位点,便于 α-生育酚向活性位点移动,加快转酯化反应的速率。

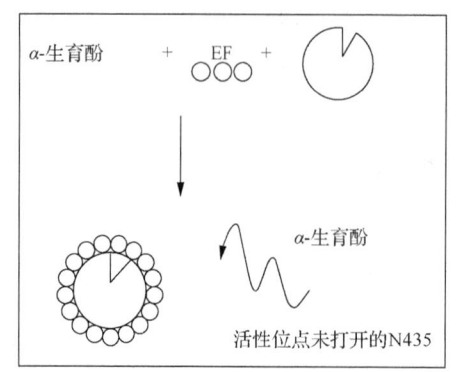

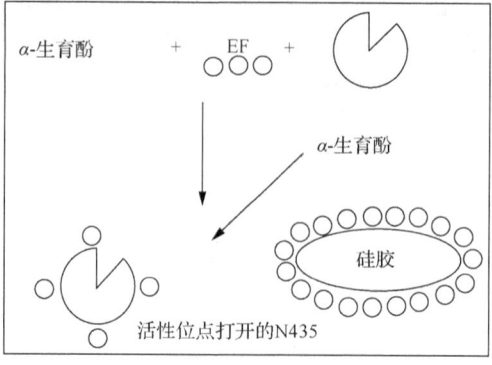

图 6-11　硅胶加入前后转酯化反应机制的变化

6.4.4　添加极性物质对批式反应操作稳定性的影响

减压反应有助于保持酶的稳定性,而有机相加树脂体系中酶稳定性下降最快,说明在加入树脂后有机溶剂甲苯仍然加速酶的失活。无溶剂加甘油减压反应体系,酶稳定性在第二次反应下降速度较快,而其他几个反应体系中酶催化活力大多在 5 次反应后下降较大。

6.5　非水相酶促合成阿魏酸酯的抗氧化活性

氧化是有机物在反应体系中引入氧或脱去氢的作用。氧化作用的发生,很多是由自由基的存在造成的。由于自由基中存在孤对电子或不平衡电子,所以它们是极其不稳定的分子或原子,常见的活性氧往往产生于机体内的自然代谢或机体外部化学物质的作用。活性氧可以通过链式反应攻击细胞内或体液中的生物分子[105],如 DNA、脂质、蛋白质等。脂质的氧化作用会降低脂肪、油脂及含油脂产品的风味和营养价值。油脂在室温及自然光照条件下可发生光诱导自动氧化,产生自由基。自由基不仅破坏食用油脂和富脂食品的营养成分,而且其氧化产物和中间产物会伤害生物膜、维生素、蛋白质及活细胞功能,其中一些是公认的致癌物。同时自由基还会造成生物体内相关细胞的结构和功能的破坏,因此对自由基清除是抗氧化的关键所在。抗氧化剂能猝灭自由基防止油脂氧化。目前在油脂及相关产品中添加的多为人工合成抗氧化剂,如 BHA、BHT、TBHQ、PG 等。有研究表明,这些合成抗氧化剂对人体肝、脾、肺有毒副作用。由非水相脂肪酶合成的阿魏酸酯经过化学改性后比阿魏酸具有更强的生理活性和抗氧化性。阿魏酸油酸甘油酯和 α-生育酚阿魏酸酯是具有双功能分子的化合物。它们既保持了阿魏酸的生理活性,又克服了阿魏酸分子本身亲水性强难以在油品中发挥其功效的弊端,降低了氧化变性水平,提高了分子的化学稳定性。已经有文献证明一些阿魏酸酯类化合物具有抗氧活性,可以作为新型的天然油脂抗氧化剂使用[44,46,106]。当前测定抗氧化能力的方法众多,目前还没有一种方法可以完全地评价抗氧化物质的抗氧化能力[107]。Frankel 和 Meyer[108]指出只采用一种方法来评价食品及其他抗氧化剂的活性是不科学的,抗氧化性的评价通常需要应用多种评价方法,因为抗氧化剂的抗氧化性可能通过一系列不同的机制显示抗氧化活性,不能用单一体系作为代表,而且抗氧化剂的活性还取决于其存在的物理和化学环境。抗氧化活性主要表现在抑制脂质的氧化降解、清除自由基、抑制促氧化剂(如螯合过渡金属)和还原能力等几方面。

6.5.1 阿魏酸油酸甘油酯反应体系的氧化稳定性

过氧化值的测定:根据国家标准 GB/T 5009.37—1996,阿魏酸油酸甘油酯的酶促合成反应体系(如 7.3.1.1 方法)为 EF1mmol+OA 2mmol 及 OA 2mmol,每隔 24h 取样测定三者过氧化(POV)值的变化如图 6-12 所示。

OA 的反应组 POV 值在反应 120h 内变化明显,呈快速上升趋势,说明三油酸甘油酯在 60℃的反应温度下氧化生成过氧化物。而加入 EF 组和反应体系均变化不大,(OA+EF)组中 EF 对三油酸甘油酯的氧化起抑制作用。随着反应的进行,反应体系的 POV 值缓慢增加,在反应 72h 时 POV 值均低于(OA+EF)组,说明当 EF 部分转化成阿魏酸油酸甘油酯时,其仍具有较强的抗氧化作用。

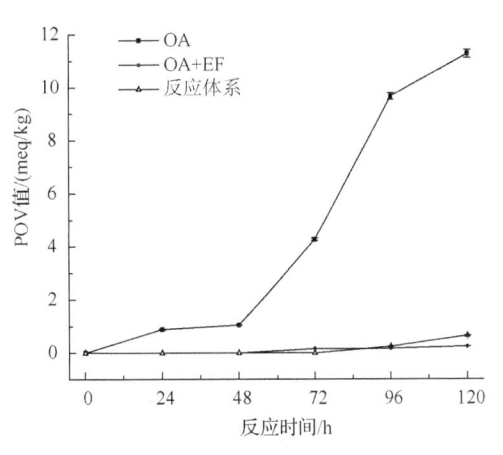

图 6-12 反应体系过氧化值的变化

6.5.2 阿魏酸油酸甘油酯对自由基的清除作用

阿魏酸油酸甘油酯对 DPPH 自由基清除能力的方法依据文献[109]:DPPH 自由基反应测定体系包括 DPPH 自由基、甲醇和测定样品,测定样品包括阿魏酸(FA),阿魏酸乙酯(EF),分离纯化后产物阿魏酸单油酸甘油酯(FMO)和阿魏酸双油酸甘油酯(FDO)以及转酯化反应 120h 后体系(未反应的三油酸甘油酯 TO 和 EF 以及产物,简写为 TOEF),以 BHT 和 α-生育酚为对照。将 DPPH 自由基用甲醇溶解配制成 6×10^{-5}mol/L 的溶液。取定容后待测样甲醇溶液 0.1mL 及 DPPH 自由基溶液 3.9mL 加入同一具塞试管中,摇匀。515nm 测定清除 DPPH 自由基反应体

系的吸光值 A_{sample}，直到反应达到平衡。同时测定反应 30min 后 6×10^{-5}mol/L DPPH 自由基溶液与 0.1mL 甲醇混合后吸光度 $A_{control}$ 以及 0.1mL 测定样液与 3.9mL 甲醇混合后的吸光度 A_{blank}。绘制 DPPH 自由基清除率对测定样品浓度曲线，由曲线读取出 DPPH 自由基清除率为 50%时所需测定样品浓度(C_{50})计算 IC_{50}。以 IC_{50} 值反映样品的抗氧化与自由基清除活性，IC_{50} 值表示当清除率为 50%时抗氧化剂的浓度值。IC_{50} 值越高，抗氧化剂的自由基清除能力越强。

羟自由基是最活泼的活性氧自由基，其反应速率极快，它是机体危害最大的自由基[110]。羟自由基可引发不饱和脂肪酸发生脂质过氧化反应，并损伤膜结构及功能等许多病理变化。按 Smirnoff 和 Cumbes[111]、顾海峰等[112]的方法改进利用 $FeSO_4+H_2O_2$ 产生羟自由基，以羟自由基氧化水杨酸生成 2,3-二羟基苯甲酸和 2,5-二羟基苯甲酸在波长 510nm 处有最大吸收的原理，以吸光度表示羟自由基含量，吸光度越大羟自由基越多，吸光度越低，试样清除羟自由基效果越多。

超氧阴离子自由基是生命代谢过程中产生的一种重要的自由基，超氧阴离子自由基间接由脂质氧化的过氧化物和过氧化氢产生，其作为单线态氧和羟基自由基的前体具有很强的氧化能力[113]，与羟基结合后的产物会导致细胞 DNA 损坏，破坏人类机体功能。因此把对其清除能力作为抗氧化物质活性的一个重要指标。依据邻苯三酚自氧化体系产生超氧阴离子自由基测定方法[114]和具有抗氧化活性的物质抑制氯化硝基四氮唑蓝(NBT)在光下的还原作用来确定抑制超氧阴离子自由基活性大小。在有氧化物质存在下，核黄素可被光还原，被还原的核黄素在有氧条件下极易再氧化而产生超氧阴离子自由基，可将氮蓝四唑还原为蓝色的甲脒，后者在 560nm 处有最大吸收。而具有抗氧化活性的物质可清除超氧阴离子自由基，从而抑制了甲脒的形成。于是光还原反应后，反应液蓝色越深，说明清除超氧阴离子自由基能力越低，反之能力越高。

转酯化反应产物阿魏酸单油酸甘油酯较阿魏酸双油酸甘油酯的清除能力强，但对 DPPH 自由基的清除不如阿魏酸，对羟自由基清除作用阿魏酸乙酯强于阿魏酸单油酸甘油酯。在邻苯三酚自氧化体系和光照核黄素体系中，FMO 显示出对超氧阴离子自由基最佳的抑制效果。

6.5.3 阿魏酸油酸甘油酯抑制亚硝化反应

在致癌物中，亚硝胺是最令人关注的一类化学致癌物[115]，它能引起人和动物的胃、肝脏等多种器官的恶性慢性肿瘤。亚硝胺不仅存在于食品、烟草和饮用水中，也可由大量存在于食物中及产生于食物在人体内的代谢过程中的前体物质仲胺和亚硝酸盐在合适条件下合成，而且合成条件并不苛刻，无论在实验室和自然条件下，还是在人体和动物体内均能反应合成，尤其在人和动物胃中更适于合成亚硝胺。

在模拟人体胃液的条件下，二甲胺与亚硝酸钠在37℃条件下，可适宜地生成二甲胺亚硝胺，反应式如下：

$$\diagdown NH + NaNO_2 \xrightarrow{HCl} \diagdown N-N=O + NaCl + H_2O$$

当具有阻断作用的化合物中依次加入二甲胺与亚硝酸钠时，化合物优先同亚硝酸钠作用，使得二甲胺不能与亚硝酸钠反应，达到阻止亚硝胺生成的目的。据此可以比较相同条件下生成亚硝胺(NDMA)量的多少来反映阿魏酸油酸甘油酯阻断能力的强弱，生成的亚硝胺量少，阻断能力就强，反之则弱[116]。

在紫外光照射下，二甲基亚硝胺可分解成二甲基仲胺和亚硝酸根，反应式如下：

$$H_2O + \diagdown N-N=O \xrightarrow{紫外光} \diagdown NH_2^+ + NO_2^-$$

亚硝酸根与对氨基苯磺酸重氮化后，再与α-萘胺偶合生成红色化合物。用分光光度计测出该化合物的吸光度可计算上述反应中亚硝胺含量。

亚硝酸盐在弱酸性的条件下，能与氨基苯磺酸重氮化后，再与N-1-萘乙二胺盐酸盐偶合生成红色的化合物。用分光光度计测定红色化合物的变化可以反映出提取物清除 $NaNO_2$ 的能力的强弱[117]。

不同浓度的 FA、EF、FMO、FDO、TOEF 以及抗坏血酸等测定样品对二甲基亚硝胺合成阻断有影响。通过对阿魏酸油酸甘油酯抑制亚硝化反应的测定，其对亚硝胺及亚硝酸钠具有较好的清除作用，但清除率略低于阿魏酸。

6.5.4　α-生育酚阿魏酸酯对食用油脂的抗氧化性能

采用 Schaal 烘箱法，分别选择大豆油和猪油作为基质。采用保护系数 (protection factor, PF)来表示抗氧化剂的抗氧化性能，PF 值越大，抗氧化剂的抗氧化活性越强。PF=1，该物质既无抗氧化性也无催化氧化活性；2≥PF>1，该物质具有抗氧化活性；PF<1，该物质具有催化氧化活性；2<PF≤3，该物质具有明显的抗氧化活性；PF>3，该物质具有较强的抗氧化活性。α-生育酚阿魏酸酯在大豆油和猪油中具有明显的抗氧化活性，使油脂的货架期得到了不同程度的延长。但其抗氧化能力仍较 BHT 稍差。与大豆油的抗氧化实验相比，α-生育酚阿魏酸酯对猪油的抗氧化效果更好。

6.6　脂肪酶催化阿魏酸油醇酯的合成

阿魏酸油醇酯是油醇的衍生物，将脂溶性较强的油醇和水溶性较强的阿魏酸合成阿魏酸油醇酯，不仅可以相互保护，降低氧化变性的水平，提高它们的化学稳定性，还可以通过新型的双功能分子达到彼此增强原有疗效的双重目的。

目前，国内外对非水相酶催化合成油醇酯的研究才刚刚起步，脂肪酶和有机溶剂对酯合成反应的影响还没有足够的了解。1995年，张军和徐家立[118]研究了固定化假丝酵母1619脂肪酶催化油酸油醇酯的酯化反应，比较了14种不同来源的脂肪酶催化油酸油醇酯的合成，其中，假丝酵母1619脂肪酶酯化能力最强，以硅藻土为载体，分别添加0.1%椰子油、0.1%吐温80、1%$MgSO_4$三种共固定物，酯化反应初速度提高了1.5倍，此固定化酶催化油酸油醇酯合成的最适温度为30℃，0~60℃下反应24h的酯化率均在90%上，100℃下还有10.25%的酯化率，最适酯化pH 6.0。反应中去水，可使终酯化率提高到99%。在添加的23种有机溶剂中，以异辛烷促进酯化的效果最好，正壬烷和正己院次之。此固定化酶在28℃下批式重复反应的半衰期为990h，柱式固定床反应器中28℃连续运转1000h后酯化率为78%。2008年，Gunawan和Suhendra[119]研究了脂肪酶催化棕榈油和油醇合成蜡酯的反应，探讨了反应时间、温度、酶加量、底物物质的量比和不同的有机溶剂等因素对反应的影响。结果表明，正己烷是最好的有机溶剂，反应的最佳条件：棕榈油和油醇的物质的量比为3∶1，酶浓度为1.5%，40℃下反应7~10h，在此最佳条件下，蜡酯的产率可达84.4%。2009年，郑丽妃[120]等研究了有机相中脂肪酶催化阿魏酸油醇酯的酯化反应。在有机相双溶剂体系中，用南极假丝酵母脂肪酶B(Novozym 435)催化合成阿魏酸油醇酯，研究了溶剂(lgP)、底物分子比、分子筛加入量、酶的用量以及反应温度等因素对反应的影响。结果表明，溶剂亲脂性越强，底物转化率越高，最适的溶剂为异辛烷-丁酮，最适反应条件为：酸醇比为1∶8(物质的量比)，分子筛和酶加量分别为100mg和30mg/mL，反应温度为65℃，反应8d，底物转化率最高可达99%。产物阿魏酸油醇酯具有一定抗DPPH自由基的能力，20μmol/L阿魏酸酯的DPPH自由基清除率为34%。

目前，国内外对于阿魏酸油醇酯的合成还停留在有机相中合成的阶段。陈必链等[121]利用几种单一有机溶剂合成了阿魏酸油醇酯，并筛选出异辛烷是最佳的溶剂。同时还将有机溶剂混合，以混合双溶剂异辛烷-丁酮为介质，该体系能够很好地溶解反应底物，并保持酶活力。由于溶剂中加入丁酮对脂肪酶有破坏作用，较单有机溶剂体系转化所需时间长。为了探讨阿魏酸油醇酯的抗氧化活性，还进行了DPPH抗氧化能力测试。结果表明，阿魏酸经酯化后亲脂性提高，在水溶性的溶液中抗氧化性降低。但在有机溶剂中进行反应，有机溶剂会破坏脂肪酶的天然构象，使酶失活，影响产率，而且有机溶剂价格昂贵、危险、有挥发性以及有毒性，不宜在实验室和工业中大规模使用。采用无溶剂体系，不但可以克服使用有机溶剂所造成的酶失活、危险性高、环境污染严重等缺点，而且为合成一种新的功能性化合物提供了一种全新的途径。

6.6.1 阿魏酸脂肪醇酯的酶促合成反应体系的构建

以不同的有机溶剂和无溶剂作为反应介质,分别将反应底物和有机溶剂通过分子筛预平衡 48h,以固定化南极假丝酵母脂肪酶 N435 为催化剂分别催化阿魏酸乙酯与十六醇、十八醇、油醇和二十二醇的转酯化反应(图 6-13)。在一个 25mL 具塞玻璃瓶中进行反应,反应物包括阿魏酸乙酯(1mmol)、不同的脂肪醇(5.0mmol)以及 70mg 固定化的南极假丝酵母脂肪酶 N435。反应在 60℃下进行,反应器转速为 200r/min。

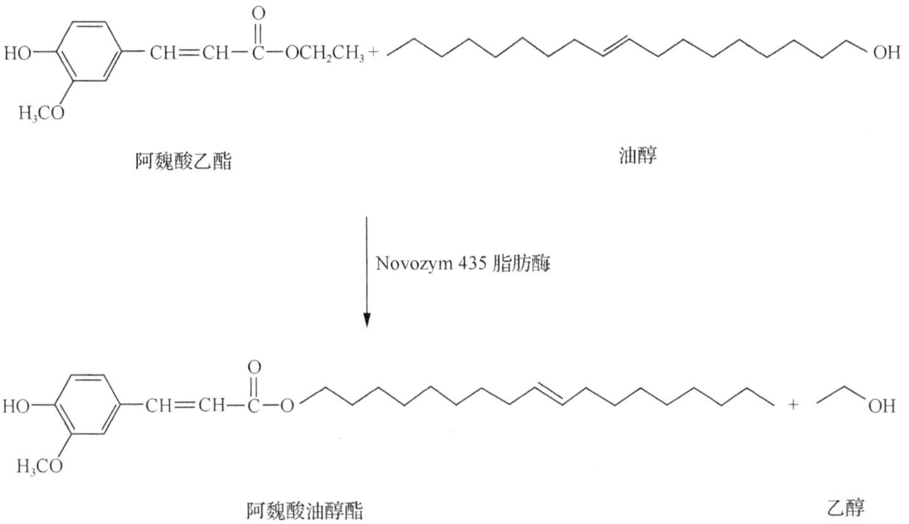

图 6-13 阿魏酸油醇酯的合成途径

为了对反应进程进行监测,每隔一定的时间就吸取 2.5μL 反应混合物进行薄层层析分析。在定量计算之前,先对空白样进行分析。样品被点在 GF254 硅胶板上,展层液根据均匀实验设计筛选展开剂体系的最佳溶剂组分之间的最佳溶剂配比,二氯甲烷:苯:乙醚:正己烷=50:30:15:0.8(体积比);TLC 薄板在紫外光下是可见的,阿魏酸油醇酯、阿魏酸乙酯和阿魏酸在紫外光(254nm)下都可以直接检测到。展开方法为上行法,展开距离为 14cm。

利用高效液相色谱(Agilent 1200)对反应物和产物进行定量分析,样品经甲醇稀释 20 倍,通过 XDB-C$_{18}$ 反相色谱柱(5μm, 150mm×4.6mm)对反应混合物分析计算,流动相为溶剂 A(95%的甲醇)和溶剂 B(5%的水),流速为 0.8mL/mm,保留时间为 15min,检测温度 30℃,检测波长 325nm,进样量 10μL。

通过理论上疏水性的判断及薄层层析和高效液相色谱的定性定量分析,可以推测目标产物即为阿魏酸油醇酯,并且筛选出最适合该转酯化反应的脂肪醇油醇比值,该转酯化反应的反应体系为无溶剂体系。

6.6.2 无溶剂系统酶促合成阿魏酸油醇酯

在无溶剂体系中,脂肪酶保持了很好的活力和稳定性,直接作用于阿魏酸乙酯和油醇,反应热力学平衡由水解向合成方向移动,提高了反应底物浓度和产物阿魏酸油醇酯的浓度,加快了转酯化反应的速率,提高了阿魏酸油醇酯的产率,由于不用叔丁醇、甲苯、正己烷和异辛烷等有机溶剂,反应体积小,产物分离提纯的步骤减少,使纯化容易,而且大大降低了对环境的污染,降低了回收有机溶剂的成本,克服了有机溶剂的毒性和易燃易挥发性。无溶剂合成为反应提供了与传统溶剂不同的新的分子环境,是极具潜力的清洁反应新技术。采用无溶剂体系,根据油醇在常温下是液态的特点,将其同时作为底物和反应介质,采用更加经济和适合工业化生产的 Novozym 435 脂肪酶为催化剂,催化阿魏酸乙酯与油醇转酯化反应,实现了酶法一步生产阿魏酸油醇酯,并大大提高了产量。下面探讨了水活度、温度、加酶量、底物物质的量比、反应器转速、反应时间等对阿魏酸油醇酯的转化率的影响,以阿魏酸油醇酯及副产物阿魏酸的生成量为标准优化酶促合成条件。

在不同的初始水活度(<0.01~0.75)下进行转酯化反应,初始水活度对酶催化效率有明显的影响。当水活度从<0.01 上升到 0.1 时,阿魏酸油醇酯的产率经历了一个缓慢上升和缓慢下降的过程,然而,当初始水活度从 0.1 继续上升到 0.75 时,产率却随着水活度的上升而急剧下降。转酯化反应产率的下降很可能是由于水作为反应底物直接参与反应,也可能是由于水积累在酶的表面导致了油醇的疏水基团向酶分子的靠近受到了限制。

在无溶剂体系中进行阿魏酸乙酯和油醇的脂肪酶催化转酯化反应,酶的表面有一层水化层,高极性的阿魏酸乙酯就会覆盖整个酶的表面,致使疏水性的油醇很难接近酶的活性位点,从而抑制了整个转酯化反应的速率,推测出油醇接触酶活性位点过程是转酯化反应的限速步骤。引入极性硅胶后,阿魏酸乙酯就会被吸附到极性硅胶的表面,从而暴露出酶的活性位点,便于油醇向活性位点移动,再将其加入油醇中促进转酯化反应进行。极性硅为 78.5mg,油醇为 5.0mmol,阿魏酸乙酯为 1.0mmol,Novozym 435 脂肪酶为 70mg,反应器转速为 200r/min,60℃下反应 96h,产物产率可达 57.6%。董立峰等同时研究了消除副产物乙醇对酶催化合成阿魏酸油醇酯的影响,采用减压旋转蒸发消除乙醇,可维持脂肪酶的活力和稳定性,而且减压旋转蒸发比常压条件下反应的产物产率高,且批式反应也比常压条件下反应具有更高的酶催化活力[122]。

参 考 文 献

[1] Graf E. Antioxidant potential of ferulic acid[J]. Free Radical Biology & Medicine, 1992, 13: 435-448.

[2] Ellnain-Wojtaszek M, Kruczynaski Z, Kasprzak J. Investigation of the free radical scavenging activity of *Ginkgo biloba* L. leaves[J]. Fitoterapia, 2003, 74: 4-6.

[3] Ferreira P, Diez N, Faulds C B. Release of ferulic acid and feruloylated oligosaccharides from sugar beet pulp by *Streptomyces tendae*[J]. Bioresource Technology, 2007, 98(8):1522-1528.

[4] Kobayashi T, Hosoda A, Taniguchi H, et al. VIII-1 Food microorganisms and functional foods[J]. Journal of Biotechnology, 2008, 136: 717-742.

[5] Buranov A U, Mazza G. Extraction and purification of ferulic acid from flax shives, wheat and corn bran by alkaline hydrolysis and pressurized solvents[J]. Food Chemistry, 2009, 115(4): 1542-1548.

[6] Mattila P, Hellstrom J, Torronen R. Phenolic acids in berries, fruits, and beverages[J]. Journal of Agricultural and Food Chemistry, 2006, 54: 7193-7199.

[7] Yagi K, Ohishi N. Action of ferulic acid and is derivatives as antioxidants[J]. Journal of Nutritional Science & Vitaminology, 1979, 25: 127-130.

[8] 王英, 申嫣. 阿魏酸钠单层渗透泵控释片的研制[J]. 当代医学, 2009, 31: 6-8.

[9] Byeon S R, Jin Y J, Lim S J, et al. Ferulic acid and benzothiazole dimer derivatives with high binding affinity to β-amyloid fibrils[J].Bioorganic & Medicinal Chemistry Letters, 2007, 17(14): 4022-4025.

[10] 黄华永, 沈海星, 郑锦鸿. 阿魏酸及其类似物的合成及其清除自由基活性研究[J]. 中国新药, 2006, 15(6): 454-458.

[11] Barone E, Calabrese V, Mancuso C. Ferulic acid and its therapeutic potential as a hormetin for age-related diseases[J]. Biogerontology, 2009, 10(2): 97-108.

[12] Zhouen Z, Side Y, Wdizhen L. et al. Mechanism of reaction of nitrogen dioxide radical with hydroxycinnamic acid derivatives: A pulse radiolysis study[J]. Free Radical Research, 1998, 29(1): 13-16.

[13] Maurya D K, Devasagayam T P A. Antioxidant and prooxidant nature of hydroxycinnamic acid derivatives ferulic and caffeic acids[J]. Food & Chemical Toxicology, 2010, 48(12): 3369-3373.

[14] 黄丰阳, 徐秋萍. 中药有效成分的抗血小板作用研究进展[J]. 北京中医药大学学报, 1999, 22(2): 29-32.

[15] Yang C, Tian Y, Zhang Z J, et al. High-performance liquid chromatography-electrospray ionization mass spectrometry determination of sodium ferulate in human plasma[J].Journal of Pharmaceutical & Biomedical Analysis, 2007, 43: 945-950.

[16] Kwon E Y, Do G M, Cho Y Y, et al. Anti-atherogenic property of ferulic acid in apolipoprotein E-deficient mice fed Western diet: Comparison with clofibrate[J]. Food & Chemical Toxicology, 2010, 48(8-9): 2298-2303.

[17] Kamal-Eldin A, Frank J, Razdan A, et al. Effects of dietary phenolic compounds on tocopherol, cholesterol, and fatty acids in rats[J]. Lipids, 2000, 35(4): 427-435.

[18] Lo H H, Chung J G. The effects of plant phenolics, caffeic acid, chlorogenic acid and ferulic acid in human gastrointestinal microflora[J]. Anticancer Research, 1999, 19: 133-144.

[19] Stead D. The effect of hydroxycinnamic acids and potassium sorbate on the growth of 11 strains of spoilage yeasts[J]. Journal of Applied Microbiology, 1995, 78(1): 82-90.

[20] Tsou M F, Hung C F, Lu H F, et al. Effects of caffeic acid, chlorogenic acid and ferulic acid on growth and arylamine *N*-acetyltransferase activity in *Shigella sonnei* (group D)[J]. Microbios, 2000, 101(398): 37-46.

[21] Kawabata K, Yamamoto T, Hara A, et al. Modifying effects of ferulic acid on azoxymethane-induced colon carcinogenesis in F344 rats[J]. Cancer Letters, 2000, 157(1): 15-21.

[22] Oresajo M D, Clark N J, Yatskayer M. Effect of a topical antioxidant composition containing vitamin C, ferulic acid, and phloretin in protecting human skin from ultraviolet light-induced skin damage and oxidative stress[J]. Journal of the American Academy of Dermatology, 2009, 60(3): 156-161.

[23] Zhang L W, Al-Suwayeh S A, et al. A comparison of skin delivery of ferulic acid and its derivatives: Evaluation of their efficacy and safety[J]. International Journal of Pharmaceutics, 2010, 399(1-2): 44-51.

[24] Tagashira E, Tagashira H. Therapeutic agent for circulatory disease and healthy food[P]. J P: 2002145767A2, 2002, CA136: 374887.

[25] Itagaki S, Kurokawa T, Nakata C, et al. *In vitro* and *in vivo* antioxidant properties of ferulic acid: A comparative study with other natural oxidation inhibitors[J]. Food Chemistry, 2009, 114(2): 466-471.

[26] 凌关庭. 天然食品添加剂手册[M]. 北京: 化学工业出版社, 2000: 42-46.

[27] 王萍, 葛丽花. 阿魏酸低聚糖的体外抗氧化性质的研究[J]. 食品研究与开发, 2007, 28(3): 8-11.

[28] 李诗平, 舒俊生, 章存勇, 等. 亚硝酸盐清除剂阻断烟草特有亚硝胺形成的研究[J]. 安徽农业科学, 2010, 35: 218-223.

[29] Calheiros R, Borges F, Marques P M. Conformational behaviour of biologically active ferulic acid derivatives[J]. Journal of Molecular Structure: Theochem, 2009, 913(1-3): 146-156.

[30] Elias G, Rao M N A. Synthesis and anti-inflammatory activity of substituted (E)-4-phenyl-3-buten-2-ones[J]. European Journal of Medicinal Chemistry, 1988, 23: 379-385.

[31] Nomura E. The optimization of the thin-layer chromatography solvent system for Sulfa drugs[J]. Chinese Journal of Chromatography, 1992, 10: 103-105.

[32] Nomura E, Kashiwada A, Hosoda A, et al. Synthesis of amide compounds of ferulic acid, and their stimulatory effects on insulin secretion *in vitro*[J]. Bioorganic & Medicinal Chemistry, 2003, 11: 3807-3813.

[33] Rakotondramanana D L A, Delomenède M, Baltas M. Synthesis of ferulic ester dimers, functionalisation and biological evaluation as potential antiatherogenic and antiplasmodial agents[J]. Bioorganic & Medicinal Chemistry, 2007, 15(18): 6018-6026.

[34] Trombino S, Cassano R, Bloise E, et al. Synthesis and antioxidant activity evaluation of a novel cellulose hydrogel containing trans-ferulic acid[J]. Carbohydrate Polymers, 2009, 75: 184-188.

[35] 莫若莹, 邵国贤, 朱丽莲, 等. 阿魏酸衍生物的合成[J]. 药学学报, 1985, 20(8): 584-591.

[36] 李天赐, 袁才英, 杨俊旺. 阿魏酸衍生物高分子药物的合成及其对血小板聚集和对 TXB2, 6-Kelo-PGF1a 释放的影响[J]. 国药物化学杂志, 1999, 9(2): 98-101.

[37] 王小莉, 徐鸣夏, 谢益农. 7-羟基黄酮衍生物的合成[J]. 华西药学杂志, 1999, 14(5): 309-314.

[38] 黄华永, 张鲁勉, 郑锦鸿. 5-溴阿魏酸的合成及其清除自由基研究[J]. 汕头大学医学院学报, 2005, 18(3): 129-131.

[39] 胡志忠, 田硕, 罗素琴, 等. 阿魏酸酰胺类化合物的合成[J]. 内蒙古医学院学报, 2007, 29(6): 407-410.

[40] 程青芳, 王启发, 许兴友. 超声波法合成 3-肉桂酰异阿魏酸苯酯衍生物[J]. 中国医药工业杂志, 2010, 2: 88-90.

[41] 龚盛昭, 李忠军, 廖国俊, 等. 阳离子交换树脂催化合成阿魏酸乙酯[J]. 精细化工, 2010, 4(3): 362-373.

[42] 曾庆友, 贺灵芝, 许瑞安. 阿魏酸甲酯的一锅法绿色合成[J]. 合成化学, 2010, 18(B09): 194-196.

[43] 张玉彬. 生物催化的手性合成[M]. 2 版. 北京: 北京工业出版社, 2003: 140-142.

[44] Compton D L, Laszlo J A. Lipase-catalyzed synthesis of ferulate esters[J]. Journal of the American Oil Chemists' Society, 2000, 77(5): 513-519.

[45] Giuliani S, Piana C, Setti L, et al. Synthesis of pentylferulate by a feruloyl esterase from *Aspergillus niger* using water-in-oil microemulsions[J]. Biotechnology Letters, 2001, 23: 325-330.

[46] Laszlo J A, Compton D L, Eller F, et al. Packed-bed bioreactor synthesis of feruloylated monoacyl and diacylglycerols: clean production of a "green" sunscreen[J]. Green Chemistry, 2003, 5: 382-386.

[47] Tsuchiyama M, Sakamoto T, Fujita T, et al. Esterification of ferulic acid with polyols using a ferulic acid esterase from *Aspergillus niger*[J]. Biochimica Et Biophysica Acta General Subjects, 2006, 1760: 1071-1079.

[48] Grant S. Commercial enzyme preparations catalyse feruloylation of glycosides[J]. Journal of Molecular Catalysis B: Enzymatic, 2006, 38: 54-57.

[49] Yoshida Y, Kimura Y. Continuous synthesis of alkyl ferulate by immobilized *Candida antarctica* lipase at high temperature[J]. Biotechnology Letters, 2006, 28: 1471-1474.

[50] Lee G S, Widjaja A. Enzymatic synthesis of cinnamic acid derivatives[J]. Biotechnology Letters, 2006, 28: 581-585.

[51] Sun S D, Shan L. Solvent-free synthesis of glyceryl ferulate using a commercial microbial lipase[J]. Biotechnology Letters, 2007, 29: 945-949.

[52] Sun S D, Shan L. A novel, two consecutive enzyme synthesis of feruloylated monoacyl and diacyl-glycerols in a solvent-free system[J]. Biotechnology Letters, 2007, 29(5): 1947-1950.

[53] Sun S D, Shan L. Solvent-free enzymatic synthesis of feruloylated diacylglycerols and kinetic study[J]. Journal of Molecular Catalysis B: Enzymatic, 2009, 47(1-4): 104-109.

[54] Kobayashi T, Hosoda A, Taniguchi H, et al. Continuous syntheses of ferulic acid esters by lipase at elevated temperatures[J]. Journal of Biotechnology, 2008, 136: 717-718.

[55] Chigorimbo-Murefu N T L, Riva S, Burton S G. Lipase-catalysed synthesis of esters of ferulic acid with natural compounds and evaluation of their antioxidant properties[J]. Journal of Molecular Catalysis B: Enzymatic, 2009, 56, 277-282.

[56] Calheiros R, Borges F, Marques M P M. Conformational behaviour of biologically active ferulic acid derivatives[J]. Journal of Molecular Structure: Theochem, 2009, 913: 146-156.

[57] Moussouni S, Saru M L, Ioannou E, et al. Crude peroxidase from onion solid waste as a tool for organic synthesis. Part II: Oxidative dimerization-cyclization of methyl *p*-coumarate, methyl caffeate and methyl ferulate[J]. Tetrahedron Letters, 2011, 52(11): 1165-1168.

[58] Kumar A, Kanwar S S. Synthesis of ethyl ferulate in organic medium using celite-immobilized lipase[J]. Bioresour Technol, 2011, 102(3): 2162-2167.

[59] Asao H. Syntheses of ferulic acid derivatives and there suppressive effects on cyclooxygenase-2 promoter activity[J].Bioorganic & Medicinal Chemistry, 2002, 10(4): 1189-1196.

[60] Kawabata K, Yamamoto T, Hara A, et al. The kinetic study on lipase-catalyzed transesterification of 3-phenoxybenzyl alcohol in organic media [J]. Cancer Letters, 2002, 157(1): 14-15.

[61] Meng X H, Sun P L, Yang K. Synthesis of diacylglycerol using immobilized 1,3-regiospecific lipase in continuously operated fixed bed reactors[J]. Chinese Journal of Biotechnology, 2005, 21(3): 425-429.

[62] 辛嘉英, 梁宏野, 陈林林, 等. 均匀设计法优化α-生育酚阿魏酸酯薄层色谱展开剂系统[J]. 食品工业科技, 2009, 30(12): 179-181.

[63] Oliveira D, Feihrmann A C, Rubira A F, et al. Assessment of two immobilized lipases activity treated in compressed fluids[J]. Journal of Supercritical Fluids, 2006, 38(3): 373-382.

[64] Irimescu R, Iwasaki Y, Hou C T. Study of TAG ethanolysis to 2-MAG by immobilized *Candida antarctica* lipase and synthesis of symmetrically structured TAG[J]. Journal of the American Oil Chemists' Society, 2002, 79:

879-883.

[65] Rosa C D, Morandim M B, Ninow J L, et al. Lipase-catalyzed production of fatty acid ethyl esters from soybean oil in compressed propane[J].Journal of Supercritical Fluids, 2008, 47: 49-53.

[66] Kwon S J, Song K M. Removal of water produced from lipase-catalyzed esterification in organic solvent by pervaporation[J]. Biotechnology and Bioengineering, 1995, 46, 393-395.

[67] Ergan F, Trani M. Production of glycerides from glycerol and fatty acid by immobilized lipase in non-aqueous media[J]. Biotechnology and Bioengineering, 1990, 35: 195-200.

[68] Halling P J. Salt hydrates for water activity control with biocatalysts in organic media[J]. Biotechnology Techniques, 1992, 6: 271-276.

[69] Yang Z, Zhang K P, Huang Y, et al. Both hydrolytic and transesterification activities of *Penicillium expansum* lipase are significantly enhanced in ionic liquid [BMIm][PF$_6$][J]. Journal of Molecular Catalysis B: Enzymatic, 2010, 63(1-2): 23-30.

[70] Trusek-Holownia A, Noworyta A. An integrated process: Ester synthesis in an enzymatic membrane reactor and water sorption[J]. Journal of Biotechnology, 2007, 130(1): 47-56.

[71] Kosugi Y, Azuma N. Continuous and consecutive conversion of free fatty acid in rice bran oil to triacylglycerol using immobilized lipase[J]. Applied Microbiology and Biotechnology, 1994, 41: 407-412.

[72] Won K, Hong J K, Kim K J, et al. Lipase-catalyzed enantioselective esterification of racemic ibuprofen coupled with pervaporation[J]. Process Biochemistry, 2006, 41(2): 264-269.

[73] Rhee J S, Kwon S J, Han J J. Water activity control for lipase-catalyzed reactions in nonaqueous media[J]. Methods in Biotechnology, 2001, 15(3): 135-150.

[74] Zheng Y, Wu X M, Branford-White C. Enzymatic synthesis, characterization of novel feruloylated lipids in selected organic media[J]. Journal of Molecular Catalysis B: Enzymatic, 2009, 58 (1-4): 65-71.

[75] Sabbani S, Hedenström E. Control of water activity in lipase catalysed esterification of chiral alkanoic acids[J]. Journal of Molecular Catalysis B: Enzymatic, 2009, 58(1): 6-9.

[76] Wang L, Du W, Liu D, et al. Lipase-catalyzed biodiesel production from soybean oil deodorizer distillate with absorbent present in tert-butanol system[J]. Journal of Molecular Catalysis B: Enzymatic, 2006, 43(1-4): 29-32.

[77] Li N W, Zong M H, Wu H. Highly efficient transformation of waste oil to biodiesel by immobilized lipase from *Penicillium* expansum[J]. Process Biochemistry, 2009, 44(6): 685-688.

[78] Adamczak M, Uwe T. Bornscheuer. Improving ascorbyl oleate synthesis catalyzed by *Candida antarctica* lipase B in ionic liquids and water activity control by salt hydrates[J]. Process Biochemistry, 2009, 44(3): 257-261.

[79] Borg P, Binet C. Enzymatic synthesis of trieicosapentaenoylglycerol in a solvent-free medium[J]. Journal of Molecular Catalysis B: Enzymatic, 2001, 11: 835-840.

[80] Wehtje E, Costes D, Adlercreutz P. Enantioselectivity of lipases: Effects of water activity[J]. Journal of Molecular Catalysis B: Enzymatic,1997, 3: 221-230.

[81] Li W, Li R, Li Q, et al. Acyl migration and kinetics study of 1(3)-positional specific lipase of *Rhizopus oryzae* catalyzed methanolysis of triglyceride for biodiesel production[J]. Process Biochemistry, 2010, 45(12): 1888-1893.

[82] Pires-Cabral P, da Fonseca M M R, Ferreira-Dias S. Synthesis of ethyl butyrate in organic media catalyzed by *Candida rugosa* lipase immobilized in polyurethane foams: A kinetic study[J]. Biochemical Engineering Journal, 2009, 43(3): 327-332.

[83] Xiong J, Wu J. Kinetic study of lipase catalyzed asymmetric transesterification of mandelonitrile in solvent-free system[J]. Biochemical Engineering Journal, 2008, 138: 258-263.

[84] Brusamarelo C Z, Rosset E, de Césaro A, et al. Kinetics of lipase-catalyzed synthesis of soybean fatty acid ethyl esters in pressurized propane [J]. Journal of Biotechnology, 2010, 147(2): 108-115.

[85] Rassy H E, Perrard A. Application of lipase encapsulated in silica aerogels to a transesterification reaction in hydrophobic and hydrophilic solvents: Bi-Bi Ping-Pong kinetics[J]. Journal of Molecular Catalysis B: Enzymatic, 2004, 30: 137-150.

[86] Du J, Hou X, Wu D, et al. Rapid and efficient gas chromatographic method for measuring the kinetics of lipase-catalyzed transesterification of phosphatidylcholine[J]. Journal of Molecular Catalysis B: Enzymatic, 2011, 69(3-4): 103-106.

[87] 罗文, 袁振宏. 酶促合成生物柴油反应动力学[J]. 石油化工, 2007, 36(12): 7721-7726.

[88] Cheirsilp B, H-Kittikun A, Limkatanyu S. Impact of transesterification mechanisms on the kinetic modeling of biodiesel production by immobilized lipase[J].Biochemical Engineering Journal , 2008, 42: 261-269.

[89] Kaewthong W, Sirisansaneeyakul S, Prasertsan P, et al. Continuous production of monoacylglycerols by glycerolysis of palm olein with immobilized lipase[J]. Process Biochemistry, 2005, 40: 1525-1530.

[90] Halim S F A, Kamaruddin A H, Fernando W. Continuous biosynthesis of biodiesel from waste cooking palm oilin a packed bed reactor: Optimization using response surface methodology (RSM) and mass transfer studies[J]. Bioresource Technology , 2009, 100: 710-716.

[91] Bezbradica D, Mijin D, Šiler-Marinković S, et al. The effect of substrate polarity on the lipase-catalyzed synthesis of aroma esters in solvent-free systems[J]. Journal of Molecular Catalysis B: Enzymatic, 2007, 45(4): 97-101.

[92] Takashi K, Shuj A, Ryuichi M. Lipase-catalyzed condensation of *p*-methoxyphenethyl alcohol and carboxylic acids with different steric and electrical properties in acetonitrile[J]. Biotechnology Letters, 2003, 25: 3-7.

[93] Brigelius-Flohe R, Kelly F J, Salonen J T, et al. The European perspective on vitamin E: Current knowledge and futureresearch[J]. American Journal of Clinical Nutrition, 2002, 76(4): 703-716.

[94] Gold M H, Nashville M D, Ghienne T N H, et al. Evaluation of the efficacy and tolerance of a new topical serum in skin aging[J]. Meeting of the American AcademyofDermatology , 2009, 60(3): 27-35.

[95] Funasaka Y, Komoto M, Ichihashi M. Depigmenting effect of alpha-tocopheryl ferulate on normal human melanocytes[J]. Pigment Cell Research, 2000, 13(8): 170-174.

[96] Du W, Xu Y Y, Liu D H. Lipase-catalysed transesterification of soya bean oil for biodiesel production during continuous batch operation[J]. Biotechnology & Applied Biochemistry , 2003, 38: 103-106.

[97] 胡坤, 韩亚杰, 代斌. 猪胰脂肪酶固定化载体的优化[J]. 安徽农业科技, 2009, 37(15): 6865-6868.

[98] Gilham D, Lehner R. Techniques to measure lipase and esterase activity *in vitro*[J]. Methods, 2005, 36(2): 139-147.

[99] Selmi B, Gontier E, Ergan F, et al. Enzymatic synthesis of tricaprylin in a solvent-free system: Lipase regiospecificity as controlled by glycerol adsorption on silica gel[J]. Biotechnology Techniques , 1997, 11(8): 543-547.

[100] Castillo E, Dossat V, Marty A, et al. The role of silica gel in lipase-catalyzed esterification reactions of high-polar substrates[J]. Journal of the American Oil Chemists' Society, 1997, 74(2): 77-85.

[101] Stevenson D E, Stanley R A, Furneaux R H. Near-quantitative production of fatty acid alkyl esters by lipase-catalyzed alcoholysis of fats and oils with adsorption of glycerols by silica gel[J]. Enzyme and Microbial Technology, 1994, 16: 478-484.

[102] Berger M, Laumen K, Schneider M P. Lipase catalyzed esterification of hydrophilic diols in organic solvents[J].Journal of the American Oil Chemists' Society, 1992, 14: 553-558.

[103] Berger M, Laumen K, Schneider M P. Enzymatic Esterification of Glycerol Ⅰ. lipase-catalyzed synthesis of regioisomerically pure 1,3-sn-diacylglycerols[J]. Journal of the American Oil Chemists' Society, 1992, 69:

955-960.

[104] Berger M, Schneider M P. Enzymatic esterification of glycerol Ⅱ. lipase-catalyzed synthesis of regioisomerically pure 1(3)-rac-monoacylglycerols[J].Journal of the American Oil Chemists' Society,1992, 69: 961-965.

[105] Novaka I, Janeiro P, Seruga M, et al. Ultrasound extracted flavonoids from four varieties of Portuguese red grape skins determined by reverse-phase high-performance liquid chromatography with electrochemical detection[J]. Analytica Chimica Acta, 2008, 630(2): 107-115.

[106] Laszlo J A, Compton D L. Enzymatic glycerolysis and transesterification of vegetable oil for enhanced production of feruloylated glycerols[J]. Journal of the American Oil Chemists' Society, 2006, 83(9): 765-770.

[107] Nagata M, Osawa T, Namiki M, et al. Stereochemical structures of antioxidative bisepoxylignans, sesaminol and its isomers, transansformed from sesamolin[J]. Agricultural & Biological Chemistry, 1987, 51(5): 1285-1289.

[108] Frankel E N, Meyer A S. The problems of using one dimensional methods to evaluate multifunctional food and biological antioxidants[J]. Journal of the Science of Food & Agriculture , 2000, 80(13): 1925-1941.

[109] Brand-Williams W, Cuvelier M E, Berset C. Use of a free radical method to evaluate antioxidant activity[J]. LWT - Food Science and Technology , 1995, 28: 25-30.

[110] Lu Y R, Fool Y. Antioxidant and radical scavenging activities of polyphenols from apple pomace[J]. Food Chemistry, 2000, 68(1): 81-85.

[111] Smirnoff N, Cumbes Q J. Hyroxyl radical scavenging activity of compatible solutes[J]. Phytochemistry, 1989, 28(4): 1057-1060.

[112] 顾海峰, 李春美, 徐玉娟等. 柿子单宁的制备及其抗氧化活性的研究[J]. 农业工程学报, 2007, 23(5): 241-245.

[113] Okuda T, Kimura Y, Yoshida T, et al. Studies on the activities of tannins and related compounds from medicinal plants and drugs. I. Inhibitory effects on lipid peroxidation on mitochondria and microsomes of liver[J]. Chemical & Pharmaceutical Bulletin, 1983, 31: 1625-1631.

[114] 蒋超, 陆军, 林莉莉. 红薯茎叶提取物抗氧化性的研究[J]. 中国食品学报, 2010, 10(5): 74-77.

[115] 王琪, 田迪英, 杨荣华. 11种中草药对亚硝胺合成阻断能力与总黄酮含量相关性研究[J]. 中国中药杂志, 2010, 35(15): 1983-1986.

[116] 闫向阳, 刘建平, 夏季红, 等. 甘草黄酮提取条件的优化及抑制亚硝化反应的研究[J]. 河南工业大学学报(自然科学版), 2007, 28(2): 35-37.

[117] 黄高凌, 翁聪泽, 倪辉, 等. 琯溪蜜柚果皮提取物抑制亚硝化反应的研究[J].食品科学, 2007, 28(12): 36-39.

[118] 张军, 徐家立. 固定化假丝酵母1619脂肪酶催化油酸油醇酯的合成[J].生物工程学报,1995,4: 325-331.

[119] Gunawan E R, Suhendra D. Synthesis of wax esters from palm kernel oil catalyzed by lipase[J]. Jurnal Matematika Dan Sains, 2008, 13(3): 76-83.

[120] 郑丽妃, 刘焕珍, GuoZ,等.有机相中脂肪酶催化阿魏酸油醇酯合成的研究[J].食品工业科技, 2009, 4: 285-289.

[121] Lue B M, Karboune S, Yeboah F K, et al. Lipase-catalyzed esterification of cinnamic acid and oleyl alcohol in organic solvent media[J]. Journal of Chemical Technology and Biotechnology, 2005, 80: 462-468.

[122] 董立峰, 王艳, 辛嘉英, 等.无溶剂体系脂肪酶催化合成阿魏酸油醇酯[J]. 分子催化, 2011, 3(25): 262-268.

第7章 脂肪酶催化 2-芳基丙酸类药物前药合成及手性拆分

7.1 芳基丙酸类药物

2-芳基丙酸(2-aryl propanoic acid)是一类广泛使用的非甾体抗炎药(NSAID)。主要包括萘普生、萘普酮、布洛芬、酮洛芬、非诺洛芬、氟比洛芬、双氯芬酸、对乙酰氨基酚、阿司匹林、吲哚美辛等二十余种。2-芳基丙酸类药物在药效学上都是环氧化酶(COX)的可逆性抑制剂，主要通过抑制环氧化酶介导的花生四烯酸向血栓烷素及各种前列腺素的转化而抑制前列腺素在体内细胞和组织中的合成，进而达到消炎抗风湿、解热止痛和抗凝血等作用，在临床上广泛用于减轻或控制骨关节炎、类风湿性关节炎、多种发热和各种疼痛症状。特别是其中的典型代表萘普生和氟比洛芬，具有药剂量小、疗效高、副作用小等优点[1]。结构如图 7-1 所示。

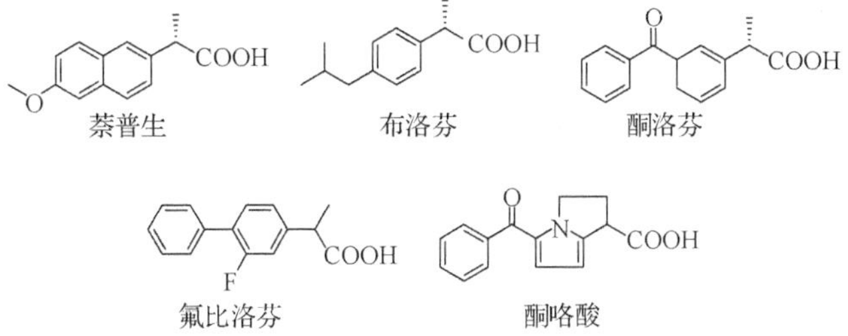

图 7-1 2-芳基丙酸类药物结构式

萘普生(Naproxen，化学名为 2-甲基-6-甲氧基-2-萘乙酸)在 20 世纪 60 年代后期被合成后，由美国辛迪斯公司推出并进行销售。20 世纪 90 年代中期，美国、英国等许多国家相继由于萘普生具有的良好疗效和轻微不良反应而批准其为与阿司匹林、扑热息痛、布洛芬并列的解热镇痛非处方药四大金刚之一。

萘普生 α-位含有 1 个手性碳原子，存在 S 型和 R 型光学异构体。分子式为 $C_{14}H_{14}O_3$，分子量 230.6，是一种白色或类白色的结晶性粉末，无臭或几乎无臭。易溶于乙醇、甲醇或氯仿，在乙醚中略溶，在水中几乎不溶解。

萘普生具有较强的消炎、解热、镇痛作用，可以明显地抑制前列腺素合成，减少前列腺素的释放甚至使其停止释放。研究显示，萘普生的消炎作用是保泰松的 11 倍，萘普生的解热作用更是阿司匹林的 22 倍，萘普生的镇痛作用是阿司匹林的 7 倍。萘普生对风湿性、类风湿性关节炎、强直性脊柱炎、肩周炎及多种类型的风湿性疾病都有很好的疗效，对于各种疾病引起的疼痛和发热也有良好的解热镇痛作用。临床上很多患者由于贫血、胃肠系统疾病等疾病不能服用阿司匹林或其他消炎镇痛药物，都可使用萘普生进行治疗。

氟比洛芬化学名称为 2-氟-α-甲基(1,1′-二苯基)-4-乙酸，由于结构式中羧酸 α-位有一个手性碳原子，存在一对光学异构体。白色结晶粉末，微刺激臭并有刺激味，熔点 114.5～115.5℃。易溶于乙醇、乙醚、丙酮、氯仿，几乎不溶于水。氟比洛芬是英国布兹公司开发的一种非甾体抗炎镇痛药，1976 年于英国上市，已列入英国、美国药典，也是非甾体消炎镇痛药的几个优秀品种之一。该药口服有效，耐受性好。长期使用对自身代谢没有影响。氟比洛芬分子结构中有一个氟原子，而由于氟原子使其具有一个独特性，在同类药物中具有较强的作用，治疗剂量小，而且具备强力的消炎、退热和止痛等功能，所以产生的副作用也最低。

7.2　脂肪酶催化 2-芳基丙酸类药物的前药合成

如前所述，2-芳基丙酸类药物是一类被广泛用于处理人体结缔组织疾病的非甾体抗炎药，典型代表包括萘普生和氟比洛芬，是解热镇痛、消炎和抗风湿的基本化学药物。然而，因为其结构中含有羧基，为酸性药物，在吸收过程中解离出的大量 H^+ 对胃黏膜有刺激作用，可导致胃肠道不良反应(对胃黏膜具有刺激作用，引起胃出血、溃疡等)，限制了其进一步应用[2]。

前药也被称为前体药物、药物前体、前驱药物等，由单词"Prodrug"直译而来，是由澳大利亚国立大学学者 Albert 于 1958 年在英国《自然杂志》上首次提出的[3]，是指原药物有效成分经过化学或者物理修饰以后所得到的，在体外没有生物活性或活性很低，而在生物体内经过酶解或者其他转化释放出有效的活性成分的化合物。这一过程的目的在于增加药物的生物利用度，加强靶向性，降低药物的毒性和副作用。

目前对于 2-芳基丙酸类药物前药的设计思想主要是通过酯化对 2-芳基丙酸的羧基进行屏蔽，这不仅可以防止药物羧基的解离带来的胃肠道黏膜损伤，提高其生物利用度和降低不良反应，还可以利用前药的特性来增强药物疗效，改善药物的溶解性，提高经皮吸收系数，优化给药途径，扩大临床应用范围。以萘普生为例，萘普生吗啉酯、萘普生烷基哌嗪酯、萘普生烷基酯、萘普生脂肪酰甘油酯、萘普生甘油酯等前药均是对萘普生的羧基进行酯化而实现上述目的的。但上述前药的合成一般需使用化学法先将萘普生羧基酰氯化再进行酯化反应，反应条件苛刻，副产物多。

脂肪酶作为一类特殊的酯键水解酶，可催化从不同底物出发的酯合成、酯交换、酯聚合、肽合成以及酰胺合成反应，底物专一性宽(酯、酸、醇、酸酐、酰胺等都可以成为它的底物)，不需要辅酶，反应条件温和，在 2-芳基丙酸类药物前药合成中可以发挥重要的作用。下面以萘普生油酸甘油酯、萘普生淀粉酯和 L-抗坏血酸氟比洛芬酯为例介绍 2-芳基丙酸类药物前药的脂肪酶催化合成。

7.2.1 萘普生油酸甘油酯

如图 7-2 所示，利用萘普生或萘普生酯和三油酸甘油酯为底物，通过脂肪酶在非水体系中催化萘普生或萘普生酯与三油酸甘油酯进行转酯化反应，仅一步反应就可以成功制备出前体药物萘普生油酸甘油酯。该药物不仅可以通过降低萘普生解离造成的胃肠道黏膜刺激，而且前药分解后产生的油酸甘油酯可以促进 PEG$_2$ 保护性黏液的分泌，起到保护胃黏膜的作用。研究发现，Novozym 435 脂肪酶在众多筛选的脂肪酶中对该反应具有较好的催化活力，当底物物质的量比为 1，使用异辛烷作为反应介质，50℃下反应 144h 可达到平衡。用微波代替常规加热，采用微波辐射-脂肪酶耦合的方法合成萘普生油酸甘油酯。在功率 200W 条件下，125min 即可完成反应。研究还发现，对于不同来源的酰基供体，Novozym 435 脂肪酶具有不同的催化活力。以萘普生油酸甘油酯的转化率为考察招标，在相同的实验条件下，以萘普生为底物时转化率为 14.7%，以萘普生乙酯为底物时转化率为 29.6%，以萘普生丙酯为底物时反应转化率为 27.0%，以萘普生甲酯为底物反应的转化率为 37.2%[4]。

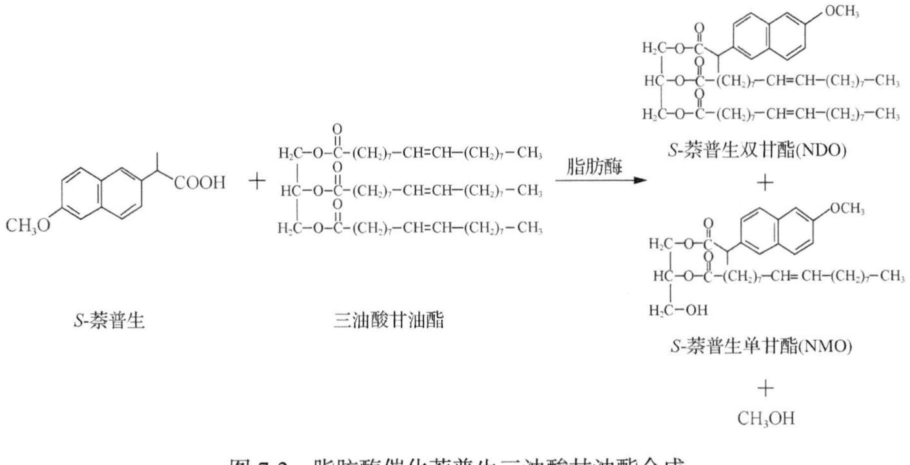

图 7-2 脂肪酶催化萘普生三油酸甘油酯合成

7.2.2 萘普生淀粉酯

利用脂肪酶还可以催化萘普生甲酯与淀粉发生转酯化反应，合成另一种前药萘普生淀粉酯。萘普生淀粉酯在胃中可以稳定存在,到达小肠后淀粉在胰淀粉酶等作用下分解释放出萘普生,从而可以减小对胃的伤害。合成过程中,首先需用氢氧化钠/尿素法对淀粉进行预处理,然后利用木瓜脂肪酶在异辛烷作为反应介质时催化萘普生淀粉酯合成(图 7-3)。作为萘普生淀粉酯合成反应的底物,萘普生甲酯与预处理淀粉的比例对转化率影响较大,由于萘普生甲酯可以完全溶于异辛烷,而淀粉和酶几乎不溶于异辛烷,所以随着淀粉比例的增大,淀粉会包裹住酶,从而抑制酶的活力,导致转化率下降,尤其在淀粉质量达到萘普生甲酯质量 1.5 倍时下降尤为明显。但如果增加萘普生甲酯的质量,并不能使转化率提高,当萘普生甲酯与预处理淀粉的质量比为 1 时,转化率最高。通过条件优化,在水活度为 0.57 的异辛烷反应介质中,50℃反应 141h,反应的转化率可达 13.9%。利用微波代替传统加热,发现微波功率 200W,55℃反应 150min,转化率可达 24.2%。与常规加热相比,微波法可以明显缩短反应时间,降低能耗,提高转化率[5]。

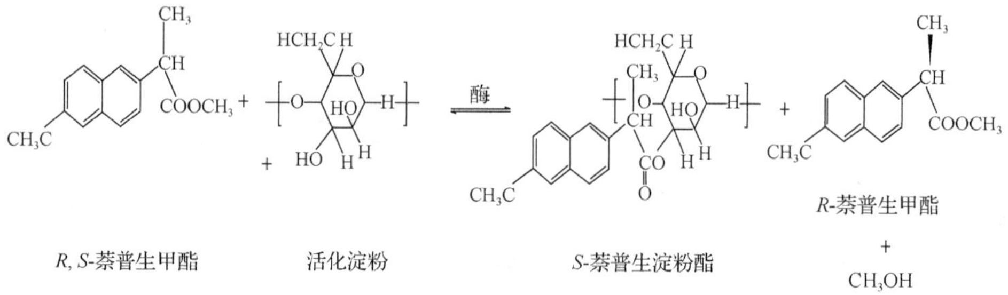

图 7-3 萘普生淀粉酯的反应式

7.2.3 L-抗坏血酸氟比洛芬酯

作为非甾体消炎镇痛药的几个优秀品种之一,氟比洛芬同样也是一种手性药物,但与萘普生不同,除了其中 S 构型能有效地抑制环氧化酶,具有抗炎、镇痛、解热的作用外,R 构型还具有抗肿瘤等活性,目前已进入治疗前列腺癌和阿尔兹海默病的Ⅲ期临床研究[6,7]。但是氟比洛芬很难透过血脑屏障,不能在靶器官附近进行良好的药物积累和释放,如果想达到理想的治疗效果,就需要较大剂量,这样会导致一些胃肠道的不良反应,对身体造成一定程度的损害[8]。

抗坏血酸(维生素 C)是一种具有抗氧化功能的水溶性维生素,可清除体内自由基,保护机体组织不被氧化损坏,是人体内一种必需维生素。近年来,抗坏血酸在治疗中枢神经系统疾病领域研究中也被大家所关注,并且发现在脑组织中抗坏血酸可以达到一定浓度,并起到重要的作用[9]。采用前药策略对氟比洛芬进行抗坏血酸修饰,不仅可以通过酯化对原药的羧基进行屏蔽,进而增大脂溶性、降低不良反应,还可以利用抗坏血酸的载体作用提高其生物利用度。Wu 等针对几种抗坏血酸基前药进行药物代谢稳定性及药代动力学进行研究，并与原药布洛芬进行比较，认为这几种抗坏血酸基前药在通过血脑屏障方面都具有优异的传输能力，抗坏血酸能够被 GLUT 和 SVCT2 识别，并有效地携带原药进入脑部。目前已有很多利用抗坏血酸作为载体携带药物通过血脑屏障的报道[10-12]。

L-抗坏血酸氟比洛芬酯是使用 L-抗坏血酸作为氟比洛芬的转运因子，携带氟比洛芬通过血脑屏障进而发挥其生物活性。使用脂肪酶催化的方法可以有效地合成前药 L-抗坏血酸氟比洛芬酯(图 7-4)。

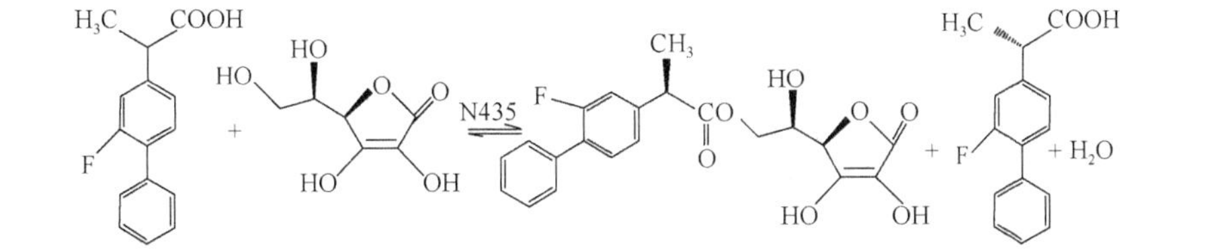

(*R*, *S*)-氟比洛芬　L-抗坏血酸　(*R*, *S*)-氟比洛芬抗坏血酸酯　(*S*)-氟比洛芬　水

A

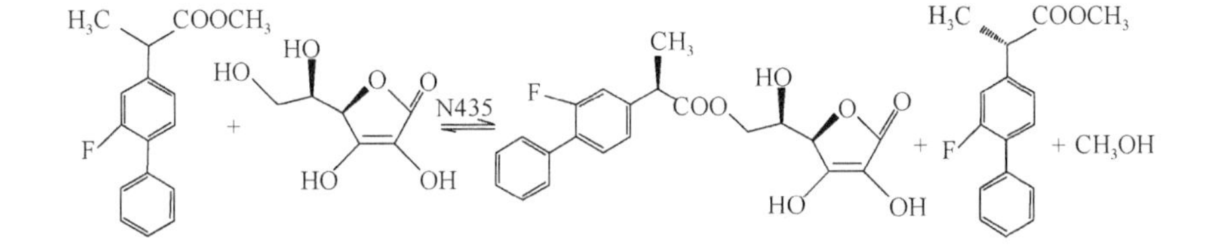

(*R*, *S*)-氟比洛芬甲酯　L-坏血酸　(*R*, *S*)-氟比洛芬抗坏血酸酯　(*S*)-氟比洛芬甲酯　甲醇

B

图 7-4　Novozym 435 脂肪酶催化酯化(A)和转酯化(B)反应合成 L-抗坏血酸氟比洛芬酯

尽管由于底物 L-抗坏血酸的结构中含有多个羟基，与氟比洛芬合成的产物可能是不具有选择性的酯类类混合物，但利用脂肪酶的高度特异性和选择性，可以得到有选择性的单一酯化产物。刘信宁等分别以布洛芬、酮洛芬、氟比洛芬和 L-抗坏血酸为原料，以脂肪酶 Novozym 435 为主要催化剂，对其酶法合成进行研究。结果表明，布洛芬、酮洛芬、氟比洛芬均能与 L-抗坏血酸发生酯化反应，得到相应的 L-抗坏血酸的洛芬酯。他们从研究浓度因素的有关实验求出速率常数，研究了酶促有机合成 L-抗坏血酸洛芬酯的反应动力学，并获得了酶促反应动力学参数。结果表明，三种底物中，布洛芬与酶的亲和力最大，酮洛芬次之，氟比洛芬最小。并且发现以布洛芬和酮洛芬为底物的酶促反应中，存在底物抑制作用。通过建立单底物抑制模型，求得底物抑制反应中的抑制常数及动力学常数。对底物进行比较，得到了各自的动力学参数。布洛芬米氏常数和 v_{max} 分别为 0.101μmol/L，32.68μmol/(min·g)；酮洛芬的分别为 0.144μmol/L，12.97μmol/(min·g)；氟比洛芬的分别为 0.185μmol/L，91.35μmol/(min·g)[13]。

如图 7-5 所示，利用 Novozym 435 脂肪酶在非水有机介质中催化的转酯化和酯化反应均可以有效地合成 L-抗坏血酸氟比洛芬酯，通过对转酯化和酯化反应进行系统的比较发现，当氟比洛芬(或氟比洛芬甲酯)与 L-抗坏血酸的物质的量比为 5∶1，叔丁醇作为反应介质时酯化反应可以达到 61.0%的转化率，而转酯化反应可以达到 46.4%的转化率。采用非底物抑制的双倒数方程对数据分析发现，Novozym 435 脂肪酶在该叔丁醇反应体系中对氟比洛芬的表观米氏常数和表观最大反应速度分别为 K_m=0.29mol/L, v_{max}=0.563mmol/(L·h)，对氟比洛芬甲酯的表观米氏常数和表观最大反应速度分别为 K_m=0.14mol/L, v_{max}=1.34mmol/(L·h)。尽管 Novozym 435 脂肪酶对氟比洛芬甲酯的亲和性和反应性高于氟比洛芬，但从产量角度来看，酯化反应优于转酯化反应[14]。

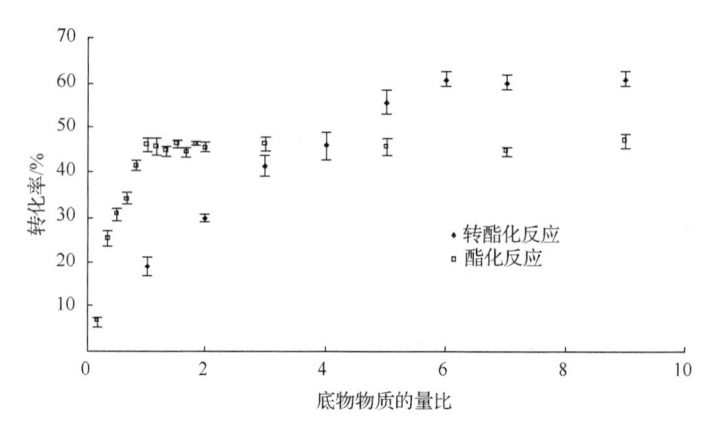

图 7-5　脂肪酶催化 L-抗坏血酸洛芬酯合成的反应进程曲线

7.3　脂肪酶催化 2-芳基丙酸类药物手性拆分

7.3.1　手性及手性药物

手性是自然界的本质属性，用来反映化合物的不对称性，如同人的左右手一样，表面看起来相似，但是不能完全重叠，互为镜像的关系。具有手性的一对分子在化学上称为对映体异构体，它们之间的关系称为对映关系。手性也是生物体内普遍存在的本质属性之一，人体内的各种生命活动与手性息息相关，如人体内组成蛋白质和酶的氨基酸都为 L 型，糖为 D 型，DNA 均为右旋等，人体的运转和代谢都是在不对称环境下进行的，在生命过程中发生的各种生物和化学反应都离不开手性识别。

当药物进入体内时，不同立体结构的两个对映体与受体相结合就会产生不同的作用效果，这种作用就被称为手性识别。由于手性识别的作用，手性药物的对映异构体进入人体内就会产生药效及药代动力学的差异。一般认为，手性药物对映异构体在人体内分别以不同的方式吸收、活化及代谢,这样就产生了药理活性、代谢过程及毒理方面的差别。也就是说当手性药物进入人体时,它的两个对映异构体和人体作用分别表现出不同的生物活性。如果服用含有外消旋体的手性药物,只有其中一种会与受体结合产生作用,而另一种不易与受体结合的则成为人体内的多余物质,给代谢带来负担,有的甚至会产生细胞毒性,对生命造成损害。例如,在20世纪60年代发生的震惊世界的反应停事件("海豚婴儿"事件)就是由于孕妇服用混旋的肽胺呱啶酮造成的,最初孕妇使用肽胺呱啶酮来减轻妊娠反应,导致服用该药的妇女产下了大量的四肢呈海豚状的畸形儿。研究结果表明,肽胺呱啶酮的 R 构型具有镇静作用,而 S 构型则具有强烈的致畸作用。对这一事件的研究推动了人们对现代药物研究新的要求,即药物应该以单一构型的手性分子构成。这也使得制备单一构型的手性分子成为当今的热门话题之一。在20世纪80年代以前,许多合成药物多以外消旋体的形式出售。反应停事件后,针对外消旋药物的潜在危险,美国食品与药物管理局(FDA)在1992年颁布新法案,严格限制外消旋药物的使用,规定新药上市要尽可能以单一的手性异构体形式出售。如以外消旋形式出售应严格研究另一手性异构体的药理性质。其他西方发达国家也相继提出了类似法案,这就使得研究光学活性的化合物具有了巨大的商业前景。

尽管2-芳基丙酸类药物在药效学上有很多共同点,但是具体到每一种药物来说,它的两种对映异构体间还是存在差异。临床研究发现,大部分2-芳基丙酸类抗炎药的 S 构型比 R 构型生理活性高,如 S 型萘普生的消炎镇痛作用为 R 型的28倍,且 R 型萘普生还会扰乱人体正常的脂代谢[15]; S-非诺洛芬的活性是 R-非诺洛芬的35倍; S 型的布洛芬镇痛作用为 R 型的160倍。布洛芬的两个对映异构体不仅在消炎镇痛方面存在活性差异,而且作用部位和起效的给药途径也不同[16]。特别是氟比洛芬,其两个对映异构体具有截然不同的药理活性,其中 S 型能更有效地抑制环氧化酶,是消炎镇痛的主要成分, R 型虽无抗炎作用,但近期研究证明, R 型能抑制 Aβ-42 的表达,目前已用于治疗前列腺癌和阿尔兹海默病的Ⅲ期临床研究[6, 7]。

可见,对于2-芳基丙酸类药物,其外消旋形式药物的胃肠不良反应往往会因 R 对映异构体的存在而增加。与外消旋体相比, S 对映异构体用外消旋体的半量就可以达到相同的治疗效果,而且可以降低由于使用外消旋体中 R 对映异构体带来的不良反应。可见,获得单一对映体手性2-芳基丙酸类药物是至关重要的。

7.3.2 脂肪酶催化手性拆分

生物催化合成具有高选择性、底物专一性和反应条件温和等优点,在有机合成领域备受关注,在手性化合物拆分领域起着越来越重要的作用。生物拆分即微生物或酶的选择性拆分,就是利用生物酶或者含活性酶的微生物菌体等作为生物催化剂,将其中一个对映体进行选择性转化,达到外消旋拆分的目的。

目前生物拆分的反应可以分为:单加氧酶等催化的环氧化合物的选择性拆分;蛋白酶和脂肪酶等催化的酰胺的选择性拆分;脂肪酶催化的酸、醇、酯等选择性拆分;腈水解酶催化的腈的选择性拆分等。生物拆分具有一般化学方法无可比拟的优点,使得生物拆分制备手性化合物的方法成为日益关注的热点。

由于酶中心本身是一个不对称结构,产物比较单一,具有很高的立体选择性、区域选择性和化学选择性,并且能完成一般化学方法难以完成的反应等,产品光学纯度高,能在温和条件下高效、专一地催化各种生物化学反应。在非水有机介质中,酶不仅可催化通常的氧化、还原、水解、酯化、裂解、异构化等各种类型的反应,而且可以催化许多新反应。

脂肪酶用于光学活性对映异构体拆分也是基于其分子本身的立体选择性。脂肪酶在催化化学反应时,首先与底物形成活性中间体(Td1 或 Td2)(见第 1 章),所需能量为活化能 ΔG,然后中间体分解出产物和酶,酶的立体选择性归因于 ΔG 的差别。脂肪酶是一个手性分子,对于一对对映异构体 R、S 来说,其中一种对映异构体与酶活性位点的结合要较另一种对映异构体容易,$\Delta G(R)$ 与 $\Delta G(S)$ 之差一般可达到 16.7kJ/mol,因此,外消旋化合物的两个对映异构体可与酶分子以不同的速率进行反应,从而达到动力学拆分的目的。

脂肪酶可以催化外消旋对映异构体的立体选择性水解、酯化及酯交换反应,是目前制备光学活性化合物最常用的方法,被广泛应用于外消旋醇、羧酸、酯、酰胺和胺的拆分上。脂肪酶对手性中心与反应中心靠近,并且手性碳上有氢原子相连的底物催化反应的立体选择性较好。脂肪酶可以催化拆分反应制备手性酸、酯和手性醇、酚,还可以催化立体选择性内酯化反应合成光学活性的内酯。脂肪酶催化的底物酯按其结构特征分为Ⅰ型酯和Ⅱ型酯。Ⅰ型酯的手性中心在羧酸部分,Ⅱ型酯的手性中心在醇基部分,因此脂肪酶可用于手性酸和手性醇的拆分。无论是Ⅰ型酯还是Ⅱ型酯,酶都要求底物分子中的手性中心尽可能在水解反应位点附近,以保证其手性识别。

脂肪酶催化 2-芳基丙酸类药物拆分反应时,底物结构对反应速率的影响很大。对于底物结构酸部分的影响,Arroyo 和 Sinisterra[17]在水饱和异丁基甲基酮中采用固定化南极假丝酵母脂肪酶(Candida antarctica)催化五种 2-芳基丙酸的不对称酯化反应,反应活性顺序为:酮普洛芬>2-芳基丙酸>布洛芬>萘普生>氟比洛芬。Sih 等[18-20]采用游离的柱状假丝酵母(Candida cylindracea)脂肪酶催化上述五种 2-芳基丙酸甲酯和乙酯的不对称水解反应,也得到了同样的反应活性顺序。他们将这种反应活性的差异归结为脂肪酶疏水腔对不同底物结合的难易程度不同[21, 22]。萘普生和氟比洛芬分子芳基基团的构象不利于其在疏水腔的结合,而酮普洛芬、2-芳基丙酸和布洛芬分子芳基基团的构象有利于其在疏水腔的结合。

底物结构的醇部分同样对反应速率有影响。Arroyo 和 Sinisterra[21]在水饱和异辛烷中采用固定化南极假丝酵母脂肪酶(Candida antarctica)催化 2-芳基丙酸与醇的酯化反应,发现伯醇反应速率最快,仲醇次之,叔醇几乎不反应,Moreno 和 Sinisterra 发现这主要是由于醇结合位点的宽度限制了仲醇和叔醇的结合[22]。对于伯醇,短链的 1-丙醇酯化速率要较 1-辛醇和 1-丁醇快。如果醇部分含有一些吸电子基团,如乙氧基、氯乙基、氰甲基等,由于其对酯键的活化,会明显提高水解反应的速率。如 Battistel 等[23]采用萘普生乙氧基乙酯作为底物,Tai 等[24]采用布洛芬氯乙基等都明显提高了反应速率。

7.3.3 酶催化拆分过程中的几个重要参数

对于酶催化手性拆分反应,既要考虑化学产率,又要考虑光学产率,拆分反应有以下几个重要参数:

E 为对映体比率,表示酶催化对映体底物反应的立体选择性,是与酶本身性质密切相关的动力学参数。E 值越大,表示酶的选择性越高,E 值为 1,酶对底物无对映体选择性。

C 为转化率,表示底物转化的程度。

ee_s 和 ee_p 分别表示底物和产物的对映体过量值,其值越大表示底物和产物的光学纯度越高,ee 值为 100%说明酶只催化一种构型的反应物发生反应或者只生成一种构型的产物。

K 为反应的平衡常数。它是快反应(或慢反应)异构体的剩余底物浓度和产物浓度在反应达到平衡时的比值,是不依赖于酶性质的热力学函数[25]。

脂肪酶催化的水解反应和某些烯醇酯的酰基转移过程都属于这种情况,可以用以下示意图表示:

$$\text{Enz} \underset{K_2}{\overset{K_{1A}}{\rightleftharpoons}} \text{EA} \xrightarrow{K_3} \text{EP} \xrightarrow{K_5} \text{Enz} + \text{P}$$

$$\underset{K_{2'}}{\overset{K_{1B}}{\rightleftharpoons}} \text{EB} \xrightarrow{K_{3'}} \text{EQ} \xrightarrow{K_{5'}} \text{Enz} + \text{Q}$$

根据以上图示可用下式来计算 E 值:

$$E = \frac{\ln([A]/[A]_0)}{\ln([B]/[B]_0)} \tag{7-1}$$

如果将 C 和 ee 值与 E 值相关联,可以得到下面常用的等式:

$$E = \frac{\ln\left[(1-C)(1-\mathrm{ee}_s)\right]}{\ln\left[(1-C)(1+\mathrm{ee}_s)\right]} \tag{7-2}$$

$$E = \frac{\ln\left[(1-C)(1+\mathrm{ee}_p)\right]}{\ln\left[(1-C)(1-\mathrm{ee}_p)\right]} \tag{7-3}$$

其中

$$C = \frac{\mathrm{ee}_s}{\mathrm{ee}_s + \mathrm{ee}_p} \tag{7-4}$$

对于可逆的酶催化过程，可以简要地以下面示意图表示[26]

$$\mathrm{Enz} \underset{K_2}{\overset{K_{1A}}{\rightleftharpoons}} \mathrm{EA} \underset{K_4}{\overset{K_{3A}}{\rightleftharpoons}} \mathrm{EP} \underset{K_6}{\overset{K_{5A}}{\rightleftharpoons}} \mathrm{Enz} + \mathrm{P}$$

$$\underset{K_{2'}}{\overset{K_{1B}}{\rightleftharpoons}} \mathrm{EB} \underset{K_{4'}}{\overset{K_{3B}}{\rightleftharpoons}} \mathrm{EQ} \underset{K_{6'}}{\overset{K_{5B}}{\rightleftharpoons}} \mathrm{Enz} + \mathrm{Q}$$

为了研究方便以上示意图也可以简化为以下示意图

$$\mathrm{Enz} + \mathrm{A} \underset{K_2}{\overset{K_1}{\rightleftharpoons}} \mathrm{Enz} + \mathrm{P}$$

$$\mathrm{Enz} + \mathrm{B} \underset{K_4}{\overset{K_3}{\rightleftharpoons}} \mathrm{Enz} + \mathrm{Q}$$

其中，K_1、K_2、K_3、K_4 是正、逆反应的速率常数。在非手性的环境中，一对对映异构体的平衡常数应该是相等的，因此

$$K = K_2/K_1 = K_4/K_3$$

对于可逆的酶催化体系，假设酰基受体一直处于饱和状态，可以得出一个新的表达式来计算对映体比率 E，这个表达式结合了热力学参数 K。

$$E = \frac{\ln\left[1-(1+K)(1-[\mathrm{A}]/[\mathrm{A}]_0)\right]}{\ln\left[1-(1+K)(1-[\mathrm{B}]/[\mathrm{B}]_0)\right]} \tag{7-5}$$

当 K_2 和 K_4 等于 0 时式(7-5)还原成式(7-1)，即不可逆状态。另外，式(7-5)可转换成式(7-6)和式(7-7)，以便于转化率 C 与底物和产物的对映体过量值（ee_s 和 ee_p）相关联。

$$E = \frac{\ln\left[1-(1+K)(C+\text{ee}_s\{1-C\})\right]}{\ln\left[1-(1+K)(C-\text{ee}_s\{1-C\})\right]} \tag{7-6}$$

$$E = \frac{\ln\left[1-(1+K)C(1+\text{ee}_p)\right]}{\ln\left[1-(1+K)C(1-\text{ee}_p)\right]} \tag{7-7}$$

这些等式表明，对于可逆的酶催化反应对映体选择性依赖于动力学函数和热力学函数复杂的相互关系。为考察 ee_p、ee_s、C、K 和 E 之间关系，根据该方程采用计算机作图法得出一定 E 和 K 下 ee_p、ee_s 和 C 相互关系的理论曲线。从图 7-6 可以看出，E 和 K 的变化会引起一定转化率下产物和剩余底物的光学纯度的明显改变。

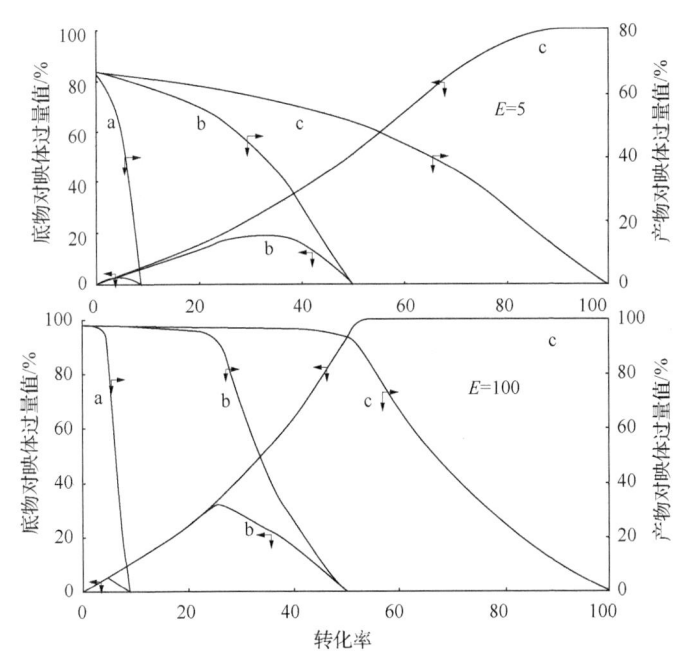

图 7-6 不同 E 和 K 下，剩余底物和产物对映体过量值随转化率变化的理论曲线
(a) $K=10$；(b) $K=1$；(c) $K=0$

对于 $K=0$ 的不可逆反应，可以看出，当转化率小于 50%时，产物的光学纯度高，这时酶主要优先作用于最适底物；当转化率大于 50%时，酶的最适底物耗尽，此时酶也可慢速作用于另一种对映体，使产物的光学纯度急剧下降。E 值越大，则在 50%转化率时产物的光学纯度越大。一般当 E 值小于 15 时，选择性较差，没有实用价值。同样，对于 K 不为 0 的可逆反应，当 E 值一定的情况下，K 值越高，一定转化率 C 下的底物和产物对映体过量值(ee_s 和 ee_p)越小。

7.3.4 脂肪酶催化 2-芳基丙酸类药物手性拆分的主要反应类型

近几十年来，利用酶催化拆分不对称合成 2-芳基丙酸类药物取得了重大进展，世界上已经有多家公司开发出利用酶拆分获得高光学纯度 2-芳基丙酸的技术，并已实现工业化，如英国的 Chiroscience 手性技术公司、西班牙 Laboratorios Menarini 公司等。酶催化法对手性药物 2-芳基丙酸类药物的拆分已成为一种有效的方法，具有重要的理论意义和实际应用价值。

在有关 2-芳基丙酸类非甾体抗炎药酶促拆分的报道中，所使用的酶大多数为脂肪酶，脂肪酶不仅在水溶液中具有较好的活性和稳定性，还能够承受较高的底物浓度(可高于 1mol/L)，而且可以催化酯、醇、酸、酸酐以及酰胺等多种底物发生立体选择性反应。脂肪酶催化的 2-芳基丙酸药物拆分反应主要包括在有机介质中进行的酯化反应、酯酰基转移反应、水解反应以及氨解反应，特别是水解法和酯化法较为常用。脂肪酶具有非常宽的底物专一性和高的立体选择性，可对许多外消旋人工底物进行拆分。由于 2-芳基丙酸类药物是一类有较大空间位阻的酸，因此采用脂肪酶立体选择性水解或合成其酯是一种很高效的拆分方法。

1. 水解法

水解反应是 2-芳基丙酸类药物酶促拆分中常见的反应之一。一般先将药物进行衍生酯化，转化成酯(如萘普生的生物拆分底物一般是萘普生的酯类衍生物萘普生甲酯、萘普生乙酯等)，然后再用脂肪酶催化立体选择性水解，这时酯的一种旋光异构体会以快得多的速度被酶催化水解，反应完成后，把未水解的酯除去，即可得到具有光学活性的酸。

$$Ar\overset{CH_3}{\underset{|}{CH}}CO_2R \xrightarrow{\text{脂肪酶}} Ar\overset{CH_3}{\underset{}{\bigwedge}}COOH + Ar\overset{CH_3}{\underset{}{\bigwedge}}COOH$$

R=CH$_3$, CH$_2$CH$_3$, CH$_2$CH$_2$Cl
Ar=6-甲氧基-2-萘基、3-苯甲酰苯基

最初的水解法是将微生物如酱油曲霉(*Aspergillus sojoe*)的水溶液与少量溶有外消旋萘普生甲酯的甲苯溶液混合搅拌一段时间，从而水解得到 R-萘普生，比旋光值 $[\alpha]_D^{25}$ 为 58.5，收率 16.3%，同时发现青霉(*Penicillium vinaceum*)和卡伍尔氏链霉菌(*Streptomyces cavourensis*)菌株可以立体专一性地催化水解 R-萘普生甲酯，得到高光学纯的萘普生(ee≥98%)。可惜的是，由于反应速率很慢并且微生物对底物萘普生酯浓度的耐受性极限很低(<5g/L)，因此无实用价值[27]。后来，古渠鸣[28]研究发现来源于根霉(*Rhizopus*)、毛霉(*Mucor*)和假丝酵母(*Candida*)属的胞外脂肪酶均对不同的萘普生酯具有很高的立体选择性，且稳定性和底物耐受性很

高(>1mol/L)。在这些脂肪酶中，只有假丝酵母脂肪酶可水解外消旋萘普生酯得到 S-萘普生(图 7-7)，其他微生物脂肪酶都得到 R-萘普生。在这项工作中，采用催化活性好的假丝酵母酶 lipase OF 酶催化水解消旋萘普生甲酯和氯乙酯得到 S-萘普生，转化率可达 40%。研究还发现，对于同一脂肪酶，消旋酸氯乙酯的转化率较消旋酸甲酯大得多，但后者产品的光学纯度较前者高。他们认为底物结构的微小变化对酶的选择性有较大影响。Tai 等在研究脂肪酶不对称水解布洛芬酯时也得到相似的结论[29]。

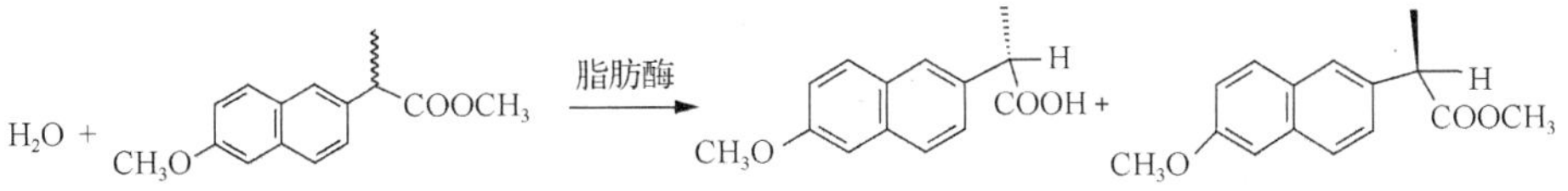

图 7-7 假丝酵母脂肪酶催化萘普生甲酯的立体选择性水解反应

辛嘉英等[30]在异辛烷-水双液相体系中进行脂肪酶拆分消旋萘普生甲酯，结果显示，温度为 37℃，缓冲液 pH 7.5，水含量为 2%，转化率 24.3%时，可得到对映体过量值为 94.9%的 S-萘普生。为提高粗酶的立体选择性，夏仕文等[31]以 2-丙醇处理脂肪酶，用于催化酮洛芬氯乙酯的水解反应，S-酮洛芬的对映体过量值为 93.4%，而未经处理的粗酶催化的对映体过量值仅为 66.1%。刘幽燕等[32]则通过添加表面活性剂如吐温 80、壬基酚聚氧乙烯醚等借以提高脂肪酶催化拆分酮洛芬的活性和立体选择性，在 20mg/mL 吐温 80 或 30mg/mL 壬基酚聚氧乙烯醚时，假丝酵母酶的活力可提高 13 或 15 倍，立体选择性提高 15 倍。

使用固定化酶拆分外消旋体，可使酶重复使用和稳定化，减少反应转停数，降低成本，易于控制，便于大规模工业化生产。20 世纪 90 年代已有很多关于固定化脂肪酶用于催化立体选择性水解 2-芳基丙酸类药物的报道。例如，Battistel 等将柱状假丝酵母脂肪酶(CCL)以吸附法固定在弱极性 Amberlite XAD-7 树脂上，将 500g 此固定化酶装填到一根柱式反应器中,用于液态底物外消旋萘普生乙氧基乙酯的不对称水解。连续操作 1200h，共投料 9387g，得到 1757g S-萘普生，其对映体过量值大于 95%，收率 25%，酶活力仅损失 20%。同时还发现，弱极性聚丙烯树脂 Amberlite XAD-7 和 XAD-8 比亲水性较强的酚醛树脂 Duolite ES762 更有利于疏水底物外消旋萘普生乙氧基乙酯的扩散，从而更有利于反应的进行[33]。Tai 等将脂肪酶先吸附于弱极性 Amberlite XaAD-7 树脂再用戊二醛交联的方法制备固定化酶，用于催化布洛芬的水解，得到对映体过量值>99%的 S-布洛芬，转化率 44%，反复使用后其酶活力仍保持 90%以上[29, 34]。将脂肪酶先吸附在硅胶上再用戊二醛交联制备固定化酶，用于催化酮基布洛芬氯乙酯的不对称水解，通过吐温 80 将酶的立体选择性由 10 提高到 100 以上。其水解反应转化率为 48%，产物对映体过量值为 97%。连续反应 6 批，酶活力仍保留 61%，该研究结果为酮洛芬酶拆分工艺奠定了技术基础。

生物催化膜反应器可以实现反应分离一体化，利用多相萃取酶膜生物反应器的新技术生产光学纯对映体格外引人注目，如吉鑫松等[35]将脂肪酶固定在 8 根 36cm 长的表面积为 55cm^2 的中空纤维中，利用该反应器水解 1%外消旋布洛芬乙酯，得到对映体过量值为 80%的 S-布洛芬。Cuperus 等[36]用固定了 CCL 的中空纤维多相萃取半透膜生物反应器连续水解外消旋萘普生甲酯，外消旋布洛芬三氟乙酯分别得到了光学纯的 S-萘普生和 S-布洛芬。这一技术的采用既可提高酶促反应能力，又可利用中空纤维的半透膜使产物和底物分开，使水层与有机层分开，从而达到反应-分离一体化的目的。

除了对酯进行水解，脂肪酶还可以催化酰胺水解。如 Franz 等采用固定化脂肪酶 MP50 在 3% DMSO 和乙酸中催化消旋萘普生酰胺水解，得光学产物萘普生（ee 值>99%），化学收率 80%[37]。

用脂肪酶催化立体选择性水解 2-芳基丙酸类药物的反应，人们已探索了多年，有大量相关工作发表于 20 世纪 90 年代，但这种方法有如下缺点：一是开始必须将外消旋的目标分子转变为酯或酰胺，增加了反应步骤；二是 2-芳基丙酸类药物及其酯在水中不易溶解；三是酯或酰胺底物易发生化学水解而使产品酸光学纯度下降。

2. 酯化法

酸的酯化与水解是可逆反应。酶催化剂可同时催化正逆向反应，采用适当条件可使酶催化反应向酯化方向进行。用脂肪酶催化 2-芳基丙酸类药物在有机介质中进行立体选择性酯化，其反应通式如下

$$(R,S)\text{-}R_1^*COOH + R_2OH \xrightarrow{\text{脂肪酶}} \left(R_1^*COOH + R_1^*COOR_2\right) + H_2O$$

外消旋酸　　　　　　　　　　　　　　光学活性酸或酯

脂肪酶仅使酸中的一个对映异构体反应生成酯，而不反应的对映异构体仍以酸的形式存在，从而达到拆分的目的。相较于水解反应，酯化拆分可直接利用 2-芳基丙酸类药物的酯化步骤拆分出光学纯药物。

在有机溶剂中进行脂肪酶催化的立体选择性酯化反应合成光学活性 2-芳基丙酸酯具有如下优点：一是增加了 2-芳基丙酸类药物及其衍生物的溶解度；二是避免了化学水解引起的产品酸光学纯度下降；三是增加了酶的刚性，促进了酶的稳定性；四是通过改变溶剂体系，可以增加酶的立体选择性；五是酶与底物或产物易于分离；六是由于事先不必酯化，简化了拆分步骤。

脂肪酶催化酯化反应是指由醇和羧酸为底物的酯合成反应，反应过程中涉及

水分子的生成,是一个可逆的反应,因此需控制反应介质中水的用量,尽可能少用水而用有机溶剂,这是反应能否获得较高收率和较高光学纯度产物的关键。而非水介质是酯合成反应的理想体系。非水介质中水的用量常用水活度(a_w)来表示,采用饱和盐溶液预平衡法可以获得不同的水活度。在一定温度下,某种盐的存在状态与水的活度是相对应的,因此饱和盐以通过结合和释放出所结合的水可以保持或缓冲反应体系中水活度的变化,保持体系中水活度的稳定。该方法在控制体系中初始水活度时具有较好的可操作性及稳定性。常见的饱和盐水活度如下:LiBr,a_w=0.07;LiCl,a_w=0.12;$MgCl_2$,a_w=0.33;$Mg(NO_3)_2$,a_w=0.55;NaCl,a_w=0.75。在疏水性溶剂中($\lg P>3$),反应过程中生成的水将会富集在亲水性酶分子表面,随着反应的进行,水将会在酶分子表面形成一个独立的水相,将酶和底物分隔而使反应停止。为解决这个问题,可采取减压蒸发法,在反应过程中使水等副产物蒸发从而使平衡移动;采用吸附法除去反应中生成的水也比较常见,如添加分子筛、氧化铝、硅胶、沸石等化学干燥剂和添加除水性无机盐等;其他方法还有添加饱和盐溶液,加入强酸型阳离子交换树脂等。所有的这些方法目前还处于探索阶段,存在很多缺陷。吸附法尤其是分子筛脱水是目前应用最广泛的方法。分子筛脱水效果相对比较好,成本低廉,且容易分离和再生,但使用不当也有不利的一面,如由于脱水太强烈而导致酶必需的结合水的去除,进而使酶失活,导致副产物的形成等。

在非水介质中进行脂肪酶催化的酯化反应,除了水含量外,有机溶剂的选择也非常重要。Tsai等[38]在微水-有机溶剂体系中利用 CCL 催化外消旋萘普生和醇的酯化反应得到 S-萘普生酯时,发现在有较高 $\lg P$ 值的疏水有机溶剂中,脂肪酶的酯化活性和立体选择性都较高。但由于底物萘普生在高 $\lg P$ 值的有机溶剂如异辛烷中溶解度太小(1.8mmol/L),酯化产率较低。采用 60%异辛烷和 40%甲苯的混合溶剂体系进行反应,立体选择性损失较小,却可以提高萘普生的酯化产率。许建和等[39]采用同样的混合溶剂体系用脂肪酶催化酮基布洛芬的酯化反应,获得了相似的结论,并发现脂肪酶的对映体选择性随混合溶剂中甲苯含量的变化而发生逆转。

脂肪酶催化的酯化反应中,底物醇的选择会对脂肪酶的催化活性立体选择性产生影响,如前述 Tsai 等[38]在微水-异辛烷体系中利用 CCL 催化外消旋萘普生和醇的酯化反应得到 S-萘普生酯时,发现当使用三甲基硅基甲醇作为底物时,酶催化活性和立体选择性明显增大。笔者认为这是由于硅原子比碳原子具有较低的电负性,较大的原子半径,从而更有利于脂肪酶对其分子的识别所致。崔玉敏等[40]用 CCL 在异辛烷体系中选择性催化 S-萘普生与三甲基硅甲醇发生酯化反应,并利用硅藻土吸附固定化酶有效地改善了酶在有机介质中的分散状态,通过选择和确定辅溶剂四氯化碳与异辛烷的比例,探讨醇浓度及温度对酯化反应过程的影响,克服高浓度醇的抑制作用，提高了催化效率。

除了使用不同的水含量、有机溶剂和醇可以改变酶的立体选择性外，在有机溶剂中加入表面活性剂，对酶的催化活力和立体选择性同样有影响。如 Tsai 等[41]采用 CCL 在异辛烷中催化萘普生与三甲基硅基甲醇的酯化反应发现，在反应体系中加入 2-乙基己基琥珀酸酯磺酸钠（AOT）可明显提高底物萘普生在异辛烷中的溶解度，并发现醇是脂肪酶的竞争抑制剂而 AOT 是脂肪酶的非竞争抑制剂，因此在反应体系中加入适量的 AOT 可明显提高 S-萘普生酯的产量和脂肪酶的选择性。用 CCL 在油包水的反相胶束（AOT/异辛烷）中，进行外消旋布洛芬与正丙醇的酯化反应，当 $W_0\{[H_2O]/AOT\}\}$ 为 12 时，其对映体比率 $E>150$，转化率达 32%，得到 S-布洛芬丙酯的对映体过量值为 100%，R-布洛芬几乎未被酯化。该 CCL 高度的立体选择性仅出现在反相胶束反应体中，在单纯的有机溶剂（异辛烷）中进行酯合成（$E=3.0$，转化率 41%）和在含水体系（1%二甲基亚砜的 Hepes 缓冲液）中进行酯水解（$E=1.3$，转化率 32%）均得不到这么高的立体选择性。笔者认为，酶在不同体系中立体选择性差异主要归因于界面现象。在反相胶束体系中由于表面活性剂分子形成反相微胶层使溶解酶的水与溶解底物的溶剂分隔开产生相当大面积的界面，而在有机溶剂体系（无表面活性剂）及含水体系中不存在此界面[42]。

7.3.5 催化 2-芳基丙酸类药物拆分反应的脂肪酶

脂肪酶是催化 2-芳基丙酸类药物拆分的主要酶类，但迄今发现的可高选择性拆分外消旋 2-芳基丙酸类药物的脂肪酶种类并不多，拆分中常用的酶主要有褶皱假丝酵母脂肪酶（*Candida rugosa* lipase，CRL）、猪胰脂肪酶（PPL）、柱状假丝酵母脂肪酶（*Candida cylindracea* lipase，CCL）等。其中，偏好 S 型异构体的假丝酵母脂肪酶最常用。为了改变这种用酶单一的情况，研究人员积极开发其他种类的脂肪酶。Morrone 等对南极假丝酵母脂肪酶、褶皱假丝酵母脂肪酶、洋葱假单胞菌脂肪酶、米黑根毛霉脂肪酶等 5 种脂肪酶进行了筛选，发现只有南极假丝酵母脂肪酶 Novozym 435 表现出了 R 异构体选择性，并利用 Novozym 435 进行不可逆的酯化反应进行萘普生的拆分，S-萘普生的对映体过量值达到了 98%，产率为 52%[43]。Lucia 等从 8 种商业化酶中对适用于外消旋萘普生对映体拆分的酯酶和脂肪酶进行了筛选，选取 S-萘普生对映体过量值大于 98%、外消旋物底物转化率大于 40%、对映体比率值 $E>100$ 的酶用于优化对映体选择性，发现来源于 Fluka 公司的商品化脂肪酶 ChiroCLEC-CR 和 ESL001-01 效果最好[44]。

在许多微生物脂肪酶中，由于褶皱假丝酵母脂肪酶具有高活性和立体选择性，因此对其的研究也较深入。该脂肪酶在世界各地有许多生产商，原来一直认为他们的产品是均一的，但 Allenmark 和 Ohlsson[45]发现褶皱假丝酵母脂肪酶是由许多催化效率和立体选择性不同的同工酶组成的。在许多拆分反应中，这些同工酶的立体选择性都差别很大甚至相反[6,23]，催化活力和稳定性差别也很大[46-48]。通过比较不同的生产商提供的产品发现同工酶各组分含量受培养条件、提纯方法等的影响，由此导致了不同产品在催化效率和立体选择性上的差异。这大大限制了褶皱假丝酵母脂肪酶在许多精细化学品合成中的应用，因此目前许多拆分反应都是采用生物化学纯化法或有机溶剂处理转化法获取的纯同工酶来进行的。

除了微生物脂肪酶外，植物脂肪酶在 2-芳基丙酸类药物拆分上也受到了广泛的关注。Cheng 等发现蕴含在粗木瓜蛋白酶中的木瓜脂肪酶(CPL)，能够在饱和外消旋萘普生 2,2,2-三氟乙酯水溶液中对其进行立体选择性水解。和细菌脂肪酶相比，对于 S-萘普生，木瓜脂肪酶 CPL 的对映体选择性和活力更好，在 60℃ 的异辛烷饱和水溶液中也更加稳定[49]。反应动力学分析揭示，木瓜脂肪酶 CPL 催化布洛芬类药物手性拆分的分子基础是酶对同一底物的不同构型而言，反应速率常数 k_{2S} 及 k_{2R} 存在差异，而不是由于酶对不同构型的底物具有不同的 K_m。对一系列化合物的拆分结果表明，2-芳基丙酸类手性化合物 2-位上空间位阻较大的底物比空间位阻小的化合物具有更好的拆分效果。实验表明 CPL 对洛芬类底物均具有拆分能力，对萘普生的拆分效果最好，经过 30h 的反应转化率达到 49%，反应的对映体比率为 173[50]。

除了脂肪酶外，也有少量利用羧酸酯酶拆分 2-芳基丙酸类药物的报道。Liu 等从枯草芽孢杆菌 ECU0554 中获得了 S 对映异构体选择性的酯酶，命名为 BSE-NP01，并在异源宿主大肠杆菌 BL21 中克隆和表达。BSE-NP01 分子质量约 32000Da，最适温度和 pH 分别为 50℃ 和 8.5。它可以催化外消旋的萘普生甲酯选择性水解，得到的 S-萘普生对映体过量值为 98%，在 2L 规模的固体-水两相系统中重复 10 次批量生产 S-萘普生，平均总收率达 85%[51]。Steenkamp 和 Brady 使用异源表达的羧基酯酶 NP 水解外消旋萘普生甲酯，在每克底物添加 10 单位酶的条件下，5h 内转化率可达 46.9%，产物的对映体过量值可达 99%，对映体比率值约为 500[52]。

7.3.6 催化 2-芳基丙酸类药物拆分反应的脂肪酶固定化载体

酶不管是纯化酶还是粗酶，价格都比较昂贵，从经济学要求上必须对酶进行重复利用以降低成本。另外，为了提高脂肪酶的选择性，保持酶的活力及稳定性，便于酶的重复利用，都需要对酶进行固定化。

在众多载体中，人工合成的某些大孔树脂由于对底物和酶具有很好的亲和性，被认为是比较好的脂肪酶固定化载体。崔玉敏等以中等极性大孔吸附树脂 HZ-806 作为固定化酶载体，利用柱状假丝酵母脂肪酶，在中等极性大孔吸附树脂固定化酶填充床反应器中,连续水解拆分外消旋乙氧基乙基萘普生酯,当流量为 72mL/h 时,酯的水解率为 17%,产物对映体过量值达 89.1%。Battistel 等将脂肪酶固定于 Amberlite XAD-7 离子交换大孔吸附树脂上,在 500mL 连续流动柱式反应器中对萘普生乙氧基乙酯进行拆分,经过 1200h 连续操作后,获得了 1.8kg 光学纯的萘普生,酶的活力几乎没有损失[53]。Takaç 和 Bakkal 将褶皱假丝酵母脂肪酶固定于大网状树脂上,催化外消旋萘普生甲酯的不对称水解反应,在转化率达到 49% 时取得了最高的对映体比率值达 174.2[54]。

除大孔树脂外,其他材料也经常被选为脂肪酶固定化的载体。例如,刘幽燕等选择硅胶作固定化载体,采用吸附法固定酶,再用戊二醛交联,酮洛芬水解反应转化率为 48% 时,对映体过量值达 97%[34]。而 Lin 等用固定在聚丙烯粉末上的褶皱念珠菌脂肪酶在 45℃ 的异辛烷中对外消旋萘普生 2,2,2-三氟乙酯进行立体选择性水解,外消旋物底物转化率为 95.5% 时,得到对映体过量值为 58.1% 的产物。产物较低的对映体过量值怀疑可能是非酶水解等原因所致[55]。

值得一提的是,溶胶-凝胶包埋作为一种有效的固定化方法近年来被广泛使用。与其他固定化方法相比,溶胶-凝胶法固定酶量大,化学稳定性和热稳定性高。Yilmaz 等将褶皱假丝酵母脂肪酶通过共价键合或者溶胶-凝胶包埋固定在戊二醛活化的氨基玻璃球上,在水相缓冲液/异辛烷反应系统中对外消旋萘普生甲酯进行对映体选择性水解,相较于共价固定化的脂肪酶,包埋固定化的脂肪酶对映体选择活性要高,且显示出优异的对映体选择性($E>400$),S-萘普生对映体过量值为 98%[56]。

Erdemir 和 Yilmaz 通过缩聚四乙氧基硅烷和正辛基三乙氧基硅烷将褶皱假丝酵母脂肪酶包埋在溶胶-凝胶中,用于外消旋萘普生甲酯的对映体选择性水解反应,并与游离脂肪酶和共价固定化的脂肪酶进行比较。结果表明,该包埋脂肪酶在动力学拆分外消旋萘普生甲酯的最适 pH 和温度分别为 7.0 和 55℃,且具有良好的稳定性、适应性和可重用性[57]。

Ozyilmaza 等将 β-环糊精连接到磁性纳米颗粒上,与褶皱假丝酵母脂肪酶一起包埋到用烷氧基硅烷前体制作的溶胶-凝胶模型中。在水缓冲溶液/异辛烷反应体系中对外消旋萘普生甲酯进行对映体选择性水解,用磁性 β-环糊精包埋的脂肪酶具有优异的对映体选择性($E=399$),S-萘普生的对映体过量值能达到 98%[58]。

7.3.7 水-有机溶剂两相体系中脂肪酶催化 2-芳基丙酸类药物拆分反应

1. 两相反应体系的结构与性质

脂肪酶的生理学角色是水解甘油三酯类底物,由于这些底物都是水不溶性的,因此反应一般在乳化状态下发生。如上所述,由于脂肪酶可以被油-水界面活化,因此非常适合于在含有有机溶剂的两相体系中反应。Halling[59,60]按照水含量的多少将两相体系划分为以下几种类型：乳化体系(emulsion-type systems)、水相固定体系(trapped aqueous phase systems)、极低水含量的两相体系(very low water biphasic systems)。当两相体系中水含量较高时，可形成油包水或水包油乳化体系；当两相体系中水含量较低时，水相可能会被固体颗粒(载体或生物催化剂本身)所捕获而被限制在其孔道和内部，此时两相体系中看不到游离的水相，称为水相固定体系；当两相体系中水含量极低时(水活度 $a_w<1$)，生物催化剂所处的环境发生了明显的变化，水以结合水形式存在于生物催化剂或载体上，被称为极低水含量的两相体系。

含有有机溶剂的两相反应体系中的酶促反应，归纳起来有如下优点：①有利于疏水底物的反应；②提高了酶的热稳定性，可避免微生物污染；③可防止由水引起的底物或产物不必要的水解反应，能催化在水中不能进行的反应；④可以改变反应的平衡方向；⑤可以控制底物的专一性；⑥可扩大反应 pH 的适应性；⑦便于消除底物和产物的抑制作用；⑧酶和产物易于回收，易于与化学过程连接等。

对于脂肪酶催化的 2-芳基丙酸类药物不对称水解反应，由于反应底物一般都是疏水性的，在水相中的溶解度比较小，严重影响酶对底物的催化速率，所以一般利用有机溶剂组成两相体系来增加底物的溶解度。在这种水-有机溶剂两相或微水相体系中，酶溶解于水相，底物和产物溶解于疏水性的有机相中(如烷烃、醚等)，这样可使酶处在有利的水环境中，而不直接与有机溶剂接触，减少了溶剂对酶的抑制作用。但酶催化反应仅发生在两相界面。很显然，搅拌和振荡将加快两相间的质量传递来加快生物催化反应的速率。有时添加一定量的分散剂可以增加两相的接触界面，改善反应环境。

2. 水含量的影响

水是酶催化反应的必需条件，干燥的酶加入仅含有机溶剂的单相体系中是没有活力的。酶催化活力所必需的构象是由水分子直接或间接地通过氢键等非共价键相互作用来维持的。在研究猪胰脂肪酶催化甘油三丁酸酯和正庚醇的转酯化反应与反应体系中水含量之间的关系时发现，反应体系中水含量降低到 0.02%，酶仍具有催化活力。同时，在一个特定的水含量下，表现出最大酶活力[61]。这种反应体系中水含量与酶活力之间的关系在研究 *Rhizomucor miehei* 脂肪酶在正己烷中催化十二烷基癸酸酯的酯合成反应时也被发现：虽然在不同的有机溶剂中酶活力不同，但在不同的有机溶剂中，最大酶活力都出现在一个给定的水活度 a_w 下[62]。在研究固定在不同载体上的固定化 *Rhizomucor miehei* 和 *Candida rugosa* 脂肪酶活力时也发现同样的水活度 w_0 依赖性[63]。这紧紧吸附在酶分子表面，维持酶催化活力所必需的最少量水，称为必需水，亦称结合水或束缚水(bound water)。酶的催化活力由必需水决定，而与溶剂中的水含量无关。只要这层必需水不丢失，其他大部分水即使都被有机溶剂取代，酶仍然可保持其催化活力。因此，我们可以把极低水有机介质中的酶促反应理解为宏观上是有机介质单相，而在微观上仍是水-有机溶剂两相的酶促反应。正是由于这个原因，有机介质代替水溶液进行酶促反应成为可能。

一个干燥酶的水合过程大致经过以下四个步骤：加入的水首先与酶分子表面带电基团即蛋白质中的离子结合，然后与酶分子表面的极性基团结合形成水簇，再凝聚到表面相互作用较弱的非极性基团，最后酶分子表面完全水化，被一层水分子覆盖。在上述四个步骤中起关键作用的是第一步骤即酶分子表面带电基团的水化，它决定了一个蛋白质具有活性构象时所必需的最少的水分子。随着酶分子的进一步水化，酶构象表现出的柔性进一步增加。一般认为在水溶液中，蛋白质分子折叠的结果是使暴露在溶剂(水溶液)中的疏水基团减小到最低限度，这样蛋白质分子表面就有较多亲水的极性基团和带电基团，水就通过和这些亲水基团形成氢键相互作用吸附在蛋白质表面，对保持酶的天然构象起着平衡和稳定作用，同时屏蔽了蛋白质分子表面极性基团之间的相互作用，使蛋白质分子在水中具有一定的柔性构象而显示出较高的酶活力。而在无水的疏水性有机溶剂中，酶构象表现出了很高的刚性并且是没有活性的，但这种结构刚性随着体系中水量的增加而减弱，同时柔性增加，当酶表面紧密结合了一层必需水层时，它就足够使酶分子具有催化作用所必需的柔性构象。

酶的必需水含量因酶和溶剂而异，不同的酶需水量不同。同一种酶在不同的有机溶剂中需水量也不同，溶剂疏水性越强，需水量越少。一般认为，酶要与有机溶剂互相竞争水分子以维持必要的水合状态。虽然在不同的有机溶剂中保持一定的酶活力所需要的溶剂含水量差别很大，但在各种体系中酶呈现最佳活力时，体系中的热力学活度却是相近的。因此为了精确研究溶剂对酶反应的影响，比较不同溶剂中酶的活力，就应保持酶分子本身水化度不变。Halling[64]提出用水活度(a_w)来控制酶分子的水化度，这里 a_w 定义为在一定的温度和压力下，反应系统中的水蒸汽压与同样条件下纯水蒸汽压之比。水活度(a_w)易测且可直接反映酶分子上水分的多少，与体系中水含量及所用溶剂无关。

除了对酶分子本身的影响，在水-有机溶剂两相反应体系中，水含量对反应本身也起着双重影响，一方面在酶量一定的情况下减少水量可提高酶浓度，减少水相体积还有利于底物和产物的扩散，从而加快反应速率；另一方面，水是脂肪酶催化水解反应的底物和酯化反应的产物之一，排除扩散的影响，水量过少，不利于水解反应的进行；水量过多，不利于酯化反应进行。如辛嘉英等在水-异辛烷双液相体系中利用褶皱假丝酵母脂肪酶催化萘普生甲酯水解反应，发现当水含量低于0.4%时，几乎不进行水解反应，而水含量为2%时，反应速率最快[30]。

3. 有机溶剂的影响

体系水活度并不是影响有机相中酶活力的唯一因素。在相同的水活度或相同的水化度下，虽然酶活力随水活度变化的趋势非常相似，但酶活力在不同的有机溶剂体系中并不相等。如 Ducret 等[65]用 *Candida antarctica* (B) 脂肪酶在相同水活度的不同有机溶剂中催化(±)-布洛芬酯化反应，发现即使在相同的水活度下，疏水溶剂中的催化活性也明显高于亲水溶剂，由此说明亲水溶剂中酶活力的降低并不单单是由于有机溶剂夺取酶分子中结合水，溶剂的影响也是重要的。有机溶剂可通过三种方式影响酶的催化行为[60,66]：①有机溶剂本身的性质对酶的主要水分子层有很大影响，非极性亲油型有机溶剂如脂肪烃类溶剂不易夺取酶分子周围的必需水，对酶活力影响小，适于酶催化反应；强极性有机溶剂可溶解大量水，有夺走必需水的趋势，导致酶失活。②有机溶剂通过影响底物、产物在水相、有机相中的分配，从而影响它们在酶必需水层的浓度来改变酶催化反应。③有机溶剂对酶的直接影响。关于有机溶剂对酶的直接影响，Simon 等[67]指出有机溶剂可使底物基态能级下降或使酶-底物复合物能级升高，从而增大酶反应的活化能来降低酶反应速率；有机溶剂分子还可进入酶活性中心，降低中心内部极性并增加底物与酶之间形成的氢键，使酶活力下降；同时，有机溶剂的侵入会造成酶的三级结构变化，间接改变酶活性中心结构来影响酶活力。

4. 载体的影响

Arroyo 等[68]采用疏水性不同的载体(Al_2O_3、SiO_2、琼脂糖)固定化 *Candida cylindracea* 脂肪酶，在异辛烷中催化布洛芬的酯化反应，发现疏水性载体中酶的活性明显高于亲水性载体。Moreno 等[46]采用疏水性不同的载体共价固定化的脂肪酶，在水相中催化 2-苯基丙酸酯的水解反应，也发现疏水性载体更有利于酶活力的表现。

一般来讲，酶的固定化载体对酶的影响有以下几个方面[69]：

(1) 载体能通过分配效应剧烈地改变酶微环境中底物和产物的局部浓度，由于载体上疏水基团的存在，疏水性底物在疏水作用下分配到载体周围的浓度高于反应介质中的浓度，使酶反应速率提高。辛嘉英等利用吸附法，将褶皱假丝酵母脂肪酶分别固定于4种疏水性不同的载体上(无定形微粒硅胶 $YWG-NH_2$、YWG-CN、$YWG-C_6H_5$、$YWG-C_{18}H_{37}$)，发现疏水性较弱的 $YWG-NH_2$ 载体吸附底物萘普生甲酯的能力最弱，而吸附产物萘普生的能力最强，因而不利于底物在酶周围微环境中的分配及产物的快速扩散，反应速率最低；而对于疏水性较强的 $YWG-C_6H_5$ 载体，吸附底物萘普生甲酯的能力最强，吸附产物萘普生的能力最弱，因而有利于底物在酶周围微环境中的分配及产物的快速扩散，反应速率最高。

(2) 载体影响酶分子上的结合水。有研究者认为,亲水性高的载体会从溶剂和酶中夺取大量的水,造成酶部分失水而降低酶的活力[70]。他们认为,载体的亲水性是选择酶固定化用于有机相反应时首先要考虑的问题。Adlercreutz[71]和Mattiasson[72]首次用分配到载体上的水量与溶剂中水量之比($\lg A_q$)代表载体亲水性,研究了 13 种载体的 $\lg A_q$ 值与这些载体的固定化酶在有机相中催化活力的相互关系,并指出低 $\lg A_q$ 值的载体有利于固定化酶在有机相中催化活力的表现。此外,载体的比表面积、孔径大小及分布与酶之间的作用也是要考虑的。

(3) 载体对动力学的影响。以前通常认为载体是惰性的,不会对反应动力学产生影响,但 Adlercrutz[69]的研究发现,即使在相等的水活度下,反应的速率也会因载体的不同而有很大的差别,可相差一个数量级,这意味着载体对酶有直接的作用。

在使用固定化酶时,载体会改变酶的微环境,并可能影响酶的主要水分子层以及酶的活力。通过改变载体的性质如亲水性、带电性等,可以很容易达到改变酶的微环境的目的,这种方法可能是使酶在强极性有机溶剂中不失活的一种简单而有效的方法。目前虽然文献中有大量的有关固定化酶的报道,但大部分工作都热衷于探讨新的固定化酶的载体,而对载体的性质、微环境的改变如何影响酶的活力这一基础问题注意得还不够,对其的认识也很粗浅,目前还无法预测给定载体对酶的活力有何影响,对固定化酶在有机溶剂中的应用的研究还停留在一个相当原始的水平上。

5. 表面活性剂的影响

在水-有机溶剂两相体系或微水相体系中添加表面活性剂可构成乳化体系或者反相胶束体系。酶能够分散到整个反应体系,两相界面也成千上万倍地增加,降低界面张力,形成稳定的微小水滴,从而降低其传质限制。反相胶束体系能较好地模拟酶的天然状态,在反相胶束体系中酶能保持良好的催化活力和稳定性,甚至表现出超活性。由于表面活性剂的作用,酶包裹在反相胶束内核中形成水池中,底物和产物可自由进出胶束。表面活性剂常用 2-乙基己基琥珀酸酯磺酸钠(AOT)、吐温等。反相胶束中相特性随温度变化,这一特性可简化产物和酶的分离纯化工艺。Tsai 等使用表面活性剂 2-乙基己基琥珀酸酯磺酸钠(AOT)有效提高了萘普生的拆分产率[41]。

7.3.8 离子液体中脂肪酶催化 2-芳基丙酸类药物拆分

1. 离子液体

近年来,离子液体(ionic liquids,IL)在生物催化领域备受关注,也被尝试用于拆分 2-芳基丙酸类药物。离子液体是 100℃下呈液态的盐，一般由有机阳离子和无机或有机阴离子组成。与传统的有机溶剂和电解质相比，离子液体具有一系列突出的优点：①几乎没有蒸气压，不挥发；②具有较大的稳定温度范围(从低于或接近室温到 300℃)、较好的化学稳定性及较宽的电化学稳定电位窗口；③通过阴阳离子的设计可调节其对无机物、水、有机物及聚合物的溶解性，能和许多溶剂形成两相体系。在酶催化反应中，离子液体的应用可以很好地解决酶固定化及酶在有机溶剂中失活的问题，同时还能极大增加底物或产物的溶解度，提高催化效率。

离子液体的种类很多，理论上可通过不同阴阳离子的组合合成不同的离子液体。根据底物和产物的特性，调节离子液体中阴离子和阳离子的不同比对，可以改变离子液体的溶解性和对酶活力的影响。离子液体中常见的阳离子类型有烷基铵阳离子、烷基鏻阳离子、N-烷基吡啶阳离子和 N',N'-二烷基咪唑阳离子等，其中以烷基取代的咪唑阳离子研究最多。阴离子主要有 BF_4^-、Cl^-、PF_6^-、$(CF_3SO_2)_2N^-$、$(C_2F_5SO_2)_2N^-$、NO_3^-、$Al_2Cl_7^-$、$Au_2Cl_7^-$、$(CF_3SO_2)_3C^-$、$CF_3SO_3^-$、SO_4^{2-} 等。在目前的研究报道中一般以 Cl^- 和 BF_4^- 为阴离子的离子液体与水是互溶的，而以 $(CF_3SO_2)_2N^-$ 和 PF_6^- 为阴离子的离子液体不仅与水不互溶也不溶于烷烃和醚类等非极性液体，可与水形成两相体系，也可与烷烃和醚类等非极性液体形成两相体系[73]。离子液体与水的互溶性除了取决于阴离子外，还取决于阳离子上烷基取代基的链长，如 $[C_n mim][BF_4]$(四氟硼酸烷基咪唑)在 25℃温度下，当 $n>5$ 时不溶于水，而在 $n<5$ 时与水互溶[74]。表 7-1 给出了一些离子液体的疏水性和极性，并与常见的有机溶剂进行了比较。

表 7-1 离子液体和几种代表性有机溶剂的 $\lg P$ 值和赖卡特染料极性值(E_T^N)

溶剂	E_T^N	$\lg P$
1-丁基-3-甲基咪唑乙酸盐	0.57	−2.77+0.11
1-丁基-3-甲基咪唑硝酸盐	0.65	−2.90+0.01
1-丁基-3-甲基咪唑三氟乙酸盐	0.63	
1-丁基-3-甲基咪唑六氟磷酸盐	0.67	−2.39+0.27
1-甲基-1-(-2-乙酰)吡咯乙酸盐	0.52	
1-甲基-1-(-2-乙酰)吡咯硝酸盐	0.84	
1-甲基-1-1-(-2-乙酰)吡咯三氟乙酸盐	0.37	
1-甲基-1-(-2-乙酰)吡咯三氟甲磺酸盐	0.91	
1-甲基-1-(-2-乙酰)吡咯甲磺酸盐	0.78	
己烷	0.00919	3.516
四氢呋喃(THF)	0.20719	0.4916
乙腈	0.4719	−0.3316

脂肪酶在多种离子液体构成的两相体系或单相体系中都能保持催化活性，而且表现出活性稳定、反应选择性提高、产率提高等优良特性。离子液体这些独特的优势使其成为脂肪酶催化 2-芳基丙酸拆分反应优良的溶剂或共溶剂，已成为研究的热点。下面分别以水-离子液体两相体系和水饱和离子液体单相体系中萘普生的酶法拆分为例进行介绍。

2. 水-离子液体两相体系中萘普生酶法拆分

一般情况下，酶法拆外分消旋萘普生多是将底物萘普生酯悬浮在水相体系中或在水-有机溶剂两相体系来实现的[23, 75-77]。

在水相中进行萘普生酯的水解反应，底物萘普生酯在水中的低溶解度会导致极低的反应速率[78]；而在有机溶剂-水两相体系中进行反应又存在有机溶剂本身的污染和安全隐患问题。有机溶剂对底物和产物的溶解度与对酶的稳定性之间通常存在矛盾。传统的有机溶剂还存在与水发生乳化的问题。选用对环境友好且可循环再利用的离子液体来替代易挥发的有机溶剂，在水-离子液体两相体系中进行萘普生酯的立体选择性水解反应，利用离子液体对底物的高溶解度、没有明显的蒸汽压、不可燃、不会与水发生乳化等特点，可以克服上述问题。

研究发现，在离子液体与水组成的两相体系中进行脂肪酶催化的萘普生甲酯的不对称水解反应，离子液体种类与脂肪酶活力和立体选择性有很大的关系（表7-2），在 1-丁基-3-甲基咪唑六氟磷酸盐([Bmim][PF$_6$]，[C$_4$mim][PF$_6$])中具有最高的活性和立体选择性。

表 7-2　不同离子液体中脂肪酶催化萘普生甲酯不对称水解反应的效果

底物	ee$_s$/%	ee$_p$/%	E	C/%
[C$_4$mim][PF$_6$]	35.63	99.38	456	26.39
[C$_4$mim][BF$_4$]	8.03	98.73	169	7.52
[C$_6$mim][PF$_6$]	17.53	98.85	205	15.06
[C$_6$mim][CF$_3$SO$_3$]	7.40	98.00	106	7.02
[C$_6$mim][BF$_4$]	6.22	99.00	212	5.91

选择 1-丁基-3-甲基咪唑六氟磷酸盐[C$_4$mim][PF$_6$]-水两相体系([C$_4$mim][PF$_6$]：水=1：1，体积比)与有机溶剂异辛烷-水两相体系(异辛烷：水=1：1，体积比)进行比较发现，在[C$_4$mim][PF$_6$]-水反应体系中脂肪酶表现出与异辛烷-水两相反应体系中相当的活力和稳定性，但在离子液体-水两相体系中脂肪酶表现出更高的立体选择性[79]，如表 7-3 所示。

表 7-3 在离子液体和有机溶剂中酶催化萘普生甲酯水解反应的比较

反应时间/h	反应介质	ee$_s$/%	ee$_p$/%	E	C/%
24	异辛烷	19.10	97.27	87	16.41
	[Bmim][PF$_6$]	12.10	97.70	97	11.02
72	异辛烷	41.58	97.66	127	29.86
	[Bmim][PF$_6$]	34.98	98.46	182	26.21
120	异辛烷	60.20	97.67	157	38.13
	[Bmim][PF$_6$]	52.97	98.20	186	35.04

研究还发现，在水-离子液体构成的双液相反应体系中，水量对脂肪酶的活力和立体选择性都有影响（表 7-4），当离子液体与水的体积比是 1:1 时酶的活力和立体选择性最好，这可能是因为脂肪酶催化的立体选择性水解反应是发生在酶与底物的两相界面间的特殊反应，水量的多少会影响酶与底物的反应界面。所以在此反应中，酶表现出最好的活力和立体选择性会使水量有一个最佳值，即在离子液体与水的体积比是 1:1 时，酶与底物的反应界面最大，且酶的浓度也适中，所以酶的活力和立体选择性都很好。

表 7-4 水量对酶活力的影响

[Bmim][PF$_6$]/水	ee$_s$/%	ee$_p$/%	E	C/%
3:1	18.44	97.97	116.8	15.84
2:1	27.39	98.10	136.3	21.83
1:1	28.63	98.30	154.3	22.56
0.7:1	22.03	97.71	107.1	18.40
0.5:1	21.82	97.98	121.3	18.21

采用离子液体-水两相体系进行脂肪酶催化的萘普生甲酯不对称水解反应，可以克服水-有机溶剂两相体系的乳化问题。产物萘普生溶于水相，与存在于离子液体相的萘普生甲酯分开，有利于产品的回收。同时，用对环境友好的可循环再利用的离子液体替代有机溶剂，可以消除对环境的污染问题，消除生产中的安全隐患，增大了生产安全系数。

3. 水饱和离子液体中萘普生的酶法拆分

脂肪酶催化 2-芳基丙酸药物的立体选择性水解或合成相应的酯都是有效的对映体拆分方法，包括在水-有机溶剂两相体系和水饱和有机溶剂单相体系中进行的水解法和在微水有机溶剂体系中进行的酯合成法。其中，在水饱和有机溶剂中进行酯不对称水解反应有很多优点：如避免了在两相反应介质中易发生的乳化现象和产物分离困难[59]，克服了水作为反应介质时非极性底物溶解度差和酶催化反应立体选择性低等问题[78,80,81]。但由于绝大多数能保持酶催化活力的非极性有机溶剂溶解水的能力都非常差，反应体系中极低的水含量不利于水解反应进行，常导致极低的平衡转化率(C_{Eq})和产物对映体过量值(ee_p)。而使用一些极性的有机溶剂虽然可以获得较高的水含量，却往往造成酶的失活。由于有机溶剂种类的局限性，很难找到一种极性较高并可长期保持酶活力的有机溶剂。另外，在水饱和非极性有机溶剂中进行萘普生甲酯水解反应，产物之一甲醇通常会吸附在极性的酶颗粒表面而导致其失活[82,83]。

离子液体是由有机阳离子和无机或有机阴离子构成的，在室温或接近室温下呈液态的盐类。与有机溶剂不同，离子液体集高极性和低亲水性为一体，这使得它在具有高极性的同时还可保持酶具有催化活力构象并赋予了其一定的构象可变性[84]。离子液体广泛的底物溶解范围也使其能够同时溶解极性和非极性的化合物。由于离子液体对极性和非极性化合物都具有较高的溶解度，在萘普生甲酯的立体选择性水解反应中，使用离子液体可以同时保持较高的疏水性底物萘普生甲酯的溶解度和较高的水含量，从而有助于水解反应的进行。

我们对水饱和离子液体中脂肪酶催化萘普生甲酯不对称水解反应进行了详细而深入的研究[85,86]。通过对比研究了水饱和异辛烷和水饱和离子液体 1-丁基-3-甲基咪唑六氟磷酸盐([Bmim][PF$_6$])中脂肪酶催化萘普生甲酯不对称水解反应，由于离子液体[Bmim][PF$_6$]同时具有极性和疏水性，因而成为萘普生甲酯不对称水解反应的理想介质。与水饱和异辛烷相比，水饱和离子液体不仅明显降低了水解反应的平衡常数(K)，增大了对映体比率(E)，从而有效提高了水解反应的平衡转化率(C)和产物的对映体过量值(ee_p)，而且由于离子液体对另一产物甲醇的溶解度高，还明显地提高了脂肪酶的操作稳定性。该脂肪酶催化萘普生甲酯水解反应方程如图 7-8 所示。

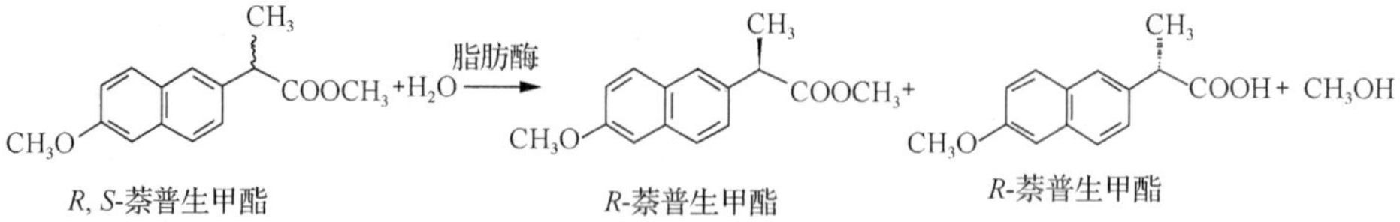

图 7-8 脂肪酶催化萘普生甲酯反应

根据 Chen 等[87]对可逆立体选择性拆分反应 K 的定义，K 是反应到达平衡时快反应底物(或慢反应底物)与快反应产物(或慢反应产物)的浓度比。由于水是该水解反应的底物之一，介质中水含量的大小会引起 K 值的明显变化[88]。E 是受酶和反应介质影响的动力学常数[89]，反应介质中水含量的变化同样会引起 E 值的明显变化[90]。从式(7-8)可以看出，酶催化可逆不对称水解反应的立体选择性受 K

和 E 的共同影响。根据式(7-8)采用计算机作图法可以得出一定 E 和 K。

$$E = \frac{\ln(A/A_0)}{\ln(B/B_0)} = \frac{\ln[1-(1+K)(C+\text{ee}_s)(1-C)]}{\ln[1-(1+K)(C-\text{ee}_s)(1-C)]} = \frac{\ln[1-(1+K)C(1+\text{ee}_p)]}{\ln[1-(1+K)C(1-\text{ee}_p)]} \quad (7\text{-}8)$$

ee_p、ee_s 和 C 相互关系的理论曲线(图7-9)。从图可以看出，E 和 K 的变化会引起一定转化率下产物和剩余底物的光学纯度的明显改变。对于 $K=0$ 的不可逆反应，可以看出，当转化率小于 50% 时，产物的光学纯度高，这时酶主要优先作用于最适底物；当转化率大于 50% 时，酶的最适底物耗尽，此时酶也可慢速作用于另一种对映体，使产物的光学纯度急剧下降。E 值越大，则在 50% 转化率时产物的光学纯度越大。同样，对于 K 不为 0 的可逆反应，当 E 值一定的情况下，K 值越高，一定转化率 C 下的底物和产物对映体过量值(ee_s 和 ee_p)越小。

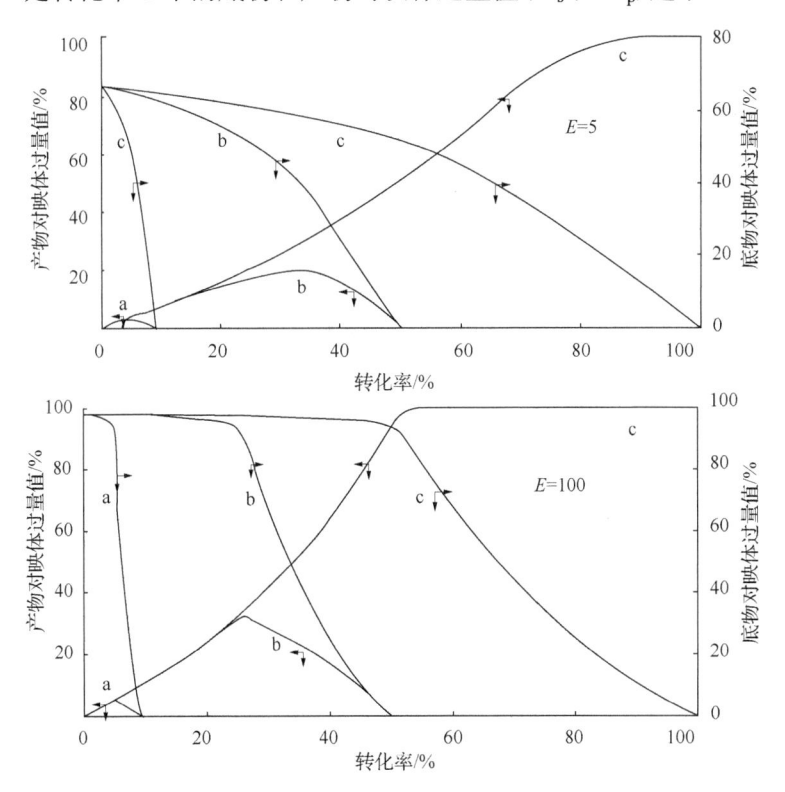

图7-9 不同 E 和 K 下，剩余底物和产物对映体过量值随转化率变化的理论曲线
(a)$K=10$；(b)$K=1$；(c)$K=0$

从保持酶活力和提高底物萘普生甲酯溶解度的角度考虑，疏水有机溶剂异辛烷是最好的反应介质。但从图 7-10 可以看出，其极低的溶解水能力阻碍了萘普生

甲酯不对称水解反应达到要求的转化率(C)和对映体过量值(ee$_s$和ee$_p$)。选用极性稍高的有机溶剂如甲苯或环己烷可以克服非极性有机溶剂溶水能力低的问题,但这些有机溶剂往往会导致酶的二级结构发生明显变化而造成酶失活,使得酶的操作稳定性很差[91,92]。目前还没有足够的有机溶剂供选择,很难找到一种同时具有高极性又可长期保持酶活力的有机溶剂[93]。

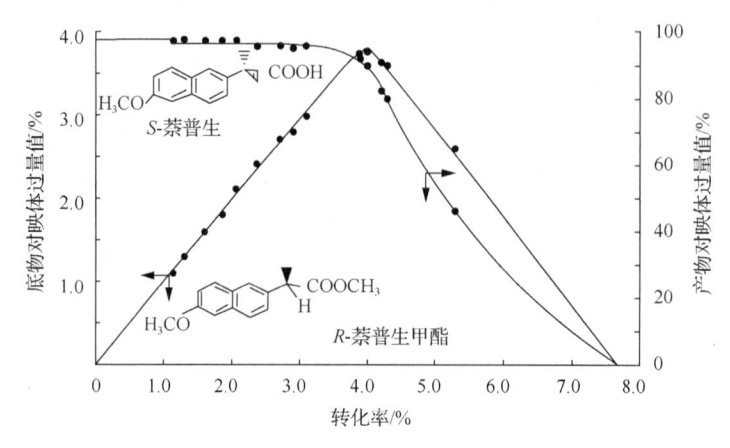

图 7-10 水饱和异辛烷中脂肪酶催化萘普生甲酯不对称水解反应的剩余底物和产物对映体过量值随转化率变化的函数关系

根据研究发现,水溶性的离子液体丁基咪唑四氟硼酸 C$_4$mimBF$_4$ 同样会造成酶的失活。但水不溶的离子液体 1-丁基-3-甲基咪唑六氟磷酸盐[Bmim][PF$_6$]却可以长期保持酶的催化活力。实验结果显示,虽然[Bmim][PF$_6$]是疏水的,但本身具有一定的吸湿性(每100g[Bmim][PF$_6$]可溶解3.6g水)。[Bmim][PF$_6$]的这些性质使它非常适合于作为萘普生甲酯不对称水解反应的介质。表 7-5 列出了在水饱和异辛烷和水饱和[Bmim][PF$_6$]中进行的萘普生甲酯不对称水解反应 K、E 和 C$_{eq}$ 的变化情况。由于水饱和[Bmim][PF$_6$]中高的含水量导致 K 值明显减小,[Bmim][PF$_6$]的离子液体效应和高水含量也大大提高了 E 值,明显提高了不对称水解反应的平衡转化率 C$_{eq}$。

表 7-5 反应介质对脂肪酶催化萘普生甲酯不对称水解反应的 **K**、**E** 和 **C$_{eq}$** 的影响

反应介质	K	E	C$_{eq}$/%
水饱和异辛烷	12.0	88	7.6
水饱和离子液体[Bmim][PF$_6$]	0.7	356	58.8

由图 7-11 可见,K 和 E 值的这些变化使得在一定转化率下可以得到更高的 ee$_s$ 和 ee$_p$,显著地提高了反应的立体选择性。在水饱和异辛烷和水饱和[Bmim][PF$_6$]中分别进行脂肪酶催化的萘普生甲酯不对称水解的反复批式反应,考察脂肪酶的

操作稳定性。研究发现，在水饱和[Bmim][PF$_6$]中酶具有更高的操作稳定性。这可能是由于产物甲醇在异辛烷中的溶解度极低，产生的大部分甲醇都被极性的固体酶颗粒吸附而导致酶颗粒附近甲醇浓度高使酶失活；而甲醇在[Bmim][PF$_6$]中溶解度较大，产生的大部分甲醇都溶解在反应介质中，避免了酶颗粒附近形成高甲醇浓度。

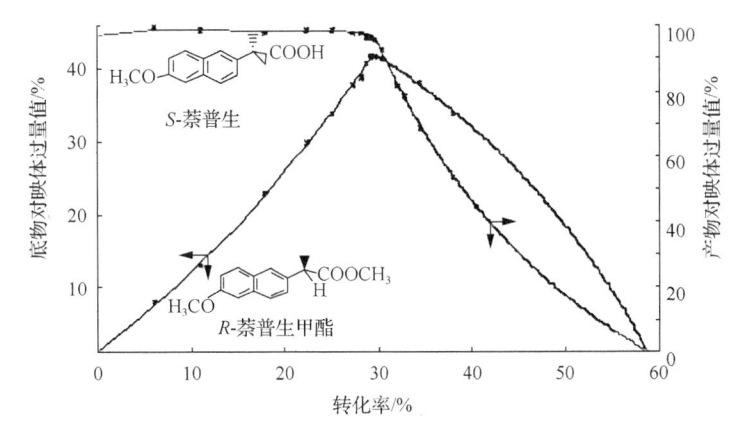

图 7-11　水饱和离子液体[Bmim][PF$_6$]中脂肪酶催化萘普生甲酯不对称水解反应的剩余底物和产物对映体过量值随转化率变化的函数关系

对于水饱和离子液体中进行的脂肪酶催化萘普生甲酯立体选择性水解反应，不同的离子液体对酶催化萘普生甲酯不对称水解反应的影响也不同[85]。离子液体被称为"可设计的液体"，不同的阴阳离子组合可赋予离子液体不同的性质。例如，选用具有不同阴阳离子的咪唑基离子液体为反应介质，并将其中与水不互溶的疏水性离子液体[Bmim][PF$_6$]、[Hmim][PF$_6$]、[Hmim][CF$_3$SO$_3$]和[Hmim][BF$_4$]设计成水饱和的均相体系，进一步研究水饱和的不同离子液体中脂肪酶催化萘普生甲酯水解反应。为了便于比较，在与水互溶的亲水性离子液体[Bmim][BF$_4$]中同样添加了5%(体积分数)的水构成均相体系。研究发现，离子液体的阴阳离子变化可影响拆分反应的平衡常数(K)、对映体比率(E)和平衡转化率(C_{eq})，同时对脂肪酶活力的影响也很大，不同离子液体中反应 72h 的转化率(C)和剩余底物的对映体过量值(ee$_s$)明显不同[94]。

对于水饱和离子液体中进行的萘普生甲酯立体选择性水解反应，离子液体中的水含量是限制性因素，水含量越高，越有利于水解反应的进行。如表 7-6 所示，四种不同的疏水性咪唑基离子液体都具有一定的溶水能力，可以保证萘普生甲酯立体选择性水解反应的顺利进行。其中，[Bmim][PF$_6$]和[Hmim][BF$_4$]的溶水能力最强，[Hmim][CF$_3$SO$_3$]的溶水能力最弱。离子液体对 K 值的影响可能归因于不同的离子液体溶解底物水的能力不同，而对 E 值的影响则可能和离子液体的结构、疏水性以及极性有关。K 值和 E 值的变化最终会反映平衡转化率和一定转化率下底物和产物对映体过量值的变化。

表 7-6 不同离子液体中脂肪酶催化萘普生甲酯水解

介质	$C(H_2O)/$ (mmol/L)	K	E	C_{eq}/%	ee_s/%	ee_p/%	C/%
水-底物[Bmim][PF$_6$]	389	0.7	356	58.8	34.9	98.6	26.1
水-底物[Hmim][PF$_6$]	278	0.9	300	52.6	16.9	99.0	14.6
水-底物[Hmim][CF$_3$SO$_3$]	222	1.2	106	45.5	7.2	97.8	6.9
水-底物[Hmim][BF$_4$]	399	0.7	212	58.8	7.8	98.9	7.3
含 5%水的[Bmim][BF$_4$]	----	0.5	165	66.6	7.0	98.7	6.6

$C(H_2O)$ 为离子液体中水的含量；K 为平衡系数；E 为对映体比率；C_{eq} 为平衡转化率；ee_s 为萘普生甲酯底物对映体过量值；ee_p 为 S-萘普生产物对映体过量值；C 为底物转化率。

从反应的平衡转化率 C_{eq} 和反应的对映体比率 E 考虑，这五种离子液体都适合用作脂肪酶催化萘普生甲酯不对称水解反应的反应介质。在这五种水饱和离子液体中均未检测出存在非酶催化的化学水解，因此反应具有较高的对映体比率。然而，从表 7-6 反应 72h 的水解转化率（C）可以看出，[Bmim][PF$_6$]和[Hmim][PF$_6$]中脂肪酶的活力较高，而[Hmim][CF$_3$SO$_3$]、[Hmim][BF$_4$]和[Bmim][BF$_4$]中脂肪酶的活力损失较严重，因此后三种离子液体不适于作为反应介质，但从实验结果还很难判断离子液体的结构和性质对脂肪酶活力的影响规律。

离子液体特殊的溶解性质使得构建反应-分离一体化体系成为可能。研究发现，离子液体[Bmim][PF$_6$]对极性和非极性化合物都具有较高的溶解度，在水饱和[Bmim][PF$_6$]中极性产物萘普生的溶解度为 9418mmol/L，非极性底物萘普生甲酯的溶解度为 1310mmol/L，水含量为 389mmol/L 因此，[Bmim][PF$_6$]非常适合用作萘普生甲酯不对称水解反应的反应介质。同时，离子液体[Bmim][PF$_6$]具有与乙醚或异辛烷不互溶的特点，可以实现离子液体的循环使用。反应完成后从反应器中倾倒出来[Bmim][PF$_6$]，首先用异辛烷抽提出剩余底物 R-萘普生甲酯，然后用乙醚抽提出产物 S-萘普生。如图 7-12 所示，在抽提出底物和产物的离子液体中重新添加底物后继续进行下一批次的反应，连续反应 5 批，转化率仅略微下降，表明在该系统中固定化酶和离子液体的反复使用是可行的。

离子液体对于酶的溶解也不容忽视。曾有文献报道离子液体能轻微溶解嗜热菌蛋白酶[86]。采用 Bradford 法测定离子液体中溶解的脂肪酶量，并与脂肪酶的残留活力比较发现（表 7-7），尽管脂肪酶的残留活力与悬浮的(即未溶解的)脂肪酶量不完全一致，但脂肪酶的残留活力随着脂肪酶在离子液体中溶解度的增大而减小。我们认为，离子液体可以轻微地溶解脂肪酶并使其失活或转化为无活性构象，脂肪酶在这类离子液体中普遍存在轻微溶解和失活的现象，可能是脂肪酶在[Hmim][PF$_6$]、[Hmim][CF$_3$SO$_3$]、[Hmim][BF$_4$]和[Bmim][BF$_4$]中活力较低的原因之一。

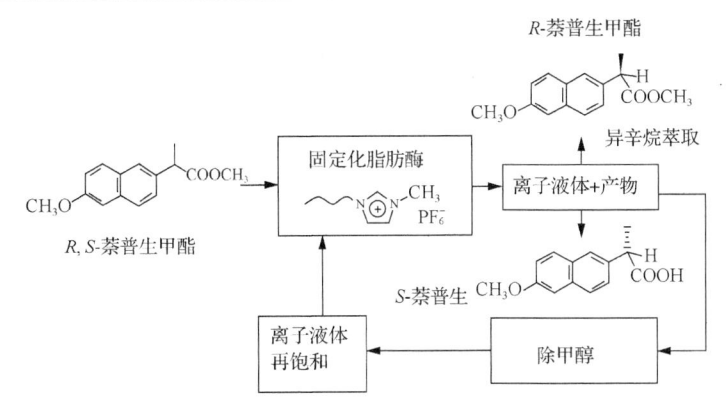

图 7-12 萘普生酶法拆分的反复批式反应

表 7-7 脂肪酶在不容离子液体中的溶解度和残留活力

离子液体	溶解性/(mg/mL)	残留活力/%
[Bmim][PF$_6$]	0.51	92
[Hmim][PF$_6$]	0.92	76
[Hmim][CF$_3$SO$_3$]	1.19	68
[Hmim][BF$_4$]	1.29	—
[Bmim][BF$_4$]	1.32	32

由于溶解在离子液体中的脂肪酶往往会失去活力，因此采用酶固定化的方法避免脂肪酶在离子液体中的溶解成为避免脂肪酶在离子液体中失活的一种行之有效的方法。吸附法是非水相酶催化中经常采用的酶的固定化方法。与大多数酶不同，脂肪酶的特殊物化性质使得其非常容易从分子水平上识别载体的疏水基团并通过构象变化强烈地吸附在疏水性载体的表面[95]。利用疏水性载体对脂肪酶进行固定化，可以解决脂肪酶在离子液体中的溶解和流失问题。由于脂肪酶只有以不溶的悬浮颗粒的形式存在才能在离子液体中保持活力，因此，脂肪酶被固定化后，更有利于提高酶的活力和操作稳定性并便于进行连续操作。YWG-C$_6$H$_5$ 是疏水性的无定形多孔硅胶，具有较高的比表面积（100m^2/g），其上键合了高疏水性的—CH$_2$CH$_2$C$_6$H$_5$ 基团，这使其成为有效的脂肪酶固定化载体。在极性的[Bmim][PF$_6$]中，载体 YWG-C$_6$H$_5$ 与脂肪酶的疏水性作用非常强，当脂肪酶与载体质量比为 0.08 时，搅拌 24h 后未发现脂肪酶在[Bmim][PF$_6$]中的溶解。

使用不同量的 YWG-C$_6$H$_5$ 载体对 200mg 脂肪酶进行固定化，考察脂肪酶的最佳担载量。如图 7-13 所示，当脂肪酶与载体质量比较小时，固定化脂肪酶的活力随着二者比例的增大而增大。这可能是由于随着载体的减少，载体上担载的脂肪酶逐渐增多，酶与载体相互作用导致酶失活的现象得到了控制，当脂肪酶与载体质量比达到 0.08 时，固定化脂肪酶的活力达到最大，此时可能绝大多数脂肪酶单层分布在载体表面。继续减少载体的用量，脂肪酶颗粒将在载体表面聚集从而导致扩散限制。因此，脂肪酶与载体的最佳质量比为 0.08。

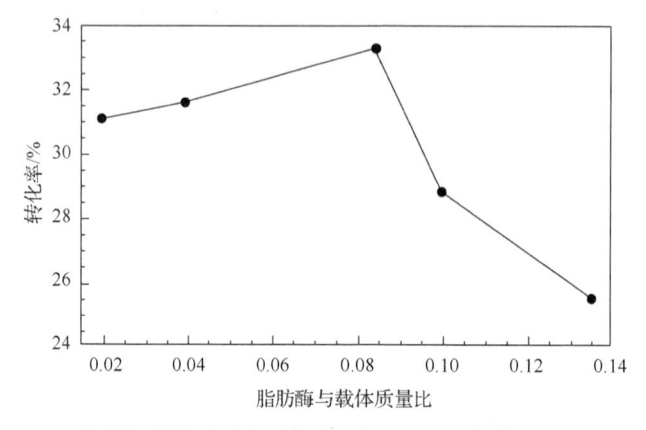

图 7-13　脂肪酶与载体质量比对水饱和[Bmim][PF$_6$]中固定化酶催化萘普生甲酯水解转化率的影响

图 7-14 给出了脂肪酶用量对水饱和[Bmim][PF$_6$]离子液体中萘普生甲酯水解反应转化率的影响。以水饱和[Bmim][PF$_6$]作为反应介质，当游离脂肪酶添加量较低时，由于离子液体能溶解少量脂肪酶并导致其失活，并观察不到萘普生甲酯的水解；当游离脂肪酶用量较高，超过了其在水饱和[Bmim][PF$_6$]中的溶解度时，脂肪酶以颗粒形式悬浮在离子液体中，此时才表现出催化萘普生甲酯水解的活性。值得注意的是，当脂肪酶在 YWG-C$_6$H$_5$ 载体上被固定化后，没有观察到这种在低用量下无活力的现象。因此推测，脂肪酶需要以悬浮或固定化的形式存在才具有活力，一旦脂肪酶溶解到水饱和离子液体中就不再具有活力。关于溶解的脂肪酶

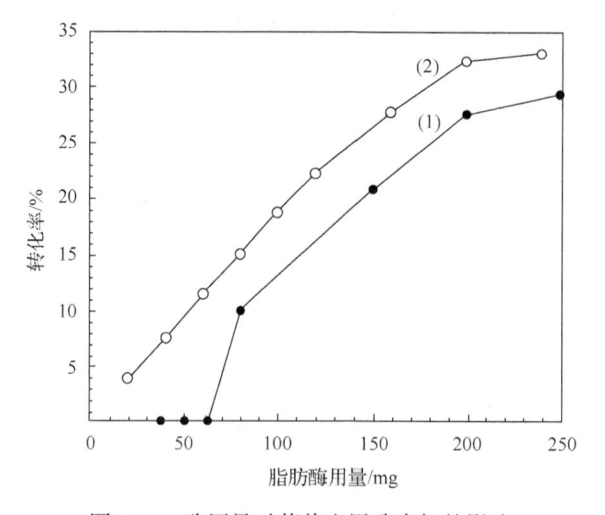

图 7-14　酶用量对萘普生甲酯水解的影响

的活力损失是否可逆及其失活原因，目前还没有定论，但其离子对酶分子内弱相互作用(离子键、疏水键和氢键等)的扰动造成酶构象变化可能是酶活力下降的原因之一。

另外从图 7-14 还可以看出，与相同量的游离脂肪酶相比，固定化后的脂肪酶活力有所提高。这可能与脂肪酶在疏水性载体表面发生构象变化有关，疏水作用使覆盖了脂肪酶活性中心的"盖子"结构打开，使脂肪酶处于界面活化状态。

综上所述，离子液体的高溶水性使得水饱和离子液体可以作为萘普生甲酯立体选择性水解反应的理想介质，但离子液体结构的变化对酶活力影响很大，脂肪酶在[Bmim][PF$_6$]中具有较高的活力。离子液体对脂肪酶的轻微溶解可造成脂肪酶的流失，而采用疏水性载体 YWG-C$_6$H$_5$ 对酶进行固定化可以很好地解决这一问题，同时也便于酶的回收。[Bmim][PF$_6$]的合成和纯化比较麻烦，其作为反应介质的成本也比有机溶剂高得多，如何实现离子液体的反复使用是该方法能否得以实际应用的关键。分别采用异辛烷和乙醚对反应剩余底物和产物进行抽提，并用真空法除去乙醚，可以实现离子液体的循环使用，同时避免了脂肪酶与极性有机溶剂乙醚直接接触而导致酶迅速失活。

7.3.9 反应器操作方式对酶动力学拆分立体选择性的影响

酶动力学拆分反应可以在批式反应器和连续流搅拌反应器中进行。为了得到高光学活性的产物，酶要有非常高的对映体选择性，同时，反应器操作模式也会影响产物的光学纯度(用产物对映体过量值 ee$_p$ 表示)。研究发现，在一定的转化率下，连续流搅拌反应器(CSTR)中获得的底物或产物的对映体过量值(ee$_s$ 或 ee$_p$)总是略低于批式反应器中获得的底物或产物的对映体过量值(ee$_s$ 或 ee$_p$)。从宏观反应器平衡角度，推导出在 CSTR 中不同于在批式反应器中的一定酶立体选择性(E)下，底物或产物的对映体过量值(ee$_s$ 或 ee$_p$)与反应的转化率(N)之间关系的定量关系式，可以系统地了解反应器操作方式对酶动力学拆分立体选择性的影响[96]。如果假定一个反应是不可逆的，同时也不存在底物或产物抑制，那么一个手性的底物就应遵从于 Michaelis-Menten 动力学理论转化为相应的手性产物[97]。这时，对于(S)-和(R)-异构体的反应速率 r_n 应与其相应的浓度 C_n 有关。

$$\frac{r_n^S}{r_n^R} = \frac{(v_{max}K_m)^S}{(v_{max}K_m)^R} \times \frac{C_n^S}{C_n^R} = E \times \frac{C_n^S}{C_n^R} \qquad (7-9)$$

$$\frac{dC_n^S}{dC_n^R}\frac{dt}{dt} = \frac{r_n^S}{r_n^R} \qquad (7-10)$$

式中，v_{max} 是最大反应速率；K_m 为米氏常数；E 为酶的对映体比率，它决定着酶

的立体选择性。对于批式反应器，(S)-和(R)-型对映体宏观平衡比率

将式(7-9)和式(7-10)合并，并引入 $C_{n0}^S = C_{n0}^R$ ($t=0$ 时为外消旋体)，得出转化率 N 和底物对映体过量值 ee_s 之间的关系式

$$E = \frac{\ln\left[(1-N)(1-ee_s)\right]}{\ln\left[(1-N)(1+ee_s)\right]} \tag{7-11}$$

考虑到 $N = ee_s/(ee_s+ee_p)$，得出转化率 N 和产物对映体过量值 ee_p 之间的关系式

$$E = \frac{\ln\left[1-N(1+ee_p)\right]}{\ln\left[1-N(1-ee_p)\right]} \tag{7-12}$$

从图 7-15 给出了由式(7-11)和式(7-12)得出的批式反应器中不同 E 值时 ee_s 和 ee_p 随转化率 N 变化的理论曲线，由图 7-15 可见，酶的立体选择性(E)越高，在相同转化率下获得的 ee_s 和 ee_p 越高。

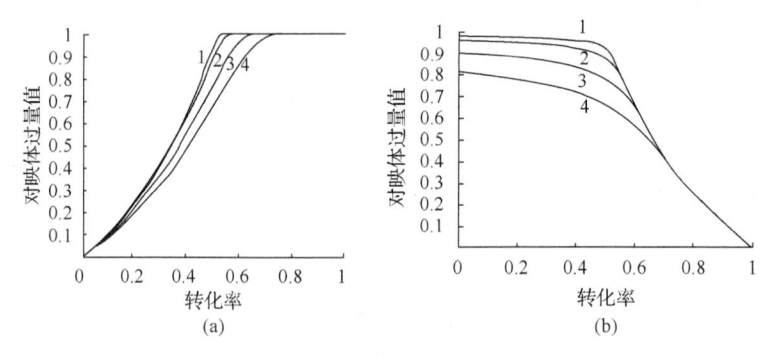

图 7-15 批式反应器中不同的酶立体选择性下剩余底物(a)和产物(b)的对映体过量值随转化率(N)变化的理论曲线
1:E=100；2:E=50；3:E=20；4:E=10

对于 CSTR，(S)-和(R)-型对映体宏观平衡比率

$$\frac{C_{n0}^S - C_n^S}{C_{n0}^R - C_n^R} = \frac{r_n^S S}{r_n^R S} \tag{7-13}$$

式中，S 为底物在反应器中的停留时间。将方程(7-9)代入方程(7-13)，得出一个完全不同于批式反应的转化率 N 和底物对映体过量值 ee_s 之间的关系式

$$E = \frac{(1-N) - \dfrac{1}{(1-ee_s)}}{(1-N) - \dfrac{1}{(1+ee_s)}} \tag{7-14}$$

考虑到 $N=\mathrm{ee_s}/(\mathrm{ee_s}+\mathrm{ee_p})$，得出

$$E=\frac{N-1/(1-\mathrm{ee_p})}{N-1/(1+\mathrm{ee_p})} \tag{7-15}$$

图 7-16 给出了由方程(7-14)和方程(7-15)得出的 CSTR 中不同 E 值时 $\mathrm{ee_s}$ 和 $\mathrm{ee_p}$ 随转化率 N 变化的理论曲线。比较图 7-16(a)和图 7-16(b)可见，当酶的立体选择性(用对映体比率 E 表示)一定时，在相同转化率 N 下，CSTR 中得到的 $\mathrm{ee_s}$ 和 $\mathrm{ee_p}$ 总是低于批式反应器中得到的 $\mathrm{ee_s}$ 和 $\mathrm{ee_p}$。

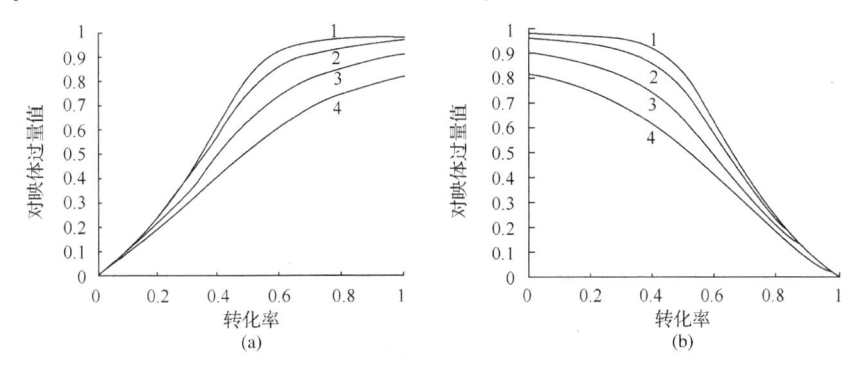

图 7-16 CSTR 中不同的酶立体选择性下剩余底物(a)和产物(b)的对映体过量值随转化率(N)变化的理论曲线
1:E=100; 2:E=50; 3:E=20; 4:E=10

这个结果很容易理解，在 CSTR 中，外消旋的底物被连续不断地加入反应器中，由于加入的底物在反应器中立即被充分混合，因此部分加入的外消旋底物未经反应就直接离开了 CSTR，流出液中总是含有未反应的底物，因此导致底物对映体过量值 $\mathrm{ee_s}$ 低于批式反应器。同样道理也可以理解在相同转化率下，在 CSTR 中产物对映体过量值 $\mathrm{ee_p}$ 低于批式反应器中产物对映体过量值 $\mathrm{ee_p}$。

采用可优先水解 S-萘普生甲酯的固定化脂肪酶或微生物细胞含有的脂肪酶，在微水-有机溶剂两相体系中，在不同的反应器条件下，催化萘普生甲酯的立体选择性水解反应，可以发现不同反应器中酶动力学拆分方程与实验结果具有很好的一致性。

在该体系中，由于水也作为底物之一参与了反应，它在两相界面的浓度较高(55.5mol/L)，因此，可以认为是不可逆反应。当搅拌速度达到 150r/min 时，扩散限制也被克服，在此浓度下，不存在底物和产物抑制，可以认为服从于 Michaelis-Menten 动力学理论。固定化脂肪酶的实验结果如图 7-17(a)和图 7-17(b)所示，与理论计算值具有很好的一致性。由于在该体系中 CRL 催化萘普生甲酯不对称水解的对映体比率为 50 左右，酶的立体选择性较高，因此在相同转化率下批

式反应器中得到的 ee_s 和 ee_p 仅略高于 CSTR，而且在转化率较小时，相差并不明显。由此可见，当酶的立体选择性比较高时（$E>50$），在转化率较小时，反应器造成的相同转化率下 ee_s 以及 ee_p 的差别并不很大，此时为了不间断地进行反应，可以使用 CSTR。

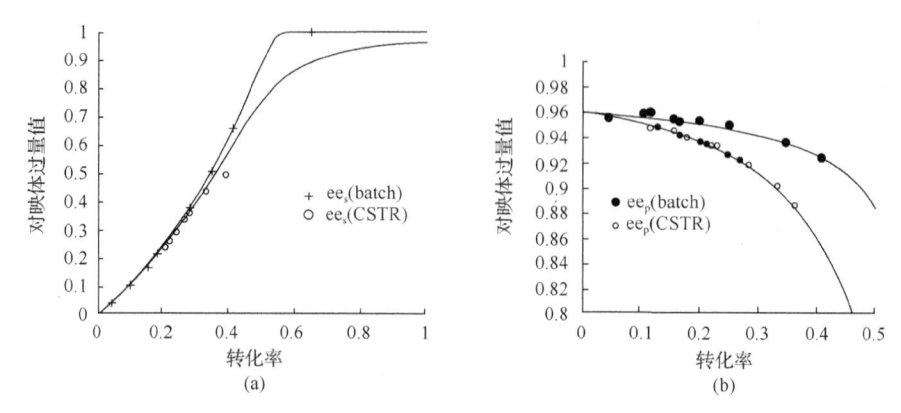

图 7-17　CSTR 和批式反应器中 CRL 催化萘普生甲酯动力学拆分的剩余底物(a)和产物(b)的对映体过量值随转化率(N)变化的函数关系

曲线为 $E=50$ 时的模拟曲线，符号为实验值

采用芽孢杆菌 E 253 脂肪酶对萘普生甲酯进行立体选择性水解反应的实验结果如图 7-18(a)和图 7-18(b)所示，与理论计算值也具有很好的一致性，由于酶的立体选择性比较小（$E=18$），在较低转化率下，批式反应器中得到的 ee_s 和 ee_p 与 CSTR 中得到的 ee_s 和 ee_p 的差别就很大，不利于使用 CSTR 进行酶动力学拆分。从图 7-17(b)和图 7-18(b)结果还可看出，在 CSTR 中要想获得与批式反应器相同的产物萘普生对映体过量值(ee_p)，就必须控制流速使其转化率小于相应的批式反应器中的转化率。

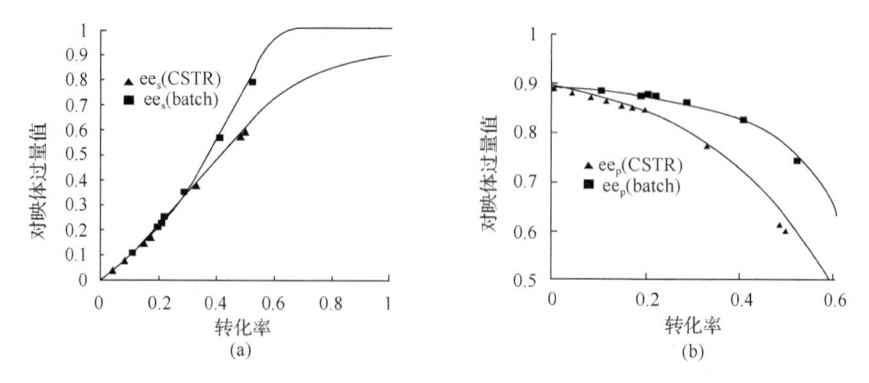

图 7-18　CSTR 和批式反应器中芽孢杆菌 E253 脂肪酶催化萘普生甲酯动力学拆分的剩余底物(a)和产物(b)的对映体过量值随转化率(N)变化的函数关系

曲线为 $E=18$ 时的模拟曲线，符号为实验值

可见，在一定转化率下，获得的底物或产物的对映体过量值不仅与酶的动力学性质(对映体比率 E)有关，还与所选择的反应器操作模式有关。考虑到反应器类型对底物或产物的对映体过量值的影响，批式反应器的结果优于 CSTR。酶的立体选择性越差，越不利于采用 CSTR。因此，当采用酶动力学拆分手段制备手性化合物时，不仅要考虑酶的选择，还要考虑反应器对底物或产物的对映体过量值的影响。对于理想的塞流式填充柱反应器，由于不存在 CSTR 中提到的部分加入的外消旋底物未经反应就直接离开反应器的现象，其动力学拆分方程应该与批式反应器相同。为了减小 CSTR 的不利影响，可采用一系列 CSTR 串接的方式来达到所要求的对映体过量值和转化率。

萘普生甲酯不对称水解产生的甲醇可以使脂肪酶失活。在批式反应器中，由于随着反应的进行，产物甲醇的量逐渐增加，对酶的失活作用也逐渐增强，并且这种失活作用不是完全可逆的，因为重新更换底物进行下一批反应时，固定化酶不能完全恢复到起始的酶活力。而在 CSTR 中，由于包含着可以流动的有机相，有机相的连续抽提作用会使水相中的甲醇保持在较低的浓度，因此对酶的失活作用也较弱。分别以批/24h(25mL/批)进行批式反应和以流速为 1.04mL/h 进行连续流动搅拌反应，在 CSTR 中固定化酶的连续操作稳定性高于批式反应器。

7.3.10 脂肪酶催化二次动力学拆分制备高光学纯度 S-萘普生

药物分子的立体化学决定了其生物活性，为了提高药效，降低药物的毒副作用及正确地评价药物，临床上往往需要使用对映体过量值(enantiomeric excess, ee)超过 96%的高光学纯度 2-芳基丙酸药物。

对于简单的酶催化动力学拆分反应，产物可达到的最大光学纯度，即对映体过量值(ee)受到拆分反应的对映体比率(enantiomeric ratio, E)限制。根据公式 $ee_{pmax}=(E-1+E\times ee_0+ee_0)/(E+1+E\times ee_0-ee_0)$ (ee_{pmax} 为产物的最大对映体过量值，ee_0 为初始底物的对映体过量值)[97]，对于 $E=20$ 的动力学拆分反应，产物的最大光学纯度仅能达到 90.5%。同时，受质量作用的影响，拆分过程中，产物的对映体过量值还会随着产物产率的增加而降低。高光学纯度产物的获得必须以牺牲产率为代价。例如，在微水-异辛烷反应体系中，Novozym 435 脂肪酶可以选择性催化 R-萘普生甲酯水解，具有中等偏低的立体选择性($E=17$)，CRL 可以催化 S-萘普生甲酯水解，且具有较高的立体选择性($E=50$)，采用 CRL 和 Novozym 435 脂肪酶分别催化萘普生甲酯不对称水解反应。图 7-19 和图 7-20 显示了剩余底物和产物的对映体过量值与拆分反应的转化率之间关系的实验结果和理论曲线。如图所示，反应的最初阶段产物对映体过量值(ee_p)最大，随着反应的进行，由于底物中慢反应异构体的比例增加，质量作用导致产物对映体过量值随转化率增加而降低。同产物对映体过量值的降低相反，底物的对映体过量值(ee_s)随反应的进行而增加。根据理论曲线预测，在拆分反应的最初阶段和近终点，能获得较高光学纯度的产物和剩余底物，但化学产率均较低。

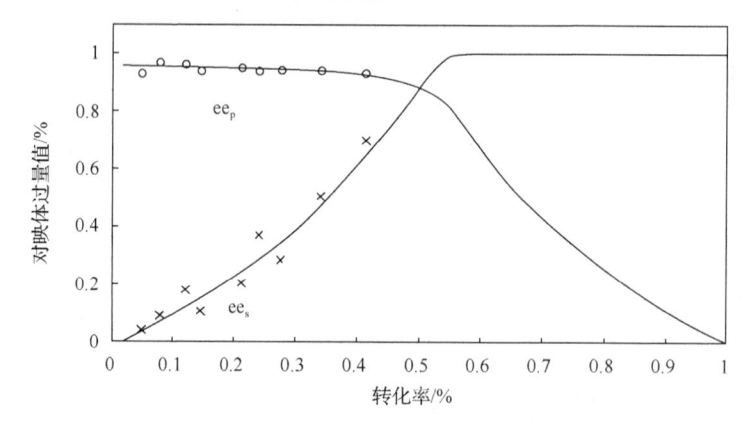

图 7-19 CRL 催化萘普生甲酯动力学拆分的对映体过量值随转化率变化关系

理论曲线为 $E=50$ 时计算机根据方程 $E=\ln[(1-C)(1-ee_s)]/\ln[(1-C)(1+ee_s)]$ [3] (反应物)和 $E=\ln[1-C(1+ee_p)]/\ln[1-C(1-ee_p)]$ (产物)[3] 产生的理论曲线，符号为实验值

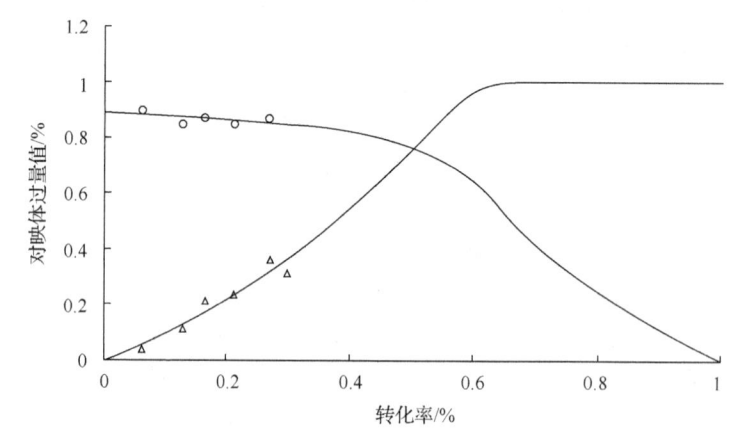

图 7-20 Novozym 435 脂肪酶催化萘普生甲酯动力学拆分的对映体过量值随转化率变化关系

理论曲线为 $E=17$ 是计算机根据方程 $E=\ln[(1-C)(1-ee_s)]/\ln[(1-C)(1+ee_s)]$ [3] (反应物)和 $E=\ln[1-C(1+ee_p)]/\ln[1-C(1-ee_p)]$ (产物)[3]产生的理论曲线，符号为实验值

对于 R 型异构体选择性的 Novozym 435 脂肪酶催化的萘普生甲酯不可逆水解反应，由于立体选择性较低 ($E=17\sim20$)，产物的最大光学纯度仅能达到 90.5%。同时，受质量作用的影响，拆分过程中，产物的对映体过量值还会随着产物产率的增加而降低。对于 S 型异构体选择性的 CRL 催化的萘普生甲酯不可逆水解反应，由于立体选择性较高 ($E=50$)，在低转化率时终止简单拆分反应，可以获得高光学纯的产物，但这种高光学纯度的获得是以牺牲产率为代价的。为了得到高光学纯

的产物，只能将拆分反应终止在最初阶段，分得低产率的产物。根据方程 $ee_{pmax}=(E-1+E\times ee_0+ee_0)/(E+1+E\times ee_0-ee_0)$ (ee_{pmax} 为产物的最大对映体过量值，ee_0 为初始底物的对映体过量值)[98]，该拆分反应产物的最大对映体过量值为 96.1%。同时，受质量作用的影响，拆分过程中，产物的对映体过量值还会随着产物产率的增加而降低。由图 7-20 理论曲线推测，如要求产物的对映体过量值(ee_p)达到 95.0%，那么，反应必须终止在 18.0%的底物转化率，此时产物的产率为 18.0%；如果要求产物的对映体过量值(ee_p)达到 96.0%，那么，反应必须在 1.0%的底物转化率下终止，此时产物的产率仅为 1.0%。可见，采用 Novozym 435 脂肪酶或 CRL 催化的简单动力学拆分反应，都无法以较高的化学产率获得高光学纯度(对映体过量值超过 96%)的产物。

在无法通过改变反应条件、底物结构和酶来提高动力学拆分反应的对映体比率情况下，利用二次拆分可以明显提高一定产率下产物的光学纯度。

二次拆分法的重点是如何在第一和第二次拆分反应中选择适当的酶系统、底物形式和终止反应的转化率等，以期得到较高化学产率和光学纯度的产物。

目前报道的脂肪酶催化二次拆分法有以下三种策略，第一种策略是利用脂肪酶在不同反应条件下可立体选择性地催化两个方向(如水解和酯化)的反应，将第一次拆分反应的产物直接作为第二次拆分反应的底物，通过改变反应条件采用相同选择性的脂肪酶催化其逆反应。该策略的缺点是受反应热力学平衡的影响，难以达到要求的产率。

第二种策略是将第一次拆分反应的产物经过化学衍生化后作为第二次拆分反应的底物，再对此底物使用与第一次拆分过程相同选择性的脂肪酶进行第二次拆分。缺点是两次拆分过程中需插入一步化学转变过程。

第三种策略是利用立体选择性相反的两种酶进行二次拆分。将第一次拆分的剩余底物作为第二次拆分反应的底物，通过采用立体选择性相反的脂肪酶催化同一反应。下面主要以后两种策略为例对脂肪酶催化二次动力学拆分制备高光学纯度 S-萘普生进行介绍。

1. 立体选择性相反的两种脂肪酶催化的二次拆分

采用计算机对公式 $[1-C(1+ee_p)/(1+ee_0)]=[1-C(1-ee_p)/(1-ee_0)]^E$ 作图(图 7-21)可以看出，除了通过筛选立体选择性(用对映体比率 E 表示)高的酶外，使用快反应异构体过量的底物($ee_0>0$)代替外消旋底物($ee_0=0$)，可以提高产物的最大对映体过量值并在较高的化学产率下获得高光学纯度的产物。例如，采用 R-选择性的脂肪酶($E=20$)首先对外消旋底物萘普生甲酯进行第一次拆分，根据方程进行理论计算，在底物转化率 $C=18.6\%$时可以获得 $ee_s=20.0\%$的 S 型过量的剩余底物。对该剩余底物采用 S 选择性的脂肪酶($E=50$)进行第二次拆分。根据方程 $ee_{pmax}=$

$(E-1+E\times\mathrm{ee}_0+\mathrm{ee}_0)/(E+1+E\times\mathrm{ee}_0-\mathrm{ee}_0)$，该拆分反应产物的最大对映体过量值为 97.4%。由图 7-21 理论曲线推测，由于快反应底物过量，在同样要求产物的 ee_p 达到 95.0%时，反应可以终止在 35.0%的底物转化率，此时产物的产率为 $(1-18.6\%)\times35.0\%=28.5\%$，高于单酶催化 18.0%的产物产率；而如果要求产物的 ee_p 达到 96.0%，反应可以终止在 27.0%的底物转化率，此时产物的产率为 $(1-18.6\%)\times27.0\%=22.0\%$，明显高于单酶催化 1.0%的产物产率。可见，此方法能以较高的化学产率获得高光学纯度(对映体过量值大于 96%)的产物[99]。

据此，根据理论曲线指导，如图 7-22 所示，首先采用 R-选择性的 Novozym 435 脂肪酶对外消旋底物萘普生甲酯进行第一次拆分。然后，将 S 型过量的剩余底物萘普生甲酯直接作为第二次拆分的底物，利用 S 选择性的 CRL 选择性地作用于底物中的快反应异构体，以提高产物中 S 型对映异构体的光学纯度。

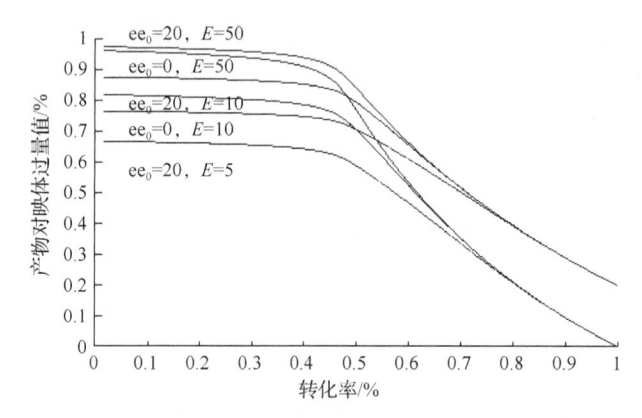

图 7-21 不同的初始底物对映体过量值(ee_0)和对映体比率(E)下产物对映体过量值随转化率变化理论曲线

图 7-22 利用 Novozym 435 脂肪酶和 CRL 制备 S-萘普生的二次拆分方案

Novozym 435 脂肪酶催化的第一次拆分反应结果如图 7-23(a)所示，底物转化率和剩余底物的对映体过量值均随时间呈上升趋势。但反应前期转化率和剩余底物的对映体过量值上升较快，反应 96h 后趋于平缓，酶反应速率明显降低。这主要是由于快反应异构体 R-萘普生甲酯的消耗造成的。因此在反应 96h 转化率达 18.0%时停止反应，此时剩余底物的对映体过量值为 19.1%。将含有该剩余底物 S-萘普生甲酯的异辛烷溶液倒入含有 CRL 的反应体系中继续进行二次拆分反应。如图 7-23(b)所示，在此反应过程中，产物 S-萘普生的对映体过量值变化很小，几乎呈一水平直线，如果实验选取 144h 作为酶促拆分的反应时间，此时，酶催化萘普生的转化率达 22.6%，产物对映体过量值为 96.8%。产物 S-萘普生的产率为 $(1-18.0\%)22.6\%=19.9\%$。

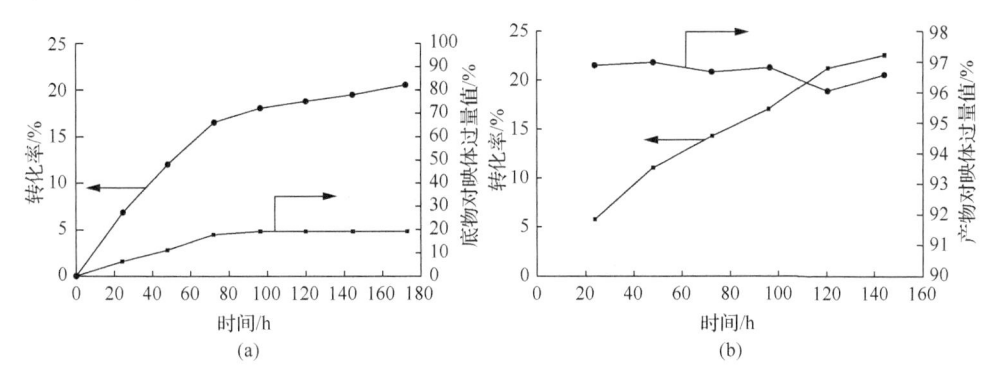

图 7-23　Novozym 435 脂肪酶(a)和 CRL(b)催化萘普生甲酯不对称水解反应的时间曲线

可见，该方法将 R 选择性的 Novozym 435 脂肪酶与 S 选择性的 CRL 结合进行二次拆分反应。通过 Novozym 435 脂肪酶催化 R 型异构体水解来提高剩余底物中 S 型异构体含量，从而使 CRL 催化底物萘普生甲酯不对称水解反应可以在较高的产率下获得高光学纯度产物(对映体过量值超过 96%)。该方法通过改变第二次拆分反应所用酶的拆分选择性，将第一次拆分得到的剩余底物不需要特殊处理就直接应用于第二次拆分反应，避免了引入化学衍生步骤。同时由于两次拆分使用的反应体系完全相同，简化了拆分过程，为制备高光学纯度萘普生提供了另一条有效途径。

2. CRL 二次拆分制备高光学纯度 S-萘普生

前一种方法利用立体选择性相反的 2 种脂肪酶催化二次动力学拆分，由外消旋萘普生甲酯制备高光学纯度 S-萘普生。该方法的优点是，第一次拆分得到的底物不需要特殊处理就可以直接应用于第二次拆分反应，缺点是对于 E 值较低的第一次拆分反应，会有部分 S-萘普生甲酯被水解而造成整个二次拆分反应产率低于 20%[100]。

第二种方法是首先利用 CRL 催化的不对称水解反应对外消旋萘普生甲酯进

行第一次拆分，然后将第一次拆分反应产生的快反应异构体 S-萘普生过量的产物经过化学酯化后作为 CRL 第二次拆分反应的底物，继续使用 CRL 进行第二次拆分，可以获得对映体过量值超过 96%的高光学纯度 S-萘普生[101-103]。

二次拆分反应的反应程度和产率可以通过理论计算进行预测。采用计算机对公式$[1-C(1+ee_p)/(1+ee_0)]=[1-C(1-ee_p)/(1-ee_0)]^E$作图（图 7-24）可以看出，在固定酶的对映体比率不变条件下（E=50），使用快反应异构体过量的底物（ee_0>0）代替外消旋底物（ee_0=0），可以提高产物的最大对映体过量值并在较高的化学产率下获得高光学纯度的产物。如图 7-24 所示，为了获得对映体过量值不小于 96%的产物，如果使用外消旋底物（ee_0=0），不得不在转化率为 2.0%时终止反应；而如果使用 ee_0=50%的快反应异构体过量的底物，就可以在转化率达到 72.0%时终止拆分反应；如果使用 ee_0=80%的快反应异构体过量的底物，在转化率达到 80%时终止拆分反应仍可获得对映体过量值为 96.0%的产物；如果 ee_0=90%，甚至在转化率达到 85%终止拆分反应仍可获得对映体过量值为 96.0%的产物（图 7-25）。

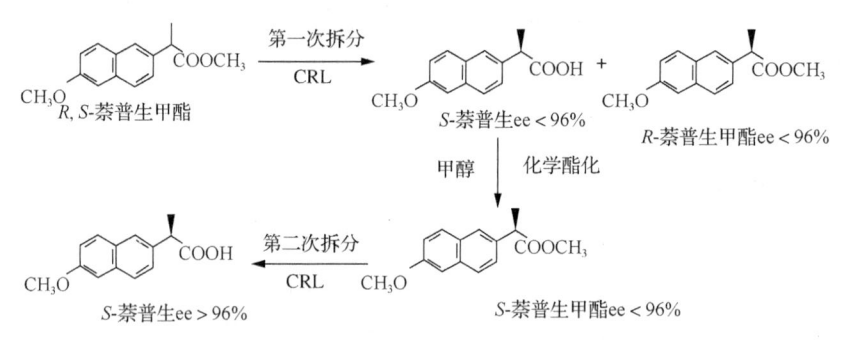

图 7-24　CRL 制备高光学纯度（S）-萘普生的二次拆分

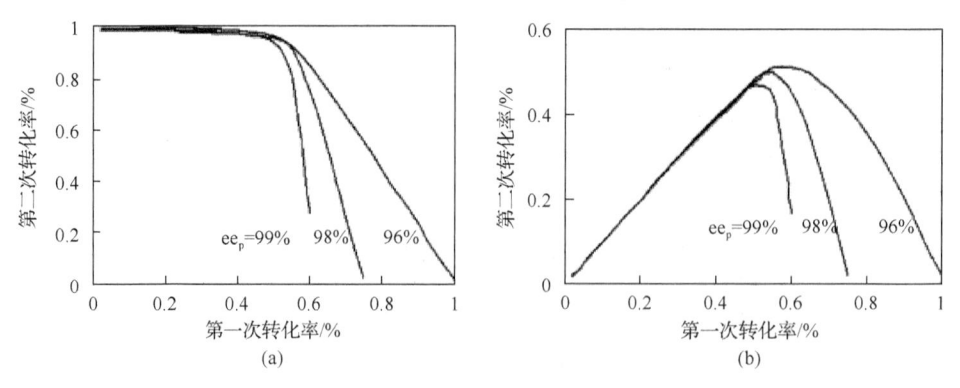

图 7-25　第一次拆分反应转化率与第二次拆分反应转化率（a）和整个二次拆分反应最终产率（b）关系的理论曲线 E_1=E_2=50

可见，如果采用 CRL 首先对外消旋底物萘普生甲酯进行第一次拆分，在一定转化率下获得快反应异构体过量的产物 S-萘普生，对其进行化学酯化后进一步采用 CRL 进行第二次拆分，可以在较高的转化率下获得高光学纯度的产物。

使用 $E=50$ 的 CRL 催化上述二次拆分反应，在不同转化率下终止第一次拆分和第二次拆分反应，根据公式 $ee_p=(E_1-1)/(E_1+1)$ 和 $ee_p=(E_1E_2-1)/(E_1E_2+1)$，可以获得的对映体过量值($ee_p$)为 96.1%~99.2%的产物。如果要求达到某一对映体过量值(ee_p)，第一次拆分反应的转化率将决定第二次拆分反应的进行程度和整个二次拆分过程的收率。为了更好地了解一次拆分反应转化率对二次拆分反应转化率和整个二次拆分反应收率的影响，对实际的二次拆分过程进行理论指导，根据公式 $E=\ln[1-C_1(1+ee_1)]/\ln[1-C_1(1-ee_1)]$、$[1-C_2(1+ee_p)/(1+ee_1)]=[1-C_2(1-ee_p)/(1-ee_1)]^E$ 和 $Y=C_1\times C_2$ (C_1 为第一次拆分反应的转化率，C_2 为第二次拆分反应的转化率，Y 为整个二次拆分反应的理论收率，ee_1 为第一次拆分反应的产物对映体过量值，也是第二次拆分反应底物的对映体过量值，ee_p 为整个二次拆分反应产物的对映体过量值)，在固定 $E=50$ 和 $ee_p=96\%$，98%和 99%条件下分别进行计算机作图，如图 7-26 所示，在一定的转化率(C_1)范围内终止 CRL($E=50$)催化的第一次拆分反应，都可以通过对其产物化学酯化后利用同样的 CRL 进行第二次拆分反应至相应的转化率(C_2)而获得 96%<ee_p<99%的产物[图 7-25(a)]，但整个二次拆分过程存在最高的理论收率。如图 7-25(b)所示，如果要获得 $ee_p=99\%$的产物，在 $C_1=47.2\%$、$C_2=86.0\%$时，二次拆分过程具有最高的理论产率 $Y=47.4\%$；如果要获得 $ee_p=98\%$的产物，在 $C_1=54.7\%$、$C_2=91.3\%$时，二次拆分过程具有最高的理论产率 $Y=49.9\%$；如果要获得 $ee_p=96\%$的产物，在 $C_1=57.2\%$、$C_2=89.1\%$时，二次拆分过程具有最高的理论产率 $Y=50.9\%$。

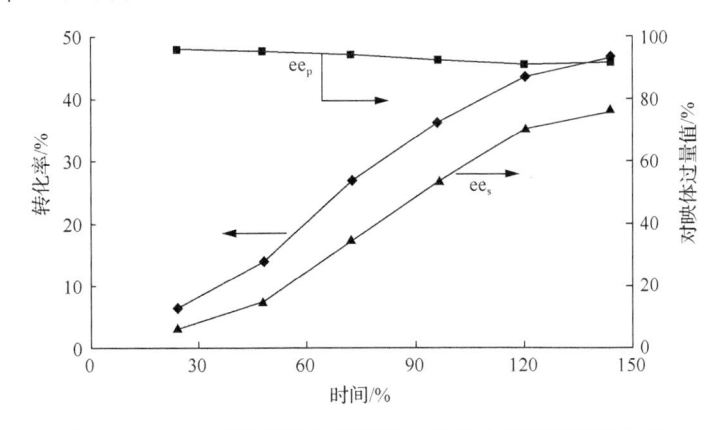

图 7-26　CRL 催化萘普生甲酯第一次拆分的反应进程曲线

根据理论曲线指导进行实际的二次拆分反应，首先采用 CRL 对外消旋底物萘普生甲酯进行第一次拆分。反应进程曲线如图 7-27 所示，底物转化率和剩余底物

R-萘普生甲酯的对映体过量值随反应时间的延长呈上升趋势,产物 S-萘普生的对映体过量值随反应时间的延长呈下降趋势。根据理论曲线预测,第一次拆分反应在转化率达到 47.2%时终止反应,第二次拆分反应在转化率达到 86.0%时终止反应,可确保整个二次拆分以最高的理论产率获得对映体过量值不低于99%的最终产物。因此,在第一次拆分反应进行到 144h 转化率达到 46.8%时终止反应,此时第一次拆分反应产物的对映体过量值为 91.8%。将该产物进行甲酯化后,获得的 S-萘普生甲酯的对映体过量值为 87.3%,对映体过量值下降的原因可能是由于酯化过程中引起的化学消旋。对该萘普生甲酯在与第一次拆分相同的条件下进行 CRL 催化的第二次拆分反应,反应进程曲线如图 7-27 所示。由于快反应异构体过量,反应在进行到 144h 转化率达到 75.1%之前一直以较快的速度进行,转化率不断上升,而产物的对映体过量值一直维持在 99%以上(HPLC 测定对映体过量值的精确度为 1%)。随着反应的继续进行,由于快反应异构体 S-萘普生甲酯的消耗,反应变得越来越慢。为了提高拆分反应的效率,同时尽量提高整个二次拆分反应的反应产率,在第二次拆分反应进行到 144h 时终止反应。最终通过二次拆分反应获得对映体过量值大于 99%的 S-萘普生的实际产率为 31.8%,小于理论计算 47.4%的最高理论产率。实际产率低于最高理论产率的原因主要是化学酯化过程中引起的化学消旋和为了提高反应效率在最佳转化率之前终止了第二次拆分反应。

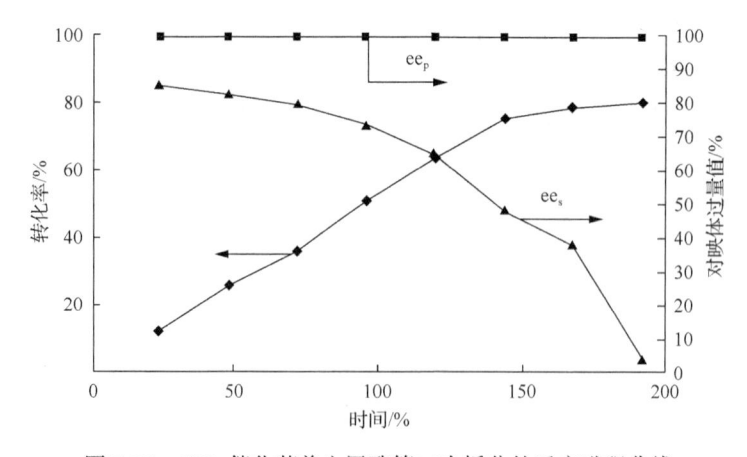

图 7-27 CRL 催化萘普生甲酯第二次拆分的反应进程曲线

可见,对于无法通过改变拆分反应的立体选择性(如酶的选择、反应体系选择)来获得高对映体过量值产物的动力学拆分反应,通过选择同一酶系统进行二次拆分可以提高拆分效果。该方法的优点是两次拆分使用了相同的酶系统,缺点是两次拆分过程中需要插入一步化学酯化步骤,可能会引起化学消旋。尽管化学消旋可能会引起整个二次拆分反应高光学活性产物产率的下降,但由于 CRL 的高立体选择性,在理论曲线指导下通过控制第一次拆分反应和第二次拆分反应的反应进程,能够以接近最高收率获得高对映体过量值的产物。实验结果表明,CRL 催化的二次拆分对制备高光学活性萘普生具有良好的效果。

7.3.11 2-芳基丙酸类药物的动态动力学拆分

传统动力学拆分是利用在有催化剂的条件下,外消旋物质的两个对映异构体由于反应速率的差异,当反应进行一段时间后,外消旋底物中的一个对映异构体大部分发生转化,而另一个对映异构体只有少部分发生转化,从而达到将不同的组分分离的目的(图 7-28)。

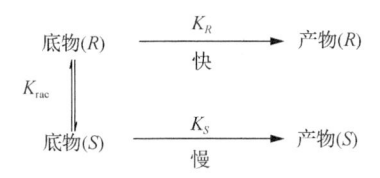

$$\text{底物}(R) \xrightarrow[\text{快}]{K_R} \text{产物}(R)$$
$$K_{rac} \updownarrow$$
$$\text{底物}(S) \xrightarrow[\text{慢}]{K_S} \text{产物}(S)$$

图 7-28 传统动力学拆分示意图

随着手性 2-芳基丙酸类药物的广泛应用,如何高产率地获得高纯度的单一对映异构体已成为研究的热点。尽管传统动力学拆分已被广泛地用来制备手性药物及其前体,但仍有许多缺点限制了其实际的应用[101]。首先,要从外消旋底物中获得其中一个对映异构体,整个拆分过程的理论产率最大仅为 50%。利用脂肪酶的立体选择性先对 2-芳基丙酸类化合物进行动力学拆分,然后对其中剩余的底物进行外消旋化后再进行酶促拆分,也可以得到非常好的拆分效果,但这种方法很耗时。其次,从剩余的底物中分离出产物有时可能非常困难,特别是当采用抽提或结晶分离无法奏效而必须采用层析法时;最后,拆分过程中产物或底物的光学纯度总是随着产量的增加而减小,使提高产率和提高光学纯度成为一对矛盾[102]。

在 1997 年率先开发出前述的动力学拆分工艺路线,即在酶促拆分反应之后,将没有应用价值的那部分单一异构体置于 NaOH 或胺的碱性条件下加热,发生消旋化反应,消旋化后的底物再进行酶促拆分,从而以较高收率获得单一手性目标产物,但反复改变反应条件,耗时费力。

为了克服这些缺点,人们在传统酶催化动力学拆分反应的基础上耦合底物分子的原位消旋反应,使得底物外消旋化和对映体拆分同时进行。通过底物的一种对映体连续外消旋化,使两种构型的底物尽可能地转化为单一构型的产物[103]。这种反应被称为动态动力学拆分反应(图 7-29)。理论上可以使底物全部转化为单一光学对映体[125],理论产率为 100%,在环保和原子经济方面有着非常深远的意义。

$$\text{底物}(S) \xrightarrow[\text{快}]{K_S} \text{产物}(S) \quad \text{底物}(R) \xrightarrow[\text{慢}]{K_R} \text{产物}(R)$$

图 7-29 动态动力学拆分示意图

如图 7-29 所示，动态动力学拆分的本质是在拆分反应原位耦合进一个消旋反应，理论上可使两个对映异构体底物完全转化为一个光学活性的产物。为了使动态动力学拆分能够高效进行，需要以下四个基本条件：①动力学拆分反应应是一个不可逆反应，反应的生成物必须稳定存在；②反应的底物分子两种构型间可以在反应条件下有效地被外消旋化，即单一底物对映体在外消旋催化剂作用下持续外消旋，并且立体异构化速度 K_{rac} 相对于动力学拆分速度 K_S 足够大，一般为 $K_{rac} > 10K_S$；③拆分反应的对映体比率(E 值)需要在 20 以上；④在反应条件之下，动力学拆分反应及外消旋反应的催化剂必须同时具有催化作用，即外消旋反应条件和动力学拆分反应条件有良好的兼容性。

动态动力学拆分过程由动力学拆分反应和消旋化反应共同组成。由于底物的外消旋化和动力学拆分各自要求特定的反应条件，因此必须综合考虑这两方面的因素。目前遇到的困难是如何使消旋过程与力学拆分过程更好地匹配，以及如何在使底物消旋的同时不发生产物消旋[100]。

动态拆分反应中的外消旋反应是将单一的对映异构体转化成外消旋体的过程。外消旋过程主要受底物性质的制约，即底物的旋光性是否容易变化，这是由底物的外消旋速率-两种对映体之间相互转化的动力学常数所决定。它作为动态动力学拆分过程中两个核心反应之一，包括热外消旋化、酶催化外消旋化、酸催化外消旋化、碱催化外消旋化、通过形成席夫碱外消旋化、氧化还原及游离基反应的外消旋化等 7 类[104]。

对于手性醇的动态动力学拆分，通过化学法进行的消旋反应往往是利用过渡金属络合物或者助剂对异构体进行消旋。Dinh 等在 1996 年进行了第一例化学-酶法的动态动力学拆分[105]。他们使用钌催化剂[$Rh_2(OAc)_4$]和荧光假单胞菌脂肪酶成功实现了对 1-苯乙醇的动态动力学拆分，实验充分说明了金属络合物和酶结合的动力学拆分是能够被实现的。Wieczorek 等在外消旋催化剂侧链引入磷酸酯基，并通过它与 CALB 进行共价固定化。该系统已被成功应用于对 S-1-苯乙醇进行消旋的反应中[106]。除了钌催化剂，其他金属配合物催化剂也被用于催化外消旋化过程中，表现出很高的活性，并与酶催化反应兼容。目前，钯配合物主要用于手性醇的动态动力学拆分中。Allen 和 Williams 首次用 $PdCl_2(MeCN)_2$ 作为催化剂前体，用于对乙酸烯丙酯类化合物进行外消旋，但是反应周期过长[107]。近年来，酸性沸石作为一种有吸引力的外消旋催化剂走入人们视野，首先被用于仲醇的动态动力学拆分中，但由于其较高的外消旋化温度以及较差的生物相容性而没有得到理想的结果。

与手性醇相比,2-芳基丙酸类化合物的动态动力学拆分要困难得多,一些成功的例子[108-111]都是首先将底物衍生成易于消旋化的活泼酯类。如 Chang 等首先合成外消旋的 2-芳基丙酸三氟硫代乙酯。在脂肪酶和三辛胺的作用下,可以实现 2-芳基丙酸类化合物的动态动力学拆分。图 7-30 为动态动力学方法拆分萘普生的反应机理示意图,其他 2-芳基丙酸类化合物的动态动力学拆分原理与此基本相同。通过这种方法可以制备得到光学纯度为 92%的萘普生(产率 67%)[110,111]。

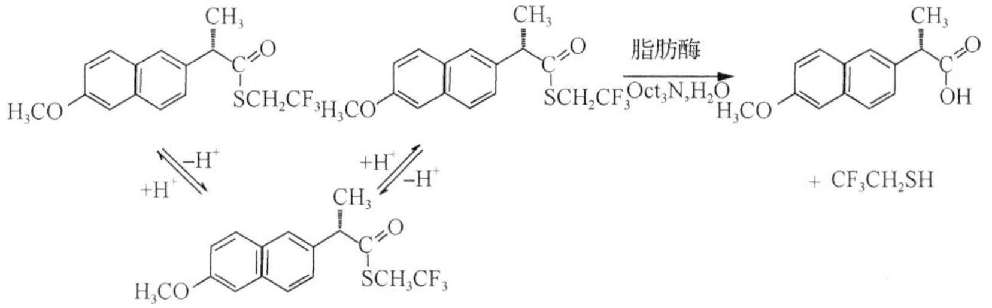

图 7-30　动力学拆分外消旋的舒洛芬 2,2,2-三氟硫代乙酯

Kamaruddin 等报道了在异辛烷溶液中对外消旋的舒洛芬 2,2,2-三氟硫代乙酯的拆分,用脂肪酶作为催化剂以便达到水解 S 构型化合物的目的,而三辛胺则作为催化剂原位消旋化剩余的 R 构型舒洛芬 2,2,2-三氟硫代乙酯,最终反应产物的 ee_p 可达 95%。他们还对硫代乙酯进行了实验研究[112]。

如前所述,如何使化学消旋过程与酶催化拆分过程更好地匹配是动态动力学拆分反应能否有效进行的关键。但通常情况下生物酶很难在化学消旋条件下保持优良的催化活力。若将生物催化拆分反应与化学催化消旋反应通过膜分离原位耦合,则可以克服上述难点。

一个成功的例子是我们在碱催化连续原位消旋条件下,利用脂肪酶催化的不对称水解反应拆分制备 S-萘普生。该过程采用硅橡胶管分离脂肪酶催化的拆分过程和碱催化的化学消旋过程,克服了动态拆分反应的主要缺点。为了便于分离产物和避免产物对脂肪酶活力的抑制,同时引入了亲水的半透膜,并用该膜反应器对萘普生甲酯的动态拆分进行了系统的研究[113]。

该动态动力学拆分膜反应器是一个将化学催化消旋反应和生物催化拆分反应隔离的反应系统,其结构示意图见图 7-31。在一个常规的搅拌罐膜反应器中安置一个圆柱状的聚四氟乙烯网笼作为支撑体,其上环绕着硅橡胶管(壁厚 0.7mm,内径 6mm),硅橡胶管中充满着萘普生甲酯的异辛烷溶液,其中悬浮着含甲醇的 NaOH 来催化萘普生甲酯的消旋反应。在该膜反应器中加入 100mL 萘普生甲酯的异辛烷溶液和 10mL Tris-HCl 缓冲溶液和 200mg CRL 构成水-有机溶剂两相反应系

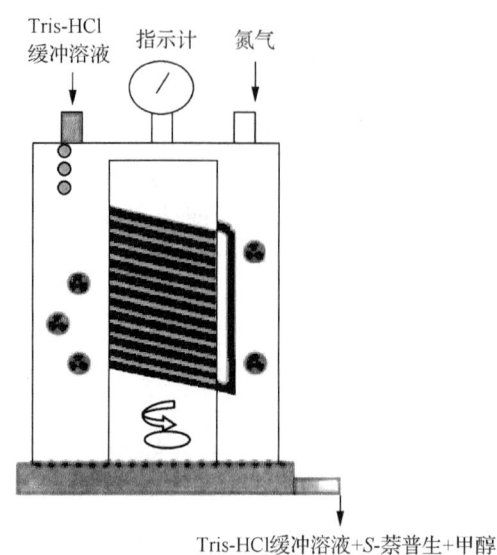

统，在 32℃、300r/min 条件下进行萘普生甲酯的拆分反应。通过蠕动泵将 Tris-HCl 缓冲溶液连续泵入该膜反应器对产物进行抽提，含有产物(S-萘普生和甲醇)的溶液被压经多孔的半透膜流出反应器，调整蠕动泵的流速和氮气压力可以保持反应器内的水量。较大分子量的脂肪酶由于无法透过半透膜而被截流在反应器内。同时，含有底物萘普生甲酯的疏水有机相由于毛细作用也无法透过亲水的半透膜而被截流在反应器内。收集流出液，用盐酸调节 pH 达到 2.0，可以沉淀出产物 S-萘普生，过滤后将沉淀溶解在冷甲醇中可获得 S-萘普生晶体。

图 7-31 膜反应器的构造及操作指示图

一些疏水有机溶剂可以引起硅橡胶的溶胀(如将硅橡胶浸入正己烷中长度可增加 20%)这类有机溶剂通常可以渗透过硅橡胶膜。小分子的疏水有机分子同样对硅橡胶膜有很强的渗透能力。利用硅橡胶膜隔离水和有机溶剂并产生固定的水-有机溶剂界面，常用于防止双液相体系乳化。该方法选择硅橡胶作为分离生物催化拆分反应和化学催化消旋反应的膜材料，膜反应器的操作原理如图 7-31 所示。在硅橡胶膜外水-有机溶剂两相反应体系中进行的酶催化拆分反应，由于脂肪酶分子较大，无法透过硅橡胶膜；非极性的异辛烷可以溶胀并透过硅橡胶膜，溶解在异辛烷中的疏水性底物萘普生甲酯可以随异辛烷一起透过硅橡胶膜并与碱催化剂接触，发生消旋反应。而对于极性较高的 H_2O 和产物 S-萘普生，由于在异辛烷中溶解度极低(0.062mmol/L, 37℃)，无法透过硅橡胶膜与碱接触，因此不会发生萘普生甲酯的自发水解和产物 S-萘普生的消旋。在硅橡胶膜内进行的碱催化消旋反应，通过添加微量(25μL)的三甲基氯硅烷提高底物的消旋反应速率并阻止其水解。由于强极性的 NaOH 无法透过硅橡胶膜与酶、产物萘普生和水接触，因而不会导致酶的失活、产物消旋以及硅橡胶管外底物的化学水解。通过硅橡胶膜的选择性渗透，实现了原位耦合的拆分与消旋过程的隔离。由于亲水的半透膜可阻止大分子脂肪酶和疏水底物溶液的透过，但允许极性较强的产物水溶液透过。利用亲水半透膜的这一特点，将其作为从水-有机溶剂两相体系中分离产物的膜材料，实现了反应分离的一体化。

悬浮在异辛烷中的 NaOH 颗粒没有消旋能力,因此必须添加少量溶剂(如水或甲醇)溶解 NaOH 生成游离的 OH⁻，才可催化底物酯 α-碳上去质子的消旋过程。但由于在强碱条件下引入 H_2O 会导致底物萘普生甲酯发生非立体选择性的化学水解，因此选择无水甲醇作为溶解 NaOH 的溶剂。但甲醇的添加量对消旋和拆分速度的影响都较大。以 S-萘普生甲酯为底物，在膜反应器硅橡胶管内添加不同量甲醇进行消旋反应，一定时间(t)后测定对映体过量值的变化(ee_0 为底物初始的对映体过量值，ee_t 是消旋一定时间后底物的对映体过量值)，通过公式 $\ln(ee_t/ee_0) = -k_{rac}t$ 计算光学活性萘普生甲酯的消旋速率常数 k_{rac}。同时以 R, S-萘普生甲酯为底物，在膜反应器的硅橡胶管内添加不同量甲醇进行动态拆分反应，测定甲醇对酶催化拆分活性的影响。实验发现，甲醇添加量的增加可提高底物溶液/碱催化剂界面游离 OH⁻ 的浓度，因此可明显提高消旋速率，但同时明显降低脂肪酶催化萘普生甲酯不对称水解的反应速率，这主要是由于少量甲醇可被抽提入异辛烷中，从而透过硅橡胶管与脂肪酶接触，导致脂肪酶活力的下降。但当甲醇的添加量减小到一定程度时，由于绝大部分甲醇被 NaOH 吸附，不会导致脂肪酶活力的明显下降。

为确保动态拆分过程有效进行，底物分子消旋和传质的速率至少应该等于其拆分的速率。若消旋和传质的速率太慢，随着反应的进行，反应慢的异构体就会过剩，这将导致产物光学纯度的下降。通过脂肪酶的添加量可以控制酶催化拆分反应的速率，使底物的拆分速率低于消旋和传质速率，此时剩余底物的对映体过量值(ee_s)在不同的转化率下都基本为 0，说明反应快的异构体和反应慢的异构体的浓度始终保持平衡，动态拆分过程可有效进行。

拆分反应在无原位消旋的条件下以常规动力学拆分方式进行时，反应进行到 240h，转化率可达到 37.40%，产物对映体过量值可达 88.38%。当继续进行反应时，由于快反应异构体的浓度逐渐降低，转化率增长减慢。图 7-32 显示了产物对映体过量值(ee_p)随转化率变化的趋势。在反应的起始阶段，产物的对映体过量值约为 96%，随着转化率的提高，产物的对映体过量值明显下降，这主要是由外消

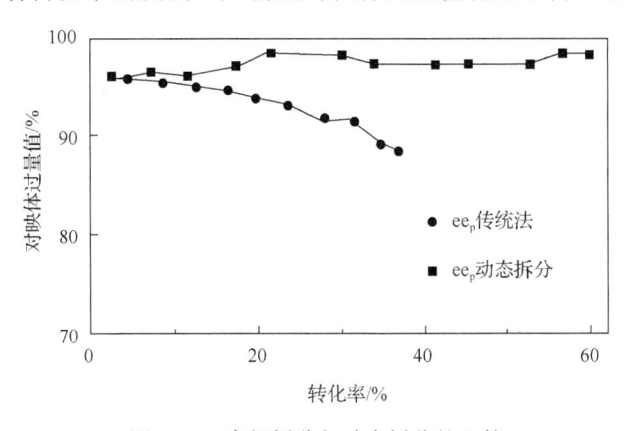

图 7-32 常规拆分与动态拆分的比较

旋底物中反应快的异构体逐渐减少造成的。随后在原位消旋条件下以动态动力学方式进行拆分反应，反应进行到360h时，转化率可达到60%，产物对映体过量值一直保持在96%左右并略有增长。可见，在该膜反应器中进行与消旋反应耦合的动态拆分反应，产物的光学纯度不再随着产物生成量的增加而减少，且转化率可突破50%。

上述动态拆分过程的特点在于，它由一个在水-异辛烷两相体系中脂肪酶催化的立体选择性水解反应和常规的无机碱(NaOH)催化的消旋反应原位耦合而成。采用疏水性的硅橡胶膜隔离两个反应，解决了动态拆分中消旋反应的苛刻条件造成生物催化剂失活的问题，同时避免了底物的非立体选择性化学水解及产物的消旋。由于底物消旋及传质速率高于拆分速率，可保证动态拆分过程的有效进行。同时使用亲水的半透膜将产物从水-有机溶剂两相体系中分离出来，实现了反应分离的一体化。目前文献中出现的外消旋体动态动力学拆分一般都是用金属或过渡金属络合物作外消旋催化剂，或者将底物衍生化为活泼的酯后在有机碱催化下进行，但是毕竟金属络合物价格昂贵，而且金属容易残留在一些药物中间体中，对人类健康产生不良影响，特别是生物酶有时不适合有机碱外消旋的苛刻反应条件，活力难以长期保持。综上利用生物-化学催化膜反应器进行动态动力学拆分反应制备手性2-芳基丙酸药物，便成为了一种简便有效的方法。

参 考 文 献

[1] Jamali F. Pharmacokinetics of enantiomers of chiral nonsteroidial anti inflammatory drugs[J]. European Journal of Drug Metabolism and Pharmacokinetics, 1988, 13 (1): 19.

[2] 石劲敏, 邓巧琳, 李端. 2-芳基丙酸类药物的立体选择性药效学及药动学[J]. 中国药理学通报, 2003, 19(4): 379-383.

[3] Albert A .Chemical aspects of selective toxicity[J]. Nature, 1958, 182(4633): 421-422.

[4] 姜佳雯, 孙立瑞, 李海艳, 等. 非水相酶促合成萘普生油酸甘油酯前药[J]. 化学工程师, 2016, 3: 16-19; 姜佳雯. 非水相脂肪酶催化合成萘普生油酸甘油酯的研究[D]. 哈尔滨: 哈尔滨商业大学硕士学位论文, 2016.

[5] 王艳, 辛嘉英, 于佳琪. 脂肪酶催化一步酯化协同拆分合成 S-萘普生淀粉酯[J]. 分子催化, 2015, 29 (5) :476-481; 于佳琪. 脂肪酶催化合成(S)-萘普生淀粉酯[D]. 哈尔滨: 哈尔滨商业大学硕士学位论文, 2016.

[6] Imbimbo B P. The potential role of non-steroidal anti-inflammatory drugs in treating Alzheimer's disease[J]. Expert Opinion on Investigational Drugs,2004,13(11): 1469-1481.

[7] Gasparini L, Ongini E, Wilcock D, et al. Activity of flurbiprofen and chemically related anti-inflammatory drugs in models of Alzheimer's disease[J]. Brain Research Reviews, 2005, 48: 400- 408.

[8] Cote S, Carmichael P H, Verreault R, et al.Nonsteroidal anti-inflammatory drug use and the risk of cognitive impairment and Alzheimer's disease[J]. Alzheimers & Dementia, 2012, 8(3): 219-226.

[9] Zhao Y, Qu B Y, Wu X Y, et al. Design, synthesis and biological evaluation of brain targeting L-ascorbic acid prodrugs of ibuprofen with "lock-in" function[J]. European Journal of Medicinal Chemistry, 2014, 82: 314-323.

[10] Wu X Y, Li X C, Mi J, et al. Design, synthesis and preliminary biological evaluation of brain targeting L-ascorbic acid prodrugs of ibuprofen[J]. Chinese Chemical Letters, 2013, 24(2): 117-119.

[11] Manfredini S, Pavan B, Vertuani S, et al. Design, synthesis and activity of ascorbic acid prodrugs of nipecotic, kynurenic and diclophenamic acids, liable to increase neurotropic activity[J]. Journal of Medicinal Chemistry, 2002, 45(3): 559-562.

[12] Laras Y, Sheha M, Pietrancosta N, et al. Thiazolamide-ascorbic acid conjugate: A gamma-secretase inhibitor with enhanced blood-brain barrier permeation[J]. Australian Journal of Chemistry, 2007, 60(2): 128-132.

[13] 刘信宁, 汤鲁宏. L-抗坏血酸洛芬酯非水相酶促合成的动力学与热力学[J]. 生物加工过程, 2010, 8(6): 33.

[14] Xin J Y, Sun L R, Chen S M, et al. Synthesis of L-ascorbyl flurbiprofenate by lipase-catalyzed esterification and transesterification reactions[J]. BioMed Research International, 2017: 5751262.

[15] Pandey A, Benjamin S, Soccol C R, et al. The realm of microbial lipase in biotechnology[J]. Biotechnology and Applied Biochemistry 1999, 29: 119-131.

[16] Geisslinger G, schustrer O, Stock K P, et al. Pharmacokinedcs of $S(+)$ and $R(-)$ ibuprofen in rheumatoid arthritis[J]. European Journal of Clinical Pharmacology, 1990, 38(5): 493-497.

[17] Arroyo M, Sinisterra J V. High enantioselective esterification of 2-arylpropionic acids catalyzed by immobilized lipase from Candida antarctica: A mechanistic approach[J]. Journal of Organic Chemistry, 1994, 59: 4410-4417.

[18] Sih C J. Mutschler E, Winterfelt E. Trends in medicinal chemistry (Progressings of the Ninth International Symposium on Medicinal Chemistry)[J]. Journal of Pharmaceutical Sciences, 1988, 77(4): 370.

[19] Hernáiz M J, Sanchez-Montero J M, Sinisterra J V. Comparison of the enzymatic activity of commercial and semipurified lipase of *Candida cylindracea* in the hydrolysis of the ester of (R,S) 2-aryl propionic acids[J]. Tetrahedron, 1994, 50(36): 10749-10760.

[20] Hernáiz M J, Sanchez-Montero J M, Sinisterra J V. Hydrolysis of (R, S) 2-aryl propionic esters by pure lipase B from *Candida cylindracea*[J]. Journal of Molecular Catalysis A: Chemical, 1995, 96, 317-327.

[21] Arroyo M, Sinisterra J V. High enantioselective esterification of 2-arylpropionic acids catalyzed by immobilized lipase from *Candida antarctica*: A mechanistic approach[J]. Journal of Organic Chemistry, 1994, 59: 4410-4417.

[22] Moreno J M, Sinisterra J V. A systematic analysis of the variables that control a highly stereoselective resolution of racemic non-steroidal antiinflammatory drugs using immobilized lipase from *Candida cylindracea*[J]. Journal of Molecular Catalysis A: Chemical, 1995, 98: 171-184.

[23] Battistel E, Bianchi D, Cesti P, et al. Enzymatic resolution of $(S)-(+)$-naproxen in a continuous reactor[J]. Biotechnology and Bioengineering, 1991, 38: 659-664.

[24] Tai D F, Chao Y H, Huang C Y, et al. Resolution of ibuprofen catalyzed with free and immobilized lipases[J]. Journal of the Chinese Chemical Society, 1995, 42: 801-807.

[25] Chen C J, Fujimoto Y, Girdaukas G, Sih C J, et al. Quantitative analyses of biochemical kinetic resolution of enantiomers[J]. Journal of the American Chemical Society, 1982, 104: 7294-7299.

[26] Iriuchijima S, Keiyu A. Asymmetric hydrolysis of $(+-)$ α-Substituted carboxylic acid esters with micro-organisms[J]. Agricultural and Biological Chemistry 1981, 45(6): 1389-1392.

[27] Gu Q M, Chen C S, Sih C J. A facile enzymatic resolution process for the preparation of $(+)$-S-2-(6-methoxy-2-naphthyl) propionic acid (naproxen)[J]. Tetrahedron Letters, 1986, 27: 1763-1766

[28] 古渠鸣. 假丝酵母脂酶催化消旋萘普生酯不对称水解的研究[J]. 中国医药工业杂志, 1991, 22(2): 49-53.

[29] Tai D F, Chao Y H, Huang C Y. resolution of ibuprofen catalyzed with free and immobilized lipase[J]. Journal of Chinese Chemical Society, 1995, 42: 801-807.

[30] 辛嘉英, 李树木, 徐毅, 等. 有机溶剂-水双液相体系脂肪酶不对称水解合成 S-(+)-萘普生[J]. 分子催化, 1998, 12(6): 412-416.

[31] 夏仕文, 俞耀庭, 康经武. 2-丙醇处理提高 Candida cylindracea 脂肪酶催化酮洛芬氯乙酯水解的对映选择性[J]. 化学通报, 2000, (4): 39-41.

[32] 刘幽燕, 许建和, 胡英. 表面活性剂对脂肪酶活性和选择响[J]. 化学学报, 2000, 58(2): 149-152.

[33] Ezio Battistel, Daniele Bianchi, Pietro Cesti et al. Enzymatic resolution of (S)-(+)-naproxen in a continuous reactor[J]. Biotechnology and Bioengineering, 1991, 38: 659-664.

[34] 刘幽燕, 许建和, 胡英. 表面活性剂对固定化脂肪酶催化酮基布洛芬氯乙酯对映体选择性水解反应影响的研究[J]. 催化学报, 1999, 20(6): 667-670.

[35] 吉鑫松, 许文光, 钱雪明, 等. 固定化酶不对称合成 S-布洛芬的研究[J]. 分子催化, 1997, 11(6): 417-420.

[36] Cuperus F P, Bouwer S Th, Knose A M, et al. Stabilization of lipases for hydrolysis reaction on industrial scale[J]. Studies in Organic Chemistry, 1993, 47: 269-274.

[37] Franz E, Bernd W G, Steffen O. Enzyme catalyzed reactions 30. Preparation of (S)-naproxen by enantioselective hydrolysis of racemic naproxen amide with resting cells of Rhodococcus erythropolis MP50 in organic solvents[J]. Tetrahedron Asymmetry, 1997, 8(16): 2749-2753.

[38] Tsai S W, Wei H J. Effect o f solvent on enantio selective ester ification of naproxen by lipase with trimethylsilyl methanol Enzyme[J]. Enzyme and Microbial Technology, 1994, 16: 328-333.

[39] 许建和, 刘军民, 许学书, 等. 混合溶剂系统对脂肪酶酯化活性和选择性的影响[J]. 生物工程学报, 1999, 15(2): 267-269.

[40] 崔玉敏, 魏东芝, 俞俊棠. 有机介质中固定化酶催化萘普森与硅醇的酯化反应[J]. 华东理工大学学报, 1998, 24(4): 410-414.

[41] Tsai S W, Lu C C, Chang C S Surfactant enhancement of (S)-naproxen ester productivity from racemic napoxen by lipase in isooctane[J]. Biotechnology and Bioengineering, 1996, 51(2): 148-156.

[42] Yang Gen-Sheng, Q I Ying-Dan, D U Zhi-Min, et al. Enzymological characteristics of catalytic antibody-catalyzed enantioselective hydrolysis of ibuprofen ester in water-in-oil microemulsion[J]. Progress in Biochemistry and Biophysics, 2009, 36(2): 182-189.

[43] Morrone R, D'Antona N, Lambusta D, et al. Biocatalyzed irreversible esterification in the preparation of S-naproxen[J]. Journal of Molecular Catalysis B: Enzymatic, 2010, 65(1): 49-51.

[44] Steenkampa L, Bradya D. Screening of commercial enzymes for the enantioselective hydrolysis of R,S-naproxen ester[J]. Enzyme and Microbial Technology, 2003, 32(3): 472-477.

[45] Allenmark S, Ohlsson A. Studies of the heterogeneity of a Candida rugosa lipase: Monitoring of esterolytic activity and enantioselectivity by chiral liquid chromatography[J]. Biocatalysis, 1992, 6: 211-221.

[46] Moreno J M, Arroyo M, Hernaiz M J, et al. Covalent immobilization of pure isoenzymes from lipase of Candida rugosa[J]. Enzyme and Microbial Technology, 1997, 21(11): 552-558.

[47] Chang R C, Chou S J, Show J F. Multiple forms and functions of Candida rugosa lipase[J]. Applied Biochemistry and Biotechnology, 1994, 19: 93-97.

[48] Berkal R M, Cscheneider P, Golightly E J, et al. Characterization of the gene encoding an extracellular laccase of Myceliophthora thermophila and analysis of recombinant enzyme expressed in Aspergillus oryzae[J]. Applied and Environmental Microbiology, 1997, 63: 3151-3157.

[49] Chen C C, Tsai S W. Carica papaya lipase: A novel biocatalyst for the enantioselective hydrolysis of (R, S)-naproxen 2, 2, 2-trifluoroethyl ester[J]. Enzyme and Microbial Technology, 2005, (36): 127-132.

[50] 尤朋永, 邱健, 蔡雯雯, 等. 木瓜脂肪酶催化洛芬类药物的酶促拆分[J]. 华东理工大学学报(自然科学版), 2012, (6): 687-693.

[51] Liu X, Xu J H, Pan J, et al. Efficient production of (S)-naproxen with (R)-substrate recycling using an overexpressed carboxylesterase BsE-NP01[J]. Applied Biochemistry and Biotechnology, 2010, (162): 1574-1584.

[52] Steenkamp L, Brady D. Optimisation of stabilised *Carboxylesterase* NP for enantioselective hydrolysis of naproxen methyl ester[J]. Process Biochemistry, 2008, 43(12): 1419-1426.

[53] Battistel E, Bianchi D, Cesti P, et al. Enzymatic resolution of racemic amines in a continuous reactor in organic solvents[J]. Biotechnology and Bioengineering, 1993, 40: 760-767.

[54] Takaç S, Bakkal M. Impressive effect of immobilization conditions on the catalytic activity and enantioselectivity of *Candida rugosa* lipase toward *S*-naproxen production[J]. Process Biochemistry, 2007, 42(6): 1021-1027.

[55] Lin H Y, Tsai S W. Dynamic kinetic resolution of (R,S)- naproxen 2,2,2- trifluoroethyl ester via lipase- catalyzed hydrolysis in micro-aqueous isooctane[J]. Journal of Molecular Catalysis B: Enzymatic, 2003, 24(25): 111-120.

[56] Yilmaz E, Can K, Sezgin M, et al. Immobilization of *Candida rugosa* lipase on glass beads for enantioselective hydrolysis of racemic naproxen methyl ester[J]. Bioresource Technology, 2011, 102(2): 499-506.

[57] Erdemir S, Yilmaz M. Catalytic effect of calix[*n*]arene based sol-gel encapsulated or covalent immobilized lipases on enanti‐oselective hydrolysis of (R/S)-naproxen methyl ester[J]. Journal of Inclusion Phenomena and Macrocyclic Chemistry, 2012, 72: 189-196.

[58] Ozyilmaza E, Sayina S, Arslan M, et al. Improving catalytic hydrolysis reaction efficiency of sol-gel-encapsulated *Candida rugosa* lipase with magnetic β- cyclodextrin nanoparticles[J]. Colloids Surfaces B Biointerfaces, 2014, 113: 182-189.

[59] Halling P J. Biocatalysis in multiphase reaction mixtures containing organic liquids[J]. Biotechnology Advances, 1987, 5: 47-84.

[60] Halling P J. Thermodynamic predictions for biocatalysis in nonconventional media: Theory, tests, and recommendations for experimental design and analysis[J]. Enzyme and Microbial Technology, 1994, 16: 178-206.

[61] Zaks A, Klibanov A M. Enzyme catalysis in organic media at 100℃[J]. Science, 1984, 224(4654): 1249-1251.

[62] Valivety R H, Halling P J, Macrae A R. Reaction rate with suspended lipase catalyst shows similar dependence on water activity in different organic solvents[J]. Biochimica et Biophysica Acta, 1992, 1118(2): 218-222.

[63] Valivety R H, Halling P J, Peilow A D, et al. Relationship between water activity and catalytic activity of lipase in organic media[J]. European Journal of Biochemistry, 1994, 222(2): 461-466.

[64] Halling P J. Solvent selection for biocatalysis in mainly organic system: Predictions of effects on equilibrium position[J]. Biotechnology and Bioengineering,1990, 35: 691-701.

[65] Ducret A, Trani M, Lortie R. Lipase-catalyzed enantioselective esterification of ibuprofen in organic solvents under controlled water activity[J]. Enzyme and Microbial Technology, 1998, 22: 212-216.

[66] Simon L M, Laszlo K, Vertesi A, et al. Stability of hydrolytic enzymes in water-organic solvent system[J]. Journal of Molecular Catalysis B: Enzyme, 1998, 4: 41-45.

[67] Bell G, Halling P J, Moore B D. et al. Biocatalyst behavior in low-water system[J]. Trends in Biotechnology, 1995, 13: 468-473.

[68] Arroyo M, Moreno J M, Sinisterra J V. Alteration of the activity and selectivity of immobilized lipases by the effect of the amount of water in the organic medium[J]. Journal of molecular Catalysis A:Chemical, 1995, 97: 195-201.

[69] Aldercrutz P. On the importance of the support material material for bioorganic synthesis[J]. European Journal of Biochemistry, 1991, 199: 609-614.

[70] Reslow M, Aldercrutz P, Mattiason B, et al. On the importance of the support material for bioorganic synthesis: Influence of water partition between solvent, enzyme and solid support in water-poor reaction madia[J]. European Journal of Biochemistry, 1988, 172, 573.

[71] Adlercreutz P. On the importance of the support material for bioorganic synthesis[J]. European Journal of Biochemistry, 1991, 199(8): 609-614.

[72] Mattiasson B. Tailoring the microenvironment of enzymes in water-poor systems[J]. Trends in Biotechnology, 1991, 9(11): 394-398.

[73] Anthony J L, Maginn E L, Brennecke J F. Solubilities and thermodynamic properties of gases in the ionic liquid 1-*n*-butyl-3-methylimidazolium hexafluorophosphate[J]. Phys Chem B, 2002, 106(29): 7315-7320.

[74] Abbott A P, Capper G, Davies D L, Munro H L, et al. preparation of novel, moisture-stable, Lewis-acidic, ionic liquids containing quaternary ammonium salts with functional side chains[J]. Chem Commun, 2001: 2010-2011.

[75] Chang C S, Tsai S W, Jimmy K. Lipase-catalyzed dynamic resolution of naproxen 2,2,2-trifluoroethyl thioester by hydrolysis in isooctane[J]. Biotechnology and Bioengineering, 1999, 64: 120-126.

[76] Duan G, Ching C B, Lim E, et al. Kinetic study of enantioselective esterification of ketoprofen with n-propanol catalysed by an lipase in an organic medium[J]. Biotechnology Letters, 19: 1051-1055.

[77] Tsai S W, Liu B Y, Chang C S.Enhancement of (*S*)-naproxen ester productivity from racemic naproxen by lipase in organic solvents[J]. Biotechnology & Bioengineering, 1996, 68: 78-83.

[78] Akita H, Enoki Y, Yamada H, et al. Enzymatic hydrolysis in organic solvents for kinetic resolution of water-insoluble α-acyloxy esters with immobilized lipase[J]. Chemical and Pharmaceutical Bulletin, 1989, 37: 2876-2878.

[79] 赵永杰, 辛嘉英, 李臻, 等. 水-离子液和水-有机溶剂体系中萘普生酶法拆分的比较研究[J]. 分子催化, 2004, 18(1): 6-9.

[80] Zhang Y H, Li Z Y, Yuan C Y. *Candida rugosa* lipase catalyzed enantioselective hydrolysis in organic solvents, convenient preparation of optically pure 2-hydroxy-2-arylethanephosphonates[J]. Tetrahedron Letters, 2002, 43: 3247-3249.

[81] Caron G, Kazlauskas R J. Sequential kinetic resolution of (±)-2,3-butanediol in organic solvent using lipase from *Pseudomonas cepacia*[J]. Tetrahedron Asymmetry, 1993, 4: 1995-2000.

[82] Xin J Y, Li S B, Chen X H, et al. Enantioselectivity improvement of lipase-catalyzed naproxen ester hydrolysis in organic solvent[J] Enzyme Microbial Technology, 2000, 26: 137-141.

[83] Xu Y, Chen J B, Xin J Y, et al. Efficient microbial elimination of methanol inhibition for naproxen resolution by a lipase[J]. Biotechnology Letters, 2001, 23: 1975-1979.

[84] Nara S J, Harjani J R, Salunkhe M M, et al. Lipase-catalysed polyester synthesis in 1-butyl-3-methylimidazolium hexafluorophosphate ionic liquid[J]. Tetrahedron Letters, 2003, 44: 1371-1373.

[85] 辛嘉英, 赵永杰, 郑妍, 等. 水饱和离子液体中萘普生的酶法拆分[J]. 催化学报, 2006, 27(3): 263-269.

[86] 辛嘉英, 赵永杰, 石彦国, 等. 水饱和离子液体中脂肪酶催化萘普生甲酯对映选择性水解[J]. 催化学报, 2005, 26(2): 118-122.

[87] Chen C S, Wu S H, Girdauks G, et al. Quantitative analyses of biochemical kinetic resolution of enantiomers, 2 enzyme-catalyzed esterifications in water-organic solvent biphase system[J]. Journal of the American Chemical Society, 1987, 109: 2812-2817.

[88] Rakels J L L, Straathof A J J, Heijnen J J. Improvement of enantioselective enzymatic ester hydrolysis in organic solvents[J]. Tetrahedron Asymmetry, 1994, 5: 93-100.

[89] 高修功, 曹淑桂, 章克昌. 脂肪酶活性和立体选择性受溶剂不同物化参数控制[J]. 生物化学与生物物理学报, 1997, 29 (4): 337-342.

[90] Xin J Y, Li S B, Chen X H, et al. Enantioselectivity improvement of lipase-catalyzed naproxen ester hydrolysis in organic solvent[J]. Enzyme Microbial Technology, 2000, 26: 137-141.

[91] 刘军民, 许建和, 刘幽燕, 等. 混合溶剂系统中固定化脂肪酶对酮基布洛芬的催化酯化反应[J]. 高等学校化学学报, 1998, (19) 12: 1959-1963.

[92] 许建和, 刘军民, 许学书, 等. 混合溶剂系统对脂肪酶酯化活性和选择性的影响[J]. 生物工程学报, 1999, 15 (2): 265-269.

[93] Xin J Y, Zhao Y J, Zhao G L, et al. Enzymatic resolution of (R, S)-naproxen in water-saturated ionic liquid[J]. Biocatalysis and Biotransformation, 2005, 23 (5): 353- 361.

[94] Mireia Oromí Farrús. Jordi Eras, Núria Sala, et al. Preparation of (S)-1-halo-2-octanols using ionic liquids and biocatalysts[J]. Molecules, 2009, 14: 4275-4283.

[95] Bastida A, Sabuquillo P, Armisen P, et al. A single step purification, immobilization and hyperaction of lipase via inter facial adsorption on strongly hydrophobic supports[J]. Biotechnology and Bioengineering, 1998, 58 (5): 486-493.

[96] 辛嘉英, 李树本, 徐毅, 等. 反应器操作方式对酶动力学拆分立体选择性的影响[J]. 化学反应工程与工艺, 2000, 16 (2): 116-121.

[97] Chen C S,. FujimotoY, Girdaukas G, et al. Quantitative analyses of biochemical kinetic resolutions of enantiomers[J]. Journal of the American Chemical Society, 1982, 104: 7294-7299.

[98] 辛嘉英, 于佳琪, 李海燕, 等. 脂肪酶催化二次动力学拆分制备高光学纯度(S)-萘普生[J]. 分子催化, 2015, 29 (1): 90-95.

[99] 辛嘉英, 李海艳, 陈书明, 等. *Candida rugosa* 脂肪酶二次拆分制备(S)-萘普生[J]. 中国医药工业杂志, 2015, 46 (12): 1293-1295.

[100] Stecher H, Faber K. Biocatalytic deracemization techniques: Dynamic resolutions and stereo inversions[J]. Synthesis, 1997, 1: 1-16.

[101] Ebbers E J, Ariaans J A, Houbiers J P M, et al. Controlled racemization of optically active organic compounds: Prospects for asymmetric transformation [J]. Tetrahedron, 1997, 53: 9417.

[102] 王雷, 薛屏. 动态动力学拆分制备手性化合物的研究进展[J]. 应用化工, 2010, 39 (2): 258-263.

[103] Ward R S. Dynamic kinetic resolution[J]. Tetrahedron Asymmetry,1995, 6 (7): 1475-1488.

[104] Ebbers E J, Ariaans G J A, Houbiers J P M, et al. Controlled racemization ofoptically active organic compounds: Prospects for asymmetric transformation[J]. Tetrahedron, 1997, 53 (28): 9417-9476.

[105] Dinh P M, Howarth J A, Hudnott A R, et al. Catalytic racemization of alcohols: Applications to enzymic resolution reactions[J]. Chemical Information, 1997, 28 (5): 7623-7626.

[106] Wieczorek B, Traff A, Krumlinde P. Covalent anchoring of a racemization catalyst to CALB-beads: Towards dual immobilization of DKR catalysts[J]. Tetrahedron Letters, 2011, 52 (14): 1601-1604.

[107] Allen J V, Williams J M J. Dynamic kinetic resolution with enzyme and palladium combinations[J]. Tetrahedron Letters, 1996, 37 (11): 1859-1862.

[108] Chen C Y, Cheng Y C, Tsai S W. Lipase-catalyzed dynamic kinetic resolution of (R, S)-fenoprofen thioester in isooctanane [J]. Journal of Chemical Technology and Biotechnology, 2002, 77: 699.

[109] Lu C H, Cheng Y C, Tsai S W. Integration of reactive membrane extraction with lipase-hydrolysis dynamic kinetic resolution of naprofen 2, 2, 2-trifluoroethyl thioester in isooctane[J]. Biotechnology and Bioengineering, 2002, 79(2): 200.

[110] Chang C S, Tsai S W, Kuo J M. Lipase-catalyzed dynamic resolution of naproxen 2,2,2-trifluoroethyl thioester by hydrolysis in isooctane[J]. Biotechnology and Bioengineering, 1999, 64: 120.

[111] Lin C N, Tsai S W. Dynamic kinetic resolution of suprofen thioester via coupled trioctylamine and lipase catalysis[J]. Biotechnology and Bioengineering, 2000, 69: 31.

[112] Kamaruddin A, Uzir M, Hassan Y, et al. Chemoenzymatic and microbial dynamic kinetic resolutions[J]. Chirality, 2009, 21(4): 449-467.

[113] Xin J Y, Li S B, Xu Y, et al. Dynamic enzymatic resolution of Naproxen methyl ester in a membrane bioreactor[J]. Journal of Chemical Technology and Biotechnology, 2001, 7: 579.

第8章 脂肪酶催化生物柴油的合成

生物柴油，是从可再生的生物质能源中所获得的一种性质近似于柴油的柴油替代品，是一种生物质可再生能源，其主要成分是长链脂肪酸所形成的甲酯或乙酯等酯类物质。不能将植物油直接作为燃料使用的主要原因在于植物油中的甘油三酸酯的碳链过长，导致其黏度高、流动性差、不易在燃烧室中气化，且燃烧不完全。生物柴油利用甲醇和乙醇等短链醇类物质与天然植物油和动物脂肪中主要成分甘油三酸酯发生酯交换反应，利用甲基取代长链脂肪酸上的甘油基，将甘油三酸酯断裂为三个长链脂肪酸甲酯，从而减短碳链长度，降低油料的黏度，改善油料的流动性和汽化性能，达到作为燃料使用的要求。与矿物柴油相比，生物柴油有与其相近的发火性能、热值和动力特性，而且生物柴油对发动机腐蚀性远远小于矿物柴油，其安全性比矿物柴油高。无须对现有的柴油发动机进行任何的改进，就可以将生物柴油作为替代燃料直接使用，不会对发动机造成任何有害的影响。而且生物柴油可以以任何比例与矿物柴油相混合，不但可有效地减少尾气中对环境有害物质的排放，并且可以有效地降低使用成本。由于生物柴油来源于可再生的生物质资源，因此其中不含矿物柴油中所常见的硫、芳香烃等物质，经燃烧后不会产生 SO_2、芳香烃、多环芳烃等大气污染物质，可有效地减少尾气对环境的危害。使用生物柴油可有效地降低尾气中 CO、焦油的浓度，对温室效应的贡献仅是矿物柴油的 25%或者更低。而且，与矿物柴油相比，生物柴油还具有良好的生物可降解性。因此，生物柴油是一种可再生的、环境友好燃料，具有良好的应用前景。美国是较早应用生物柴油的国家之一，政府通过补贴政策鼓励发展生物燃料作物，目前已有 4 家生产厂家，总生产能力达 30 万 t；欧洲多以菜籽油为原料生产生物柴油，德国目前拥有 8 家生物柴油厂，现有 900 多家生物柴油加油站，并规定在主要交通要道只允许销售生物柴油，法国、意大利、奥地利等国家都已有生物柴油生产厂；亚洲各国，如日本、泰国等都对生物柴油原料有实行免税措施以大力发展生物柴油；我国在生物柴油处于刚起步阶段，2001 年海南正和生物能源公司、2003 年四川古杉集团等公司都已投产，充分利用地沟油、植物油下脚料生产生物柴油。海南海纳百川生物工程公司也在进行年生产 20 万 t 的生物柴油项目建设。

生物酶法合成生物柴油，对原料油品质要求不高，酶既可以催化精炼的动植物油脂，同时也可以催化酸值较高且有一定水分含量的餐饮废油转化为生物柴油。酶法合成生物柴油具有反应条件温和、副产品分离工艺简单、废水少、设备要求低等优点而受到人们的广泛关注。

工业化的脂肪酶主要有动物脂肪酶和微生物脂肪酶。微生物脂肪酶种类多，一般通过发酵法生产，按微生物种类不同，又分为真菌类脂肪酶和细菌类脂肪酶。真菌类脂肪酶主要有酵母脂肪酶、根酶和曲酶等，在生物柴油生产过程中，不同的酶的活力不完全相同[1, 2]。

8.1 脂肪酶在生物柴油中的应用

脂肪酶具有选择性、底物与功能基团专一性，在非水相中能催化水解，酯合成、酯化、酯交换等多种反应，具有反应条件温和、无需辅助因子等优点，这些优点使得脂肪酶成为在非水相中应用最为广泛的酶类。在生物柴油的生产中，脂肪酶是一种适宜的生物催化剂，能够催化甘油三酸与短链醇发生酯交换反应生成脂肪酸甲酯，即生物柴油[3-5]。

8.1.1 用于生物柴油合成的脂肪酶

用于催化法合成生物柴油的脂肪酶主要是酵母脂肪酶、根霉脂肪酶、毛霉脂肪酶、猪胰脂肪酶等。由于脂肪酶的来源不同，其催化特性有很大的差异。有些脂肪酶可以在无溶剂存在的情况下进行油脂的转酯化反应。也有部分脂肪酶能在含水量很低的反应系统中催化油脂的转酯化反应。也有些酶在无水的情况下没有任何活力。目前，脂肪酶对短链醇的收率较低，且短链醇对酶有一定的毒性，使酶的使用寿命缩短。采用分步添加短链醇的方法，使其浓度维持在较低的水平，较少对酶活力的影响。另外，反应生成的甘油不及时除掉也会阻碍反应的进行。肖敏利用固定化 Lipozyme TL IM 酶催化大豆油的转酯化反应，考察了甲醇添加方式对生物柴油收率的影响，从实验结果可以看出一次性加入 1∶1 的甲醇，产物收率比较高，而当一次性加入 3∶1 的甲醇，产物收率有所降低，就是因为一次性加入过多的甲醇导致了酶蛋白失活[6]。

1. 游离脂肪酶的应用

已报道的应用于催化制备生物柴油的游离脂肪酶催化剂有很多种，酶活力较高的有：假丝酵母脂肪酶(*Candida cylindracea*)、假单胞菌脂肪酶(*Pseudomonas fluorescens*)、根霉脂肪酶(*Rhizopus oryzae*)等。脂肪酶的催化特点及其在不同反应介质中表现出的催化效果因其种类不同存在一定差异。虽然脂肪酶具有催化效率高、选择性好等诸多优点，但其作为催化剂直接在大规模工业中应用还存在很多问题。①脂肪酶价格较高，若大量使用，会大幅提高生产成本；②反应底物短链醇对酶活力有极大的抑制作用，会导致脂肪酶发生不可逆失活；③某些脂肪酶需要经过修饰后才会在有机相中表现较好的分散效果[7, 8]。

2. 固定化脂肪酶用于生物柴油的合成

脂肪酶作为酯交换反应的催化剂还有一定局限性，如底物对酶催化剂的抑制作用会降低其活力，脂肪酶的价格昂贵，使用寿命短，脂肪酶在有机溶剂易聚集导致催化效率较低，这是造成生物柴油生产成本居高不下的直接原因。采用固定化脂肪酶技术可以克服游离酶的缺点，实现酶的重复利用，降低生产成本。即使固定化脂肪酶的性能在很多方面都比游离酶优越，但是其在大规模生产中应用的实例不多，固定化载体是主要问题之一，容易与酶蛋白连接、制备和廉价的固定化酶的材料较难得到。

另外，由于粒状固定化酶的孔径易被甘油堵塞，因此在反应过程中必须及时除去生成的甘油，同时低碳醇对酶有毒性，也会大大减少脂肪酶使用寿命。因此，研究新的脂肪酶固定化技术对制备低成本、高品质的生物柴油具有重要意义。

3. 固定化载体材料

随着技术的不断发展、新材料的不断研发，各种新材料被用来作固定化酶的载体，使得固定化酶技术不断地发展，极大地推动了生物柴油替代化石能源的进程。

(1) 无机材料。具有高气孔率、大比表面积等特点的一些吸附剂类的多孔无机材料，如 Al_2O_3、SiO_2、分子筛、硅藻土等，通过直接吸附酶分子，可以达到固定化酶的目的。直接用无机材料作载体固定化酶操作简单，材料廉价易得，固定化酶活力较高，但由于固定化过程多采用物理吸附法，使用过程中酶容易从载体上脱落，重复使用残余酶活力低，对无机材料表面改性，提高酶与载体的连接能力可以有效地克服这一问题。如改性硅胶、改性二氧化硅、改性陶瓷、改性 Al_2O_3、改性分子筛，还有一类固定化载体是复合载体，其中包括壳聚糖-硅胶复合载体、壳聚糖-二氧化硅、凝胶-聚乙烯亚胺动态膜。

(2) 纳米材料。用于固定化酶的纳米材料有碳纳米管、纳米多孔金等，它们具有颗粒小、稳定性强、比表面积大、生物相容性好的优点，非常适合作为固定化酶的载体，可以极大地保护酶的高效催化能力。但由于油具有较强的黏附性，纳米材料似乎不易与产物分离。

(3) 磁性材料。1973 年 Robinson 等首次将磁性物质作为载体用于酶的固定化。它不但具有纳米材料的一些优良特性，还便于分离。可以在工业生产中利用电磁铁，实现固定化酶与产物的分离，进而达到流程化自动化的目的。

(4) 高分子化合物。天然高分子材料具有成本低、来源广、生物相容性好等优点，当这类材料如壳聚糖、甲壳素、海藻酸钠等加入氯化钙之后就有了很强的机械性。在需要搅拌的生物柴油制备过程中很好地保持了结构的稳定。

结合各种新材料,进行双载体和多载体(即用多种载体材料综合使用形成载体)研究,进而研究出适合酶催化交换法制备生物柴油的载体。深入研究酶和载体和底物之间的作用机理,找出载体和酶分子之间的非必需基团操作性的结合与分离,为研制出合适的载体作指导[9]。

8.1.2 全细胞生物催化剂在生物柴油中的应用

脂肪酶催化法生产生物柴油的大规模工业化推广的一个最大的障碍就是酶成本太高,所以以全细胞生物催化剂的形式来应用脂肪酶,无需酶的提纯纯化,杜绝了酶活力在生产过程中的流失,大大降低了生物柴油的生产成本。对于脂肪酶催化法的工业化来说,利用全细胞生物催化剂不仅具有更高的成本效率,也有一些其他的优势,如培养和制备过程简单、截留在细胞内的脂肪酶可以看作固定化的脂肪酶等。

在生物柴油的工业化生产中,使用全细胞生物催化剂更有前途,而且通过基因工程技术还能进一步提高脂肪酶的使用效率。固定化酶技术的成功与否是酶催化合成生物柴油得以工业化的关键。固定化脂肪酶在许多方面都优于游离态酶,但是工业化的实例很少,主要问题之一就是载体,廉价、易于活化和制备的固定化载体很难得到。另外,低碳醇可对酶产生毒性,而且在反应过程中必须及时除去生成的甘油,否则甘油很容易堵塞颗粒状固定化酶的孔径,缩短固定化酶的使用寿命。因此,为制备高品质、低成本的生物柴油,开发新型脂肪酶固定化方法和酯交换工艺是推动生物柴油产业化发展的关键[10-13]。

8.1.3 生物柴油合成用脂肪酶的种类

脂肪酶(酰基甘油水解酶,E.C.3.1.1.3)是一种广泛分布于动物、植物和微生物中的酶,能够进行可逆的甘油酯键水解,因此也能够进行甘油酯合成。在一定的条件下,脂肪酶也能够催化许多酯化反应。无论在小规模的还是工业规模的酯合成中,作为催化剂,脂肪酶已经得到成功应用。目前至少有 35 种可以利用的商业脂肪酶制剂,但仅有少数几种能在工业中使用(表 8-1)。固定化酶由于其自身的一些优越性,在生物柴油酶催化合成中越来越受到青睐。固定化酶的优点在于:①催化效率高;②酶的费用较低;③酶不会进入产物中;④提高了酶的稳定性;⑤改善了酶的行为;⑥可连续加工,因而能更好地控制产品质量;⑦有利于多酶系统的利用。

在脂肪酶的固定化方面,目前国内外的研究重点主要集中在固定载体的选择与固定条件的优化上。目前已经用于脂肪酶固定的材料有石英纤维气凝胶、大孔丙烯酸树脂、水滑石、沸石和高吸水树脂,固定后脂肪酶的活力、pH 稳定性和热稳定性均有所提高[14]。

表 8-1　目前主要的商业脂肪酶制剂

酶的来源	供应商	活性
Novozym 435 (*Candida antarctica* lipase B)	Novo	10.760PLU/g
Candida B. Silica (*Candida antarctica* lipase B)	Novo	10.850PLU/g
Chirazyme L-5 (*Candida antarctica* lipase A)	Boehringer Mannheim	25kU/10.89g
Lipozyme RM IM (*Rhizomucor miehei*)	Novo	
Mucor miehei（非固定）	Fluka	1.6U/mg
Mucor javanicus（非固定）	Fluka	3.5U/mg
Candida cylindracea（非固定）	Fluka	2.2U/mg
Aspergillus niger（非固定）	Fluka	0.88U/mg
Carica papaya（非固定）	Sigma	1.9U/mg
Hog pancreas lipase（非固定）	Fluka	23.3U/mg

8.2　生物柴油的胞外脂肪酶催化合成

近些年来，人们对于酶在有机合成中应用的兴趣日益高涨。许多注意力都集中于不同反应体系中脂肪酶的催化特性上。

8.2.1　有机溶剂体系中的催化合成

目前已有很多关于脂肪酶在有机溶剂中的催化转酯化反应研究，并且不同脂肪酶的适用溶剂并不相同。在生物柴油生产方面，毛霉菌来源的脂肪酶和 *Thermomyces lanuginosus* 脂肪酶的最适有机溶剂是正己烷，而 Lipozyme 和 Novozym 催化甘油三酯和油醇生产蜡状脂的醇解反应分别在庚烷和正己烷中活力最高。Lipozyme TL IM 在叔丁醇为反应介质中可以使生物柴油的收率达到 95% 以上，其可有效减小由于过量的甲醇和副产物甘油引起的负面影响。

8.2.2　无溶剂体系中的催化合成

许多类型的醇如伯醇、仲醇以及直链、链醇都可以用来在脂肪酶的催化下进行酯交换反应。Nelson 等研究了在与短链醇发生交换反应中脂肪酶的催化能力。在无溶剂反应体系中，与甲醇和乙醇反应的收率比有正己烷参与的收率要低一些；与甲醇的反应收率降低了 19.4%。Mittelbach 报道了在使用甲醇、乙醇和正丁醇时的情况。虽然与乙醇和正丁醇反应时，收率较高，但是与甲醇的反应中仅获得微量的甲酯。Abigor 等也发现棕榈油与乙醇反应可获得最高 72%的交换率，而与甲醇反应仅得到 15%的甲酯。所以，脂肪酶对长链脂肪醇比短链脂肪醇的催化作用更有效。总体上在有无溶剂的体系中，甘油三酸酯与甲醇的酯交换反应效率和与乙醇的反应效率相比要低得多。在实际工业应用中，在无溶剂体系中脂肪酶的催化醇解作用十分重要，此体系的优点就是可以避免续分离、毒性和有机溶剂易燃等问题。

8.2.3　AOT 反胶束体系中的催化合成

已有报道表明，对于脂肪酶催化反应，胶束界面面积的大小限制着反应速率。人们已认识到对于包含水不溶性底物的酶催化反应，反相胶束是一个很好的介质，这是因为它提供了一个相当可观的界面面积。许多不同类型的表面活性剂被用来组成反相胶束，最常用的表面活性剂是 AOT[琥珀酸双（2-乙基己基）脂磺酸钠]。由于其紧密的结构和热力学稳定性，AOT 表现异常好。Riter 等报道了在 AOT/水/异辛烷反相胶束中脂肪酶的活力受到水的负面影响。另外，一些报道表明如 AOT 这样的离子表面活性剂与溶解的酶分子间的静电和疏水作用导致了酶活力的降低。为了提高 AOT 反相胶束中脂肪酶的活力和稳定性，他们采取了一些措施，AOT 的化学修饰、肪酶的预处理和 AOT 反相胶束的修正。Moniruzzaman 等在 AOT/水/异辛烷体系中加入疏水质子溶剂，考察了其对 *Chromobacterium viscosum* 脂肪酶活力、稳定性及动力学的影响。在试验的 7 种疏水溶剂中，二甲基亚砜是最有效的。通过优化水、AOT 的物质的量比、缓冲液 pH 和表面活性剂浓度等相关参数，可以提高脂肪酶活力且半衰期从 33 天提高到 125 天。

8.2.4　离子液体中的催化合成

近年来，离子液体作为一种性能优良的绿色溶剂受到越来越多的关注。离子液体可作为脂肪酶的载体进行酯交换反应，这一概念是 Klibanov 及其同事提出的。紧随 Klibanov 之后，Lau 等研究了以离子性流体([C_4mim][BF_4]或[C_4mim][PF_6]) 为反应介质中脂肪酶的催化醇解反应。在 50℃，Lozano 等对 *Candida antarctica* 脂肪酶 B 在 4 种不同含水量的离子流体中的活力和稳定性进行了研究，报道了所有的离子流体对于脂肪酶催化反应是适合的，都比在有机介质中要好。23 种离子流体中采用生物柴油的 *Candida antarctica* 脂肪酶催化合成方法。其中在[Emim][TfO]流体中 50℃反应 12h 后脂肪酸甲酯的收率为 80%，为无溶剂体系中的 8 倍，比叔丁醇体系中高 15%。此方法对于寻求在新的反应体系中进行生物柴油的脂肪酶法催化合成不失为一种很好的思路。

8.3 脂肪酶催化生物柴油的合成

8.3.1 生物柴油的短链醇分解合成

从生产成本和对生物柴油的技术要求来看，短链醇是最好的酰基受体，故人们对生物柴油的短链醇分解合成进行了研究。在线性和支链短链醇的中，最差的醇是甲醇和 2-丁醇，前者大概是由于其与油的互溶性较差，后者是由于仲醇比伯醇反应惰性大。相反，具有短烷基链(C_2～C_4)的直链和支链伯醇表现出很高的反应速率与转化率。棕榈核油和椰子油与不同链长的醇在脂肪酶催化条件下的生产情况。在棕榈核油的转化过程中，没有任何反应混合物以外的溶剂，乙醇与之反应所得转化率最高为72%，其次为叔丁醇62%、丁醇42%、丙醇42%、异丙醇24%，而用甲醇时只得到了15%的甲酯转化率。在无溶剂体系中使用固定化脂肪酶(Lipozyme IM-20)进行醇酯的交换反应，随着醇链的增长所得酯的熔点也在不断稳步增长，但对于相同链长的醇，随着其不饱和度增加反而降低。

如以上诠释的那样，酶的催化醇解在有机无溶剂体系中长链醇和支链醇往往处于优势地位，但是在有机无溶剂体系中甲醇醇解却没有一个较高的转化率。基于此，如何能得到一个高的转化率，这对人们利用脂肪酸与甲醇反应制备生物柴油来说是十分重要的。

8.3.2 生物柴油的甲醇分解合成

虽然说甲醇分解合成作用在生物柴油的催化合成中不占有优势，但由于其价廉易得，在脂肪酯类中碳链最短，故受到了人们的青睐。在大豆油与甲醇的酶催化酯交换反应生产生物柴油，由于 Lipozyme TL 具有严格的 1,3-位特异性，生物柴油的收率仅为 66%，然而事实上其收率超过了 90%，后来证实在反应过程中发生了酰基转移作用。油脂和甲醇的混合液中，酶会失活，当 Novozym 435 在油酸甲酯中活化 0.5h 后，再在大豆油中活化 12h，甲醇分解反应速率得到很大的提高。在 3.5h 内每间隔 0.25～0.4h 分步加 0.33mol 的甲醇，反应混合物中甲酯的含量可超过 97%。分步添加甲醇可以避免脂肪酶失活，在 50 个反应周期后，酯交换率超过了 95%。后来发明的三步甲醇法是从植物油连续生产甲酯的方法，洗出液中甲酯的含量达到了 93%，且固定化脂肪酶可使用 100 天而酶活力没有降低。三步反应使猪油和餐馆油脂来源的动物油脂有一个相对高的转化率，然而，在连续分批操作中，当甲醇和油的物质的量比大于 2∶1 时脂肪酶的活力急剧损失，此时最适温度为 30～40℃。

8.3.3 生物柴油的胞内脂肪酶催化合成

生物转化可以通过使用胞外和胞内脂肪酶来进行,但是胞外酶需要纯化,这对于实际应用来说过于复杂。而且酶的回收过程既不稳定又很昂贵,促使人们考虑使用整个细胞作为催化剂。为了更好地利用整个细胞催化剂,细胞应该以传统固相催化剂的形式来进行固定化。在多种可供利用的固定化方法中,一种使用多孔生物载体粒子(biomass support particles,BSPs)的技术,由于其诸多优点,已被广泛应用于微生物、动物、昆虫和植物细胞体系。

将 *Rhizopus oryzae* 细胞作为整个生物催化剂固定在 BSPs 中,Hama 等将 *Rhizopus oryzae* 细胞固定在 6mm×6mm×3mm 立方体的聚氨酯泡沫体 BSPs 中,在一个 20L 的填充床生物反应器中进行间歇培养。流速为 25L/h 时在第一个生产周期甲酯含量超过 90%,第 10 个周期后可以达到 80%。Ban 等的研究表明当含水量为 10%~20%,用 BSPs 固定 *Rhizopus oryzae* 细胞,没有任何有机溶剂预处理的情况下,反应混合物中甲酯的含量达到了 80%~90%,此甲酯的生产水平几乎和使用胞外脂肪酶时是一致的。为了稳定 *Rhizopus oryzae* 细胞,对其用 0.1%的戊二醛溶液进行十字交联处理,细胞中脂肪酶的活力在 6 个培养周期期间没有大的下降,甲酯的含量在 72h 内达到 70%~83%。这些发现表明固定整个细胞生物催化剂的生物载体粒子的使用给生物柴油燃料的工业化生产提供了一条光明的途径。

8.3.4 复合脂肪酶催化生物柴油的合成

为了降低生物柴油生产成本,近年来开发出用复合脂肪酶生产生物柴油的新工艺,有的选择共溶剂系统,有的选择超临界流体系统,虽然复合脂肪酶能有效地克服单一脂肪酶的底物专一性,提高复合脂肪酶的甲醇耐受力,缩短反应时间,降低酶的使用成本,但都使用有机溶剂或特殊溶剂,这些因素决定这些体系都无法最终解决生物柴油酶法制备成本过高的瓶颈问题。广谱底物接受性的 CALB 在含水量较高的体系中酶活力较低,在有机相体系中酶活力较高;而 ROL 具有较高的水含量耐受性,但由于 sn-2 酰基转移过程慢而使反应时间过长。构建重组 CALB 和 ROL 的协同催化体系,ROL 为 1、3 位特异性的脂肪酶,催化甲酯化反应到后期,2 位酯键的酰基迁移过程会使得反应时间延长,且其最终转酯得率要低一些。然而 CALB 无位置特异性,1、2、3 位酯键均直接被 CALB 有效水解,提高了最终的甲酯得率,但在含水体系中 CALB 的酶活力要低于 ROL,复合酶体系在催化过程中产生了协同效应,不仅有效减少了酶的使用量,还提高了最终的甲酯得率。构建复合酶制备生物柴油的体系含水量十分重要。甲酯化反应为可逆反应,因而过量的水存在可能导致平衡向逆反应方向移动,从而导致甲酯得率下降。水量过少，酶的活动空间受限，也会使脂肪酶因失水而失活。

复合酶协同催化体系无需加入任何有机溶剂，对环境友好，并能适应高水含量的体系；克服单一脂肪酶的底物专一性，提高了对甲醇的耐受力；与常规酶法制备生物柴油工艺相比，酶的使用量和催化时间都减少50%以上，有效提高了酶法催化制备生物柴油的效率，并降低了催化剂使用成本；产品易于分离，因此复合酶体系较单酶体系具有更多工业化应用的优势[15, 16]。

8.3.5 不同酰基受体对脂肪酶催化制备生物柴油的影响

在固定化脂肪酶催化制备生物柴油过程中，由于甲醇等短链醇对脂肪酶有毒，有些研究人员便采用其他酰基受体制备生物柴油。采用脂肪酶催化酯交换反应生产生物柴油。在反应过程中，过量的甲醇会造成酶的失活，使用乙酸甲酯作为新的酰基受体，在乙酸甲酯与油的物质的量比为12∶1时，产率可以达到92%，表明乙酸甲酯对酶的活力没有任何副作用。并对脂肪酶催化的酯交换反应进行了动力学研究，建立了基于底物竞争抑制的动力学模型。将乙酸乙酯作为酰基受体，脂肪酶的相对活力可以很好地维护超过12个生产周期，然而以醇为酰基受体时在6个生产周期时就完全失活。

8.4 超声辅助脂肪酶催化合成生物柴油

超声波是物质介质中一种弹性机械波，在物质介质中形成介质粒子的机械振动，这种含有能量的超声振动在亚微观范围内引起的机械作用有机械传质作用、加热作用和空化作用。超声波辅助技术已应用于化学法生产生物柴油中，超声波的空化作用和机械传质作用促进了醇油相互混合、增加了反应界面和强化了传质作用，在超声波辅助下，反应时间可以明显缩短，碱催化剂用量降低2~3倍。超声波外场乳化作用和强化反应起到了很好的协同作用，与机械搅拌反应体系相比，极大地缩短了反应时间和提高了生物柴油的转化率。超声波除了对部分不相溶的反应体系有着很好的乳化作用和反应强化作用外，有研究表明，适宜频率和功率的超声波还可以增强蛋白酶、纤维素酶、磷脂酶和脂肪酶等的活力和提高酶催化反应速率。将超声波辅助技术应用于酶法催化生产生物柴油中，可以降低脂肪酶用量和缩短反应时间。

超声波辅助下，来源于 *A.oryzae* 的商品化固定化脂肪酶 Lipozyme TL IM 和来源于 *C.antarctica* 的商品化固定化脂肪酶 Novozym 435 催化高酸值废油脂转化为生物柴油，是一种高效催化剂。在能量温和的低频率超声波辅助下，Novozym 435 可以高效催化高酸值废油脂与丙醇等短链醇发生酯化和转酯化反应转化为生物柴油。与单纯机械搅拌相比，提高了酶促转化反应速率，促进了反应平衡的正向移动。不同碳原子数($C_1 \sim C_5$)的直链和支链醇均能以很高的转化率与高酸值废油脂反应生成生物柴油,此工艺在短链醇的选择上具有宽广的适应性。回收的 Novozym 435 较单纯机械搅拌下回收的外观干净,黏性物质和油吸附较少,分散良好且无结块现象,易于洗涤和再次利用,具有良好的操作稳定性。能量温和的低频率超声波在酶催化生产生物柴油中极具应用潜力[17]。

8.5 酶催化法制备生物柴油的影响因素

(1)醇油物质的量比也是影响酶催化法制备生物柴油的一个重要因素。甲醇还对脂肪酶有一定的毒性作用,所以一次性加入甲醇的量不宜过多,所以大多数酶催化反应采用三步加入甲醇,即每次的加入量为理论值的 1/3,也有采用循环流加的方式,通过控制流速来控制加入甲醇的量。为了降低甲醇对脂肪酶的毒性,采用三次流加法制备生物柴油,48h 后甲酯的收率达到了 97.3%。

(2)温度必须在该酶的最佳活力范围内,温度越高,反应速率越快,但是高温下会发生酶失活而变性。

(3)酶用量要综合考虑经济因素以及酶的催化效果。

(4)反应时间的影响。通常酶催化时间都比传统酸碱催化法的反应时间要长,利用杂醇油和甲醇制备生物柴油,利用固定化的假丝酵母催化,在 6h 后甲酯收率达到 100%,利用 10%的 Novozym 435 在 50℃下、12h 后油脂能完全转化为对应的脂肪酸甲酯。所以酶催化的反应时间比较长,同时由于催化的反应底物不同,其需要的反应时间也会不尽相同。

(5)水含量的影响。大量的研究表明,在有机溶剂中,酶的催化活力和系统的水含量密切相关,无水情况下,酶没有活力,而加入过量的水后酶会失活。通常来说固定化酶本身会含有一定量的水分能维持酶催化所必需的水分,反应过程中不需要加入额外的水[18-21]。

8.6 生物柴油制备方法

生物柴油的制备方法主要有四种:直接混合法、微乳液法、高温热解法、酯交换法。目前,工业上生产生物柴油主要都是通过酯交换反应的工艺来制备,即甘油三酸与甲醇在催化剂的作用下生成脂肪酸甲酯和甘油。酯交换法原理如下图所示,R_1、R_2、R_3 为直链烃基(饱和的或不饱和的),对于大豆油,是含有碳直链烃基的亚油酸、油酸、亚麻酸、硬脂酸,含有碳直链烃基的棕榈酸等。

$$\begin{array}{l}R_1COOCH_2\\R_2COOCH\\R_3COOCH_2\end{array} +3CH_3OH \rightleftharpoons \begin{array}{l}CH_2OH\\CHOH\\CH_2OH\end{array} + \begin{array}{l}R_1COOCH_3\\R_2COOCH_3\\R_3COOCH_3\end{array}$$

以上酯交换反应是由下面三个串联、可逆的反应组成：

$$\begin{array}{l}R_1COOCH_2\\R_2COOCH\\R_3COOCH_2\end{array} + CH_3OH \rightleftharpoons \begin{array}{l}HOCH_2\\R_2COOCH\\R_3COOCH_2\end{array} + R_1COOCH_3$$

$$\begin{array}{l}HOCH_2\\R_2COOCH\\R_3COOCH_2\end{array} + CH_3OH \rightleftharpoons \begin{array}{l}HOCH_2\\HOCH\\R_3COOCH_2\end{array} + R_2COOCH_3$$

$$\begin{array}{l}HOCH_2\\HOCH\\R_3COOCH_2\end{array} + CH_3OH \rightleftharpoons \begin{array}{l}HOCH_2\\HOCH\\HOCH_2\end{array} + R_3COOCH_3$$

由反应方程式可以看出，在醇油比 3∶1 下进行反应，该反应是一个动态平衡的反应。所以要使反应向右进行，往往须加入过量的甲醇。甘油三酯(triglyceride)是动物或植物油脂的主要成分，丙三醇(glycerin)是副产品，甲基酯(methyl esters)就是要得到的生物柴油。

8.6.1 酶催化酯交换法制备生物柴油

酶催化酯交换法就是利用脂肪酶在一定条件下催化油脂生成生物柴油的过程。即在酶作用下，利用低级醇(甲醇或者乙醇)等物质，将油脂中的脂肪酸甘油酯中的甘油取代下来，生成脂肪酸烷基酯，从而降低碳链长度、增加流动性和降低黏度，以此达到燃料能源标准。

8.6.2 酶催化酯交换法制备的优点

利用此法制备生物柴油具有提取简单、反应条件温和、醇用量小、甘油易回收和无废物产生等优点，且此过程还能进一步合成其他一些高价值的产品，包括可生物降解的润滑剂以及用于燃料和润滑剂的添加剂。

(1)被固定化了的脂肪酶能够再生和被重新使用。

(2)在反应器中可以使用高浓度的酶，并可进行补充，使脂肪酶活力保持更长时间。

(3)脂肪酶的热力学稳定性取决于其天然状态，而固定化可以改善其热力学稳定性。

(4) 脂肪酶的固定化可以防止反应溶剂对酶的侵害，且固定化酶可以使酶粒子不聚集在一起。

(5) 使用固定化脂肪酶作催化剂可以使产品的分离变得更加容易。

(6) 反应条件温和、醇用量小、无污染排放等。

8.6.3 酶催化酯交换法制备出现的问题

虽然酶催化酯交换法制备生物柴油有很多明显的优点，但是之所以生物柴油没有大规模生产推广应用，就在于它还有一些问题没有克服：

(1) 目前限制酶法催化生产生物柴油产业化发展的最大障碍就是脂肪酶的成本问题，虽然脂肪酶的固定化有望降低酶催化剂的成本，但是在生产过程中仍存在固定化酶用量大、酶促反应时间长和固定化酶使用寿命短等问题。

(2) 固定化细胞催化剂虽然是一种较为廉价的酶催化剂，但存在催化活力低和使用寿命短的问题，目前还难以达到工业化酶法生产生物柴油的要求。

(3) 采用其他酰基受体代替甲醇，虽然有助于改进生产工艺和改善生物柴油产品低温性能，但生产成本仍偏高，产品后处理难度加大。

(4) 脂肪酶对长链脂肪醇的酯化或转酯化十分有效，而对短链脂肪醇如甲醇或乙醇等转化率低，一般仅为40%～60%。

(5) 短链醇对酶有一定的毒性，使得酶的使用寿命短。

(6) 甘油对固定化酶有毒性，使固定化酶使用寿命短。

8.6.4 酶催化酯交换法制备生物柴油的展望

生物柴油就是以动植物油脂为原料制造的可再生能源，即脂肪酸甲酯，可作为石油柴油的替代燃料。生物柴油的发展不仅有利于解决能源问题，而且可以减少温室气体的排放量，这些都是吸引发展生物柴油的主要原因。酶法合成生物柴油的优点是反应条件温和、醇用量小、产品易于收集以及无污染排放等。目前存在的问题主要有：对甲醇及乙醇的转化率低，一般仅为40%～60%；短链醇对酶有一定毒性，使得酶的使用寿命短；副产物甘油和水难于回收，不仅对产物形成抑制，且对酶有毒性，使固定化酶使用寿命短。

今后应通过对脂肪酶的基因工程改造以及对脂肪酶的分子修饰，提高其催化选择性和稳定性，使其对甲醇的耐受能力更强，从而进一步提高反应转化率和缩短反应周期；另外开发新的催化反应体系，如离子液体介质中脂肪酶催化制备生物柴油，同时开发新的反应介质再生方法，降低成本，减轻环境污染；选用适当的酰基受体，采用新技术如离子液体中脂肪酶的催化、催化反应和分离耦合、降低醇/油比减少回收醇的能耗等技术，降低生产成本，促使脂肪酶法合成生物柴油早日实现工业化应用。

(1) 生物柴油就是以动植物油脂为原料制造的可再生能源,即脂肪酸甲酯,可作为石油柴油的替代燃料。生物柴油的发展不仅有利于解决能源问题,而且可以减少温室气体的排放量,这些都是吸引发展生物柴油的主要原因。

(2) 发挥酶法催化生产生物柴油适应性广的优势,进一步扩大油脂原料来源、简化油脂原料的处理工艺和加强对大宗低价值工业废弃油的利用研究。

(3) 应通过对脂肪酶催化反应体系选择和优化,对脂肪酶的基因工程改造以及对脂肪酶的分子修饰,提高其催化选择性和稳定性,使其对甲醇的耐受能力更强,从而进一步提高反应转化率和缩短反应周期。

(4) 寻找更好的脂肪酶固定化方法和更廉价的、易活化的载体,使酶催化剂达到酶法催化生产生物柴油的产业化要求。

(5) 开发新的催化反应体系,如离子液体介质中,脂肪酶催化制备生物柴油同时研发新的反应介质再生方法,降低成本,减轻环境污染。

(6) 深入研究酶促生产生物柴油的反应机制,加强连续化酶法催化生产生物柴油工艺的研究。开发新技术,如催化反应和分离过和耦合技术,降低醇/油比,以减少回收醇的能耗,降低生产成本。

由于酶法催化生产生物柴油具有独特的优势,因而已引起人们广泛的重视,随着新的更加科学的生产工艺的进一步开发,油脂原料成本和脂肪酶的使用成本进一步降低,相信生物酶法催化生产生物柴油一定会有一个光明的产业化发展前景。

参 考 文 献

[1] 肖勇. 微生物脂肪酶及其催化合成生物柴油的研究[D]. 武汉: 华中科技大学硕士学位论文, 2004.

[2] 肖祢彰. 高产脂肪酶菌种选育与脂肪酶催化合成生物柴油[D]. 长沙: 湖南农业大学博士学位论文, 2006.

[3] Salis A, Pinna M, Monduzzi M, et al. Biodiesel production from triolein and short chain alcohols through biocatalysis[J].Journal of Biotechnology, 2005, 119: 291-299.

[4] Noureddini H, Gao X, Phikana R. Immobilized *Pseudomonas cepacia* lipase for biodiesel fuel production from soybean oil[J]. Bioresource Technology, 2005, 96: 759-777.

[5] Shah S, Sharma S, Gupta M N. Biodiesel preparation by lipase-catalyzed transesterification of jatropha oil[J]. Energy& Fuels, 2004, 18: 154-159.

[6] 肖敏. 超(近)临界甲醇/酶催化法制备生物柴油工艺研究[D]. 大连: 大连理工大学硕士学位论文, 2007.

[7] Kaieda M, Samukawa T, Matsumoto T, et al. Biodiesel fuel production from plant oil catalyzed by rhizopus oryzae lipase in a water-containing system without an organic solven[J]. Journal of Bioscience & Bioengineering, 1999, 88(6): 627-631.

[8] KaiedaM, Samukawa T, Kondo A, et al. Effect of methanol and water on production of biodiesel fuel from plant oil catalyzed by various lipases in a solvent-free system[J]. Journal of Bioscience & Bioengineering, 2001, 91: 12-15.

[9] 杨建军. 脂肪酶的固定化及在离子液体中催化合成生物果油的研究[D]. 西安: 西北大学博士学位论文, 2007.

[10] Zeng J, Du W, Liu X, et al. Study on the effect of cultivation parameters and pretreat ment on *Rhizopus oryzae*

cell-catalyzed transesterification of vegetable oils for biodiesel production[J]. Journal of Molecular Catalysis B: Enzymatic, 2006, 43: 15-18.

[11] Kazuhiro B, Masaru K, Takeshi M, et al. Whole cell biocatalyst for biodiesel fuel production utilizing *Rhizopus oryzae* cells immobilized within biomass support particles[J]. Biochemical Engineering Journal, 2001, 8: 39-43.

[12] Kazuhiro B, Shinji H, Keiko N, et al. Repeated use of whole-cell biocatalysts immobilized within biomass support particles for biodiesel fuel production[J]. Journal of Molecular Catalysis B: Enzymatic, 2002, 17: 157-165.

[13] Matsumoto T, Takahashi S, Kaieda M, et al. Yeast whole-cell biocatalyst constructed by intracellular over production of *Rhizopus oryzae* lipase is applicable to biodiese fuel production[J]. Applied Biochemistry and Biotechnology, 2001, 57(4): 515-520.

[14] 杨建军, 马晓迅, 陈斌. 生物柴油合成中脂肪酶的应用研究进展[J]. 化工进展, 2008, 27(11): 1777-1781.

[15] 李俐林, 杜伟, 刘德华, 等. 新型反应介质中脂肪酶催化多种油脂制备生物柴油[J]. 过程工程学报, 2006, (6): 799-803.

[16] 周位, 杨江科, 黄瑛, 等. 复合脂肪酶催化生物柴油的初步研究[J]. 生物加工过程, 2007, 5(3): 20-26.

[17] 王建勋, 黄庆德, 黄凤洪, 等. 超声波辅助下脂肪酶催化高酸值废油脂制备[J]. 生物柴油, 2007, 23(6): 1121-1127.

[18] Shimada Y, Watanabe Y, Sugihara A, et al. Enzymatic alcoholysis of biodiesel fuel production and application of the reaction of oil processing[J]. Journal of Molecular Catalysis B: Enzymatic, 2002, 17: 133-142.

[19] Fan X, Burton R. Recent development of biodiesel feedstocks and the applications of glycerol: A review [J]. Open Fuel Energ Sci J, 2009, 2: 100-109.

[20] Mukesh K M, Reddy J, Rao B. Lipase-mediated conversion of vegetable oils into biodiesel using ethyl acetate as acyl acceptor[J]. Bioresource Technology, 2007, 98: 1260-1264.

[21] Nie K, Xie F, Wang F, et al. Lipase catalyzed methanolysis to produce biodiesel: Optimization of the biodiesel production[J]. Journal of Molecular Catalysis B: Enzymatic, 2006, 43: 142-147.